Collected Essays on Food Safety Governance（*2014*）

食品安全治理文集（2014年卷）

食品安全治理协同创新中心 编著

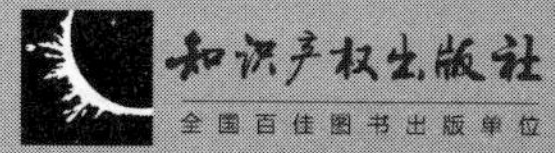

图书在版编目（CIP）数据

食品安全治理文集．2014年卷／食品安全治理协同创新中心编著．—北京：知识产权出版社，2016.1

ISBN 978-7-5130-3921-5

Ⅰ.①食…　Ⅱ.①食…　Ⅲ.①食品安全—安全管理—中国—文集　Ⅳ.①TS201.6—53

中国版本图书馆CIP数据核字（2015）第271822号

责任编辑： 齐梓伊　　**责任出版：** 刘译文

执行编辑： 刘春艳

食品安全治理文集（2014年卷）

食品安全治理协同创新中心　编著

出版发行：	知识产权出版社有限责任公司	**网　　址：**	http://www.ipph.cn
社　　址：	北京市海淀区马甸南村1号	**天猫旗舰店：**	http://zscqcbs.tmall.com
责编电话：	010-82000860转8176	**责编邮箱：**	qiziyi2004@qq.com
发行电话：	010-82000860转8101/8102	**发行传真：**	010-82000893/82005070/82000270
印　　刷：	北京嘉恒彩色印刷有限责任公司	**经　　销：**	各大网上书店、新华书店及相关专业书店
开　　本：	787mm×1092mm　1/16	**印　　张：**	36
版　　次：	2016年1月第1版	**印　　次：**	2016年1月第1次印刷
字　　数：	510千字	**定　　价：**	90.00元

ISBN 978-7-5130-3921-5

编写说明

食品安全关系人民群众的生命健康，事关经济发展、社会和谐、政府公信力、执政能力及国际形象，在国家治理和社会发展中具有重要的战略意义。为了健全现代化的食品安全治理体系、提升食品安全治理能力、实现食品安全治理法治化、培育传承食品安全文化，中国人民大学、清华大学、华南理工大学等高校，国家食品安全风险评估中心、中国农业科学院质标所、中国科学院地理所、中国法学会法律信息部、环保部南京研究所等科研机构以及国家食品药品监督管理总局等实务部门，于2013年8月联合成立食品安全治理协同创新中心。自2014年起，中心将推出年度《食品安全治理蓝皮书》《食品安全治理文集》和《食品安全治理案例》，以及《食品安全治理文丛》《食品安全治理译丛》等丛书，以系统反映国内外食品安全治理的现状及发展趋势，强化协同创新的成果转化。本书即为该系列首批成果中的一种。

本文集主要汇集了2014年及近些年我国学者撰写的食品安全治理最新研究成果，共计29篇。根据食品安全治理的一般规律和我国国情，食品安全治理协同创新中心下设食品安全法治、食品安全政府监管、食品安全社会参与、食品安全环境治理、食品安全标准、食品安全风险治理、食品安全国际合作与国家安全七大研究平台。本文集收录的文献主要涉及这七个方面。此外，为了充分反映我国食品安全治理的顶层设计和实践状况，文集特设"特稿"和"综述与评论"两个栏目。需要说明的是，收录文献的作者基本上都是食品安全治理协同创新中心的研究员，文集中不再一一注明。

本书收录的部分文章发表于2012年或2013年，所引用的《中华人民共和国食品安全法》和《中华人民共和国消费者权益保护法》现已修改，为保持作品的完整性，部分文章所引法条未作更新处理。

本文集的文献基本上来自七个平台的推荐，并经中心专题会议讨论通过。特别感谢各位作者的热情帮助和慨然授权，同时也要感谢中国人民大学法学院、公共管理学院、农业与农村发展学院、国际关系学院，清华大学法学院、环境学院，国家食品安全风险评估中心，华南理工大学轻工与食品学院等平台负责单位的鼎力协助。在编写过程中，中心办公室路磊、孟珊、杨娇等付出了辛勤的劳动，对他们的贡献表示衷心的感谢。

食品安全治理协同创新中心

2015年1月

目 录

特 稿

食品安全法律体系

食品安全政府监管

食品安全社会参与

食品安全环境治理

食品安全标准

食品安全风险治理

食品安全国际治理

综述与评论

特　稿

食品安全治理的对策研究*

福建省食品药品监督管理局、中国人民大学食品
安全治理协同创新中心

党的十八大和十八届三中、四中全会就改革和完善食品安全监管体制、机制、机构和方法，提升食品安全治理现代化和法治化水平作出了战略部署。创新食品安全治理体制、机制和方法，完善食品安全治理体系，提升食品安全治理能力，加强食品安全法治保障，已成为全社会共同关注并期盼妥善解决的重大课题。

一、食品安全治理的宏观背景

“国以民为本，民以食为天，食以安为先”，食品安全关涉国计民生。食品的质和量是人民生命健康权的基本保证，关系到社会的稳定乃至国家的存亡。我国改革开放三十多年来，随着国民经济快速发展，食品“量”的问题已基本得到解决，但“质”的问题依然突出，“毒奶粉”“瘦肉精”“地沟油”等食品安全重大事件时有发生。

事实上，近年来食品安全问题在欧美等发达国家也较为突出，如欧洲“疯牛病”事件、荷兰等国的“二噁英”等事件。这些情况都说明，食品安全是困扰各国、各地区的现代社会难题，食品安全治理是一项长期而复杂的社会系统工程。

---

* 本文原载《光明日报》2015 年 4 月 27 日第 11 版。

二、食品安全治理是社会治理的重要内容

在我国，党中央、国务院一贯重视食品安全工作，确定了食品安全监管的基本方针。特别是党的十八大报告强调食品安全“关系群众的切身利益，问题较多”，作出了“改革和完善食品药品安全监管体制机制”的战略安排。十八届三中全会将食品安全纳入“公共安全体系”，作为国家治理体系的重要组成部分，“保障食品药品安全”。十八届四中全会提出要完善食品安全法律法规，依法强化危害食品药品安全重点问题治理。

党和国家领导人对食品安全的重要性和迫切性一直给予高度重视。习近平总书记明确指出：“能不能在食品安全上给老百姓一个满意的交代，是对我们执政能力的重大考验。我们党在中国执政，要是连个食品安全都做不好，还长期做不好的话，有人就会提出够不够格的问题，所以必须引起高度关注，下最大气力抓好，食品企业要严抓食品质量，确保人民群众‘舌尖上的安全’。”

为保障人民群众身体健康和生命安全，全国人大及其常委会先后出台了《产品质量法》《农业法》等有关法律，《食品安全法》业已修订。

地方政府近年来也积极探索创新监管和服务机制，切实加强食品安全监管执法工作。以福建为例，早在2001年习近平同志担任省长时，就在全国率先开展了治理“餐桌污染”、建设“食品放心工程”的专项工作。14年来，福建省突出畜牧业、种植业、水产、饮用水、加工食品以及餐饮业的治理整顿，逐步探索出一套从田间到餐桌全过程的监管模式，实现了食品安全治理五项突破：一是率先开展并成功推行“农改超”，让生鲜食品进超市，来源可追溯；二是率先全部由财政拨款检测产销环节“瘦肉精”，在全省的县城以上城区和主要城镇全面实现生猪和牛羊定点屠宰，在农村非定点屠宰区域推行农村屠工管理制度，对规模养禽场禽类药物和规模奶牛生产

企业奶牛抗生素残留进行检测；三是率先开展农产品质量安全整治行动，以蔬菜、水果等主产区环境污染状况普查做基础，指导和规范农民用药，并建立农产品农药残留和甲醛速测点；四是率先将饮用水纳入食品安全管理范畴，在全国最早完成水源保护区建设；五是率先建立责任追究制度，对食品安全进行责任考评，建立健全集政府及部门工作绩效、社会公众评价和第三方产品质量抽检于一体的食品安全考核评价体系。

三、食品安全治理的问题及对策

尽管我国在食品安全治理方面已取得一些成绩，积累一些经验，但推动食品安全治理体系和治理能力现代化的目标远未达成，食品安全形势仍然严峻，需要以现代法治观全面推进食品安全治理。

食品安全体制改革。我国统一食品安全监管体制强调国家食品药品监督管理总局对食品安全全程统一管理，其他相关部门在相关食品安全领域积极配合，共同完成国家食品安全监管职能。完善从中央到地方直至基层的食品安全监管体制，健全乡镇食品安全监管派出机构和农产品质量安全监管服务机构，形成符合我国国情的食品安全治理体制。

食品安全立法。我国食品安全治理立法，既要符合国情又要有前瞻性，既要注重可行性也要保证有效性，要变粗疏立法为精细立法。要逐步形成以法律法规为基础、质量标准为依据、管理体系为主体、支持体系为保障的科学、完善、统一的食品安全依法监管制度。

食品安全共同治理。食品安全治理的大安全观要求，不能将食品安全治理仅仅视为某个政府部门的事情，也不能仅仅将此视为政府一家的事情。不仅需要内在体系的不断完善和外在体系的强力支撑，而且需要不断创新机制，鼓励企业和民众参与食品安全治理，构建企业自律、政府监管、社会协同、公众参与、法治保障的食品安全共治格局，凝聚起维护食品安全的强大合力。

食品安全风险防控。我国应尽快出台食品安全风险分析的专门法律，就风险评估、风险管理和风险交流的主体与过程以及相互之间如何联动等方面完善相应的法律规范。同时，行政机关应当对食品安全风险的性质、利益衡量、风险评估的不确定性以及风险管理的选择，进行充分有效的交流确认，让机构、企业、消费者、学术界以及新闻媒介都能充分参与食品安全风险分析过程，推动建立公开透明、科学有效、公众参与的风险交流机制。

食品安全治理的系统理论与思想体系

——论习近平同志早期在福建开展“餐桌污染”治理的思想渊源、政治价值与现实意义[*]

苏毅清　秦　明　王志刚[**]

一、引　言

食品安全问题，事关国泰民安，与人民群众的生产生活有着千丝万缕的联系。它一头牵着人民群众的身体健康和生活安全，一头系着农产品能否打开国内外市场的经济重任，一头还拴着增加农民收入，稳定社会航船的船锚。归根结底，食品安全问题事关广大百姓的利益，关乎人民群众的福祉。中国共产党，是以全心全意为人民服务为宗旨的无产阶级政党，在多年的社会主义实践过程中，我们党在食品安全治理这项“民心工程”中，逐渐形成了较为系统的治理理论与思想体系，尤其是现任中共中央总书记习近平同志，更

* 本文系国家社会科学基金重大项目“供应链视角下食品药品安全监管制度创新研究”（项目批准号：11&ZD052）成果、中国人民大学科学研究基金（中央高校基本科研业务费专项资金资助）项目“环境友好型农业背景下食品质量安全的系统协调及体制创新研究”（项目编号：10NXJ020）成果以及教育部科技发展中心博士点基金项目“粮食主产区农户测土配方施肥技术的认知、采纳、绩效及其创建长效发展机制研究”（项目编号：20130004110001）成果。本文原载《食品安全治理》2014 年第 5 期。

** 苏毅清，博士研究生。秦明，博士研究生。王志刚，博士、中国人民大学农业与农村发展学院教授、博士研究生导师，研究方向：食品经济学、产业经济学。

是在治理“餐桌污染”领域成为了全国的先驱。[①] 习近平同志在福建开展“餐桌污染”治理工作，形成了丰富的思想成果。这些思想成果，是党在治理食品安全问题领域的伟大首创，其治理成效至今在全国仍是首屈一指。习近平同志在“餐桌污染”治理方面所形成的思想及治理理论，是中国共产党人长期以来始终坚持马克思列宁主义、毛泽东思想、邓小平理论、“三个代表”重要思想和科学发展观的指导思想，始终坚持全心全意为人民服务的宗旨所取得的新成果，是辩证唯物主义与中国具体实际问题相结合的产物，是中国共产党人在实践食品安全治理过程中集体智慧的结晶。

本文从辩证唯物主义的角度出发，以党的基本理论体系为基础，梳理了习近平同志早期在福建治理“餐桌污染”问题时，所形成的党在治理食品安全问题方面的思想内涵，总结了这些思想内涵与党的基本理论的联系与渊源，归纳了它们所具有的政治价值与现实意义。

二、思想内涵

习近平同志在福建治理“餐桌污染”的思想内涵非常丰富，概括地说，就是从解决“菜篮子”和“米袋子”的安全问题入手，把人民群众反映的热点、难点问题转化为政府工作的重点，切实保障人民群众的身体健康和生命安全，有效提高党和政府在人民群众中的威信，最终实现好、维护好、发展好最广大人民群众根本利益的基本观点，涵盖了认识问题、手段问题、路径问题、行动问题和视野问题，共同构成了一个内容丰富、逻辑严谨、结构完整的习近平同志关于食品安全工作的基本思想。这些思想，是党长期以来所坚持的指导思想在具体工作中的反映，是用辩证唯物主义的观点来看

---

① “郑重的承诺——福建治理‘餐桌污染’综述”，载人民网，http：//www.people.com.cn/GB/huanbao/55/20020110/645518.html。

待和解决中国实际问题的一个典型。归纳起来，这些思想的具体内涵包括以下五个方面：

第一，从认识上看，要将食品安全问题视为民生大事，其意义重大，使命光荣。习近平指出：“‘餐桌污染’是一个事关人民群众健康和生活安全，关系农业产品能否扩大国内外市场和不断增加农民收入的大问题，应引起我们的高度重视。”① 确保食品安全，不仅是一个经济问题，而且已经成为一个社会问题。食品安全既是一项经济工作，关系到经济的发展，也是一项社会工作，关系到社会的稳定。习近平在谈到“餐桌污染”治理问题时曾说：“人民所关心的就是焦点，人民所不放心、不满意的就是我们的过失。”② 食品安全是民生大事，是各级政府担负的公共服务和社会管理职能的重要内容；食品安全也是政治大事，要把“食品放心工程”作为“民心工程”来抓，切实摆在各级政府重中之重的位置，当作政治大事，全力以赴、一丝不苟地做好。

第二，从手段上看，要源头治理，标本兼治。习近平指出，食品安全源头在农产品，基础在农业，必须正本清源，首先把农产品质量抓好。③ 食品安全，首先是“产”出来的，要把住生产环境安全关，治地治水，净化农产品产地环境，切断污染进入农田的链条；食品安全也是“管”出来的，要形成覆盖从“农田到餐桌”全过程的监管制度，建立更为严格的食品安全监管责任制和追认追究制度，使权力和责任紧密挂钩，完善农产品质量和安全追溯体系。习近平还进一步强调，过去我们各级政府存在单纯以经济增长速度评定政绩的偏向，政府在市场经济环境下社会服务和社会管理存在大量“缺位”的问题，今后要完善发展成果考察评价体系，如加大对资源

① “5年实现治理餐桌污染目标——访福建省长习近平”，载北方网，http://news.enorth.com.cn/system/2001/08/23/000123685.shtml。

② “福建坚持不懈守护‘舌尖上的安全’系习近平在闽时倡导”载新华网，http://www.fj.xinhuanet.com/news/2014-04/21/c_1110322602.htm。

③ “习近平地方执政故事”，载人民论坛，http://paper.people.com.cn/rmlt/html/2013-05/01/content_1234464.htm?div=-1。

消耗、环境损害、生态效益、产能过剩、科技创新、安全生产、新增债务等指标的考核，更加重视劳动就业、居民收入、社会保障、人民健康状况的考核。①

第三，从路径上看，要全程监管，统筹兼顾。习近平指出，必须实行从“农田到餐桌”的全过程卫生质量控制，实现全程监管，统筹兼顾。② 建立从“农田到餐桌”的食品安全控制体系，是世界各国的共识和实践框架。对这一控制体系的基本认识是：为使消费者受到妥善的保护，并有效地控制、降低食品安全风险或使这种风险最小化，需要在从“农田到餐桌”的食品链条上所有阶段采取行之有效的预防措施。与主要依靠对最终产品的检测和测试的传统食品控制方式相比，“从农田到餐桌”的食品安全控制体系立足于早期阶段的预防，源头控制和对有问题产品的甄别。

第四，从行动上看，要求敢于担当，主动作为。习近平指出：治理“餐桌污染”，必须明确实行地方行政首长负责制，明确各地方政府的第一把手要亲自抓，市长、县长要责无旁贷地担负起本地区治理这项工作的职责，并颁布了“福建省关于重大安全事故行政责任追究的规定”，明确规定对食品污染状况长期得不到治理与改善的领导干部，要严肃追究责任，对因没有履行好治理“餐桌污染”职责而发生重大安全事故的，要从重处罚。③ 习近平还强调，食品安全问题涉及面越来越广，危害程度越来越深，特别是制毒制劣手段越来越多样、越来越“深入”，手法越来越隐蔽，作为责任政府，必须承担政治责任、行政责任、法律责任、道德责任，要积极有序地规

① “从福建治理餐桌污染观照国家治理体系现代化的成功实践”，载福州新闻网，http：//news. fznews. com. cn/dsxw/2014-8-27/2014827sn9ymbsEkj11344. shtml。

② “习近平地方执政故事”，载人民论坛，http：//paper. people. com. cn/rmlt/html/2013-05/01/content_ 1234464. htm？ div=-1。

③ 福建省食品药品监督管理局：“福建省治理‘餐桌污染’、建设‘食品放心工程’实践研究”。

范市场，切实维护消费者的合法权益，大力引导企业实现社会责任。①

第五，从视野上看，要加强合作，相互借鉴。习近平指出，国际上一再发生重大食品安全事件之后，一些国家不断提高食品卫生标准，形成了明显的“绿色”技术壁垒。我们作为世界大家庭中的一员，一些关系国计民生重大问题的解决离不开他国的支持和帮助。② 食品安全是国际社会极为关注的一个重大世界性难题，也是国际组织和世界民众必须做好的一项重大工作，提高产品质量和食品安全的水平，是国际社会面临的共同任务。在我国食品生产经营中，必须参与国际食品安全活动，搞好食品国际贸易，加强国际合作，充分运用他国的优势，学习其可行的举措，提高我国食品安全工作的成效，保证食品安全。

三、思想渊源

中国共产党的基本理论体系由毛泽东思想、邓小平理论、“三个代表”重要思想和科学发展观组成。它们都是马克思列宁主义同中国革命和不同时期的具体建设情况相结合的产物，是中国共产党人集体智慧的结晶。支持着党的基本理论体系的思想精髓是辩证唯物主义思想，它是中国共产党指导思想的理论基础。群众路线、实事求是、独立自主，是毛泽东思想的活的灵魂；③ 解放思想，实事求是，是邓小平理论的精髓；④ 立党为公，执政为民，是“三个代表”

① 福建省食品药品监督管理局：“福建省治理‘餐桌污染’、建设‘食品放心工程’实践研究”。

② 福建省食品药品监督管理局：“福建省治理‘餐桌污染’、建设‘食品放心工程’实践研究”。

③ 中共中央政治局、中央书记处：“关于建国以来党的若干历史问题的决议”，1981 年 6 月通过。

④ 李济琛：“实事求是是马克思列宁主义、毛泽东思想、邓小平理论的精髓”，载《社会科学研究》1998 年 3 期。

重要思想的本质；① 科学发展，以人为本，是科学发展观的第一要义与核心。② 所有这些思想，都是辩证唯物主义的思想在与中国实际相结合的过程中闪耀出的光辉。

进入新世纪后，食品安全问题开始走入公众的视野，开始影响广大百姓的生活。此时，我们党坚持用自己的指导思想来开展工作，坚持用辩证唯物主义的观点来看待问题，坚持通过用党的基本理论来指导食品安全治理方面的实践，为后来社会各界在食品安全方面的治理开创了典范与先河，也为日后能够丰富党的基本理论奠定了良好的基础。习近平同志在福建开展的“餐桌污染”治理所形成的思想内涵，充分体现了党的基本理论体系所包含的主要内容，其与党的基本理论之间的思想渊源可体现为以下五个方面：

第一，将食品安全问题视为民生大事，这是在食品安全的治理上坚持党的群众路线的集中体现。对食品安全问题进行治理的根本归宿是造福人民，因此，必须秉持一切为了人民群众、一切向人民群众负责的态度来开展这项工作。食品安全问题从群众中来，我们必须回到群众中去解决。只有以人民的福祉为出发点，食品安全的治理才有了木本水源，才能够具有它的真正的价值与意义。

第二，手段上要求源头治理，标本兼治，是抓住事物内部的主要矛盾，注重矛盾之间的相互作用的辩证唯物主义思想的体现。食品安全问题的主要矛盾是质量的供给与需求之间的矛盾，具体地说，是人民日益增长的对食品质量的需求与落后的食品质量供给之间的矛盾。而解决质量供需矛盾的关键，在于源头的质量生产。因此，抓好质量，正本清源是对食品安全治理手段的准确把握。只有握住了质量、把住了农业生产，才算掐住了食品安全问题的要害与命门。

第三，路径上要求全程监管，统筹兼顾，是对事物之间存在普遍联系的洞察，是坚持科学治理、科学发展的体现。食品安全问题的治

① 胡锦涛：“在庆祝中国共产党成立90周年大会上的讲话”，2011年7月1日发布。

② 胡锦涛：“高举中国特色社会主义伟大旗帜为夺取全面建设小康社会新胜利而奋斗”，2007年10月15日发布。

理之所以难，就难在食品从“农田到餐桌”的整个过程中，各个环节之间相互联系的复杂性。从“农田到餐桌”的食品链条是牵一发动全身的链条，任何一个环节上出现问题，都会导致最终消费者的健康受到危害。因此，要全面兼顾好、协调好食品链条的安全运行，必须用普遍联系的辩证法观点去认识和看待对食品链条的安全治理，这样才能对每个环节的监管做到不孤立、不重叠、不疏忽、不遗漏。

第四，行动上要求敢于担当，主动作为，是勇于实践、勇于对实践结果负责的集中体现。强调政府的政治责任、行政责任、法律责任、道德责任和企业的社会责任，就是在强调要为实践的结果负责。食品安全治理的实践结果，关系到人民生活的幸福，因此，对实践结果负责，就是对人民群众负责。若实践结果理想，说明我们在食品安全有关领域所提出的理论与思想是合乎社会发展规律的，因此要总结和发扬；若实践结果不理想，说明我们在食品安全有关领域的治理理论与实践还不完善、不正确，必须加以纠正与改进，以造福人民，这是向人民群众负责的体现。[①] 一步实际的行动，比一打纲领更重要，[②] 只有坚持实践、坚持对实践的结果负责，才能实现食品安全治理造福人民的根本目的。

第五，从视野上要求加强合作，相互借鉴，是解放思想，实事求是，与时俱进的体现。改革开放后，中国逐步走向了世界，融入了全球。而引领中国走向世界的，就是“解放思想，实事求是”的大旗。食品安全问题不仅仅中国才有，它是个全球性的问题。食品安全治理也不是仅有中国的治理这一种模式，全球其他国家因国情不同，治理情况也各不一样。因此，必须承认各国对食品安全的治理各有优缺，从而树立起依靠合作与虚心向他人学习的认识与信念。中国的食品安全问题，是世界食品安全问题的组成部分，因此需要我们解放思想，开动脑筋，依靠与联合全世界的力量，融入全球的智慧来共同解决。

---

① 毛泽东：《毛泽东选集》，人民出版社 1991 年版，第 1128 页。

② 马克思：《马克思恩格斯选集》，人民出版社 2012 年版，第 335 页。

四、政治价值

习近平同志在福建治理“餐桌污染”所形成的思想，是我们党运用自身的指导思想，治理食品安全问题的系统性尝试与实践。这次实践，初步探索出了一条符合我国国情的食品安全治理之道，更加系统地解释了治理食品安全问题对于经济发展的作用，极大地推动了社会的可持续发展，是新形势下对食品安全治理的理论与思想的创新，具有重要的意义与价值。具体表现为以下五点：

第一，体现了高瞻远瞩的战略眼光，体现了立党为公，执政为民的执政理念。食品安全问题是世界性难题，与环境问题、贫困问题、社会道德风气等是紧密联系的。世纪之交，食品生活环境受到严重污染，市场竞争无序、监管手段与管理办法滞后等原因，造成了食品安全问题日趋严重，并与老百姓不断提高的生活水平与生活质量形成了日益强烈的反差。相较于英国2002年成立的食品安全局、日本2003年成立的食品安全委员会、欧盟2006年实施从“田间到餐桌”的全过程监管，习近平同志能在2001年率先在全国领导与开展“餐桌污染”治理，这是伟大的首创，充分展现了中国共产党人非凡的聪明才智、战略思维和远见卓识。而这种高瞻远瞩的战略眼光，则源于人民群众利益高于一切的信仰，是党努力维护广大人民的根本利益的体现。

第二，体现了全心全意为人民服务的公仆情怀，发扬了走群众路线的优良传统。早在2001年，习近平在全省治理“餐桌污染”工作会议上强调：“群众所关心的，就是我们政府工作的着力点；人民所需要的，就是政府的使命。餐桌污染问题若得不到解决，我们就无法向全省人民交代，就意味着失职。”① 可以说，始终把人民放在

① 林可、杨永敏、林忠锦：“福建率先开展餐桌治理 十年编织食品‘安全网’”，载东南网，http：//www.fjsen.com/c/2011-03/30/content_4239030_5.htm。

心中最高的位置，始终牢记为人民服务的宗旨，始终把人民利益高高举过头顶，是党的公仆情怀的核心思想和精髓。正如习近平所强调：能不能在食品安全上给老百姓一个满意的交代，是对我们执政能力的重大考验。① 所有这些，有力回应了全国各族人民群众对于民生问题的期待，反映了人民群众的愿望和要求，合乎民心，顺应民意，彰显了中国共产党人为人民而不懈奋斗的传统本色和为民情怀。

第三，体现了总揽全局的执政方略，为科学发展提供了实践依据，树立了统筹兼顾的榜样与标杆。唯有整体考量才能驾驭全局，唯有统筹协调才能协同推进。食品从生产、加工、流通、消费再到新的生产，是个周而复始的循环链。只有环环安全，才有整链的安全。习近平同志把涉及众多领域的“餐桌污染”治理作为一项系统工程，注重整体的协调，统筹好食品的安全生产、安全流通、标准与认证、质量检测、法治保障、组织保障、社会监督和健康消费等八个方面，进行从“农田到餐桌”的全程监管，从而建设“食品放心工程”，把生产作为基础，流通作为重点，标准认证作为核心，质量检测作为支撑，法治保障作为手段，组织实施作为根本，社会监督作为关键，健康消费作为目的，强调任何一个部分都很重要，都要重视和加强，不能割裂，不可偏废，更不可顾此失彼。

第四，体现了改革创新的时代精神，使“解放思想，实事求是”在新时代、新领域中焕发新生。中国共产党能够不断从胜利走向胜利，重要依靠之一就是改革创新。改革创新，来源于人们能够解放思想，实事求是。时任福建省省长的习近平对全省食品安全管理机构建设给予最具权威、最为全面、最高级别的政策，创造性地设置了一个统一的全省范围的食品安全管理机构，并专设了省治理“餐桌污染”、建设“食品放心工程”联席会议制度办公室，进一步清晰定位了具体机构的职能。习近平在治理“餐桌污染”的工作中对食品安全协调领导机制和监管工作机制作了积极的探索，是党关于

① “习近平：食品安全是‘管’出来的”，载凤凰网，http：//news. ifeng. com/a/20140812/41539252_0. shtml。

转变政府职能、建设服务型政府思想的一个缩影。

第五，体现了现代社会的法制理念，形成了依法治国的良好载体。习近平在治理“餐桌污染”中，重点解决法律法规不健全造成的监管空白和监管重叠问题，并协调利用有限的政府和社会资源，最大限度地解决食品安全重点风险问题，不断深化长效机制建设。通过完善法治，让生产经营者加强自律，生产经营符合市场要求和对公众健康有利的食品，让社会各界积极参与监督企业和市场的运作过程，让消费者了解更多的食品消费知识并提高健康消费能力，真正使政府及其部门、社会各界、生产经营者、消费者都承担起不同程度的责任。这些现代法制的管理思想和方法，反映了新时期的党对治国理政理念和方式所蕴含的规律在认识上的深化，是建设中国特色社会主义文明的法制环境的生动写照。

五、现实意义

2009年以来，食品安全已经成为了百姓关注的头等大事，层出不穷的食品安全问题也使得对食品安全的治理成为了目前各级党委和政府为民办事的首要任务。习近平对“餐桌污染”的治理所形成的思想，虽然形成于多年以前，但对于当今的食品安全治理，依然具有重要的现实意义。

首先，将食品安全治理视为解决民生问题的重要内容，无论是在过去，还是在现在，抑或是在未来，都是应该始终坚持的思想路线与实践原则。造福于民，在任何时期都应该是食品安全治理的出发点。目前，对食品安全的治理，虽然列入了一些政府机关的重要工作项目，但其治理的目的还没有完全上升到解决民生问题、造福百姓的高度上来。单纯地完成任务、满足指标，是无法在食品安全的治理上实现彻底改善和取得突破性进展的。因此，习近平同志将食品安全治理摆在民生工程的重要位置，是对食品安全治理工作意义的准确把握，也是我们各级政府在社会矛盾激增的当下，必须予以明确的办事原则。

其次，习近平对“餐桌污染”进行治理所采取的一系列措施，不仅说明了食品安全的治理是一个复杂的工作，也体现了解决民生问题是一个系统的社会工程。必须从一个完整的社会运行体系的角度来把握食品安全的治理。按照马克思主义的观点，社会运行体系，实际上就是经济基础与上层建筑通过相互作用所构成的体系。习近平同志在食品安全治理方面所形成的思想，实际上体现了一种制度安排，是在经济发展到一定程度后，要求政治制度也要协调发展的体现。这其中，特别要求在政治、法律制度上的维护与保障。当今我们所遇到的食品安全问题，是经济在不断发展的过程中催生出来的一种社会需求，需要通过上层建筑提供有效的制度供给来满足，这样才能保障现行社会运行体系的正常运转。从这个意义上说，进行有效的制度供给，是在当前的形势下，我们的政府在食品安全治理上必须继续坚持的工作。

再次，习近平在治理“餐桌污染”过程中所提出的统筹兼顾、主动作为，并对实践结果负责的思想，充分厘定和理清了社会的基本关系，帮助我们认清了食品安全治理的着力点。尤其是在政府治理与百姓福利上，体现了两种利益的相辅相成的关系。政府治理若有成效，百姓就得福利，从而政府也得到了人民的进一步信任。习近平同志在食品安全治理方面所形成的思想告诉我们，在当今的食品安全问题上，必须要想方设法保障好人民群众的利益，只有通过食品安全的治理，保障好了社会各方的基本利益，我们在食品安全治理上的思想、思路才能进一步得到贯彻与实现。

最后，习近平在治理“餐桌污染”过程中所体现的思想内涵是具有历史性的，它伴随着社会发展而来，也会在社会发展中不断得到进步与提高。一方面，习近平在进入新世纪后与时俱进地提出了系统的食品安全治理思想，说明食品安全问题的出现，是生产力发展水平与经济社会结构所决定的。因此，在现阶段的食品安全治理中，我们应该继续发扬习近平同志在当时勇于创新、勇于实践的精神，不断地想方设法通过党的优秀理论来指导解决实际问题，进一步解放和发展生产力，冲破各项制度的障碍、填补之前的缺陷与空白。另一方面，习近平同志在食品安全治理上的思想仍然具有现实意义的结论告诉我们，食品安全的供给与人民群众对食品安全的需求的满足是一个辩证的无止境的过程，这也是整个社会生产得以延续的前提条件。因此，解决食品安全问题不能超越社会历史条件和发展的进程。在现阶段，我们要把食品安全、经济发展与民生的改善有机地结合起来，通过周密的考虑以及科学的计划，从长计议，并持之以恒。

食品安全法律体系

科学把握食品安全法修订中的若干关系*

徐景和**

2009年2月十一届全国人大常委会第七次会议通过的《食品安全法》，对规范食品生产经营活动、加强食品安全监督管理、提高食品安全水平发挥了重要作用。随着我国食品产业的快速发展，食品安全需求的不断提升和食品安全监管力度的持续加大，现行《食品安全法》的部分内容已不能完全适应经济社会发展的需要，应及时修改和完善。目前，国家食品药品监管总局正研究拟订《食品安全法》修订草案，社会各界对《食品安全法》的修订也十分关注。《食品安全法》修订中应当科学把握以下关系：

一、理念与制度的关系

法律是公共幸福的制度安排。对一部法律进行评价，可以多维度、多视角展开，其中理念最为重要。因为理念是事物运行的灵魂，决定着事物发展的方向、道路和局面。修改《食品安全法》，需要认真研究国际食品安全治理的一般规律，以现代治理理念完善我国的食品安全法律制度。

综观当今国际社会，食品安全治理理念主要有风险治理、全程治理、社会治理、效能治理、责任治理、能动治理、专业治理等。这些理念反映出不同国家和地区在不同发展阶段的食品安全工作的

* 本文原载《法学家》2013年第6期。

** 徐景和，国家食品药品监督管理总局法制司司长。

一般规律和特殊问题。其中，风险治理理念最为重要，其他理念均为风险治理理念所派生或延伸。现行《食品安全法》体现了风险治理理念，确立了食品安全风险监测、风险评估以及风险管理等制度，标志着我国食品安全从传统治理向现代治理、从经验治理向科学治理的转变。

食品安全领域是个始终充满风险的领域。从绝对意义上看，风险无处不在、无时不有；从相对意义上看，风险有轻有重、有缓有急。食品安全治理的策略应当是分类治理、分步实施。多年的监管实践启示我们，有必要以风险治理理念统揽食品安全工作的全局，将风险治理理念更全面、更深入、更系统地贯穿于食品安全治理制度中。为强化食品安全治理理念，有必要在《食品安全法》修订中突出以下内容：一是明确食品安全治理的基本原则。借鉴国外治理经验，《食品安全法》总则中应明确食品安全监管遵循的基本原则，即风险治理原则，并从这一基本原则出发，进一步明确风险治理的目标、过程、态度、方式等要素，如安全至上、全程控制、积极预防、严格管理、社会共治等具体原则。二是确立食品安全治理的基本制度。有必要建立食品安全风险分类分级监管制度。长期以来，在食品安全领域，对食品企业往往基于业态、规模、产权等要素进行分类分级监管，这一分类分级没有抓住食品安全监管的本质和精髓。有必要从风险的角度对食品企业进行分类，政府和企业可以根据风险程度确定食品安全监管的重点、方式、频次等。这样不仅可以节约监管资源，而且可以提高监管效能。三是完善食品安全治理的具体制度。为实现全程治理，在新体制下有必要明确农业行政部门负责的食用农产品质量安全监管、食品药品监管部门负责的食品生产经营监管的关系；为实现社会治理，有必要建立食品安全风险交流制度，鼓励和支持监管部门、评估机构、食品企业、行业协会、新闻媒体、消费权益保护组织等，按照科学、客观、及时、公开的原则，开展食品安全风险交流；为实现能动治理，有必要建立食品企业生产经营状况自查制度和生产经营管理体系社会评价制度，以及时发现解决风险；为实现专业治理，有必要建立食品企业管理人员职业资格制度，不断提升食品安全管理人员的职业素养。

二、体制与机制的关系

监管体制问题属于基础性、全局性问题。进入新世纪以来，围绕科学、统一、高效、权威的目标，我国不断推进食品安全监管体制改革。2013 年国务院对我国食品安全监管体制作出重大调整，将分散的食品安全监管体制改为相对统一的食品安全监管体制。修订《食品安全法》，应当巩固和深化新一轮监管体制改革成果，科学地界定食品安全监管相关部门的职责确保“全程监管、无缝衔接”。

同时，修订后的《食品安全法》应当按照政府职能转变的要求，积极做好职能整合，加强和下放相关工作。如将食品生产、食品流通和餐饮服务三项行政许可，整合为食品生产经营许可，以利于企业跨环节、跨业态经营，减少经营成本；在食品添加剂生产许可的基础上，根据近年来食品添加剂经营中存在的风险，将食品添加剂的销售活动纳入许可，强化食品添加剂销售环节的监管；下放小生产加工作坊、小食品店、小餐饮店和食品摊贩等监管规则的制定权到省级人大或者省级政府行使，确保各地能从本地区的实际情况出发做好食品安全监管工作。

监管体制的变革必然带来监管责任格局的变革。食品安全责任落实到位，不仅有赖于法律制度的设计，更有赖于治理机制的健全。机制，包括作为事物运行的载体或者平台，如综合协调机制、全程监管机制、应急处理机制、案件移送机制，也包括事物运行的机理或者动力，如责任追究机制、绩效考核机制、信用奖惩机制、社会参与机制等。作为载体的机制，其核心功能是整合资源、形成合力。作为机理的机制，其核心功能是落实责任、形成动力。这些机制能通过激励与约束、褒奖和惩戒、自律和他律等手段，激活行为人趋利避害的本性，强化行为人的责任感和使命感，调动行为人的积极性和主动性，提升行为人的执行力和创造力。多年的监管实践证明，缺乏机制支撑的法律往往沦为“死法”，难以发挥预期的作用。要使“书面上”的法律变成“行动中”的法律，强化机制建设是修订《食品安全法》所需要特别关注的问题。

除了强化律责任这一传统机制外，修订《食品安全法》还应特别注重治理新机制度的运用。一是建立责任约谈机制。对于在生产经营过程中存在安全隐患，未及时采取措施消除的食品企业，食品安全监管部门可以对其法定代表人或者主要负责人进行责任约谈。二是建立绩效考核机制。各级人民政府对在食品安全工作中取得显著成绩的单位和个人，应当及时给予表彰奖励。三是建立有奖举报机制。县级以上地方政府应当落实财政专项资金，对查证属实的举报，给予必要的奖励。

三、政府与企业的关系

在食品安全保障中，政府和企业承担着不同的责任。企业作为食品的生产经营者，对食品安全承担第一责任。政府对企业安全承担监管责任。事实上，在食品安全风险知悉程度、控制能力以及食品安全管理目标、重点和管理手段等方面，政府和企业间存在着一定的差异。随着科学技术的发展，从农田到餐桌的食品生产经营活动日趋复杂，只有食品生产经营企业才能对其生产经营活动了如指掌，采取有效的措施应对食品安全风险。企业的食品安全意识、安全措施以及管理水平直接影响乃至决定着企业的食品安全状况。保障食品安全，必须将治本措施落在企业。

修订后的《食品安全法》应当进一步强化企业食品安全第一责任。一是建立食品安全追溯管理制度。食品企业要充分利用现代信息技术，保障企业的食品来源可溯源，去向可追踪。二是建立网络食品交易管理制度。有必要明确网络食品交易第三方平台提供者应当取得食品生产经营许可，对网络食品经营者承担相应的管理责任；未履行法定管理义务，导致食品消费者的利益受到侵害的，网络食品交易第三方平台提供者应当与食品经营者承担连带责任。三是建立食品企业自查制度。由食品企业的法定代表人、主要负责人或者食品安全管理人员对食品安全法律法规和标准执行情况进行自我检查，从而实现自我约束、自我提高。四是建立食品安全社会评价制度。由食品企业定期聘请社会专业机构对企业生产经营管理体系进行专业评价，食品企业应当将评价结果及时报监督管理部门备案。五是建立临近保质期食品消费提示制度。食品经营者销售临近保质期食品的，应当通过适当方式向消费者提示。六是建立食品安全强制责任保险制度，根据风险程度逐步推动企业投保食品安全强制责任险。

同时，也要强化政府及其监管部门的食品安全责任。可借鉴国外立法经验，建立食品安全风险分级监督管理制度，根据食品安全风险程度确定食品安全监督管理的重点方式、频次等，提高食品安全监管效能。在现行《食品安全法》规定国家建立食品安全风险监测制度、风险评估制度、食品生产经营许可制度、食品添加剂生产许可制度、食品安全信息统一公布制度、问题食品召回制度外，增加国家建立食品安全责任强制保险制度、食品安全风险分类分级制度、食品安全管理人员职业资格制度、食品安全事故应急处置制度、食品安全有奖举报制度等，进一步强化政府对食品安全的责任。

四、中央和地方的关系

在食品安全政府监管格局中，如何处理好中央和地方的关系，也是《食品安全法》修订中应当关注的问题。特别是国务院决定取消食品药品监管、质量监督、工商行政部门的垂直管理体制后，地方政府对食品安全负总责的要求被摆上重要的位置。《食品安全法》颁布后，各级政府在建立全程监管和责任落实机制、评估食品安全状况、开展监管绩效考核、制订年度监管计划、加强监管能力建设、推进监管资源整合、指挥突发事件应对、报告食品安全事故等方面进行了积极探索。当前，需要进一步完善地方政府食品安全监管责任体系，同时采取更加有效的机制使地方政府的责任落到实处。

修订后的《食品安全法》有必要补充、强化地方政府的食品安全责任。一是食品安全工作纳入当地国民经济和社会发展规划，加强对食品安全的统筹规划和科学安排。二是加强监管能力建设，为食品安全监督管理工作提供保障。国务院有关部门制定食品安全监管能力建设标准，明确各级政府食品安全监管能力建设要求，并可对地方政府食品安全监管能力建设状况进行评价。三是落实工作经费。地方人民政府应当将食品安全监督检查、风险监测、宣传教育、能力建设等工作经费纳入同级财政预算，其增长幅度不应低于财政收入增长幅度。地方人民政府应当落实食品安全有奖举报专项资金。四是食品安全检验、信息等资源整合共享，实现内涵式集约化发展。五是严惩地方政府失职渎职。

在明确地方政府食品安全责任的同时，也应当强化中央政府在食品安全领域的责任。一是进一步完善食品安全监管体制，有必要将公安行政部门纳入食品安全监督管理体系，打击食品安全犯罪行为。二是强化国民食品安全素质教育。国家应当将食品安全知识纳入国民素质教育，普及食品安全知识，开展食品安全公益宣传。三是完善食品安全监管制度，完善涵盖食品生产经营全过程和各方面的监管制度。

五、监管与治理的关系

从食品安全监管到食品安全治理，表明食品安全工作的视野更开阔、思维更开放、意识更现代。新一届政府强调食品安全社会共治，努力形成企业负责、政府监管、行业自律、社会参与、法治保障的食品安全治理新格局。

现行《食品安全法》已体现社会治理的理念，对此需要有效的制度机制加以落实。一是确立食品安全社会共治原则。食品安全拥有最广泛的利益相关者，食品安全风险源于社会生态环境，食品安全治理需要广泛依靠社会力量。因此，有必要在总则中确立食品安全社会共治的基本原则。二是建立风险交流制度。该制度是食品安全风险分析模式的重要组成部分。食品安全监督管理部门、食品安全风险评估机构应当按照科学、客观、公开的原则，畅通交流渠道，组织食品企业、行业协会、检验机构、新闻媒体、消费者等开展食品安全风险交流，分析食品安全问题产生的原因，研究解决问题的对策和措施。三是建立多元参与机制。食品行业协会、消费者协会等，应积极参与食品安全风险评估、食品安全标准制定、食品安全公共宣传、食品安全评价、食品安全社会监督等工作。四是建立有奖举报制度。鼓励社会各界和公众参与食品安全监督。为促进食品安全社会共治，保障社会各界对食品安全的知情权、参与权和监督权，修订后的《食品安全法》应当将公开透明作为食品安全监管工作的基本原则：制定食品安全标准应当公开透明；食品安全风险交流应当公开；食品安全标准备案应当公布；企业销售临近保质期食品应当通过适当方式向消费者提示；食品安全信用记录应当公开；食品安全信息应当及时公布。

实现食品安全社会共治，除应完善行政和刑事责任外，还应重视民事责任制度建设。现行《食品安全法》规定的食品安全惩罚性赔偿制度、民事赔偿责任优先原则、虚假广告中推荐食品者承担连带责任，发挥了很好的作用。《食品安全法》修订可以增加以下制度：一是法律责任连带制度，如网络食品交易平台提供者应与食品经营者承担连带责任，食品虚假广告的设计者、制作者、发布者与食品产业经营者的连带责任等。二是最低额赔偿制度，即生产不符合食品安全标准的食品，或者销售明知是不符合食品安全标准的食品，消费者可以向生产者或者销售者要求支付一定价款或者损失倍数的赔偿金；赔偿的金额不足一定数量金额的，赔偿一定数量的金额。三是举证责任有限倒置，即食品生产经营者提供的食品造成他人损害的，应当承担侵权责任；食品生产经营者应当就法律规定的不承担责任或者减轻责任的情形承担举证责任。

食品安全法制若干基本理论问题思考*

王晨光**

食品安全在我国从来没有像现在这样备受质疑，也从来没有像现在这样受到如此的高度重视。确保食品安全可谓是众盼所归。在众多食品安全治理的手段和机制中，越来越多的人认识到，运用法治手段治理食品生产、流通、经营和消费是确保食品安全的可靠制度保障。这不仅符合全面推进依法治国的时代要求，也可以有效地解决食品从生产到消费所涉及的部门多、环节多、生产经营者多、地域跨度大等一系列棘手问题，依法行政，依法治理，形成一体化的食品安全治理体系。为此，有必要首先厘清食品安全法制的几个基本理论问题，以便有针对性地建章立制，形成良好的食品生产经营全过程的法治状态。

一、食品安全法的性质和立法定位

食品安全不仅关系到消费者的经济利益，而且直接关系到广大消费者的人身健康。可谓一餐一饭，关乎民生。食品安全不像一般产品，不是简单的生产厂商与消费者之间的小事，而是关乎国民健康和社会发展的“重大的基本民生问题”①。在这一意义上，食品安

---

* 本文原载《法学家》2014年第1期，本书收录时有修改。

** 王晨光，清华大学法学院教授、卫生法研究中心主任、中国法学会卫生法研究会副主任。

① 汪洋：“食品药品安全重在监管”，载《求是》2013年第16期。

全是我国进入小康社会的标志；没有食品安全，就不会有也不可能实现中国梦。

食品安全法是加强食品安全法治建设的基本法律。之所以说它是基本法律，首先是因为食品安全法所要调整的范围远远超出了仅仅涉及一个专门领域的部门法范围。食品产业横跨农业（包括渔业和林业）、工业和商业（包括进出口行业）多个领域，其相应的主管和监管众多，其中既要依赖市场机制的作用，又要发挥行政管理和社会监督的功能。因此，食品安全法的修订有必要跳出“非基本法”的单一领域部门法的概念，要起到综合规范和调整食品生产、流通、经营和消费的所有环节、领域、区域和部门的基本法作用。

其次，食品安全法涉及行政法、商法、民法、刑法等多个部门法领域，与这些部门法中的众多条文具有密切的关系，甚至其很多条文本身就分别具有行政法、商法、民法、刑法的性质。因此，它不是单纯的“行政法”，而是要把不同的部门法的规定纳入一部法律，具有多重法律的性质。这就需要从而立法上注意与其他法律相关规定的衔接，从执法上注意多部门在整个食品生产、流通和经营全过程的协调一致，形成全过程、全方位的监管体系，并从司法上注意食品领域的独特性，强化对食品犯罪的处罚力度。举例而言，现行《食品安全法》中仅有第 98 条规定“违反本法规定，构成犯罪的，依法追究刑事责任”。这一笼统规定与现有刑法和有关司法解释的规定有较大差距，造成了对违反食品安全法规定的犯罪行为处罚不力的状况。

最后，食品安全法的实施具有跨地域和部门的特点，各个地区和部门在执法和对食品行业的监管过程中都发挥着不可或缺的作用。如果把食品安全法定位于规范具体部门（如国家食品药品管理总局）或具体领域（如食品加工和流通）的工作，就难以真正建立科学有效的食品安全监管体系，也难于消除食品安全问题层出不穷的困境。

基于上述原因和食品安全在我国社会发展中的重要性，有必要把食品安全法从由全国人大常委会通过的“非基本法”升格为全国人大全体会议通过的“基本法”。这样才能够更有效地解决食品安全法（非基本法）与诸如刑法（基本法）的对接，并根据新的食品安全法修改刑法有关规定或制定专门的惩罚食品安全犯罪的刑法修正案。“食品药品监管体制改革，核心就是‘整合’‘统一’‘加强’。”[1]食品安全法的法律位阶如果不提升为“基本法”，就很难消除多头管理体制的弊端，很难真正形成食品安全监管的无缝衔接。

二、食品安全与监管的关系

食品的安全性和营养性是食品生产、流通、经营和消费的灵魂，其中安全性是营养性的基础，因而是最核心的特性。任何违反安全标准的食品都意味着丧失了食品的基本属性，因而就不应被投入市场，不应被出售给消费者食用。

食品的安全性是从哪里来？每当食品安全成为社会关注的热点问题时，社会大众和监管部门的第一反应往往是“乱世用重典”。那么，食品安全是重典治理出来的吗？显然，食品安全不是监管或惩罚出来的，而是生产出来的。食品安全的治理乃至重刑的作用是确保食品生产经营者在生产经营过程中以食品安全性为根本宗旨，生产经营出安全食品。食品安全法的作用也是如此。因此在处理食品安全问题时，不能以是否处理了责任人为最终目的；在修订食品安全法的过程中，也不能仅仅以是否进行了法律上的完善为目的，而是应当以是否建立了确保食品安全的生产经营制度和机制，从而确保生产和经营的食品的安全性为最终目的。可见，建立食品安全法制并非目的，而是确保生产和经营的食品具备安全性的制度保障。

这种保障食品安全的法制虽然不能直接生产出安全的食品，但却是确保食品安全不可或缺的制度保障。因为在市场环境中，追逐利润是市场主体从事市场活动的主要动力。追逐利润可以给生产经营者正面的信号，即通过通过产品的质量和安全性提升其产品的档

---

① 汪洋：“食品药品安全重在监管”，载《求是》2013年第16期。

次和知名度，并占据更大的市场份额，从而成为提高产品质量和安全性的动力。但是追逐利润也可能给生产经营者负面的引导，即通过偷工减料，甚至弄虚作假或使用有害替代品来降低市场经营成本，从而达到获取更大利润和市场份额的目的。市场不会自动把市场主体变成具有良好道德情操的生产经营者，市场本身也会造成无序或恶性竞争状态。因此需要多种社会规范体系，如道德体系和法制体系，来扬善抑恶，确保建立良好的市场机制。在关乎国民健康和社会发展的食品生产经营领域，如何确保食品生产经营者能够接受市场的正面信号，在保障食品安全的基础上获取利润和更大的市场份额，确保其不受市场负面信号的诱导，不以牺牲食品安全为代价来获取利润和市场份额，就成为食品安全法制无可替代的重要使命。

在明确了食品安全与监管之间的关系后，有两个问题值得给予注意。一是食品监管应当与市场机制相吻合。因为食品的生产、流通和经营是市场化的活动；政府对食品安全的规制和监管是政府通过行政和社会的力量对市场正面功能和效果的发扬和对负面功能和效果的抑制；因此政府和社会对食品生产经营活动的规制与监管必须法律化，也必须符合市场运行的基本规律。食品安全法制与市场在资源分配中的决定性作用和市场规律并不矛盾，而应当是一致的，即食品安全法制应当充分发挥法律的规范、引导、惩处、教育和建制的作用，在尊重市场规律的基础上依法进行规制和监管。二是食品安全法制的作用不仅仅是处罚，而且更应当关注确保食品安全生产经营的良好市场机制的培育。规制和监管实际上也包括对良好市场的培育。在修订食品安全法的过程中，我们应当拓宽视野，不仅关注“乱世用重典”的问题，而且更加关注确保食品安全的良好市场机制的培育和形成。

三、加强食品行业生产经营者的法律责任

食品安全是生产出来的，那就需要通过法律制度加强并落实食

品生产经营者在生产、流通和经营过程中相应的法律责任，强化其食品安全意识。由于我国食品生产、流通和经营处于主体多样化的现状，因此需要对其进行类型化的梳理。我国食品行业的主体类别大致上可以按照规模划分为大中型食品企业（包括外资和合资企业）、小型食品企业、小作坊式的食品生产经营组织、个体食品生产经营者；按其法律性质可以分为法人、合伙、个体工商户和无照经营者；按照生产经营的领域可以划分为从事食品原料（农林牧等）生产、食品生产和加工、食品流通和存储以及食品销售的各种生产经营者。

对于不同领域的生产经营者，监管的内容、标准和程序显然应当分别制定和实施，即分类管理。在这一分类管理的基础上，还应当根据生产经营者的规模和性质进一步进行分类管理。规模划分与性质划分可以大体上相对应，即大中小型食品企业都是企业法人（包括国有、合资和民营），有些小型企业和经营组织是个人合伙，大多数个体生产经营者是个体工商户，而没有获得任何食品生产经营而从事这些活动的则是无照经营者。虽然食品生产经营在我国呈现遍地开花的局面，但如果按照其规模和性质，有针对性地采取分类管理的模式，则会提高法律监管的水平，有效地保障食品安全。

分类管理模式的思路可以体现在新的食品安全法之中，其具体方案则需要在细则或具体工作方案中加以规范。但是不论其规模和性质如何，凡是从事食品生产、加工、流通和经营的主体都必须承担保证食品安全的法律责任。国务院2013年颁发的《关于地方改革完善食品药品监督管理体制的指导意见》（以下简称为《指导意见》）明确提出要“建立生产经营者主体责任制”“建立健全督促生产经营者履行主体责任的长效机制”。[①] 这种“主体责任制”准确地抓住了食品安全的最为关键的环节，即生产经营过程是食品安全的决定因素，食品生产经营者必须要承担保证食品安全的首要法律责

① 国务院：“关于地方改革完善食品药品监督管理体制的指导意见”，2013年4月10日颁发。

任。在法律上是将其规定为“主体法律责任”“首要法律责任”还是“主要法律责任”，或是规定生产经营者为“第一责任人”“首要责任人”还是“主体责任人”，则是可以进一步讨论的立法技术问题。[①] 通过这种规定，要使每一个食品生产经营者都必须树立一个明确的法律责任意识。生产经营食品确实与其他非直接进入体内并影响人的生命健康的产品不同，因此每一个从事食品生产经营的企业和个人，都应当在在进入这一行业的时候就被明确告知这一责任。政府的监管部门在审核其准入的过程中应当具有明确告知的义务，每一个生产经营者也必须明白并承诺对食品安全的主体责任。

明确生产经营者的主体法律责任意识仅仅是第一步，更为重要的是督促它们建立健全内部监控机制。意识要通过制度才能够得到切实保障。我国《食品安全法》在第32条规定“食品生产经营企业应当建立健全本单位的食品安全管理制度”，在第34条中规定“食品生产经营者应当建立并执行从业人员健康管理制度”。这两条分别规定了“食品安全管理制度”和“从业人员健康管理制度”。这些规定主要都是针对企业或具有规模的生产经营者，对于大量分散的个体工商户则很难形成有效的制约；而且对规模企业而言，笼统的“管理制度”似乎也没有明确的制度要求，难以落实。我们在修订食品安全法时，不妨借鉴在金融危机后各国政府对金融机构加强监管，要求其必须建立“风险内控机制”的经验，在法律上要求所有从事食品生产经营的企业和经济组织（个人合伙等）都要建立健全内部的食品安全监控机制。这一机制应当包括安全监控队伍（人员）、监控制度、监控程序、安全风险预警和应对措施、信息保存和披露方式等内控机制。政府和社会监管机构则负有对机构内控机制进行督促、培训、检查和处理的责任。这样可以把现在主要依赖外在监管

① 本文作者认为：无论是“第一”还是“首要”都不是既定的法律术语，虽然它强调了明确的食品生产经营者应当承担的法律责任，但又不能一概而论地将其列为第一或首要，如他人在食品中投毒的情况。因此，采用“食品生产经营者应当对其生产经营的食品承担确保食品安全的法律责任”即可。

的食品安全监控模式变为主要依赖内在监控的模式，并把生产经营者的主体责任落到实处。对于大量的没有组织形式的个体工商户和其他生产经营者而言，也应当有针对性地要求其建立健全相应确保食品安全的标准、程序和措施。如有违反，有关监管机构就可以进行处理。

建立并落实食品生产经营者主体责任的还需要对其责任的构成进行新的探索。一般民事和刑事责任的认定都需要有危害后果的发生，而食品安全责任不一定都要依赖是否有危害后果的发生。只要违反相关法律或相关规定的标准、程序和方法进行食品生产经营的，就应当像处理“醉驾”那样，对其行为进行处罚，而非是否致人生病或死亡为判断标准。例如，在欧洲2013年发生的“马肉事件”中，虽然在牛肉中搀杂马肉后并没有出现“有毒”“有害”的物质，也没有造成人身健康的损害后果，但是这种有意搀假和伪造信息的行为已经构成了违反食品安全的法律规定，构成了违法犯罪，欧洲各国纷纷给予严厉打击。[①] 因此，对于违反食品安全行为的构成按照行为犯的要件进行规范更为符合食品生产经营的规律。

对于流动性强、卫生意识差、安全保障弱的食品个体生产经营者和小摊贩，也应当积极将其纳入法律治理的范围，严格依法治理。这就需要制定具体的具有操作性的实施办法或地方法规，建立明确的市场准入和安全监管制度。[②] 对于没有获得从事食品生产经营资格的个体经营者和小摊贩，除法律和政策另有规定的外，应当依法制止其食品生产经营活动，形成社会共识，逐步改变食品行业无序进入和无人监管的乱象。

---

① 孙娟娟：“马肉风波：从公众健康保障到消费者利益保护”，载《食品安全法治》2013年7月第1、2期。

② 薛塞峰：“宁夏回族自治区食品生产加工小作坊和食品摊贩管理办法”，载中国法学会食品安全法治研究中心编：《2011年中国食品安全法治高峰论坛——通过法治实现食品安全》2012年1月版。

四、建立全社会共治的有效联动机制

食品生产经营不仅在参与主体上呈现多样化的形态，而且在涉及领域、地域和监管机构方面呈现出分散化和碎片化的局面。比如牛奶、肉类等初级农副产品的生产往往与个体经营联系在一起。这种状况给我国食品安全治理带来了巨大的困难。如何形成社会共治的联动体制就成为食品安全治理成败的关键。面对这种分散化和碎片化的格局，如果仅仅依靠政府机构治理，显然是不现实的。因此，除了上述强化食品生产经营者食品安全内控机制外，还应当调动与食品生产经营有关机构、组织和人员的积极性，建立全社会共同治理的联动机制。

全社会共治的联动机制的中枢是政府监管机构。它负责制定食品安全标准，审批市场准入资格，监管从田间到餐桌的各个生产、流通和经营环节和全过程，监管食品生产经营的信息，防范食品安全风险，查处违反食品安全行为等主要工作，同时还应当负责建设社会共治的联动机制及其有效运行。政府职能部门的监管需要科学配置监管力量，“根据各监管环节、各层级要实现的功能和目标来设置机构、配备人员。要把监管资源向上游倾斜，力量下沉，增加生产加工环节的一线巡查执法力量，在源头构筑有效的监管防线”。[①] 政府监管部门还需要进行有效的协调，消除部门利益、地方保护等体制束缚，实现统一监管。国务院《指导意见》明确提出：“省、市、县级政府原则上参照国务院整合食品药品监督管理职能和机构的模式，结合本地实际，将原食品安全办、原食品药品监管部门、工商行政管

① 冯鸣：“食品安全监管体系的短板与解决路径”，载《光明日报》2013年8月8日。

理部门、质量技术监督部门的食品安全监管和药品管理职能进行整合，组建食品药品监督管理机构，对食品药品实行集中统一监管，同时承担本级政府食品安全委员会的具体工作。”尽管新的食品药品监督机构已经成立，但是距离形成真正统一的食品安全监管体制还有很大距离。一是农业等生产食品初级产品的领域并不在食品药品监管机构的管辖范围，外贸海关等食品检验和查处个体食品生产经营者或小作坊的权限也不完全在食品药品监管机构，因此如何形成众多政府监管部门的有机合作仍然需要大胆的探索，从而真正形成“统一监管”的机制，并在法律上将其确立。二是我国地域广大，从中央到地方各级政府层级分明。在中央政府部门权力下放进程中，新的国家食品药品监督管理总局也有意把一些监管审批权限下放给地方。这里确实有其一定的科学规律和道理，但是权限下放也必然出现由于地方保护主义等原因而造成各地监管不统一的问题，而监管不统一又势必造成食品安全的潜在风险。针对上述两种现象，有必要强调建立“统一监管”制度的必要性，把主要监管职能尽可能地集中到国家食品药品监督管理总局及其地方下属机构中，在各级政府的组织领导下，形成统一的和垂直领导的食品药品监管体制。形象而言，就是要改变“九龙治水”的局面。

首先，应把政府不同部门（九龙）整合为统一的监管体系，实现“一龙治水”。然而统一的监管体系并不意味着只能由一个部门来监管，这在任何国家都不可能真正实现，而是要把不同的部门按照其主管领域和监管手段组合成一个有机的整体，即一条龙。这就进而要求这条龙必须有协调一致的龙头，来协同龙身的各个部分，也就是形成以国家食品药品监督管理总局为龙头，多部门通力合作形成的一条龙。如果这一垂直的统一监管体制在当前无法建立，至少也要明确建立“监管标准”“监管程序”“市场准入”“法律责任”和“执法力度”的统一。

其次是各种食品行业协会、职业团体、有资质的监察机构等社会组织和第三方。它们应当在政府支持下发挥行业自律、行业标准制定、行业内部监督、行业培训等作用。随着政府职能转变，一些政府承担的监管工作还可以通过转移给行业协会等社会组织来承担；政府通过支付经费或购买其服务等形式发挥这些组织的作用。这样不仅能够使得政府监管机构集中力量和精力管好政府该管的事，还能够发挥社会组织的积极性和作用，形成良性的全方位监管态势。

再次是消费者保护协会和广大消费者群体。他们是食品的消费者或是其代表，是发现食品安全问题的众多触角。如果食品安全问题没有在市场流通等环节中被发现，他们就是最直接受到损害的受害者。因此，对于他们的维护消费者权益的诉求必须要给予高度的重视和及时的反馈。尽管消费者保护法赋予他们通过协商、仲裁或诉讼解决其诉求的权利，但在实践中，这些纠纷往往被视为个体消费者保障其权益的个案，而没有形成对相关食品安全进行监管的连锁反应。因此，在修改食品安全法的过程中应当在保护个体消费者权益的基础上，更加强调监管食品安全联动机制的建设，使得消费者成为发现食品安全问题的尖兵，从而使发现的个案触发相应监管机制联动反应的制度运行，形成有效的全社会共治。

最后是通过非诉讼和诉讼渠道解决各种食品安全纠纷的机构，即调节、仲裁等组织和司法机关。它们在解决个案并通过个案推动食品安全法制中起着关键性的裁判者的作用。

如果以政府主管机构为中枢，把上述政府机构、各种社会组织、消费者和全社会人员在食品安全监管中的作用有机地组合到一起，各方依法承担相应的监管职能，加上食品生产经营者作为主体责任人发挥内部监控的作用，就能够形成食品安全联动的机制，形成全社会共治的体制和氛围。

五、食品安全的基本原则

食品安全法制是保障食品安全不可或缺的制度保障。根据食品行业的特点，食品安全法制应当具有对食品行业进行监管的基本原则。它们应当包括下面一些内容。

（1）食品安全至上原则。它要求所有食品生产经营者必须把食品的安全放在高于其他诸如追求利润等目的之上，以安全性统领所有食品生产经营活动。它应当贯穿于食品安全标准的设定、生产经营者的准入、生产经营过程的监控、风险的防范和治理、纠纷处理等所有领域和活动。

（2）预防为主原则。食品安全问题一旦出现就会造成不可逆转的损害结果，因此预先防范可能出现的食品安全问题是最好的保障食品安全的方法。根据这一原则，我们应当建立食品安全风险评估制度、生产经营者内部监控机制和及时反应的安全应对等机制。

（3）食品生产经营者承担主体法律责任的原则。如前所述，食品安全是生产出来的，因此食品生产经营者对食品安全应当承担首要的法律责任。具体而言，这些主体责任包括自行监控的责任，对社会公众和消费者健康所负的责任，企业的社会责任，因食品安全问题产生的行政、民事和刑事责任。食品生产经营者所承担的主体法律责任并不意味着免除其他参与者或监管者应付的法律责任。在其他参与者和监管者因违反了相应的法律规范时，应当依法承担其相应的法律责任。

（4）全程监管原则。它意味着监管机构应当对食品生产经营的全过程进行监管，不仅要监管生产经营的节点或结果，而且要监管生产经营的全过程；不仅要进行资料审查等静态监管，而且要对生产经营的过程进行动态监管；不仅要采用检验审批等传统手段进行监管，而且要采用信息技术等手段建立食品安全信誉体系、安全预警和责任追究等机制，形成对食品生产经营的全过程和全方位监管。

（5）政府主导和社会共治原则。它首先要求发挥政府机构的主导作用，各个部门必须以确保食品安全为宗旨，超越部门本位和部门利益，站在全社会和食品安全的高度，通力合作，发挥政府的主导作用；其次要发挥生产经营者确保食品安全的主体作用，明确其对生产经营的食品所负有的不可推卸的法律责任，建立健全企业内部质量监控机制，从源头上杜绝或降低食品安全风险；再次要发挥其他食品安全监管社会组织、舆论、消费者和公众的参与作用，形成食品安全的社会氛围和环境；最后是实现上述多方面在食品安全监管体制中的无缝衔接，建立有效的食品安全监控社会联动机制，实现食品安全的社会共治。

（6）信息公开和及时反映处理的原则。信息公开能够保证监管机构和社会公众的参与，能够建立有效的信息溯源机制，能够形成食品行业的信用体系，把商品生产经营者的主体法律责任和其他机构的相应法律责任落到实处。

（7）严格执法原则。食品安全隐患和风险的存在往往由于监管部门监管不到位或执法不严造成的。没有严格的依法监管，就会形成错误的信号和误导，产生“劣币驱逐良币”的负面效果。因此，严格执法是形成食品安全法制的支点。对于我国食品安全问题迭出和违法成本大大小于可获利益的现状，严格执法更具有现实必要性。

食品安全惩罚性赔偿制度的立法宗旨与规则设计*

高圣平**

在“重典治乱”与“社会共治”的背景下，食品安全惩罚性赔偿这一“沉睡”着的制度又面临着修改。坊间的讨论大多集中于食品安全惩罚性赔偿金的计算基数如何修改、计算倍数是否提高、应否规定最低限额等。在理论上尚需厘清的是，食品安全惩罚性赔偿制度的功能抑或立法宗旨究竟是什么？在实务中尚需了解的是，现行制度的司法适用现状如何？是不是必须修改？这些均直接影响修法时的制度设计。

一、食品安全惩罚性赔偿制度功能的再认识

《食品安全法》规定惩罚性赔偿制度的目的在于“惩罚食品生产经营者生产或者经营不符合食品安全标准的食品这一性质比较严重的违法行为，更好地保护权益受到侵害的消费者的合法权益，补偿他们在财产和精神上的损失”，威慑不安全食品的生产和经营。

在这里，明确传达着食品安全惩罚性赔偿制度的惩罚、威慑和填补损害的功能。对食品安全惩罚性赔偿制度功能的把握直接决定了相关的规则设计。美国学者认为，惩罚性赔偿制度的主要功能在

---

* 本文原载《法学家》2013年第6期。

** 高圣平，中国人民大学法学院教授。

于惩罚、威慑不法行为人的恶行，并且防止将来类似行为再次发生；次要功能在于强化法律执行与赔偿损害，亦即借由丰富的赔偿金奖励私人提起诉讼，将不法行为人绳之以法，并进一步赔偿受害人，使侵权责任法的回复原状功能得以落实。

简而言之，就是"惩罚、威慑、使私人协助执法和补偿"。国内学者对此的认识不尽一致，有主张"补偿和惩罚"者，也有主张"惩罚有严重恶意的行为，并吓阻这种违法行为的发生"（即"惩罚和威慑"）。我国食品安全惩罚性赔偿的主要功能究竟应包括哪些？下面逐一探讨。

第一，就使私人协助执法而言，虽然其在我国仍具意义，可以调动人们积极与生产、销售假冒伪劣产品的违法行为作斗争。但是，这种诱导私人追诉不法的功能，其实就是在增强法律威慑不法行为的效果，因此可以归于威慑功能之下。换言之，惩罚性赔偿是以提供超过填补性赔偿的利益为诱因，鼓励人们行使权利，从而达到威慑违法行为的目的。

第二，就填补损害赔偿而言，我国民法上素以填补性赔偿为基本原则，以回复权利未受侵害时的圆满状态为基本目标，但就《食品安全法》第 96 条的规定而言，填补性赔偿与惩罚性赔偿分款分别规定，两者互不隶属、并行不悖。虽然美国惩罚性赔偿制度在历史上因填补当时填补性赔偿未予承认的精神损害而具有填补性的功能，且至今仍具有填补未能为填补性赔偿所涵盖的律师费、诉讼费的功能，但在我国，诉讼费由败诉方承担，精神损害和律师费均可由填补性赔偿所涵盖，在食品安全惩罚性赔偿中由《食品安全法》第 96 条第 1 款所囊括，无须在惩罚性赔偿中考虑填补损害的问题。由此可见，我国惩罚性赔偿制度并无填补损害的功能。

第三，就惩罚功能而言，惩罚性赔偿令不法行为人负担超出填补性损害赔偿的责任，实际上起到了惩罚的作用，这也是惩罚性赔偿的题中之义。但这却有悖于民事责任在法律责任体系中的定位，学说上最主要的责难就是，惩罚性赔偿混淆了私法的补偿功能和公法的惩罚功能。

不过，公法、私法的划分，民事责任和行政责任、刑事责任的分野本是社会演进的结果，是法律在技术层面的区别，在价值理念上它们所追求的目标都是一致的，即保护个人的合法权益。在行政责任和刑事责任的追究存在漏洞的情况下，民事上的惩罚性赔偿即能起到惩罚的作用，尤其在我国，“监管部门监管不到位、执法不严格，部门之间存在职责交叉、权责不明的现象”更加证明了在民事责任中增加惩罚性赔偿的正当性。同时，就某些不法行为因公法上政策考虑或公权力资源欠缺等考量，或仅因立法疏漏，未能纳入行政责任或刑事责任范畴之中，或立法者认为某些不法行为即使追究公法上的责任，也未必能达到惩罚的目的，实有必要通过民事上的惩罚性赔偿来达到惩罚的目的。

第四，就威慑功能而言，惩罚性赔偿通过设立典范，使一般人不敢从事与被告相当或类似的不法行为（一般威慑），也使被告以后不敢再犯，以免负担重大赔偿（特别威慑）。为了发挥威慑作用，惩罚性赔偿的制度设计需要考虑以下因素：首先，应让潜在行为人明了，其预定要从事的行为是被禁止的，且应受重罚；其次，潜在行为人需有能力控制风险而改变其行为；最后，潜在行为人须有意愿改变其行为。

综上，我国惩罚性赔偿的主要功能是惩罚与威慑，补偿和使私人协助执行法律都不是惩罚性赔偿的功能，而是普通民事赔偿。但就惩罚与威慑之间的关系，学术界却存在不同主张。有学者认为，威慑是通过补偿、惩罚等方式而发挥出来的，“惩罚的目的就是通过使被告承担惩罚性赔偿责任而对社会不特定人产生威慑，从而形成遏制作用”。本文认为，惩罚性赔偿是借惩罚过去的不法行为，作为典范来遏制未来不法行为的发生。惩罚只是手段，威慑才是真正的目的。从文献来看，绝大多数著作也都是以威慑的观点立论。本文同时认为，无论采取哪种观点，惩罚和威慑均应列为惩罚性赔偿的独立功能。惩罚性赔偿的惩罚功能着眼于对已经发生的不法行为的否定和制裁，以不法行为人的主观恶性和可责难性为基础来判断是否适用惩罚性赔偿以及确定惩罚性赔偿的具体数额；而惩罚性赔偿的威慑功能则在于通过惩罚性赔偿设立典范，遏制将来类似不法行为的发生，以对不法行为的控制效果为基础来确定惩罚性赔偿的具体数额，既不能威慑过度，也不能威慑不足。由此，惩罚性赔偿应被界定为：在填补性损害赔偿之外，为惩罚恶意行为人的不法行为以及威慑行为人或他人于未来从事类似的不法行为而给予的赔偿。

二、食品安全惩罚性赔偿应以故意或重大过失为前提

惩罚性赔偿制度的存在自有其法理基础与功能，正如前述，其主要功能在于惩罚与威慑，因此，只有在不法行为具有恶意，亦即具有可责难性时，才给予惩罚性赔偿。根据《食品安全法》第 96 条的规定，对于生产者，不论其有否主观恶意，只要生产了不符合安全标准的食品就可能要承担惩罚性赔偿责任；对于销售者，只有“明知”销售的是不符合食品安全标准的食品时才承担惩罚性赔偿责任。这一规定对于食品生产者和食品销售者采取不同的主观归责标准，值得商榷。

第一，该规定不符合惩罚性赔偿的基本法理。其对于遏制食品生产者的违法行为虽有积极意义，但惩罚性赔偿是针对那些恶意的、在道德上具有可责难性的行为而实施的，只有行为人主观过错较为严重的场合，才能适用惩罚性赔偿。因此，对因一般过失或轻微过失而生产了不符合安全标准的食品的生产者实施惩罚性赔偿，显得过于严厉了。

第二，就惩罚性赔偿的适用，《侵权责任法》第 47 条规定：“明知产品存在缺陷仍然生产、销售，造成他人死亡或者健康严重损害的，被侵权人有权请求相应的惩罚性赔偿。”这里，惩罚性赔偿责任要求生产者和销售者都是“明知”，并未对两者作出区分。从《食品安全法》和《侵权责任法》的颁布时间顺序上看，《侵权责任法》

颁布在后，这是否意味着立法政策的改变。

第三，从立法史看，《食品安全法（草案）》第 96 条第 2 款对生产者也曾有“明知”要求，但有些常委会委员在审议时提出，“生产者生产不符合食品安全标准食品的行为，不存在是否是明知的问题”，现行规定吸收了这一意见。但是，由于《食品安全法》第 4 章规定了食品生产者的责任和义务，食品生产者对此义务应当是明知的，因此，生产者生产不符合食品安全标准的食品，在主观上均体现为故意。在解释上，生产者的“明知”要件较易认定，规定生产者和销售者相同的主观要件不会引起适用上的差异。

因此，本文认为，对于食品生产者和销售者应适用相同的主观归责规则。我国法律就各类惩罚性赔偿的主观要件表述不一致，《消费者权益保护法》上规定的是“欺诈”，《食品安全法》和《侵权责任法》上规定的是“明知”，而《最高人民法院关于审理商品房买卖合同纠纷案件适用法律若干问题的解释》规定的是“故意”。然而，《食品安全法》第 96 条的“明知”一词，并不是严格意义上的描述主观状态的术语，什么叫做“明知”，是指确实知道、应当知道还是推定知道？由此可见，与其规定一个模糊的“明知”，还不如规定一个明确的“故意或重大过失”。

三、食品安全惩罚性赔偿是不以实际损害为前提的独立请求权

惩罚性赔偿是填补性赔偿之外的额外赔偿，其功能不在于填补受害人所受损害。就此，《食品安全法》第 96 条第 2 款的表述产生了惩罚性赔偿是否以实际损害的发生作为前提的争论，并直接影响到了司法裁判的结果。有些法院认为，适用第 96 第 2 款的前提条件之一是食品生产销售者因违反《食品安全法》规定而给消费者造成了人身、财产或者其他损害，如果消费者不能举证证明其受到人身或其他损害，就无法请求惩罚性赔偿；也有些法院并不要求消费者

举证证明其受到了损害。我国学说上，也有人认为惩罚性赔偿以填补性赔偿的存在为前提，只有符合填补性赔偿的构成要件才能请求惩罚性赔偿，受害人原则上不能单独请求惩罚性赔偿。“惩罚性赔偿不是独立的请求权，必须依附于赔偿性的一般损害赔偿。”

就《食品安全法》第 96 条的内部结构而言，其第 1 款规定：“违反本法规定，造成人身、财产或者其他损害的，依法承担赔偿责任。”本款系准用性条款，表明违反该法的民事责任除该法另有规定外，适用其他法律规定。有学者认为，本款规定“非常原则和笼统，对承担责任的主体、赔偿范围等并未明确”，应予修改。本文对此不以为然，因为民事责任属于民法上自成体系的一大制度，在我国尚无民法典的情况下，本身就是由各部法律分散构成并经解释而总成的制度，在《食品安全法》上自是无法对违反该法规定的民事责任的所有方面均作出规定。按照我国立法惯例，《食品安全法》中仅就特别民事责任制度作出规定，至于责任主体、责任范围等一般性问题，当然适用《侵权责任法》《合同法》等一般法的规定。因此本款的规定是合适的。

本文认为，就《食品安全法》第 96 条的两款规定而言，第 1 款规定是填补性损害赔偿；第 2 款规定是惩罚性赔偿。填补性损害赔偿强调对受害人的补偿和救济，应当以实际损害的发生作为前提，但惩罚性赔偿不以实际损害的发生为前提。

首先，如果仅仅是为了填补受害人损害，民法上的填补性损害赔偿制度就可以解决问题，惩罚性赔偿就没有存在的必要。其次，惩罚性赔偿的经济分析表明，以受害人的损害为基础而算定惩罚性赔偿，容易使成本内化，不法行为人仍可为了获得足够的收益而实施不法行为，同时，损害有时很难评估，因此，惩罚性赔偿不能建立在损失内化的基础上。再次，不要求实际损害，也可以避免法律成为被动的马后炮。威慑不使生产和销售不符合安全标准的食品的行为再次发生，是食品安全惩罚性赔偿的主要功能，如果要求实际损害，将使得这种功能大打折扣。此外，在比较法上，美国的趋势是，除了填补性赔偿之外，惩罚性赔偿及其数额的确定无须考虑、也不能限于对原告损害的赔偿，相反，惩罚性赔偿是从被告的角度来设计的，其目标就是根据其不法行为的严重程度适当地予以责罚。

由此，本文主张，宜将惩罚性赔偿请求权作为一项单独的请求权，无须作为填补性损害赔偿请求权的附属请求权。只要符合相应的构成要件，受害人即可请求相应的食品安全惩罚性赔偿，而不必以受害人存在实际的损害为前提。因此，为免生歧义，将原条文中的“除要求赔偿损失外”删去，因为这在第1款中已作规定。

四、食品安全惩罚性赔偿不宜规定固定的标准

现行《食品安全法》第96条规定的食品安全惩罚性赔偿的标准是“价款10倍”。在立法讨论过程中，多数意见不赞成这一规定，“因为对于绝大多数的个人消费者而言，单次所消费的食品的价款一般都很低，所谓10倍的赔偿金，可能不过几元或者几十元，这样的违法成本不足以震慑违法者，处罚力度的偏软会抵消立法的威严，对消费者权益的保护也难以到位”。但这一意见最终并未被采纳。现行食品安全惩罚性赔偿制运行不彰也多与此相关。

本文认为，惩罚性赔偿标准的制定应从制度功能——惩罚与威慑的角度出发，如果设定的标准达不到惩罚与威慑的目的，这个制度就起不到鼓励民众与不法生产经营者作斗争的作用，随之也会被束之高阁。

第一，不宜以食品价款的倍数作为界定惩罚性赔偿的标准。确定惩罚性赔偿具体数额的关键因素是被告的主观恶性以及是否足以起到威慑作用。现行法上以食品价款为计算基数，无法达到威慑不法行为的效果。因为，经营者事先确定了商品交易数额，“可以根据交易的大小与有可能发生的诉讼成本进行比较和权衡，得出消费者发动诉讼的概率，准确掌握加害行为的法律成本”，并将此成本外部化进而转嫁给广大消费者，以规避因承担惩罚性赔偿责任给行为人

造成的负担，使得不法行为人所获利益大于所负担的惩罚性赔偿。从原《消费者权益保护法》的2倍到《食品安全法》的10倍，从表面上看，赔偿数额会因倍数增加而高出很多，但这一规定并没有极大提高违法成本，对不安全食品的生产和经营还缺乏威慑作用。在我国民事公益诉讼运行不彰的情况之下，这种倍数的限制更是起不到应有的惩罚和威慑作用。

第二，不宜以消费者所受损害的倍数作为界定惩罚性赔偿的标准。针对以食品价款倍数计算惩罚性赔偿的弊端，有学者提出以消费者所受实际损害的倍数作为标准或备选标准。这一主张是以填补性损害赔偿为基础来计算惩罚性赔偿，除了与惩罚性赔偿的基本法理相违背之外，仍可能在某些案件上威慑不足，造成惩罚与恶行不相称，对社会弱势群体产生歧视或不公平等失衡状态，从而使得惩罚性赔偿制度的目标无法达成。

第三，也不宜规定惩罚性赔偿的最低数额。基于以食品价款倍数计算惩罚性赔偿的弊端，有学者认为应规定惩罚性赔偿的最低数额，如1000元或2000元等。这一主张同样存在上述的问题，即食品生产经营者易将此成本内化，因被追究责任的概率而导致无法达到惩罚和威慑不法行为的目的。

综上，本文建议采取《侵权责任法》第47条的立法方法，不具体规定惩罚性赔偿的计算基准和倍数，而直接规定“相应的惩罚性赔偿”。在侵权责任法立法过程中，很多人也建议明确规定惩罚性赔偿的数额，比如受害人实际损失的1倍、2倍或3倍，但是立法机关没有采纳这种意见。

惩罚性赔偿制度的功能在于惩罚不法行为并威慑未来类似不法行为的再次发生，这也就决定了惩罚性赔偿不宜用一个固定的标准或数额来限定，而应由法院根据具体案情自由裁量。

结　语

完善食品安全惩罚性赔偿制度无疑是本次食品安全法修订的重要一环，相关规则的重新设计对于惩罚性赔偿制度的惩罚与威慑功能的发挥至关重要。基于此，并结合以上所述，本文建议将现行食品安全法第96条第2款修改为："故意或重大过失生产或者销售不符合食品安全标准的食品，消费者还可以向生产者或者销售者请求相应的惩罚性赔偿金。"这里：第一，明确了填补性损害赔偿（第1款）与惩罚性赔偿（第2款）的关系，消费者主张惩罚性赔偿，不以填补性损害赔偿的成立为前提；第二，界定了惩罚性赔偿构成的主观要件为故意或者重大过失，删去了"明知"的表述；第三，修改了惩罚性赔偿的标准，以"相应的惩罚性赔偿"代替了"价款10倍"，从而满足具体个案中"惩罚与威慑"的需要。

食品追溯系统实施效力评价的国际经验借鉴*

李佳洁　王　宁　崔艳艳　王志刚**

自20世纪90年代以来，英国疯牛病、比利时二噁英、苏格兰大肠杆菌污染等一系列食品安全事件，直接推动了食品追溯系统的建立和发展。① 基于食品供应链建立的食品追溯系统，通过记录食品在生产、加工、运输、储藏、分销等环节的信息，为政府、企业以及消费者提供信息支撑，一旦出现食品安全问题时，能够快速找到问题环节并召回问题产品，减少不安全食品的危害。② 因此，食品追溯系统作为加强食品安全信息传递、降低食品安全风险的手段，已被世界各国普遍采纳和推广，并且在很多国家已经通过立法的形式

---

* 本文系国家社会科学基金重大项目（项目编号：11&ZD052）成果，中国人民大学科学研究基金（中央高校基本科研业务费专项资金资助）项目（项目编号：12XNF030）成果。本文原载《食品科学》2014年第8期。

** 李佳洁，博士、中国人民大学农业农村发展学院讲师，研究方向：食品安全。王宁、崔艳艳，中国人民大学农业与农村发展学院硕士研究生。王志刚，博士、中国人民大学农业与农村发展学院教授、博士研究生导师，主要从事产业经济学和食品经济学研究。

① PascalG, Mahe S, Identity, Traceability and Substantial Equivalence of Food, Cellular and Molecular Biology (Noisy-Le-Grand), 2001, 47 (8), pp. 1329-1342. 白跃宇、张震、谭旭信等："我国牛肉质量追溯体系研究现状和存在问题"，载《中国草食动物科学》2012年第32卷第5期。

② 于辉、安玉发："食品安全信息的揭示与消费者知情——对我国建立食品可追溯体系的思考"，载中国科技论文在线，http://www.paper.edu.cn/index.php/default/releasepaper/content/200510-227，2005年10月21日访问。

确立下来。[①] 食品追溯系统近几年在我国发展迅速，由政府主导开发并建立了一批食品追溯系统，例如农业部和商务部在北京、山东、陕西、广东、福建等省开展了农产品质量安全可追溯系统建设试点，在项目规划、硬软件设施建设、标准制定等方面都取得了一定的成效。[②]

食品追溯的过程主要是根据供应链相关方的信息记录，沿着供应链逆向追踪，快速、准确地找出问题源头，是一种理想的运行模式。[③] 然而在实际情况中，特别是当发生紧急食品安全事故的情况下，追溯工作是否能够有效地发挥其功能，对追溯系统的实施效力进行评价非常有必要。由于世界各国建立食品追溯系统的历史均较短，学术界对于追溯问题的研究目前主要集中在企业建立追溯系统的动机、意愿、激励因素和成本收益等方面，[④] 以及消费者对追溯食

---

① 何莲、凌秋育："农产品质量安全可追溯系统建设存在的问题及对策思考——基于四川省的实证分析"，载《农村经济》2012 年第 2 期。

② 尚建："全国肉类蔬菜'流通追溯体系'建设试点成效初显"，载《中国食品报》2012 年 11 月 12 日，http：//www. cnfood. cn/npage/shownews. php？ id = 10965.

③ 于辉、安玉发："在食品供应链中实施可追溯体系的理论探讨"，载《农业质量标准》2005 年第 3 期。

④ Fabrizio D， Paolo G， Food Traceability Systems：Performance Evaluation and Optimization，Computers and Electronics in Agriculture，2011， 75， pp. 139 - 146. David S，Spencer H，Costs and Benefits of Traceability in the Canadian Dairy Processing Sector，Journal of Food Distribution Research，2006， 37 （1）， pp. 160 - 166. Hobbs and JE delievered the report " Consumer Demand for Traceability " at the IATRC Annual Meeting，in Monterey，California，December15 - 17， 2002. Saltini R， Akkerman R，Testing Improvements in the Chocolate Traceability System：Impact on Productrecalls and production efficiency，Food Control，2012，23，pp. 221-226. 杨秋红、吴秀敏："食品加工企业建立可追溯系统的成本收益分析"，载《四川农业大学学报》2008 年第 26 卷第 1 期；元成斌、吴秀敏："食用农产品企业实行质量可追溯体系的成本收益研究——来自四川 60 家企业的调研"，载《中国食物与营养》2011 年第 17 卷第 7 期；孙致陆、肖海峰："农户参加猪肉可追溯系统的意愿及其影响因素"，载《华南农业大学学报（社会科学版）》2011 年第 3 卷第 10 期。

品的购买意愿研究[1]，对评价可追溯系统的实施效果方面研究不多。

美国食品药品监督管理局（FDA）2012年底公布了一项关于如何提高食品供应链中追溯能力的项目报告[2]，在这份长达226页的报告中，通过对试点食品的模拟追溯，详细评价了追溯系统的效力。本文对此项研究报告的内容进行介绍和剖析，研究项目中使用的评价方法和评价结果对我国的借鉴意义。

一、美国食品供应链追溯能力试点项目报告的背景及研究方法

（一）项目背景

美国在快速处理食源性疾病的问题上，从发现第一例病人到将问题食品移出整个食品系统，信息追溯工作功不可没。法律层面上，最早要求企业对产品进行记录的法律是2002年的《公共健康安全和生物恐怖主义防备和反应行为法》（BT Act，2002），规定所有的企业需要知道自己产品原料的来源和去向，这称为上下级追溯（one up-one down tracing）[3]。当然，本法对有些供应链成员是不要求的，比如餐馆和农场。

---

① 赵荣、乔娟、孙瑞萍："消费者对可追溯性食品的态度、认知和购买意愿研究——基于北京、咸阳两个城市消费者调查的分析"，载《消费经济》2010年第26卷第3期；丁俊："消费者对可追溯食品的认知行为与购买意愿"，南京农业大学2011年硕士学位论文；杨倍贝、吴秀敏："消费者对可追溯性农产品的购买意愿研究"，载《农村经济》2009年第8期；徐玲玲：《食品可追溯体系中消费者行为研究》，中国社会科学出版社2011年版。

② Jennifer McEntire, Pilot Projects for Improving Product Tracing along the Food Supply System-final Report, 2012, available at http://www.fda.gov/downloads/Food/GuidanceRegulation/UCM341810.pdf.

③ 周莉、刘明春："食品可追溯体系研究现状"，载《粮食与油脂》2008年第7期。

美国 2004 年公布了《食品安全跟踪条例》，以法规的形式强制要求美国全部食品生产企业和在美国从事食品包装、运输、生产及进出口事务的国外企业必须建立并保存食品在生产、流通过程中的全部记录，从而实现对所生产食品的有效跟踪与追溯。[①] 2009 年，美国国会通过了《食品安全加强法案》（FSEA），进一步加强了食品追溯制度，推行从田间到餐桌整个过程的质量安全信息化管理。[②]

2011 年 1 月 4 日，总统奥巴马签署了旨在加强美国食品供应安全性的《食品安全现代化法案》（FSMA），其中第 204 节第 2 章《关于加强食品追溯能力和记录备案》的条文中，要求 FDA 在 2011 年 9 月之前在国内范围建立几个追溯试点项目，探究和评价目前的追溯方法是否能够迅速寻找到问题食品，并有效防止食源性疾病的大规模爆发。第 2 章还特别要求了试点必须至少包括一个初级农产品项目和一个加工食品项目。

因此，2009 年起，FDA 与美国农业部（USDA）食品安全与检查署（FSIS）召开联席会议，商讨加强食品追溯能力的办法，并最终决定由食品科技学会（Institute of Food Technologists，IFT）负责进行食品供应链追溯能力评价的项目研究。

本试点项目的研究目标主要有两个：一是收集能够提高供应链上食品追溯的方法；二是评估这些方法是否高效。当然，加强政府、企业、消费者等各方之间的联系沟通，也是本项目的目标之一。

（二）研究方法

为保障研究的权威性，IFT 联合了 308 名食品工业界人士，189

---

① 孙斌：“食品安全管理存在问题及其对策研究”，载《中国安全科学学报》2006 年第 11 卷第 16 期。

② 申广荣、赵晓东、黄丹枫：“关于农产品安全体系建设的思考”，载《上海交通大学学报（农业科学版）》2005 年第 23 卷第 1 期。

名技术提供者，39 名政府代表，88 名学术界人士，81 名顾问以及 49 家贸易协会、31 个联合组织、22 家新闻媒体、13 个消费者团体等超过 100 家机构部门共同展开了项目的研究工作。

1. 评估基准的确定（Baseline evaluations）

虽然评估食品追溯能力以追溯是否迅速作为评价标准，但对于迅速的定义需要进一步明确，因此 IFT 为了便于后期信息的收集，在评估之前首先进行了评估基准的确定，主要使用了两种方法，其一，与 12 名各州追溯调查员以及 FDA 和 USDA FSIS 调查员的访谈；其二，通过对历史追溯案例的分析（baseline case study），确定其中需要特别关注的评估点。

在与追溯调查员们的座谈中，IFT 详细询问了调查员们在过去的工作中，有哪些因素可能会阻碍或促进追溯工作的进程，以及如何影响追溯的难易程度，详见表 1，这成为日后评估工作的重要参考依据。

表 1　影响追溯调查难易的因素

较简单的追溯调查	较复杂的追溯调查
1 天内即可发起	1-5 天内发起
持续调查 2.5 周以内	持续调查两个月或更长时间
需要 4-20 小时内的信息记录	需要 8-240 小时内的信息记录
与流行病学的清晰联系	鲜有消费者召回信息；多种潜在原因
较长的货架寿命	较短的货架寿命
具有标签或条形码信息	没有标签和条码，包装盒重复使用
数据记录联网	数据记录未联网
字迹清晰，英文记录	记录不清晰，非英语记录
良好的内部追踪信息	在加工成品中缺乏相关原料信息记录，配送中心无运输记录
具有货运号和接收信息记录	发票不能反映订单的变化，使用未经登记的产品
电子记录	纸质记录，错误的数据输入

此外，IFT为了获得更详细的参考，还对经典追溯案例的信息和数据进行了分析。选择了2008年对被沙门氏菌污染的甜瓜进行的追溯调查案例，当时主要是从三条起始线（leg）进行的追溯，分别是一家零售店、一个餐馆和一个机构，IFT收集了当时记录追溯活动的所有资料，对每条线的追溯过程进行了梳理，包括追溯总时间、追溯者要求提供信息记录与实际获得信息记录的时间差以及信息记录的准确性、完整性、清晰度、详细程度以及反映上下级供应链环节的紧密程度等，结果发现无论哪条追溯主线，所提供的文件均存在不少问题，包括信息记录错误，副本字迹模糊；信息内容缺乏批次、品牌或者原产地标签信息；信息记录单元中包含多个产品信息，造成追溯混乱；FDA找不到确定的负责人；追溯信息收集时间过长等。

基于以上两种方法的研究，IFT发现那些具有更多消费者信息的、流行病目标群明确的、标签品牌信息明确的以及在供应链节点之间具有标准化共享信息的产品，可大大加快追溯的进程。评估基准的确定工作为下一步进行项目试验提供了基础。

2. 评估方法的确定

IFT曾经在2009年的一项番茄追溯项目试点中，试图对一定时间段（通常是两周）所有参与者的信息数据进行收集，结果发现在有限的时间内，主客观因素决定了要想收集到完整的数据信息是不实际的，而且没有必要。因此，本次研究IFT改变了方法，在实施项目前，通过与各方专家和参与人的深入访谈，确定了评估追溯效力的“关键问题”（key questions）。这些关键问题可大致分为四类，即追溯的深度（depth）、宽度（breadth）、准确度（precision）和可获得性（access），具体关键问题汇总见表2。

表 2　追溯评估关键问题汇总

关键问题类别	关键问题
宽度（Breadth）	1. 企业哪些信息是追溯时真正需要的？
	2. 企业的信息是如何保存的？是否存在于多个系统中？
	3. 信息是否可被上下游多个环节的合作方获得？
	4. 加工成品中的配料批号是否和配料的原生产批号不同？
深度（Depth）	1. 不被 BT 法案要求记录的生产商进行信息记录是否对他们有利？
	2. 如果被消费者追溯，哪些信息是必须提供的？
	3. 调查者如何收集消费者的购买信息？
准确度（Precision）	1. 如果供应链上信息断链，“合作信息平台”是否可以帮助？
	2. 使用全球通用的产品是否可以减少缺乏运输信息带来的风险？
	3. 混装/重新包装产品是否会影响追溯的准确性？
	4. 目前提供给消费者的信息中哪些是对追溯有用的？
	5. 批次的大小如何影响追溯的深度和准确性？
	6. 以消费者为追溯单元和以装箱或托盘为追溯单元，哪个更准确？
	7. 如何识别错误的信息？
	8. 在复杂的供应链系统中，哪些信息是追溯时最关键的信息？企业提供什么样格式和标准的信息能够最准确的达到追溯目的？
	9. 存货清单类型如何影响追溯的准确性？
可实施度（Access）	1. 电子信息是否更有利于提高追溯的效率？
	2. 标准格式的电子信息是否更有利于提高追溯的效率？
	3. “合作信息平台”是否更有利于提高追溯的效率？
	4. 供应链节点的信息丢失如何影响追溯的进行？
	5. 调查的方式如何影响追溯的效率？
	6. 追溯信息的格式统一性如何影响追溯的效率？
	7. 被追溯企业的时空信息如何影响追溯效率？
	8. 追溯信息的语言和文化差异如何影响追溯效率？

基于以上的关键问题和先前评估基准的结果，IFT 制定了追溯系统评价指标体系，具体的指标体系及其说明，见表 3，其中

对宽度、精度、可实施度和深度的判定标准则参考表2内容。IFT还制作了数据模板，参与企业可按照模板中要求的信息内容、格式等提供信息，当然这个模板的使用并不是强制性的。IFT最终使用了本体系对两大产品类别下16个模拟追溯场景进行了测量和评定。

表3　IFT追溯系统评价指标体系及其说明

评价指标	指标说明
确定供应链相关方的时间（Time to identify source/convergence）	指联系到追溯所有相关方的时间
企业累积响应时间（Response time）	指供应链上每个企业从接到要求到提供足够信息之间时间的总和
所有文档页数（Total document pages）	指每个企业提供的文档记录的页数。每个电子表格视为一页
IFT分析时间（IFT analysis time）	包括IFT从记录中寻找有用信息，与其他企业提供信息的比对，以及与企业进行进一步核实等所用的总时间
使用模板的企业数量（Using IFT template）	使用IFT提供的模板的企业数目
IFT与参与者联系的次数（Re-Contacts）	IFT为获取额外信息或寻求信息解释需要与参与者联系的次数
宽度和精度（Breadth，Precision）	宽度指追溯信息的数量；精度指能够精确追溯到问题产品的能力。二者用于评价所提供信息的准确性
可实施度（Access）	指信息可用于交流和使用的程度。除了企业的响应时间，IFT还会综合考虑用于理解和实施所提供信息的难易程度
深度（Depth）	指系统可提供多环节追溯信息的能力，而不仅仅只是上下级追溯
系统排名（System ranking）	指0-3分的打分系统来定量评价企业追溯的技术水平和追溯成熟度，特别是企业的自动获取追溯信息和进行自我追溯的能力

二、美国食品供应链追溯能力试点项目的模拟追溯场景评估

（一）试验产品的选择

《食品安全加强法案》要求试点项目涉及的食品应是2005年至2010年曾引起过食源性疾病的主要食品类别。FDA根据公益科学中心（Center for Science in the Public Interest）的数据，认为初级农产品，特别是生鲜农产品，近年来成为引发美国食源性疾病的主要来源之一，所以确定生鲜农产品（produce）作为试验产品类别之一。在具体农产品选择上，IFT以曾引起过食品安全问题、具有较短的货架寿命、生产和分销广泛、较少与其他产品混合种植等特性作为依据，最终确定番茄作为试验产品。根据统计，1998年至2010年间，美国因番茄引起的沙门氏菌食品污染事件就有15起之多，涉及病例3385例，仅次于生菜。选择番茄的另一个原因是，番茄不仅可被生食，而且还是其他食品的重要组成部分，如三明治、沙拉或辣酱，这决定了当安全问题出现的时候，流行病学调查可能很难发现来源究竟是番茄还是其他产品，这时候官方的追溯工作就可以起到作用了。当然，番茄的实际情况也决定了对番茄追溯的复杂性，比如番茄在售卖的过程中一般没有条形码，番茄可能来自于多个农场，因分级而被混合和重新包装，番茄不会在消费者家中存在过长时间，问题番茄不会长期存放等，另外，纸质的销售和配送记录也会增加追溯的复杂程度。

另一方面，加工类食品及原料（processed food and ingredients）是容易引起食品安全问题的另一大类产品，也被FDA选作试验产品类别。在确定具体产品时，主要考虑了以下几个因素。首先，一个有效的食品追溯系统不应仅能追溯到美国境内由FDA管制下的产

品，还应该能够追溯到可能的进口原材料的信息；其次，加工食品应包含过去几年曾引起过食源性疾病的原材料；再次，加工类食品应至少包括两种需要追溯的成分。因此，IFT 决定选择一道亚洲菜系——宫保鸡丁作为试验产品。宫保鸡丁中的花生、干红辣椒以及鸡肉在近年来都曾爆发过食品安全问题，特别是花生及花生酱，2009 年初爆发的花生酱污染事件，共导致 43 个州的 529 人沙门氏菌感染[①]；干红辣椒多进口于印度、中国、墨西哥等国家，2009 年底也曾爆发过沙门氏菌污染辣椒酱事件，272 人致病；对鸡肉的追溯则可以加强与 FSIS 的合作。

（二）生鲜农产品追溯能力评估试点项目——以番茄为例

对于生鲜农产品追溯能力评估试点项目，IFT 以番茄作为试点对象进行了模拟评估，共 34 家企业参与了试点项目，包括生产商、运输商、包装企业、再包装企业、分销商、批发商、零售商和餐饮企业等。IFT 根据番茄供应链的不同组成，建立了 12 种供应链模式，并分别对各种模式进行了模拟追溯。本文选择了其中一种模拟场景 A（见图 1），介绍 IFT 如何依据所确定的指标体系（表 3）来对追溯的效率进行评估的。

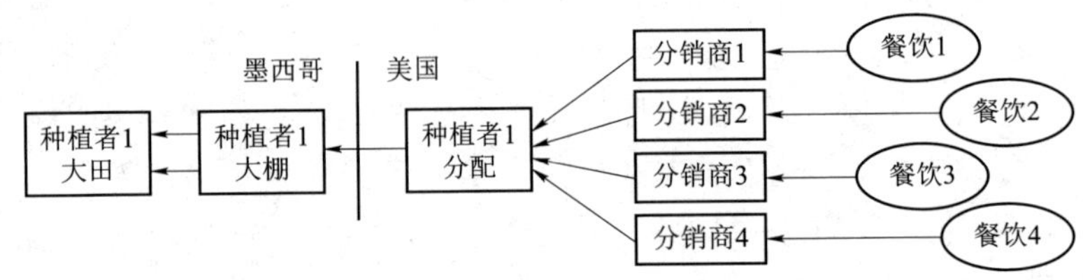

图 1　番茄供应链追溯模拟场景 A

场景 A 中，假设分属于不同州的餐饮企业 1、2、3、4 中提供的

① “美发生沙门氏菌疫情，花生酱疑为污染源”，载新华网，http://news.xinhuanet.com/world/2009-01/13/content_10651945.htm，2013 年 8 月 16 日访问。

番茄与某类食源性疾病有关，需要对番茄进行追溯。餐饮公司 1 至 4 的番茄分别来源于分销商 1 至 4，而四个分销商的番茄均来自种植者 1，种植者 1 的番茄种植地点在墨西哥，而分配中心在美国本土。IFT 要求 4 家餐饮企业提供近两周内所有番茄分销商和生产商的信息，包括发票、订单等。最终追溯的结果见表 4 和表 5。

表 4　IFT 对番茄场景 A 的追溯结果

要求追溯信息涵盖时间	确定供应链相关方的时间	所有文档页数	企业累积响应时间	IFT 分析时间	使用模板的企业数量	与参与者联系的次数
两周	22 小时 45 分	278	36 小时 18 分	5 小时 30 分	3	6

表 5　番茄场景 A 中对供应链各节点企业的追溯结果

各环节点	企业响应时间	IFT 分析时间	宽度和精度	可实施度	深度	系统排名
种植者 1（大田） 种植者 1（大棚） 种植者 1（分配）	3：47	0：50	中	中	中	-
分销商 1	没有得到产品	-	-	-	-	-
分销商 2	2：08	0：35	中	高	中	-
分销商 3	1：56	0：25	中	中	中	3.00
分销商 4	7：12	1：10	中	低	中	-
餐饮公司 1,2,3,4	21：15	2：30	中	高	高	-

由于场景 A 的食品供应链具有相对明晰简单的供应关系，因而项目组在 24 小时以内就确定了供应链各方、各企业能够提供较准确和充足的追溯信息，实施追溯较为顺畅。所有相关企业从接到要求到提供文档记录的总响应时间为 36 小时 18 分，餐饮公司由于处于供应链的末端，响应时间偏长，其他企业即使存在跨国生产运输，响应时间也相对较为迅速。

IFT共收到278页文档信息，花费了五个半小时的时间进行分析，分析时间较长主要有以下几个原因：首先，最终获得的文档大部分为PDF格式或纸质订单和销售单据，需要费时手动输入数据；其次，信息记录不统一，记录格式混乱，番茄在供应链的不同环节被记录的方式各异，在发票和订单上的名称都不同，例如分销商在向餐饮公司出售番茄过程中先后使用了不同的企业名称，导致实际购买三批番茄的餐饮公司误以为只购买了一批，追溯分析带来困扰，也大大延长了分析时间；最后，追溯信息不够完整，例如分销商的信息可直接追溯至生产商A，但后来发现其实番茄是由生产商B提供给生产商A的，因此又需进行二次追溯信息的收集工作。共有3家企业使用了IFT提供的电子模板或者持有规范的记录概要，结果表明，对这3家企业进行分析的时间大大缩短。

（三）加工类食品追溯能力评估试点项目——以宫保鸡丁为例

对于加工类食品追溯能力评估试点项目，IFT以宫保鸡丁作为试点对象进行了模拟评估。加工类食品比初级农产品的供应链更为复杂，涉及的相关方更多。共有13家涉及进口、原料提供、加工、分销以及零售等业务的企业参与了试点项目，IFT根据供应链的不同，建立了4种供应链场景，并分别对各种模式进行了模拟追溯，本文以所有试验场景中最为复杂的模拟场景C为例进行介绍。

宫保鸡丁类产品主要分为两大类，一类是冷冻型宫保鸡丁成品，其中包括鸡肉、花生和辣椒等调味料，消费者只需加热即可食用；另一类是宫保鸡丁干料包，其中没有鸡肉产品，只有花生包和干调料包，消费者需要自己加入鸡肉并烹饪后才可食用。IFT在场景C中将两种产品的加工商均包括进来，具体情景见图2。

模拟场景C既包括了冷冻型宫保鸡丁成品加工商3，也包括了

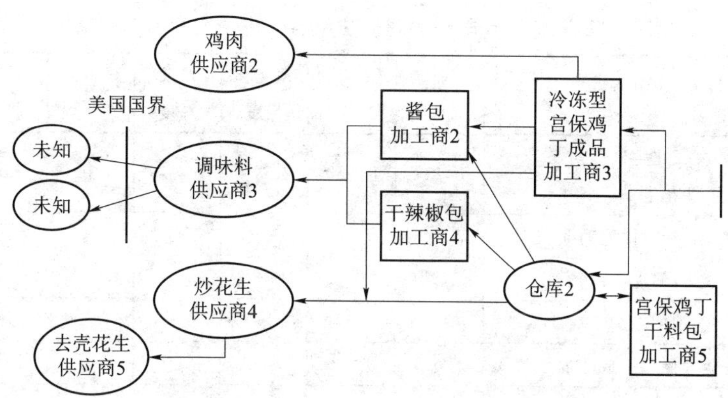

图 2　宫保鸡丁加工产品供应链追溯模拟场景 C

宫保鸡丁的干料包加工商 5，其中冷冻成品加工商 3 需要向鸡肉供应商 2、酱包加工商 2 和炒花生供应商 4 追溯原材料信息，而干料包加工商 5 和仓库 2 需要向酱包加工商 2、干辣椒包加工商 4 和炒花生供应商 4 追溯原材料信息。此次试验中，酱包加工商 2 和干辣椒包加工商 4 未参加项目，其基本信息主要由下级成品加工商 3 和仓库 2 提供。场景中虽没有包括零售商和分销商的信息，但上级加工商被要求提供它们的信息。辣椒等原材料可能来自美国境外，IFT 未与 FDA 的出入境检疫方合作要求境外企业参与，所以场景 C 假设的情形是调味料供应商 3 可以获得进口商的基本信息，但不能进行进一步的追溯。最终的追溯评估结果见表 6 和表 7。

表 6　IFT 对宫保鸡丁场景 C 的追溯结果

要求追溯信息涵盖时间	确定供应链相关方的时间	所有文档页数	企业累积响应时间	IFT 分析时间	使用模板的企业数量	与参与者联系的次数
10 个月*	26 小时 35 分	42	35 小时 35 分	2 小时 20 分	4	2

* 由于产品生产的非持续性，全年生产时间仅集中于几天时间。

表7　宫保鸡丁场景C中对供应链各节点企业的追溯结果

各环节点	企业响应时间	IFT分析时间	宽度和精度	可实施度	深度	系统排名
去壳花生供应商5 炒花生供应商4	2：27	0：30	高	高	中	2.67
调味料供应商3	27：30	0：30	高	高	高	–
酱包加工商2	未参与	–	–	–	–	–
干辣椒包加工商4	未参与	–	–	–	–	–
冷冻型宫保鸡丁成品加工商3	1：25	0：30	高	高	高	3.00
宫保鸡丁成品加工商5 仓库2	1：05	0：30	高	高	中	–

从追溯的结果上看，整体而言，加工类食品供应链虽比初级农产品复杂，除了在确定供应链相关方的时间上略长以外，文档页数远远少于番茄，IFT的分析时间大大减少，而且食品企业在追溯的宽度、精度、深度和可实施度上均比生鲜农产品企业要高，这主要是因为美国大多数加工类企业拥有自己的企业资源计划系统（Enterprise Resource Planning，ERP），并且需要经常与上下级企业进行沟通，因此一旦需要信息追溯，会比生鲜农产品更易于得到相关信息，同时，ERP系统也使得信息更容易被识别和理解，相应地降低了IFT的分析时间。4家使用了IFT模板的企业，分析时间也相应缩短。

当然，宫保鸡丁的试验中也发现了一些问题，首先，信息名称不统一，例如，未参加试验的酱包加工商2提供给两家企业的原料名称不统一，其中一个称为“酱包”，而另一个则称为“宫保酱”，造成信息的混乱；其次，从追溯角度来说，希望获得相关企业的信息越多越好，但是一些企业认为有些信息与追溯关系不大，而且涉及商业机密，因此不愿意提供给IFT，从ERP系统中删减这些机密信息反而花费了一定时间。

三、美国食品追溯评价项目对我国的借鉴意义

IFT 此次的食品追溯评价项目，成功地实施了 16 个模拟追溯试验，涵盖了初级农产品和加工食品两大类别，研究了从简单到复杂不同的供应链关系下进行食品追溯的情况，用实验所得数据有力地解释了影响追溯速度和精度的相关要素，并对整个追溯过程中遇到的问题进行了总结，为 FDA 提供了宝贵的建议，而此次项目对于我国相关监管部门而言，无论从研究方法还是研究结果上，也具有十分重要的借鉴意义。

（一）追溯报告研究方法的借鉴意义

本次追溯评价项目，IFT 联合了超过 100 家机构部门共同展开工作，需要特别指出的是，IFT 非常强调联合多方力量，并将此次项目视为向相关方进行追溯知识宣传的好机会。笔者曾对国内某地区由政府推动的一项食品追溯系统的实施效力进行过评估，结果发现，在政府推动力量有限的情况下，企业和消费者缺乏对追溯的了解和参与度，大大阻碍了追溯功能的发挥。因此，在对追溯系统的研究中，首先必须明确一个观点，即由于追溯系统是一个涉及多方人员的复杂系统，在研究方法上一定应尽可能多地将参与方纳入到研究系统中。

美国学者 Golan 曾于 2004 年对追溯体系设定了宽度、深度、精确度三个衡量标准，认为企业实施追溯系统所产生的成本和收益的平衡性决定了追溯系统的实施效果①，但并未设立具体的指标值。我

---

① Golan E, Krissoff B, Kuchler F, et al, Traceability in the U.S. Food Supply: Economic Theory and Industry Studies, Agricultural Economic Report, 2004, No. 830.

国学者也曾提出过评价农产品质量安全可追溯系统有效性的概念框架[①]，但指标的建立过程多基于模糊综合评价等理论方法建立，与实践结合不多。本次研究中IFT经过与各州追溯调查员以及FDA和USDA FSIS调查员前期访谈和案例分析，确定评估基准和关键问题，从实践中归纳总结，最终制定出评价指标体系，这一研究方法的确定过程，对我们也极具参考价值。

此外，我国目前对于食品追溯体系有效性的研究仅限于指标体系的理论建立阶段，尚未有大规模、权威性的追溯试验项目报道。FDA本次研究试验产品的选择方法、模拟场景的建立过程以及模拟追溯的展开方式对我国日后进行追溯试验工作也具有借鉴意义。

（二）追溯报告研究结果的借鉴意义

1. 加强追溯信息的标准化、电子化和模板化

IFT在研究过程中，多次提及追溯信息由于是纸板信息或PDF文档，或者由于数据的不准确和不完整，造成追溯时间的增加，而且IFT发现依赖于错误信息而展开工作比没有信息更可怕，而另一方面，使用IFT模板或企业本身具有记录概要的，则大大加快了追溯进程。因此，IFT对FDA的第一个建议，就是建议FDA要求监管下的所有食品企业建立统一的信息记录，无论对高风险食品还是低风险食品均一视同仁，没有例外。信息记录要求内容标准化、格式结构统一并且为电子版式。同时，IFT还建议FDA建立信息记录的指导性文件，对企业特别是小型企业或商贩进行培训教育，强调规范信息记录的重要性，特别是对来自国外其他地区原料产品的要求

---

① 王蕾、王锋："农产品质量安全可追溯系统有效实施的经济分析：一个概念框架"，载《软科学》2009年第7期；赵智晶、吴秀敏、谢筱："食用农产品企业建立可追溯制度绩效评价——以四川省为例"，载《四川农业大学学报》2012年第30卷第1期；周洁红、张仕都："蔬菜质量安全可追溯体系建设：基于供货商和相关管理部门的二维视角"，载《农业经济问题》2011年第1期。

更为重要。

我国目前食品追溯现状，是在局部地区建立了政府主导型追溯系统试点或个别大型企业自身建立了内部追溯系统[①]，这些系统在信息记录方面大部分已实现了电子化，但是对于广大没有被纳入现有追溯系统的食品来说，供应链各方的信息记录尤为关键，特别是当发生食品安全问题的时候，我们企业的响应时间和分析时间可能会远远多于模拟场景中的时间。因此，规范追溯信息的标准化、电子化和模板化，对我国发展食品全程追溯工作，具有重要意义。

2. 加强与供应链企业的沟通，鼓励供应链多方参与追溯管理

追溯过程对监管者和企业应该是个双赢的结果，然而 IFT 在和食品企业交流中发现，很多企业不愿意听从监管者的追溯要求，是因为他们担心监管者的要求与他们自身的发展愿景不相符合。这从一个侧面表明，监管者不一定了解真实的企业产品情况，监管者与企业之间缺乏沟通。例如，一家番茄企业代表曾经指出，监管者一般使用“又红又圆”（red round）来描述番茄，这是一个非常泛泛的词语，如果用来追溯番茄农产品，企业很难向监管者提供更加精确的信息，从而影响了他们的参与积极性。另一方面，一些企业自身创立了一些提高追溯效率的好方法，IFT 也建议 FDA 给予支持和推广，鼓励多方参与追溯管理。

我国目前的追溯系统仍以政府主导开发为主，企业普遍缺乏追溯意识，积极性不高[②]，但从长期来看，要想让系统保持高效运作，应由政府主导型向政府指导企业主导（industry-led）型转变，调动参与企业的积极性，而监管政府部门也应该积极与企业沟通，制定出符合企业发展的指导原则，这样才能达到食品安全和效益提高双

---

① 王风云、赵一民、张晓艳等：“我国食品质量安全追溯体系建设概况”，载《农业网络信息》2008 年第 10 期；陈松、谢军、李杨：“农产品质量安全追溯体系的建设状况及对策刍议”，载《农业质量标准》2009 年第 4 期。

② 刘亚东、赵玲、张光辉等：“推行饲料可追溯管理过程中存在的问题和对策”，载《中国食品卫生杂志》2012 年第 24 卷第 5 期。

赢的目的。

3. 建立公共信息平台，共享关键信息

IFT还评估了FDA建立食品追溯公共信息平台的可能性，并且最终建议FDA建立这样的平台。在这方面，实际上我国已尝试建立了地区性食品追溯公共信息平台，如厦门市农产品质量安全追溯系统平台①。但IFT同时也指出，这样一个信息平台不需要建立成一个大型的基于云技术的数据库，它可与现有的数据系统连接，如与通报食品注册系统（Reportable Food Registry）和食品召回系统（Industry Recall System）等链接，以避免大量的信息输入，同时，IFT建议FDA在这个公共信息平台上仅收集与追溯有关的关键信息，无关信息则不需收集，这样既可以提高追溯的效率，同时也可以保护企业商业信息的隐私和安全。笔者认为这一观点也值得中国借鉴，我国经常倾向于建立大而全的数据信息平台，反而因为数据信息要求过多过细，导致过多投入人力物力财力，同时可能会影响企业的参与积极性，甚至可能影响信息的真实性，导致平台无法持续有效地发挥功能。

四、结　　语

建立和发展食品追溯系统是国际发展的趋势，是保证食品安全的必然，而如何保证食品追溯系统运行的有效性、提高食品供应链的追溯效率，也将成为未来一项重要的研究主题。本文对美国FDA2012年底公布的关于提高食品供应链中追溯能力的项目报告进行了剖析，通过对试点食品进行模拟追溯过程的阐述，总结了此项项目中使用的研究方法和研究结果对我国的借鉴之处，为我国将来进行食品追溯系统的效力评价工作提供理论和实践参考。

① “厦门市农产品质量安全追溯系统”，载http：//zs. xmaqs. com。

食品安全政府监管

食品安全风险的双重性及对监管法制改革之寓意[*]

戚建刚[**]

一、引　言

经验观察表明，当前我国政府对食品安全风险的监管呈现出一幅幅令人困惑的图景：一方面，调整食品安全风险监管的各项法律制度和措施日趋管控性和严厉性，[①] 政府已经投入了大量的人力和物力来实施食品安全风险监管制度改革，[②] 并且政府官员[③]以及具有官

* 本文获2011年度教育部"新世纪优秀人才支持计划"(NECT—11—0745)、教育部人文社会科学研究青年项目"合作式食品安全风险规制及其法制化研究"(项目编号：11YJC820092）以及沈岿老师主持的国家社科基金"风险治理视野下食品安全法治研究"（项目编号：11BFX096）的资助。本文原载《中外法学》2014年第1期，本书收录时有修改。

** 戚建刚，中南财经政法大学法学院教授、中国人民大学食品安全治理协同创新中心研究员。

① 例如，因2008年"三鹿毒奶粉"事件，国务院在数日内就废除食品监管领域已经施行十几年的食品质量免检制，代之以全面抽检制。参见《国务院办公厅关于废止食品质量免检制度的通知》（国办发［2008］110号，2008年9月18日）。又如，2011年12月，重庆市实施《重庆市质量技术监督局食品生产加工环节食品生产加工违法行为连坐制暂行规定》。它规定了食品安全五大连坐制，企业违规将追责整条产业链。

② 例如，2009年，国家废止了《中华人民共和国食品卫生法》（以下简称《食品卫生法》），并重新制定食品安全领域的基本法律——《中华人民共和国食品安全法》（以下简称《食品安全法》）。

③ 例如，2011年5月27日，中央电视台经济半小时的《食品安全在行动》栏目组对7个食品安全风险监管部委的工作人员所作的关于"中国食品安全的现状"的调查表明，如果以5分作为满分，那么有64%的人选择了4分，32%的人选择了3分，只有4%的人选择了2分及以下。参见刘岩："食品安全在行动：中国政策论坛（上）"，载http://jingji.cntv.cn/20110528/100665.shtml，2013年7月31日访问。

方背景的食品安全专家[①]也总会在不同的公开场合宣称食品安全风险形势总体乐观；可另一方面，广大消费者对现有的食品安全风险监管改革措施并不满意，他们十分担心食品安全风险，并认为食品安全风险形势在恶化，[②] 同时重大或较大食品安全事件也时有发生。[③]

广大消费者和政府官员（具有官方背景的专家）对食品安全风险形势及监管法律制度改革的认识之所以会产生重大差异，其中一个重要原因是，消费者对现行食品安全风险监管法律制度的不信任。他们认为现行食品安全风险监管法律制度未能对其需求做出有效回应。而社会心理学的研究证明，由于对法律制度的信任是人们服从该法律制度的心理基础，也是法律制度具有生命力的动力机制。[④] 因而，缺乏广大消费者信任的食品安全风险监管法律制度自然不会得到其支持。而“公众产生的不信任越多，政府在兑现公众的期望和需求上就越没有效率，继而越多的政府官员以敌意或虚意来回应他们为之服务的公民；于是政府变得更没有效率，公众变得更加不信

---

① 例如，2013年1月5日，在由国务院食品安全委员会办公室和中国科协指导、中国食品科学技术学会主办的2012年公众关注的食品安全热点点评媒体沟通会上，来自各行业的权威专家对2012年12大食品安全热点问题进行解读后认为，2012年中国食品安全总体向好，真正属于食品安全事件问题的为极少数。参见沈静文：“2012食品安全热点解读：12起事件仅2起属食品安全”，载 http://finance.chinanews.com/cj/2013/01-05/4460459.shtml，2013年7月27日访问。

② 例如，国人青睐洋奶粉就是一个典型的例子。调查显示，2008年三鹿问题奶粉事件之后，国有品牌奶粉市场占有率不断下降，2011年进口奶粉市场占有率超过50%，2010年我国亏损的乳制品企业有181个，亏损面达21.9%。参见央视《新闻30分》：“调查显示：七成受访者不选择国产奶粉”，载 http://www.chinanews.com/life/2011/02-28/2871580.shtml，2013年6月30日访问。又如，2013年1月，由中国社会科学院社会发展战略研究院与中国社会科学出版社共同发布的“2012中国社会态度与社会发展状况调查”表明，2012年城镇居民最不满意物价水平和食品安全。参见庄建：“调查称城镇居民最不满意物价水平和食品安全”，载 http://finance.sina.com.cn/china/20130102/083614171527.shtml，2013年6月6日访问。

③ 例如，2011年3月的“瘦肉精事件”和2011年12月的“蒙牛乳业致癌物超标事件”等。

④ Peters, E. and Slovic, P. The Springs of Action: Affective and Analytical Information Processingin Choice, Pers. Soc. Psychol. Bull. Vol. 26, (2000) pp. 1465-1475.

任政府，如此循环，情况不断恶化，于是一个恶性的递减螺旋就产生了”。[1]

笔者认为，为打破这种恶性循环，重塑广大消费者对我国食品安全风险监管法律制度的信任，需要立足于食品安全风险属性来设计用于调整食品安全风险监管的法律制度。换言之，我国政府对食品安全风险监管的法律制度改革应当以食品安全风险本身所具有的规律和特征作为出发点，只有真正体现和反映食品安全风险属性的监管法律制度才能取得事半功倍的效果。否则，难免会出现英国社会学家安东尼·吉登斯所警告的现象，即致力于防止食品安全风险的各类法律制度本身，却不可避免地有助于产生食品安全风险。[2] 这是因为，食品安全风险的属性对于食品安全风险监管法律制度的设计具有导向性功能。对此，德国社会学家乌尔里希·贝克（Urich Beck）旗帜鲜明地指出，如何定义风险直接关乎如何分配风险以及采取哪些措施来预防和补偿风险。[3]

基于该目标，本文尝试运用理想类型分析方法，综合社会学、心理学、工程学等其他学科关于风险的研究成果，首先概括出食品安全风险属性的两大模式——现实主义模式和建构主义模式；其次阐述食品安全风险的双重属性对食品安全风险监管的隐含意义；最后探讨对我国食品安全风险监管法制改革的启示。当然，在那些将“行政法作为一套由白底黑字的规定组成的独立自足的规则体系加以研究”[4] 的人看来，对于将运用于行政管理等学科的风险监管原理引入到我国食品安全风险监管法制改革上来的做法，或许会感到不

---

① Ruchelshaus, W. D. Trust in Government: a Prescription for Restoration, The Webb lecture to the National Academy of Public Administration, No. 15, (1996) p. 2.

② ［英］安东尼·吉登斯：《失控的世界》，周红云译，江西人民出版社 2001 年版，第 3 页。

③ Urich Beck. Risk Society: Towards a New Modernity, Trans. by Mark Ritter, London: Sage Publications. (1992) pp. 34-35.

④ ［英］P. 莱兰、G. 安东尼：《英国行政法教科书》，杨伟东译，北京大学出版社 2007 版，第 5 页。

适应，然而，有识之士已经指出“这种行政法学极度的自我限制在今天已经妨碍了其自身的发展，甚至成为桎梏”。[①] 基于这样一种前提性的认识，本文试图利用其他学科知识来破解当前我国行政法界在食品安全风险监管法制研究上的不如意境地，至少就该制度设计而言，打通行政法与其他学科之间的联系。

二、食品安全风险属性的两大模式之比较

食品安全风险属性是指，食品安全风险所具有的性质和关系。食品安全风险属性的模式[②]是一种抽象的思维建构，它们是研究者透过对食品安全风险问题的经验分析，参考对现实因果关系的了解，并充分理解与运用现有有关食品安全风险的研究文献，予以的高度抽象的概括。

分析我国现行有关食品安全风险监管的法律规范以及主要学者对食品安全风险监管的研究文献，[③] 可以发现这样一个现象，它们通常以精算意义上的客观性作为食品安全风险的属性，并以此作为食品安全风险监管制度改革以及食品安全立法的前提条件。这种研究视角实质反映的观念是，从哲学角度而言，食品安全风险属性的模

① ［日］大桥洋一：《行政法学的结构性变革》，吕艳滨译，中国人民大学出版社2008版，第1页。

② 模式也称为理想类型。对于该方法的详细论述，参见［德］马克斯·韦伯：《社会科学方法论》，韩水法等译，中央编译出版社2002年版，第19页。

③ 例如：宋华琳：“风险规制与行政法学原理转型”，载《国家行政学院学报》2007年第4期。信春鹰：《中华人民共和国食品安全法解读》，中国法制出版社2009年版，第42-45页。石阶平：《食品安全风险评估》，中国农业大学出版社2010年版，第2-10页。其他领域的风险规制研究也存在类似问题。例如，金自宁：“作为风险规制工具的信息交流”，载《中外法学》2010年第3期。赵鹏：“我国风险规制法律制度的现状、问题与完善”，载《行政法学研究》2010年第4期。当然，也有例外，例如，沈岿：“风险评估的行政法治问题——以食品安全监管领域为例”，载《浙江学刊》2011年第3期。然而，该文并没有从建构主义角度来立论。

式具有唯一性。然而，人类学、社会学等其他学科对一般意义上的风险属性的模式的研究表明，从哲学上讲，风险属性模式存在着现实主义与建构主义，以及实证主义与相对主义之分。[①] 比如，英国学者奥特卫与托马斯（Otway，Thomas）曾经指出风险属性之间存在着根本差异。他们认为，一种观点是将风险视为具有危险性质的物理属性，一种独立于主观价值的客观事实，能够被科学所解释、预测和控制。另一种观点则将风险视为具有社会建构的属性，而不是一种能够独立于评估主体的客观实体。[②] 美国学者舒德尔——弗雷谢特（Shrader—Frechette）则直接提出了哲学上关于风险属性模式的两种观点——实证主义与相对主义。前者意为，风险属性是一种纯粹客观性，可以通过数据收集和定量方法来进行全面的描述与分析。后者则指，风险属性是一种主观性，是对个人的经历中所遇到的现象的纯粹主观反应。[③]

笔者认为，人类学等学科关于一般意义上的风险属性模式的研究成果，为我们科学认识食品安全风险属性提供了背景性知识。结合这些学科的研究成果以及我国食品安全事件经验，可以将食品安全风险属性抽象为两大模式，即现实主义模式和建构主义模式。其中，确定变项是运用这一模式分析方法的关键。[④] 显然，变项的选择体现了笔者的价值取向，即确保用以调整食品安全风险监管的法律制度能够最大限度地降低食品安全风险问题的复杂性，有效解决食品安全风险问题的不确定性和模糊性，以便从一个新的角度来增强

---

① 对一般意义上的风险概念的不同属性的更为详细的论述，参见戚建刚：“风险概念的模式及对行政法制之意蕴”，载《行政法论丛》2009 年第 12 期。

② Otway，H. J. andK. Thomas，Reflections on Risk Perception and Policy，Risk Analysis，Vol. 2，No. 2，(1982) pp. 69-82.

③ Kristin S. Shrader - Frechette，Risk and Rationality：Philosophical Foundations for Populist Reforms，California ：Univeristy of California Press，Berkeley，CA. 1991，pp. 29-46.

④ 沈岿：《平衡论：一种行政法认知模式》，北京大学出版社 1999 年版，第 50-51 页。

食品安全风险监管的合法性。[①] 为此，构成这两种模式的变项为：认识食品安全风险之逻辑起点、评价食品安全风险负面后果之因素以及确定食品安全风险负面后果之方法。以下，围绕这三大变项，比较食品安全风险属性的两大模式。

（一）认识食品安全风险之逻辑起点

依据形式逻辑的一般原理，由于食品安全风险属性体现为一种关系，[②] 因而分析作为这种关系的逻辑起点就成为考察食品安全风险属性的首要方面。我们可以很自然地发现，就认识食品安全风险的逻辑起点而言，食品安全风险属性的两大模式呈现出直接对立的情势。现实主义模式以食品安全风险现象本身作为认识的逻辑起点。以这样一种逻辑起点来认识食品安全风险属性，意味着食品安全风险是一种客观存在。它们是不以人的主观意志为转移的，是真实的和可以观察到的事物。在人们所观察到的食品安全风险与作为现实的食品安全风险之间存在着一种镜与像的关系。如果从本体论的哲学角度来分析，则属于实在论，即食品安全风险是外在于人们的社会实体。在我国现行食品安全法律规范中，将食品安全风险预设为一种客观实在或自然现象的例子比比皆是，比如，《中华人民共和国食品安全法实施条例》（以下简称《食品安全法实施条例》）第62条对食品安全风险评估的界定——是指对食品、食品添加剂中生物性、化学性和物理性危害对人体健康可能造成的不良影响所进行的科学评估[③]——就将食品安全风险预设为一种客观实在。事实上，这样一种食品安全风险属性观是以工程、保险和统计意义上的风险属

① 对于行政法上的合法性的探讨，参见王锡锌："依法行政的合法化逻辑及其现实情景"，载《中国法学》2008年第5期。也可参见沈岿："因开放、反思而合法"，载《中国社会科学》2004年第4期。

② 参见金岳霖主编：《形式逻辑》，人民出版社2002年版，第15页。

③ 沈岿："风险评估的行政法治问题——以食品安全监管领域为例"，载《浙江学刊》2011年第3期。

性观为依据的。美国学者摩根（Morgan）是其中的一位代表。[①]

与现实主义模式的逻辑起点相反，建构主义模式的逻辑起点则不是食品安全风险现象本身，而是食品安全风险的感知者和承受者。换言之，该模式将广大消费者等主体作为认识食品安全风险的逻辑起点。以这样一种逻辑起点来认识食品安全风险属性，就将食品安全风险视为是由广大消费者、新闻媒体等主体所编造的人工制品，即现代社会所面临的食品安全风险并不是一种客观实在，在相当程度上，它们是由社会定义和建构的。如果从本体论的哲学角度来分析，则体现强烈的唯名论倾向。由此可见，食品安全风险不单纯是自然现象，而更是社会事件，伴随着社会的和心理的过程，是人们的心智产物。我国 2008 年奶粉行业中的“三聚氰胺”事件所引发的连锁反应则较为典型地体现了食品安全风险的心理和社会属性。根据上海市食品协会的一份调查，仅上海市而言，“三聚氰胺”事件对上海整个食品行业的影响都很大，包括甜食、休闲食品行业等都受到了不小的冲击，很多以奶粉作为原料的甜食、休闲食品品牌深受其害，最严重的就是消费者开始对乳业行业不信任，已经产生了恐慌情绪，一时间闻“奶”色变。一些与该事件虽然无甚关系，但选用了奶制品作为原料的涉奶食品企业的生产、销售都出现同比三成以上的暴跌。[②] 同样，这样一种食品安全风险属性观是以人类学和社会学意义上的风险属性观为依据的。以美国学者玛丽·道格拉斯（M. Douglas）和维尔达沃斯基（A. Wildavsky）为代表的人类学学者的观点，[③] 以及德国社会学家尼古拉斯·卢曼（N. Luhmann）等人

---

① M. Granger Morgan, Probing the Question of Technology-Induced Risk, vol. 18, IEEE Spectrump.（1981）pp. 54-58.

② 戚建刚：“极端事件的风险恐慌及对行政法制之意蕴”，载《中国法学》2010 年第 2 期。

③ Douglas, M. and Wildavsky, A Grid-group Theory and Political Orientations: Effects of Cultural Biases in Norway in the 1990s, Scandinavian Political Studies, Vol. 23, No. 3,（1991）pp. 217-244.

提出的风险系统理论[①]等都可以作为佐证。根据他们的观点，风险的重要性不在于风险本身，而在于风险的附着对象。[②]

（二）评价食品安全风险负面后果之因素

虽然食品安全风险属性的两大模式通常都会认为食品安全风险可能对人体健康造成负面后果，但对于评价这种负面后果的因素两大模式相去甚远。与将食品安全风险视为一种客观实在相匹配，现实主义模式从单一的物质维度来评价食品安全风险的负面后果，并经常以累计死亡或受伤人数来测量物质性危害后果，即计算某一特别食品安全事件可能导致的总的死亡或受伤人数，随后与这种食品安全事件发生的可能性相乘。它的特点是忽略评价食品安全风险负面后果所产生的背景：死亡（受伤）就是死亡（受伤），无须考虑死亡（受伤）的背景，死亡（受伤）是评价食品安全风险严重程度的主要度量。对于其他因素，比如，食品安全风险的分布是否平等、食品安全风险是否是人们自愿遭受等，则被排除在这一模式的视野之外。

同样，与将食品安全风险视为一种社会建构相匹配，建构主义模式则从多个维度来评价食品安全风险的负面后果。该模式认为，物质性维度，虽然是评价食品安全风险负面后果的重要方面，但并不是唯一方面，甚至不是最重要的方面。伦理的维度、政治的维度以及心理的维度在评价食品安全风险的负面后果方面同样重要。[③] 除了累计死亡或受伤人数外，建构主义模式至少还会考虑这些因素：(1) 食品安全风险是否具有灾难性、可控性、平等分布、影响下一代人；(2) 是否涉及对广大消费者的无法弥补的或长期的损害；

---

① N. Luhmann, Risk: A Sociological Theory, Berlin: de Gruyter Press, (1993) pp. 62—65.

② M. Douglas and A. Wildavsky, Risk and Culture, California : University of California Press, (1982) p. 5.

③ 杨小敏：“我国食品安全风险评估模式之改革”，载《浙江学刊》2012年第2期。

（3）是否集中到那些可以识别的、无辜的或在传统上就属于弱势者的身上，比如婴幼儿、老年人和孕妇，这一点与公共道德思想具有密切联系；（4）为广大消费者所熟悉的程度；（5）能够导致广大消费者的恐慌程度。由此可见，就评价食品安全风险负面后果之因素而言，建构主义模式认为，这种负面后果是与多个维度相联系。广大消费者根据对食品安全风险的认知，而不是根据一个客观的食品安全风险情形或对食品安全风险的科学评估来对食品安全风险负面后果作出反映。显然，建构主义从多个维度来评价食品安全风险负面后果与其在本体论上的“唯名论”倾向密切相关。从实践中来看，2003 年欧盟科学指导委员会所发表的一份涉及食品安全风险治理的题为《关于在风险评估过程中为包容性的生活新品质关注设定科学框架的报告》① 就体现建构主义的要求。它指出，正式的食品安全风险评估中应当包含生活质量的价值，比如伦理问题和消费者的认知问题，消费者的营养效能、生态影响、农场和企业中的职业健康问题，对消费者健康的促进问题等。

（三）确定食品安全风险负面后果之方法

与第二个变项相联系，两大模式对于确定食品安全风险负面后果之方法也相去甚远。现实主义模式假设一种“规律论”，即可以用通则式的术语来解释食品安全风险的负面后果。据此，它一般使用保险精算方法，基于大量的食品安全事件的数据和数学上的模型与假设来确定食品安全风险的负面后果。为其奉为圭臬的公式是：食品安全风险（R）= 损害的程度（H）×发生的可能性（P）。该公式的特点是使用定量的技术，以一种总体性度量来判断食品安全风险，

① EU Scientific Steering Committee, Report on Setting the Scientific Frame for the Inclusion of New Qualify of Life Concerns in the Risk Assessment Process, April 2003, European Commission (DG SNCO), http: //ec. europa. eu/food/fs/sc/ssc/out362_en. pdf, last visited on Dec 12th, 2013.

比如在特定时间内，确定某一食品安全事件将会造成的受伤或死亡人数，可以以一个统一的单位来衡量损害大小，如金钱数额。据此，如果某一食品安全事件发生可能性越高，发生之后能够用金钱衡量的损失越大，那么其风险就越高，反之，则越低。显然，这些方法是依据客观上可以测量的损害来评价食品安全风险的负面后果。因而，它们是以结果为导向的，是一种线性思维方式，主要优点是具有可证实性和可操作性。如果从知识类型上来分析，它们主要涉及自然科学，比如数理统计，以及实证的、精致的经济学知识，比如计量经济学。

与现实主义模式持有“规律论”的假设不同，建构主义模式则秉持“个例化”假设来确定食品风险负面后果，即拒绝通则方式，主张不同的主体可以采用各类定性或定量的方法来判断食品安全风险负面后果。这些多元方法具有反思和诠释功能，承认广大消费者的经验与默会知识的重要性。比如可得性启发，即最容易被人们所想起的食品安全事件通常被认为这个食品安全事件经常会发生，结果是不适当地扩大该食品安全事件的负面后果，而低估相对缺乏戏剧性原因所导致的食品安全风险的概率。笔者认为，自2008年奶粉行业中的“三聚氰胺”事件之后，我国消费者对国产奶粉信任度不断降低，以及国产奶粉市场占有量一直下滑，与消费者使用可得性启发的方法来判断我国奶粉风险的负面后果有一定联系。又如价值定性分析方法，即根据不同主体对某一食品安全风险的态度、理解、感受等主观性标准来判断该食品安全风险的负面后果。由于不同主体的价值偏好具有多元性，因而关于某一食品安全风险的负面后果也因主体价值观的不同而不同。[①] 比如，人们往往重视使用非传统的方式——合成、调制、勾兑、添加——来生产的食品的风险的负面后果，像勾兑酱油、勾兑醋、味千拉面汤、肯德基醇豆浆、一滴香与化学锅底、老酸奶、牛肉膏调味的肉，而轻视天然或传统食品风

---

① Wildavsky, A and Dake, K.. Theories of Risk Perception: Who Gears What and Why?, Daedalus, Vol. 119, No. 4, (1990) pp. 41-60.

险的负面后果，这与人们所持的对技术的价值观有很大的关系。如果从知识类型上来分析，建构主义模式在确定食品安全风险负面后果的方法时主要涉及经验的知识，直觉知识以及想象知识等，带有反思性和诠释性意味。

三、两大模式对食品安全风险监管的隐含意义

尽管管理学等其他学科学者已经认识到不同模式的风险属性，意味着选择不同类型的风险监管手段，除前述德国社会学家乌尔里希·贝克的观点之外，英国著名风险管理学者奥特温·伦内（Ortwin Renn）更是精辟地断言，如果风险被看成某一事件或活动的客观属性，并被作为明确的有害效果的概率而加以衡量（现实主义模式的风险属性），那么政策暗示就很明显——按照危害概率和大小的“客观”标准来管理风险并首先分配资源去降低最大风险。如果相反，风险被视为一种文化或社会建构（建构主义模式的风险属性），风险管理活动将按照不同的标准制定，且优先权应当反映社会价值和生活方式偏好。[①] 然而，我国法学界，特别是研究食品安全风险监管法律制度的学者，并没有将其他学科的这种重要发现作为我国食品安全风险监管法制改革的指示器。[②] 现有关于食品安全风险监管法制改革的代表性研究成果，以及食品安全的主要法律规范，通常以食品安全风险属性的客观性作为前提假设。它们不太关注食品安全风险属性的建构性对食品安全监管法制改革的意义，人为地忽视了食品

① ［英］谢尔顿·克里姆斯基、多米尼克·戈尔丁编著：《风险的社会理论学说》，徐元玲等译，北京出版社2005年版，第60页。

② 值得一提的是，英国著名学者伊丽莎白·费雪在建构“商谈—建构”范式与“理性—工具”范式来观察法律、公共行政和技术风险的关系时，就将前一种范式中的“技术风险”视为建构意义上的风险，而后一种范式中的“技术风险”视为客观意义上的风险。［英］伊丽莎白·费雪：《风险规制与行政宪政主义》，沈岿译，法律出版社2012年版，第42-45页。

安全风险所具有的科学上的不确定性和价值上的模糊性，并简化了食品安全风险监管的复杂性，由此所形成的监管方案并不能恢复广大消费者对现行食品安全监管法制的信任，从而增强食品安全风险监管的合法性。笔者认为，为了更加透彻地认识和分析这种失衡现象，有必要较为系统和完整地阐述食品安全风险属性的两大模式对食品安全风险监管的隐含意义。为此，下文将以食品安全风险监管的五个主要环节作为切入点来具体分析。

（一）食品安全风险议题之形成

食品安全风险议题的形成是食品安全风险监管的第一个环节。它是指确定什么问题构成食品安全风险从而需要行政机关优先监管。在风险议题形成这一环节上，食品安全风险属性两大模式所隐含的意义是完全不同的。由于现实主义模式认为食品安全风险是一种客观实在，是可以通过相应的科学分析方法加以确定的。因而，行政机关如果在该模式指导下来形成食品安全风险议题，那么通常会将已经具有科学上确定的危害性的食品安全风险或者根据特定时期和特定地区的某一或某类食品安全事件发生频率及其所造成损害的数据作为食品安全风险的议题。显然，这些食品安全风险议题具有相当的明确性。在实践中，行政机关所形成的食品安全风险议题往往体现了该模式的要求。比如，国务院办公厅于2011年4月20发布了《关于严厉打击食品非法添加行为切实加强食品添加剂监管的通知》（国办发〔2011〕20号），将打击食品中的违法添加非食用物质和滥用食品添加剂作为2011年度我国食品安全监管部门的重要工作任务。[①] 国务院之所以在2011年4月20日将违法添加非食用物质和滥用食品添加剂确定为食品安全风险监管重要议题，这是因为从

① 国务院办公厅："关于严厉打击食品非法添加行为切实加强食品添加剂监管的通知"，载 http://www.gov.cn/zwgk/2011-04/21/content_1849726.htm，2013年11月12日访问。

2011年年初以来，新闻媒体密集曝光了我国食品行业中的违法添加非食用物质和滥用食品添加剂的情况，特别是2011年4月初发生在上海的有色馒头事件，[①] 促使国务院认识到该问题的严重性，需要行政机关分配资源优先监管。

相比之下，由于建构主义模式认为食品安全风险是一种社会建构，物质性维度并不是判断食品安全风险负面后果的主要因素，因而，行政机关如果在这一属性模式指导下来形成食品安全风险议题，那么对于某一或某类食品安全风险的负面后果，即使科学上尚未确定，但广大消费者反应强烈，专家之间也存在争议，行政机关也应当将之纳入风险议题，比如抗病虫的转基因食品安全风险问题。对于转基因食品安全风险的危害在科学上存在不确定性。同时，不同国家和地区的人们，甚至是同一国家和地区的不同群体，对抗病虫的转基因食品安全风险的负面后果的理解相差甚远。比如，美国和加拿大绝大多数消费者接受抗病虫的转基因食品，而欧洲国家的消费者，特别是英国的绝大多数消费者则强烈抵制抗病虫的转基因食品。[②] 相同情况也发生在我国。根据凤凰网一项针对我国食品中是否应当大胆使用转基因的网上调查表明，截至2011年12月30日，在受调查的1300人中，大约90%的网民认为，转基因食品存在潜在风险，反对我国食品大胆使用转基因技术；而10%左右的网民坚持认为，转基因食品安全危害可以忽略，支持我国食品大胆使用转基因技术。[③] 然而，让人感到遗憾的是，对于转基因食品安全风险问题，我国食品安全风险监管机关至今未给予足够重视。

---

① 王有佳等："质检总局：严查染色馒头"，载 http：//news. xinhuanet. com/politics/2011-04/13/c_121298362. htm，2013年5月12日访问。

② 沈孝宙：《转基因之争》，化学工业出版社2008年版，第27-28页。

③ 凤凰网："中国应不应该大胆使用转基因技术"，载 http：//pk. news. ifeng. com//?_c=pk&_a=commandPK&pid=470，2013年5月12日访问。

（二）食品安全标准之制定

由于食品安全标准是行政机关监管食品安全风险的依据，是食品生产经营者生产和加工符合安全标准的食品的依据，也是广大消费者判断食品是否具有安全性的重要依据，[①] 因而属于食品安全风险监管的一个重要环节。同样，在标准之制定这一环节上，食品安全风险属性的两大模式所隐含的意义也相去甚远。

由于现实主义模式从食品安全风险现象本身来认识食品安全风险，并以单一的物质性维度来判断某一食品安全风险的危害性，因而，行政机关如果在该模式指导下来制定食品安全标准，那么通常不会考虑广大消费者的心理感受、文化价值观以及消费方式偏好。而由于建构主义模式从食品安全风险感知者角度来认识食品安全风险，并以多种维度来判断某一食品安全风险的危害性，因而，行政机关如果在该模式的指导下来制定食品安全标准就需要兼顾多种因素。他们应当考虑不同地区公众的消费习惯、广大消费者的心理感受、道德和文化价值观等。这就将制定食品安全标准的过程复杂化，行政机关也难以使用一项统一标准适用于全国。

2011年11月到12月期间，国人对乳品新国标的争议，在很大程度上体现了不同群体对乳品风险的属性持有不同的观点。乳品新国标之所以陷入舆论质疑的旋涡，关键在于两个核心数据的变化，即生乳标准每毫升细菌总数由2010年前的不超过50万个提高到200万个，蛋白质含量由最低每百克2.95克下调至2.8克，前者比美国、欧盟标准高出20倍，后者则远低于发达国家3克以上的标准。[②] 原卫生部及其聘请的食品专家支持乳品新国标，认为根据风险评估的结果，新标准能够保证消费者健康，并否认企业绑架乳品标准。

---

① 戚建刚：“我国食品安全风险规制模式之转型”，载《法学研究》2011年第1期。

② 中国食品科技网：“从明治奶粉召回门看中国乳品新国标”，载 http://www.tech-food.com/news/2011-12-7/n0667327.htm，2013年11月12日访问。

广大消费者和部分媒体与专家则质疑乳品新国标，认为国家片面维护企业利益，牺牲公众健康，特别是下一代的健康，乳品标准被大企业所绑架。[①] 从原卫生部及其聘请的食品专家所主张的观点中可以发现，他们对乳品风险的属性持一种现实主义模式的观念。在他们看来，虽然原卫生部对生乳标准每毫升细菌总数以及最低每百克蛋白质含量都作了调整，但经过对依据新标准所生产的生乳的风险评估，认为人体可以接受，并不会对人体健康带来负面影响。而他们所说的风险评估，就是根据《食品安全法实施条例》第 62 条的规定，对依据新标准所生产的生乳的生物性、化学性和物理性危害对人体健康可能造成的不良影响所进行的科学评估——显然也是以现实主义模式的风险属性观为基础。

从广大消费者和部分媒体与专家所主张的观点中可以发现，他们对乳品风险的属性持一种建构主义模式的观念。这些人并不接受原卫生部的观点。[②] 他们首先考虑的是生乳风险的公平分配问题，认为政府官员和生乳企业可以享用特供乳品，广大普通消费者只能食用低标准的乳品，却承受食用低标准的乳品所带来的成本；他们也考虑中国人与美国和欧盟人的平等问题，至少在食用乳品这一事项上，中国人被矮化了；他们难以接受中国社会虽然在进步，但乳品标准却在倒退的现实；他们也埋怨大企业参与新乳品标准的制定，但广大消费者却被排除在外，政府为片面追求 GDP，采纳企业的意见，而牺牲广大消费者的健康权和知情权，未能对民主社会的整体需求有一个清晰的认识和反应；等等。显然，对于制定何种程度上

---

① 相关争议可以参见贾茹：“卫生部：乳品新标准只高不低不可能被企业绑架”，载 http://news.southcn.com/z/2011-12/04/content_34329209.htm，2013 年 6 月 2 日访问。云无心：“那些被误毒的食物——2011 问题食品事件盘点”，载 http://www.infzm.com/content/67069，2013 年 6 月 2 日访问。

② 相关观点可以参见沈建华：“生奶国标讨论：但愿不是打酱油”，载 http://opinion.china.com.cn/opinion_19_19619.html，2012 年 6 月 2 日访问。傅蔚冈：“企业起草，乳品国标如何才让人信服”，载 http://pinglun.eastday.com/p/20110712/u1a5991624.html，2012 年 12 月 2 日访问。

的生乳标准才能确保生乳品风险能为社会所接受的问题，对广大消费者而言，物质性维度并不是最重要的，对公平的心理感受，受到行政机关尊重的程度以及对参与乳品标准制定过程的民主需求等维度同样重要，而这些维度正是建构主义食品安全风险属性观的应有之意。

（三）食品安全风险评估

食品安全风险评估是对特定食品或食品添加剂可能对人体造成的负面后果进行的定性或定量分析，是食品安全风险监管的基础性步骤。同样，在此环节上，食品安全风险属性的两类模式所隐含的要求迥然不同。

现实主义模式认为，食品风险评估是监管机关及其聘请的专家运用定量的技术分析方法来发现客观存在的食品或食品添加剂的危害性后果及其发生概率的过程。在该过程中，评估专家根据可以证实的统计数据来科学地判断物质性的危害后果与产生原因之间的因果关系。对于评估中所涉及的价值判断，则是外在于评估问题，当风险评估程序结束之后，这些问题自然会被解决。显然，如果从类型上来分析现实主义模式所主张的风险评估过程，则属于“实验范式”的评估。它以预测和控制为目的，追求一种“直线的因果关系”①，评估专家必须严格遵守价值中立的态度，而风险评估结果需到达自然科学那样的精确性和可控性，对于评估专家的主观信念以及作为食品安全风险承受者的消费者的感受则完全被忽略。

建构主义模式则强调，广大消费者、利害关系人以及评估专家等主体的价值判断渗透于食品安全风险评估的各个步骤，特别是评估专家所抱持的理论、假设、架构或背景知识会影响评估的结果。即使被现实主义模式视为是科学问题的有关食品安全风险证据的收

① Donald T, Campbell and Julian Stanley, Experimental and Quasi-Experimental Designs for Research, Houghton Mifflin Company Press, 1963, pp. 13-23.

集、分析、说明、解释、评价等活动，也不可避免地依赖于评估专家的价值判断。因此，该模式将食品安全风险评估视为一个社会政治过程，重视对不同主体的价值和伦理的评价与分析。评估专家事先并不预设评估标准或倾向性结论，而是与利害关系人和广大消费者接触访谈，将他们的价值立场列入报告，并作真实记录。对某一食品安全风险的危害后果的识别，这一模式提出了“关注度”评估，以区别于现实主义模式的“物质性评估”。[①] 从所使用的方法来看，该模式重视质化的途径，比如，对食品安全风险承受着的深度的调查访问和密切的观察以及开放式的访问，这类似于“民族志的”叙述方式，以期能深入他们的世界观，借以了解其价值立场，并以现象学、符号互动论和俗民方法学的理论作为此类方法的基础。同样，如果从类型上来分析建构主义模式所主张的风险评估过程，则属于“自然论范式”[②] 的评估。它以了解和诠释为目的，采取一种整体的关照方法，企图捕捉住整个食品安全风险评估过程的复杂性和丰富性，追求一种“互为的因果关系”。

2010 年我国食品安全一个重大议题——面粉增白剂（化学物质过氧化苯甲酰、过氧化钙的俗称）存废之争，可以视为是食品安全风险属性的两大模式在风险评估问题上的激烈碰撞。主张使用方和主张禁用方通过媒体的一番唇枪舌战，终因原卫生部于 2010 年 12 月 14 日就撤销食品添加剂过氧化苯甲酰、过氧化钙公开征求意见，而暂告停歇。原卫生部于公开征求意见过程中发布的《关于拟撤销食品添加剂过氧化苯甲酰和过氧化钙的相关情况》（以下简称《相关情况》），以权威的官方信息，宣布了国内外关于在面粉中使用过氧化苯甲酰的安全限量标准，以及在此限量下使用的安全性，这是

① 对“关注度”评估的详细论述，参见戚建刚：“食品危害的多重属性与风险评估制度的重构”，载《当代法学》2012 年第 2 期。

② Michael Quinn Patton, Utilization Focused Evaluation, Dordrecht: Kluwer Academic Publishers, 2003, pp. 1-22.

具有科学意义的评估结论。[①] 它体现了现实主义模式的要求，也是主张使用方的主要依据。

然而，既然依据科学评估，限量使用是安全的，原卫生部为何又要彻底废除呢?[②] 它给出的理由有三：（1）我国面粉加工业现有的加工工艺能够满足面粉白度的需要，已无使用过氧化苯甲酰的必要性；（2）消费者普遍要求小麦粉保持原有色、香、味和营养成分，追求自然健康，尽量减少化学物质的摄入，不接受含有过氧化苯甲酰的小麦粉；（3）在现有国家标准规定的添加限量下，现有加工工艺很难将其添加均匀，容易造成含量超标，带来质量安全隐患。其中，理由（1）涉及面粉加工工艺与面粉白度的关联，理由（2）诉诸消费者的价值偏好，皆同面粉增白剂安全性的科学评估无关。这里，理由（1）和（2），特别是理由（2）实质反映了建构主义模式的要求。

（四）食品安全风险沟通

食品安全风险沟通作为食品安全风险监管的有机组成部分，通常是指通过一定的平台，如互联网、新闻媒体、监管机关等，消费者和食品生产经营者等主体之间进行的交流和传播关于食品安全风险的信息活动。在风险沟通这一环节上，食品安全风险属性的两类模式所隐含的意义同样存在重要差别。[③]

现实主义模式隐含着一种单向的、直线型的及封闭性的风险沟通模式。该沟通模式以这样一种假设为出发点，由于食品安全风险的复杂性、不确定性和模糊性，大多数消费者对食品安全风险的科

---

① 沈岿："风险评估的行政法治问题——以食品安全监管领域为例"，载《浙江学刊》2011年第3期。

② 2011年3月1日，原卫生部等6部门作出《关于撤销食品添加剂过氧化苯甲酰、过氧化钙的公告》（2011第4号），规定从2011年5月1日起，禁止在面粉生产中添加过氧化苯甲酰、过氧化钙。

③ 对于一般意义上的不同属性的风险概念模式所隐含的不同类型的风险沟通要求，见戚建刚："风险概念的模式及对行政法制之意蕴"，载《行政法论丛》2009年第12期。

学知识理解甚少，只有食品安全风险监管机关及其聘请的专家才能运用定量的技术分析方法来测量食品安全风险的概率和严重性。因而，食品安全风险监管机关及其聘请的专家是关于食品安全风险的正确的信息的支配者和掌握者。这一假设，其实就是风险属性的现实主义模式在逻辑上的自然延伸。它将食品安全风险监管专家置于沟通者的主导地位，而不是广大消费者。这样一种食品安全风险沟通模式的目标是，通过食品安全风险监管机关及其聘请的专家的说服来产生一种理性的消费者。它的关注点是对一个被动的接受者的沟通效果，而不是沟通发生的背景及食品安全风险信息传播者与接受者作为共同的参与者而建立一种信任关系，并没有强调广大消费者也能够提升食品安全风险沟通的质量。因而，这种食品安全风险沟通模式不是一种互动和开放的程序，而是一种单向的和封闭的命令行为。如果从人性论的角度观之，在现实主义模式所隐含的风险沟通中，利害关系人与广大消费者是被动的，是受权力者控制的对象，他们成了“无名”或毫无主见的人。食品安全风险监管机关的工作人员及其聘请的专家与其之间的关系属于功能性的、交易性的“他们关系”互动。

建构主义模式则隐含着一种双向的、开放的风险沟通模式。这一沟通模式以这样一种假设为出发点，在不同的社会背景下行动的人，对于食品安全风险具有明显不同的观念，对于食品安全风险情景的事实知识和评价性判断的要求也是明显不同的。被某一食品安全风险所影响的各类主体（主要是消费者）需要食品安全风险监管专家的信息，同样重要的是，食品安全风险监管专家也需要消费者的信息，这两类信息并不存在优劣之分。因此，食品安全风险沟通是这样一种程序，即试图在具有不同的食品安全风险知识的团体、个体与食品安全风险监管机关及其聘请专家之间建立对话，发展专家与广大消费者之间的共享的理解及产生相互的意义。显然，这一假设是食品安全风险属性的建构主义模式在逻辑上的自然延伸。这样一种双向的、开放的食品风险沟通模式的实质是具有不同利益诉求的主体去定义和建构食品安全风险的过程。这个过程包含着，广大消费者对食品安全风险监管机关权威的重新认识和对食品安全风险监管权力的重新认定。它的目的不仅仅是食品安全风险信息的告知或引导，而是通过交流来重新塑造食品安全风险监管机关及其聘请的专家与广大消费者之间的稳定的社会关系，维持彼此信任关系。它的主要产物不是食品安全风险信息，而是在沟通过程中所发生的各类社会关系的质量。如果从人性论的角度观之，在建构主义模式所隐含的风险沟通中，利害关系人与广大消费者是自主的、积极的，甚至是超脱了自我为中心的需求，主动关心他人、国家和社区的公共利益。食品安全风险监管机关的工作人员及其聘请的专家与其之间的关系属于包容性的“我们关系”互动。

然而，让人遗憾的是，在现实中，我国的食品安全风险监管机关及其聘请的专家习惯于一种单向的、直线型的及封闭性的风险沟通模式，将广大消费者视为需要“驯化”的对象。比如，在2010年8月的“圣元奶粉致女婴性早熟”事件中，虽然原卫生部通过召开新闻发布会的形式，向媒体公布了婴儿乳房早发育与食用圣元乳粉无关这样一个结论，但作为该事件的家长和公众对原卫生部的结论充满疑问，比如，苏州某检测机构就表示，将免费为孩子家长检测奶粉激素含量。某市民王先生将把奶粉样本送往该机构做检测，“我要自己送检奶粉，并将结果公布于众”。他还与十几名性早熟孩子的家长取得联系，部分家长对原卫生部的结果仍表示怀疑。[①] 这其中的原因与原卫生部门沟通此次食品安全风险信息的方式有很大关系。对于媒体和家长的一些疑问，原卫生部并没有给予充分的回应或者展开比较充分的交流与沟通。例如，由于我国奶粉行业大量存在的激素催奶的现象，但国家质监部门和企业又不检测激素含量，那么又如何确保奶粉中激素的含量是正常的？如果奶粉中含有雌激素，多少含量的标准，会引起婴儿性早熟？这些问题，原卫生部却没有给予回应。它只是简单地通报，圣元乳粉中未检出外源性性激素，

---

① 叶洲、王奕：“一名婴儿父亲怀疑调查结果欲自行送检奶粉”，载 http://news.sina.com.cn/h/p/2010-08-16/022020903396.shtml，2013年6月2日访问。

而内源性雌激素和内源性孕激素的检测值符合国内外文献报道的含量范围。[①] 显然，原卫生部这样一种“独角戏式”的沟通方式难以取得公众的信任。

（五）食品安全风险管理

风险管理是食品安全风险监管的关键环节，它是负有食品安全风险监管职能的行政机关实施特定的行政行为用以排除、减少、缓解、转移和防备食品安全风险的行政活动。[②] 在该关键环节上，食品安全风险属性的两类模式所隐含的意义也是迥然不同。

现实主义模式隐含着，食品安全风险监管机关依据自身所掌握的关于食品安全风险的客观的信息和知识来选择、评估、执行、监督及反馈食品安全风险监管措施的意义，即依赖于技术的和经济的理性维度来从事食品安全风险管理。对于其他关键维度，比如政治的维度，即在一个民主社会中，食品安全风险监管机关如何选择监管措施来回应消费者的需求；又如道德的维度，即如何面对和处理食品安全风险监管部门在选择监管措施时所固有的价值问题；这一模式则加以省略。美国学者凯斯·R. 孙斯坦可以视为是技术理性的代表。他首先强调包括食品安全风险在内的所有风险问题确实是一个事实问题，而且尽可能知道真相是关键。以此为基础，他提出关于风险监管措施应当是什么的问题，普通人的直觉是靠不住的，因而，主张通过高度专家化的方式来处理风险监管问题，其中最为重要的一项内容就是运用经济学上的成本与收益的分析方法。他指出，成本与收益的方法能够促进最令人满意的监管措施的采用，阻止最不受欢迎的监管措施的实施，激发对监管后果的更为细致的考察。[③]

---

① 陈旭：“圣元奶粉陷早熟门，奶粉乱象待解”，载 http：//info. yidaba. com/z/synfzsm/，2013 年 6 月 2 日访问。

② ［美］罗伯特·希斯：《危机管理》，王成等译，中信出版社 2004 年版，第 40-41 页。

③ ［美］凯斯·R. 孙斯坦：《风险与理性——安全、法律及环境》，师帅译，中国政法大学出版社 2005 年版，第 31 页。

建构主义模式则隐含着，食品安全风险监管机关、食品生产经营者和广大消费者等主体共同所掌握的食品安全风险知识对于归纳、评估、衡量、执行、监督与反馈风险监管措施的意义，即除了依赖于技术和经济的维度之外，食品安全风险管理还应当考虑文化、心理、政治和道德的维度，并且这些维度比技术和经济的维度还重要。因为，对建构主义模式而言，食品安全风险监管措施的选择或执行并不是一个价值中立的过程，而是涉及众多的价值判断。更为重要的是，客观的科学分析与价值判断是不能相互分离的。心理、道德、情感和文化等背景因素虽然会影响消费者对于风险监管措施的选择，但它们同样会影响食品安全风险监管部门的判断。进一步而言，现代社会的食品安全风险的复杂程度已经远非某一领域的专家知识所能解释，而专家也只是某个领域的专家，在他们不熟悉的食品安全风险领域，比如，对于转基因食品安全风险监管问题，他们的知识同样是有限的，有时他们也不得不依赖直觉或经验来选择监管措施，这导致专家之间的观点经常出现不一致。况且，与专家相比，公众的食品安全风险知识不一定就不准确，他们拥有与专家“相互竞争的理性”。[①] 由此，食品安全风险管理并不仅仅是一个科学的、客观的过程，也是一个规范的和政策取向的过程，其中，技术的和经济的理性仅是这一过程所考虑的两个因素。

食品质量免检制的命运可以视为是食品安全风险属性的两大模式在风险管理问题上激烈交锋的一个典型例子。虽然“三鹿奶粉”事件迫使国务院在数日内就废除了食品监管领域已经存在十几年的一项制度——食品质量免检制，[②] 但必须指出的是，当初行政机关在设计免检制时是出于扶优扶强、引导消费、减轻企业负担、减少行

---

① Paul Slovic, The Perception of Risk, Trowbridge UK: Cromwell Press, 2007, P. 238.

② “国务院办公厅关于废止食品质量免检制度的通知”（国办发〔2008〕110号，2008年9月18日）。

政成本、重点治理差劣、摆脱地方干预等良好初衷。[①] 显然，这些“良好初衷”有力地体现了食品安全风险属性的现实主义模式的直接要求。直到2008年“三鹿奶粉”事件爆发之前，行政机关和奶粉生产企业还在宣传食品质量免检制的经济绩效。

然而，这样一项极具经济理性的制度却因“三鹿奶粉”事件而在数日之内崩溃。有学者作了这样的反问，是不是已然崩溃的食品免检制，成了“比窦娥还冤”的替罪羊了呢?[②] 然而，如果从该项制度违反食品安全风险属性的建构主义模式要求，就能得到很好的理解。由于食品免检制所面对的是目前我国社会具有极高风险性的领域——食品行业。食品是广大消费者每天都要食用的物品，它关系到每一个人的生命和健康权。一旦发生食品安全事故，那么就会让较大范围内的公众感到非常恐惧和担心，此时，情感的一项心理法则——可得性启发就发生作用，结果则是，广大消费者扩大了食品安全风险。食品免检制恰恰是存在于在这样一个风险更容易被感知、被警惕的领域。当震惊全国、导致近30万余婴儿泌尿系统出现病变的“毒奶粉”事件发生后，广大消费者将愤怒的矛头指向食品免检制，他们纷纷讨伐该项制度，“行政权不作为”“行政机关放弃监管”之声绵延起伏。[③] 至于行政机关和奶粉生产企业先前所宣称的免检制的种种经济绩效，早已淹没在公众的讨伐声中了。因为在公众看来，该项制度所拥有的技术和经济理性不足以支撑其合法性，而他们更关注的是，该制度直接与广大消费者的关于食品安全风险的心理的、文化的和道德的维度相矛盾，毕竟，“民以食为天、食以安为大”，“食品安全是天大的事”。面对强大的反对和质疑浪潮，国务院不得不及时作出了废止免检制的决定。

---

① 沈岿：“反思食品免检制——从风险治理的视角”，载《法商研究》2009年第3期。

② 沈岿：“反思食品免检制——从风险治理的视角”，载《法商研究》2009年第3期。

③ 东馨笙：“仅仅废除食品免检制度还不够”，载《法人杂志》2008年第10期。

四、对食品安全风险监管法制改革之启示

以上分析表明，对于食品安全风险监管的主要环节而言，两类食品安全风险属性模式所隐含的意义的差异是很明显的。应当说，这两类模式所隐含的食品安全风险监管之间的冲突，能够在一个更为基础的层面上解释或说明当前我国食品安全风险监管领域存在的迷局。的确，在当代中国社会面临险象环生和层出不穷的食品安全风险背景的情况下，如果食品安全风险监管机关不能有效平衡两种食品安全风险属性模式所隐含的对食品安全监管的不同意蕴，如果食品安全风险监管法制改革者只是片面体现某一食品安全风险属性的要求，那么食品安全风险监管活动就会不可避免地不断陷入合法性危机。更为糟糕的是，持不同的食品安全风险属性观念的人会对没有反映其偏好的食品安全监管制度投以不信任感，比如，尽管食品安全风险监管机关反复强调经过科学的风险评估，依据新生乳标准生产的奶粉不会对人体健康带来不良影响，然而，婴幼儿家长们依然我行我素地“用脚投票”——买高价进口奶粉。[①] 这实质上表现了消费者对于国内乳制品业和国家乳制品风险监管制度的信任危机。

那么，如何通过食品法制度改革，为行政机关监管食品安全风险活动提供一种合法性的评价和理解框架？正如笔者从食品安全风险监管机关及其聘请的专家、广大消费者等主体持有的两类在根本上存在差异的食品安全风险属性模式，来对我国当前食品安全风险监管的种种迷局提供一种新的解释性视角一样，也试图从整合两类食品安全风险属性模式优势之角度来为具体的食品安全风险监管法制改革方案之设计提供新途径。因为笔者始终坚信“一个适当的、

---

① 张倩：“中国人抢购致澳洲奶粉脱销 当地人不满”，载 http://biz.cn.yahoo.com/t/ypen/20130108/1538244.html，2013年6月6日访问。

广博的政治和社会理论必须是同时具有经验的、诠释的与批评的……如果有所欠缺，则让人无法满意，而且这三者是彼此辩证的评估”。[①]

显然，现实主义模式以科学和理性的优势著称，然而，这一优势也是其劣势所在，即它所体现的狭窄性。而建构主义模式的特征在于扩大了食品安全有害后果的范围，丰富了食品安全风险监管的内涵。可见，建构主义模式所具有的民主和公平的优势，能够弥补现实主义模式的缺陷，为食品安全风险监管活动的合法性提供认识论视角。然而，它也具有劣势，会使得食品安全风险监管活动缺乏效率性和可操作性。而这些问题，正是现实主义模式能够有效克服的。因而，如果食品安全风险监管法律制度改革的设计者能够整合这两类食品安全风险属性模式的优势——在理性、科学与民主、公平之间获得恰当的平衡,[②] 将之作为食品安全风险监管法律制度设计的指示器，并以行政法上的权利与义务的形式固定下来，那么这既体现了由食品安全风险的双重属性——作为一种物理性现象及作为一种社会建构，所隐含的双重策略的监管要求，也能够摆脱不同主体因食品安全风险观上的根本差异而使食品安全风险监管活动陷入合法性的困境，从而增强对我国食品安全监管制度的信任。事实上，由于欧盟委员会已经清醒地意识到，在作出关于已经被识别的食品安全风险的可接受性的决定时，行政机关不能仅仅将其视为危害后果可能发生的各种概率，相反，它们也应当考虑食品安全风险对其他的“非科学”的利益的影响,[③] 因而它于 2010 年发表的一份《关于食品安全的整合性计划》中试图为食品安全治理设计一种新的模

---

① Bernstein, Richard J, The Restructuring of Social and Political Theory, The University of Pennsylvania Press, 1978, pp. 315-316.

② 戚建刚：“风险概念的模式及对行政法制之意蕴”，载《行政法论丛》2009 年第 12 期；杨小敏：“我国食品安全风险评估模式之改革”，载《浙江学刊》2012 年第 2 期。

③ Harry A. Kiiper, The Role of Scientific Experts in Risk Regulation of Foods, in Uncertain Risks Regulation, Edited by Michelle Everson and Ellenvos, Routledge-Cavendish Publish, 2009, p. 389.

式，依据该模式，古典的技术性风险评估将整合食品安全风险的社会的和经济的影响，以便为风险管理提供适当的方案。① 显然，欧盟委员会的这项改革与笔者的观点不谋而合。

（一）“超级食品安全风险监管机关”之设计

“超级食品安全风险监管机关”的主要功能是达致现实主义模式所要求的理性与科学的价值目标。从总体而言，它是以目标和问题为导向的、专业自主性的、整全的组织机构。即通过建立由一批职业的食品安全风险监管专家组成的、法律地位超越目前食品安全风险规制机关的超级组织。该超级组织通过更加明确和更为统一的假设，来理性地确定食品安全风险监管议事日程；通过有意识地利用政府部门以外的专家知识，来作出更加明智的食品安全风险监管决定；通过更加精确地建立和发展各类分析模型，来获得较高质量的食品安全风险评估结论和选择更合理的监管手段；通过设定更为系统和全面的食品安全风险问题，来优化不同的食品安全风险监管项目，从而实现一种系统的、可预期的和和谐的食品安全风险监管活动，从总体上减少或降低我国食品安全风险。它具有以下法律特征。②

（1）行使统一的监管权。即这一超级食品安全风险监管机关有权对食品在生产、加工、流通、销售、消费等环节所存在或可能存在的风险行使完整和统一的监管权。它既有权将分散在不同食品安全风险监管机关中的食品安全风险知识和信息集中和统一起来，也有权协调其他国家行政机关所拥有的关于食品安全风险的信息，克服因组织的片断割裂窘境而导致食品安全风险信息的零碎与片断化

---

① Gijs A. Kleter and Harry A. Kuiper Safe Foods: Promoting Food Safety through a New Integrated Risk Analysis Approach for Foods, Food Control (2010), Vol. 21, Issue 12, pp. 1563-1682.

② 戚建刚：“风险规制过程的合法性之证成——以公众和专家的风险知识运用为视角”，载《法商研究》2009年第5期。

的状态，从而形成全面和系统的食品安全风险监管议程，优化食品安全风险监管手段的选择和资源配置。

（2）体现强烈自主性。为尽最大可能免于各种各样政治压力的影响，比如，广大消费者一时的情绪、新闻媒体的压力等，该机构应当具有强烈的自主性，比如，其工作人员享有公务员的身份保障权，由国务院总理直接任命，对国务院总理直接负责；其办公经费统一由国家财政足额提供等。更为重要的是，其工作人员应当根据既定的食品安全风险监管的规则、程序或实践，不断将特殊的食品安全风险情形予以理性化或规则化。也就是说，通过建立一整套连续和统一的食品安全风险监管体系来增加自身的独立性。

（3）履行特殊的监管使命。该使命并不是要完全消灭我国的食品安全风险危害，确保食品生产经营者生产或销售“零食品安全风险”，而是建立一种协调统一的食品安全风险监管体系，使食品安全风险监管过程理性化，具体而言：优化食品安全风险监管目标，确保有限资源得到优先配置；比较不同的食品安全风险监管措施的成本与收益，以便确定体现效益的监管手段；评估不同食品安全风险的严重程度，从而确定监管优先顺序；与广大消费者进行双向的和平等的食品安全风险沟通与交流，增强食品安全风险监管的民主性和情感性等。

（4）具备广博的专业性。这是由食品安全风险问题的极端复杂性以及该机关所承担的特殊的监管使命所决定的。这种广博的专业性主要体现在，该机关的工作人员由专门受过系统的食品安全风险知识训练并具有丰富的食品安全风险监管经验的专家组成。这些专家有的来自于一些实践部门，比如环境保护部门、检验与检疫部门，有的来自于研究机构或非政府组织，一般是某一领域内的食品安全风险知识的权威。他们熟悉科学、经济、美学、心理学、环境、法学和行政管理的知识，善于运用科学、哲学、美学、伦理学的方法来实施食品安全风险监管，能够以包容的方式与广大消费者有效地进行食品安全风险沟通。同时，又有一套系统的法律规范来约束这些专家的行为，确保他们以中立、诚实和不偏不倚的方式来完成食品安全风险监管任务。

值得欣慰的是，这样一种“超级食品安全风险监管机关”在我国初具雏形。继2009年《食品安全法》在第4条首次明确规定“国务院设立食品安全委员会，其工作职责由国务院规定”以来，一个超级食品安全风险监管机关逐渐浮出水面。2010年2月，国务院发布《关于设立国务院食品安全委员会的通知》（国发〔2010〕6号）。该通知规定，国务院食品安全委员会是国务院食品安全工作的高层次议事协调机构，由国务院副总理李克强任主任，包括原卫生部等15个与食品安全风险监管有关的部委。它的主要职责是分析食品安全形势；提出食品安全监管的重大政策措施；督促落实食品安全监管责任等。它还设立国务院食品安全委员会办公室（简称食安办），具体承担委员会的日常工作。[①] 而2010年12月6日的《中央编办印发关于国务院食品安全委员会办公室机构设置的通知》又规定，国家食安办的主要职责包括，组织拟定国家食品安全规划，并协调推进实施；推动健全协调联动机制、完善综合监管制度；督促检查食品安全法律法规和国务院食品安全委员会决策部署的贯彻执行情况；指导完善食品安全隐患排查治理机制等。同时，该通知还强调国务院食安办不取代相关部门在食品安全管理方面的职责，相关部门根据各自职责分工开展工作。[②] 随着2011年以来我国接连发生包括“瘦肉精”在内的重大食品安全事件，这一超级食品安全风险监管机关的职能不断强化。2011年11月，中央编办又印发《关于国务院食品安全委员会办公室机构编制和职责调整有关问题的批复》（中央编办复字〔2011〕216号），将原卫生部食品安全综合协调、牵头组织食品安全重大事故调查、统一发布重大食品安全信息等三项职责划入国务院食安办。同意国务院食安办增设政策法规司、宣

---

① 国务院：“关于设立国务院食品安全委员会的通知”，载 http：//news. xinhuanet. com/politics/2010-02/10/content_12964072. htm，2013年11月16日访问。

② 中央机构编制委员会：“中央编办印发关于国务院食品安全委员会办公室机构设置的通知”，载 http：//news. foodmate. net/2010“/12/171978. html，2013年11月7日访问。

传与科技司，分别承担食品安全政策法规拟订、宣传教育和科技推动等工作。[①]

对于中央编办连续调整食品安全监管职责的行为，尽管我国有行政法学者认为违反了《食品安全法》[②] 所授予给原卫生部的法定职责的规定，[③] 然而，笔者认为，国家食品安全委员会及食安办职能的扩展以及其他食品安全风险监管机关职能的收缩，恰恰体现了现实主义食品安全风险模式所要求的理性与科学的价值目标，比如，统一发布重大食品安全信息、提出食品安全监管的重大政策措施和组织拟定国家食品安全规划等职责都是为了增强食品安全风险监管的理性化和统一性。更为重要的是，这样一种改革离本文所设计的“超级食品安全风险监管机关”所具有法律特征还有很大距离，比如专业性和政治独立性方面。当然，我们不能指望超级食品安全风险监管机关的改革能一步到位，可是，这恰如有专家所推测的，中央编办连续调整食品安全监管职责的行为传递出一个信号，即“十二五”期间的我国食品安全风险监管机关改革也许会以食安办[④]为基础，对食品安全风险监管体系进行重大调整。可是，颇耐人寻味的是，2013 年 3 月 14 日，十二届全国人大一次会议批准了《国务院机构改革和职能转变方案》，对我国食品安全监管体制又作了重大调整。根据该方案的最新规定，新组建的国家食品药品监督管理总局来统一行使对生产、流通、消费环节的食品安全的监督管理职责，而原先国务院食品安全委员会办公室的职责、国家食品药品监督管

---

① 中央机构编制委员会：“中央编办发文对食品安全监管有关职责和国务院食品安全办机构编制进行调整”，载 http：//news. foodmate. net/2011/11/194489. html，2013 年 6 月 7 日访问。

② 即《食品安全法》第 4 条第 2 款规定的国务院卫生行政部门承担食品安全综合协调职责，负责食品安全风险评估、食品安全标准制定、食品安全信息公布、食品检验机构的资质认定条件和检验规范的制定，组织查处食品安全重大事故。

③ 蒋晔：“国务院食安办编制改革监管体系有望重大调整”，载 http：//www. 6eat. com/Info/201111/337063. htm，2013 年 6 月 7 日访问。

④ 蒋晔：“国务院食安办编制改革监管体系有望重大调整”，载 http：//www. 6eat. com/Info/201111/337063. htm，2013 年 6 月 7 日访问。

理局的职责、国家质量监督检验检疫总局的生产环节食品安全监督管理职责、国家工商行政管理总局的流通环节食品安全监督管理职责都转移给了国家食品药品监督管理总局。同时，工商行政管理、质量技术监督部门相应的食品安全监督管理队伍和检验检测机构划转食品药品监督管理部门。此外，国家食品药品监督管理总局加挂国务院食品安全委员会办公室牌子。[①] 这表明，我国的“超级食品安全风险监管机关”将是国家食品药品监督管理总局。与之前的国务院食品安全委员会办公室相比，在法律特征上，更加接近了笔者所设计的“超级食品安全风险监管机关”，虽然尚未完全相符。当然，笔者期待，本文提出的“超级食品安全风险监管机关”的主要法律特征都能够为改革的设计者所全部采纳。

（二）合作式和分析性的食品安全风险监管程序之建构

合作式和分析性的食品安全风险监管程序的主要功能是，最大限度地整合两类食品安全风险属性模式所体现的理性与科学，民主与公平等价值目标。这种类型的程序应当贯彻于食品安全风险议题之形成、食品安全标准之制定、食品安全风险评估、食品安全风险沟通和食品安全风险管理等食品安全风险监管的各个主要环节。“合作”用以解决食品安全风险监管过程中不同主体之间的价值冲突问题。它涉及利害关系人、广大消费者代表等主体的参与和协商，也用以整合食品安全风险监管机关的专业知识、利害关系人的知识及广大消费者所关注的焦点意见。“合作”也意味着食品安全风险监管机关工作人员及其聘请的专家将不再以专业经理人自居，而是与利害关系人和广大消费者形成一种伙伴关系。它能够增强食品安全风险监管过程中各类角色之间的理解和信任，有助于各类持有不同食品安全风险价值观的主体之间建立共识和达成妥协，有助于降低行

---

① 朱书缘、赵晶：“国务院机构改革和职能转变方案获全国人大批准”，载 http://theory.people.com.cn/n/2013/0314/c49150-20793742.html，2013 年 3 月 16 日访问。

政机关监管食品安全风险的成本，从而形成相对公平和优化的食品安全风险监管措施等。[①] 更为重要的是，通过合作，能够揭示出包括食品安全风险监管专家和广大消费者代表在内的各类参与者的价值偏好。显然，有效的合作需要食品安全风险监管中的各类角色以真诚、平等、充分和负责任的方式交换信息、意见和观点，由此，这依赖于合作程序之设计。

而“分析”用以解决食品安全风险监管过程中各类主体，特别是行政机关的知识和信息的不足问题。这是食品安全风险本身及监管过程的复杂性的要求，监管者输入关于食品安全风险、食品安全风险对广大消费者的潜在影响等的最为全面、客观和最值得信赖的信息和知识。而通过“分析”程序能够获得关于食品安全风险信息的较为全面的和科学的洞见，特别是关于食品安全风险产生的原因及其后果之间的关系，以及对广大消费者健康的影响的比较专业的知识，也能够获得对某一食品安全风险产生的原因和来源等需要长期熟悉才能形成的经验性的知识，就不同消费者对不同地区条件下的食品安全风险自身体验而形成的地方性知识以及关于食品安全风险的常识或个人经验的民间性知识。

可是，从学理分析，合作式和分析性的食品安全风险监管程序之建构依赖于一种“辩证对话”模式：它将改变食品安全风险监管机关及其聘请的专家热衷于单面向思维的方式，迫使他们从利害关系人和广大消费者等主体的主观面向以及食品安全风险自身的客观面向，看出主客对立相互转化互相依存的同一性，将食品安全风险监管过程中的各类主体的知识、信息与价值整合进一种有机的程序之中，以确保产生一个普遍可以接受的食品安全风险定义，并以为各方所承认的标准来对食品安全风险后果加以评估，以便最终形成监管方案。这种“辩证对话”模式的基本环节及方法体现为以下五

① 对于基于合作程序和理念制定食品安全标准的范例，参见高秦伟：“私人主体与食品安全标准制定——基于合作规制的法理”，载《中外法学》2012 年第 4 期。

个方面，[①] 而行政法除了在整体上规定，当食品安全风险监管机关面对那些在性质上具有复杂性、不确定性和模糊性等特征[②]食品安全的风险时应当启动合作式和分析性程序之外，还需要为不同环节中的各方主体合理地配置权利与义务（职权与职责）。

（1）判断和识别食品安全风险监管过程所应当关注的目标或焦点。对监管目标或焦点的识别是食品安全风险监管的首要环节。从实践而言，食品安全风险监管机关要求利害关系人与广大消费者代表表明他们就某一食品安全风险监管的价值取向及判断不同监管方案的标准，是识别对该食品安全风险的监管目标的比较可行的方法。此时，食品安全风险监管机关通常可以使用的一种识别工具是价值树分析。[③] 该分析方法的功能是，用以识别和组织与可能的食品安全风险监管方案有关主体的价值。在某种程度上，这是将不同的主体所持有的不同模式的食品安全风险属性观予以量化。这棵树以等级制的形式将不同主体所表达的价值、标准等结构化，一般性的价值和标准置于树的顶部，特殊的标准和具体的价值置于树的底部。基于不同的食品安全风险问题的政治、经济、伦理、文化背景，利害关系人和广大消费者代表的价值是多元化的。食品安全风险监管机关通过要求不同的利害关系人和广大消费者代表对自己认为不相关的价值或标准赋予零权重，就有可能建构一种联合的或结合的价值树，用以说明利害关系人和广大消费者代表的所有价值偏好。通过

---

① 戚建刚："风险概念的模式及对行政法制之意蕴"，载《行政法论丛》2009年第12期。

② 这就意味着对于那些简单、确定的食品安全风险，食品安全风险监管机关无须启动此类程序。对于何谓食品安全风险的"复杂性、不确定性和模糊性"，参见戚建刚："食品危害的多重属性与风险评估制度的重构"，载《当代法学》2012年第2期。至于为何对于具有此类性质的食品安全风险需要启动"合作式"和"分析性"程序，笔者将另撰文详述。

③ Von Winterfeldt, D. Value Tree Analysis: An Introduction and an Application to Offshore Oil Drilling, in P. R. Kleindorfer and H. C. Kunreuther (eds) Insuring and Managing Hazardous Risks: From Seveso to Bhopal and Beyond, Springer, Berlin, Germany, pp. 349 - 385. 1987.

价值树分析就能够产生一套持续、和谐和透明的评价性标准。这些评价性标准可以作为食品安全风险监管机关形成各种备选监管方案的指示器。食品安全风险监管机关在运用价值树识别食品安全风险监管应当体现的目标或关注的焦点时，可以采用由利害关系人和广大消费者代表参加的听证会、座谈会等对话形式。这种对话涉及各个主体之间的不断交流和互动，带有非常强烈的反思特征。

（2）食品安全风险监管机关工作人员及其聘请的专家对不同的食品安全风险监管备选方案及标准的绩效之分析。这些专家对议程中的食品安全风险问题具有某一方面专业知识，其主要作用是在考虑各种利害关系人与广大消费者代表的特殊知识的基础之上，根据自身所掌握的关于该食品安全风险的专业知识，对食品风险监管机关根据价值树所形成的各种备选监管方案的绩效进行分析和判断。他们经常使用的方法是“团体德菲法”[①]。食品安全风险监管机关可以采用由专家参加的听证会、圆桌会或共识会等对话形式来获取专家们的意见。这种对话涉及专家之间对食品安全风险有关的专业和科学问题的理解与认识，呈现理性色彩。借助于这种对话形式，各类专家关于某一或某类食品安全风险监管方案利弊及具体的理由等基本内容都将被陈述出来，从而不断增强监管方案的科学性。

（3）食品安全风险监管机关通过随机选择产生的由广大消费者代表和利害关系人代表组成的“公民评价小组”，评估由食品安全风险监管专家对话后所形成的各类监管方案。该程序的主要目的是给广大消费者代表和利害关系人提供一个机会来学习食品安全风险监管，并让他们根据自己的价值和偏好对这些监管方案可能的后果或影响进行讨论和评价，并提出改进或完善的意见，最终形成一个“公民评价报告”。为使“公民评价小组”的对话富有成效，食品安

① “德菲”是古希腊城名，相传城中阿波罗圣殿能预卜未来而得名。该方法的基本内容是，先将一群专家区分为较小的工作团体，然后透过全体会议，比较这些团体的判断，并确认这些专家对于事实所持看法的冲突，最后达成共识。Webler, T., Levine, initials et al., The Group Delphi: A Novel Attempt at Reducing Uncertainty, Technological Forecasting and Socal Change, Vol. 39, No. 3, 1991, pp. 253-263.

全风险监管机关的相关负责部门，比如食品安全风险评估委员会，应当履行相应的指导、解释、说明和组织的职能。“公民评价小组”的对话形式则体现着浓重的参与色彩，其主要功能是增强监管方案的民主性和情感性。

（4）协调委员会形成食品安全风险监管的方案报告。为使这三种对话形式富有成效，食品安全风险监管机关需要组织一个由行政机关代表、主要利害关系人代表、广大消费者代表所组成的协调委员会。协调委员会是“辩证对话”模式的一个基本要素，从法律地位而言，独立于食品安全风险监管机关。它将协调上述三种对话的全过程，记录对话结果，检查行政机关提供给各类参与主体的材料，审查某一食品安全风险监管的拟议决策内容，以便形成食品安全风险监管的具体方案。该委员会能够将上述三个程序步骤有机地联结起来，也是食品安全风险监管机关作出最终的具备合法性方案的必需环节。当然，协调委员会不能，也不应当改变“公民评价小组”推荐的方案，而是应当将“公民评价小组”的方案置于其所形成的报告之中，并提交给食品安全风险监管机关。需要特别指出的是，如果所涉及的食品安全风险问题具有强烈的不确定性、复杂性和价值上的模糊性，比如转基因食品安全风险，那么协调委员会在将自己的方案提交给行政机关之前，需要通过互联网、新闻媒体的形式，向广大的消费者征求意见。广大消费者则行使评论权、监督权和知情权。对于消费者的意见和建议，协调委员会应当在自己的方案中加以体现。

（5）食品安全风险监管机关确定最终的监管方案。在通常情况下，食品安全风险监管机关应当采纳协调委员会所形成的监管方案报告。如果它要否定该监管报告，则不仅需要详细地说明理由，而且还要重新履行上述程序以形成协调委员会的关于食品安全风险监管方案。需要特别强调的是，经由这种“辩证对话”所产生的最终的监管方案不仅仅体现了对话过程中各方主体的最低限度的共同偏好，更为重要的是，它能有效地预防、减缓和控制食品安全风险并能超越特定主体的利益，呈现公共利益导向的品质。由此可见，最终的监管方案并不依赖于一种独立的标准，相反，它是“辩证对话”过程中各方主体认知性反思和解释的结果。

当然，如果合作式和分析性的食品安全风险监管程序的实施能够与“超级食品安全风险监管机关”的改革结合起来，由“超级食品安全风险监管机关”来实施这一程序，那么效果将更为明显。可以预料到的是，食品安全风险监管机关会把此类程序限制看成效率的障碍。的确，合作式和分析性程序规则将会限制食品安全风险监管活动的自由，遵循这些规则须花费相当的人力和物力。但如果减少了食品安全风险监管机关与其他主体之间的冲突，增强了它的监管措施的合法性，那么人力和物力就用得其所，结果是促进了效率而不是阻碍效率。

（三）注重“软法”之治，倡导“柔性”监管措施

由于国家行政机关对食品安全风险的监管是一个复杂的过程，它所要实现的价值目标也具有多重性。从行政法理论而言，为实现既定目标，食品安全风险监管机关既可以倚重“硬法”，采取高权性的和强制式的“硬性”监管措施，比如查封、扣押、销毁、冻结、禁止、吊销许可证等，也可以依靠“软法”，比如各种冠以“宣言、号召、纲要、建议、指南、倡议、规程、章程、公约、岗位职责、基本要求、标准、规范、规定、决议、管理办法、纪要、促进法和示范法”[①] 等与食品安全风险监管有关的规则，以及选择协商性的和自愿式的“柔性”监管措施，比如奖励、提醒、通知、公开信息、勉励、调解、引导、推荐、表彰等。这些监管措施都会不同程度地影响或改变食品生产经营者和广大消费者的权利与义务。笔者认为，两类食品安全风险属性模式的整合优势其实隐含着要求，食品安全监管机关多依赖“柔性”监管措施，多运用“软法”来予以监管。

---

① 罗豪才、宋功德：《软法亦法——公共治理呼唤软法之治》，法律出版社 2009 年版，第 512 页。

这是因为，建构主义的风险属性模式突出了食品安全风险背景的重要性，认为食品安全风险是广大消费者的主观的社会建构，而食品安全风险监管过程是多元价值相互妥协的过程，并且这种妥协是建立在平等的、负责任的、公开的说理和辩论基础之上的，而不是基于强制、压迫或命令，为此，它特别强调双向的、互动性的食品安全风险沟通，以便增强食品安全风险监管活动的合法性。这就要求，食品安全风险监管机关运用“软法”和“软措施”来推进食品安全风险监管的进程。事实上，合作式食品安全风险监管程序之设计，为包括“超级食品安全风险监管机关”在内的各个层次的食品安全风险监管机关采用“柔性”监管措施提供了程序空间。

而现实主义属性模式将能够为（几乎）广大消费者都能接受的物质性的危害，作为食品安全风险的否定性后果，并以定量的、实证的技术分析方法来确定此类危害后果发生的概率。这就为潜在的食品安全危害后果的发生提供了事实证据，从而为行政给付、行政物质帮助等“软性”措施的实施奠定了科学依据。既然食品安全风险是客观存在的物质性损害，并且已经用科学方法测量了不同主体将受到的损害概率及大小，那么食品安全风险监管机关就应当给潜在的受害者提供给付，这包括提供补助金、救济款等。当然，在主要依据专家的定量分析技术来实施行政给付措施时，也需要考虑公众所关注的一些定性因素，以对食品安全风险的严重程度加以调整，从而使行政给付措施更具有人性化。比如，如果某一食品所造成的损害对象是婴幼儿，那么相对于成年人，对婴幼儿的补偿就应当更为充分。由此可见，在食品安全风险监管过程中，行政机关注重“软法”之治，倡导“柔性”监管措施是两类食品安全风险属性模式的内在要求。

（四）建立并及时更新食品安全风险信息超级数据库

该制度的主要目的是解决食品安全风险监管机关和消费者等主体，关于食品安全风险信息不足或过度的问题，可以说是两类食品安全风险属性模式对食品安全风险监管制度改革的应有之意。这是因为，一方面，绝大多数消费者和食品安全风险监管机关工作人员不了解大部分食品安全风险的发生概率、严重程度和形成原因等情况。同时，他们也没有充分的技术、人力和时间去精确地获取这些食品安全风险信息。另一方面，一些利益集团会利用自己所掌握的食品安全风险信息，通过各种媒介手段过分传播或扩大某些食品安全风险信息，从而使消费者和食品安全风险监管机关工作人员处于某一食品安全风险信息旋涡之中，出现难以分辨和判断该食品安全风险真相的后果，从而让感情的简单经验法则，比如可得性启发、概率忽视等，有机可乘。这两种情况的结合不但会偏离现实主义模式所隐含的食品安全风险监管应当具有理性、慎重、客观和全面的要求，而且也无法反映建构主义模式所要求的食品安全风险监管应当保持公平和民主的特征，从而陷入同时背离理性和民主要求的“压力型”① 监管局面。而食品安全风险信息超级数据库则凭借客观和全面的数据，强大和具有说服力的证据，既能够中断消费者对食品安全风险的情感的捷径和偏见，又能够为食品安全风险监管机关的理性决策和判断提供依据。

该制度的主要内容包括这几个环节:② 一是确定亟需监管的食品安全风险目录。食品安全风险监管机关依据食品安全事故在人员伤亡、经济损失、影响范围等方面的历史数据和经验材料，以及通过媒体调查等方式获得的消费者对食品安全风险关注程度等标准，确定某一时期亟需监管的食品安全风险类型。当然，监管机关需要根据新的经验和食品安全科学技术发展状况，不断补充或修改这一风险目录。二是以项目等方式，委托食品安全风险领域的专家学者对该目录中的食品安全风险加以研究和评估，确定它们发生概率（包括概率幅度）、损失情况等信息。三是利用高科技手段，强化对此类

① 吴元元：“信息能力与压力型立法”，载《中国社会科学》2010 年第 1 期。

② 戚建刚、杨小敏：“风险最糟糕情景认知模式及行政法制之改革”，载《法律科学》2012 年第 2 期。

食品安全风险信息的宣传和利用，当遇到发生某一食品安全事件时，监管机关就应当在第一时间内利用超级数据库信息加以预警。为增加该数据库的影响力，在互联网时代，国家食品药品监督管理总局可以建立一个全国性的食品安全风险信息中心，并与地方食品药品监督管理局所建立的食品安全风险信息中心联网，实现信息共享。这个网站将列出各种主要食品安全风险及其发生的概率，各自产生的原因以及主要的预防或预警措施等信息，以便为消费者和其他食品安全风险监管机关科学决策提供依据。当然，对于食品安全风险监管机关而言，这一超级数据库的建立和维持是一项长期的任务。它依赖于一些辅助性机制，比如强制性报告与披露机制，即要求这些亟须监管的食品安全风险的制造者，强制性地定期向食品安全风险监管机关提供该类食品安全风险信息，包括最糟糕情况的风险信息。又如，在从事食品安全风险研究的科学家或专业人员、消费者和政府官员之间建立有效的风险沟通机制等。

省级食品安全监管绩效评估及其指标体系构建

——基于平衡计分卡的分析*

刘　鹏**

一、研究背景及问题的提出

近年来，我国食品安全事件多发，2011 年卫生部通过网络直报系统收到的全国食物中毒报告 431 起，中毒 13095 人，死亡 154 人①；2009 年的数据分别为 271 起，11007 人，181 人，较上年分别增加 10.61%，9.89% 和 11.73%②。2010 年的食品中毒事件报告起数和中毒人数分别减少了 18.82% 和 32.92%，但是死亡人数增加 1.66%③。

---

* 本文系国家自然科学基金项目（项目编号：71103191）阶段性成果，国家社科基金重大项目“基层政府社会管理机制创新研究”阶段性成果，国家“985 工程优势学科创新平台项目”，中国人民大学行政管理国家重点学科资助。原载《华中师范大学学报（人文社会科学版）》2013 年第 4 期，本书收录时有修改。

** 刘鹏，先后毕业于中山大学与香港中文大学，政治学博士，现为中国人民大学公共管理学院行政管理学系副教授，主要研究方向：风险治理与政府监管。

① 卫生部办公厅：“关于 2008 年全国食物中毒报告情况的通报”，载 http://www.moh.gov.cn/publicfiles/business/htmlfiles/mohwsyjbgs/s7865/200902/39151.htm，2012 年 12 月 24 日访问。

② 卫生部办公厅：“关于 2009 年全国食物中毒事件情况的通报（卫办应急发〔2010〕25 号）”，载 http://www.moh.gov.cn/publicfiles/business/htmlfiles/mohwsyjbgs/s8359/201010/49263.htm，2012 年 12 月 24 日访问。

③ 卫生部办公厅：“关于 2010 年全国食物中毒事件情况的通报（卫办应急发〔2011〕26 号）”，2011 年 2 月 21 日访问。

2011年的食品中毒事件报告起数和死亡人数有所减少，但是中毒人数增加了12.75%①。这些数据说明我国的食品安全问题还没有获得根本性的解决。在这样的形势下，如何加强政府食品安全监管，改善政府食品安全监管绩效，从而更好地应对工业化条件下的食品安全风险，保护消费者的利益以及促进食品行业健康发展已经成为一个迫切需要解决的问题。

随着全国人大常委会于2009年2月通过了《中华人民共和国食品安全法》，地方政府在食品安全监管中的角色和责任逐步得到强化，因此从某种意义上分析，加强食品安全监管的关键在于落实地方政府的监管责任，对食品安全相关人的责任进行界定，而强化地方政府监管责任的前提条件就是要开展对地方政府的监管工作进行科学系统的评估考核。为此，2012年7月，国务院颁布了《关于加强食品安全工作的决定》（国发〔2012〕20号），明确提出要“建立健全食品安全责任制，上级政府要对下级政府进行年度食品安全绩效考核，并将考核结果作为地方领导班子和领导干部综合考核评价的重要内容”②。这说明了食品安全监管绩效评估逐步将成为中央政府落实食品安全监管部署和监督地方政府食品安全监管绩效的重要手段。

那么为什么要选择省级政府作为评估指标设计的载体呢？这主要是由省级政府在我国食品安全监管工作的独特地位、作用及其职能特点决定的。与其他级别的地方政府相比较，省级政府的食品安全监管工作具有以下特点：第一，是承上启下的特殊地位，省级政府处在中间位置，需要将国务院的工作部署根据辖区实际情况制定可行的策略，并且进行资源和任务的分配，同时还需要采取措施调动下级政府食品安全监管的积极性，对下级政府监管的行为进行监督和规范，确保辖区食品安全监管工作的有序和有效进行。第二，与地方的食品安全状况密切相关。我国的食品安全监管实行的是地方负总责制。省级政府负责辖区食品安全监管工作的整体部署和监督

---

① 卫生部办公厅：“关于2011年全国食物中毒事件情况的通报（卫办应急发〔2012〕18号）”，载http://baike.baidu.com/view/8122066.htm，2012年12月24日访问。

② 国务院：“国务院关于加强食品安全工作的决定（国发〔2012〕20号）”，载http://www.gov.cn/zwgk/2012-07/03/content_2175891.htm，2013年1月12日访问。

落实，其工作成效与辖区的食品安全状况密切相关，而辖区的食品安全状况也正是评价省级政府食品安全工作的重要标准。第三，责任主体众多、权责关系复杂。省级食品安全监管工作的责任主体是省级政府，具体涉及的监管部门，包括省级卫生部门（协调机构）、农业部门、质量监督部门、工商管理部门、食品药品监督管理部门、商务部、工业化和信息管理部门，以及其他省级政府设立的食品安全综合协调机构。部门众多必然涉及复杂的权责和职能分配，也对协调能力提出了更高的要求。第四，监管方式的间接性。由于省级食品安全监管部门与一线食品安全监管机构不同，很少直接参与到食品抽查和食品安全执法一线，因此省级食品安全监管部门主要是通过协调好食品安全利益相关者的行为，来保证辖区食品安全和食品质量。

以上这些省级食品安全监管工作的特点，让我们在为每个评价维度设置具体指标时能够考虑到省级食品安全监管部门的特点，从而使指标设置更贴合其工作。如将省食品安全状况作为评价省级政府食品安全监管的重要指标；将对部门职责和工作目标的设置列为考核的指标之一；在评价指标中较多关注各种规划、标准等宏观政策；在设置指标时更加强调协调性的指标，从而为各部门间的行动配合以及联动机制的建立提供引导和激励等。

在实践过程中，国家新成立了食品安全风险评估中心，但是针对地方政府食品安全监管绩效评估的实践还处于摸索和起步阶段，有些城市（广州市、绍兴市、北京昌平区等）建立了市食品安全监管绩效评价体系，但是由于市、县的食品安全监管工作与省级食品安全监管工作是有所不同的，其指标体系不一定适用于省级政府。这些都不利于省级政府食品安全监管绩效评估工作的顺利开展，也不利于我国实现良好的食品安全状况，更好地保护公众身体健康和生命安全。为此，有必要以省级政府为突破口，对省级政府的食品安全监管绩效评价系统进行科学设计与构建。

为此，为了更加科学、准确、全面地构建符合中国国情的省级政府食品安全监管绩效评价体系，本研究需要回答的问题包括：

（1）构建省级政府食品安全监管绩效指标体系是否必要？国内外相关的研究和实践能为我们提供什么经验和启示？

（2）构建省级政府食品安全监管绩效指标体系的指标构建逻辑框架是什么，为什么选择平衡计分卡理论作为构建省级政府食品安全监管绩效指标体系的方法？

（3）利用平衡计分卡理论构建省级政府食品安全监管绩效指标体系的步骤有哪些？如何保证食品监管绩效指标的合理性与可行性？

需要注意的是，食品安全监管绩效不同于食品安全状况评价，食品安全状况评价的对象是针对某个地区某个时间点的食品安全形势和状况，反映的是食品生产和消费的安全程度，评价目的是用来了解当地的食品是否是安全的以及在多大程度上是安全的。而食品安全监管绩效评价的对象则是食品安全监管者的行为及其行为结果，评价目的在于评判食品安全监管者是否尽到了监管责任，是否取得了良好的监管效果，进而作为绩效改进以及奖惩的依据。

二、国内外研究文献评述

在食品安全监管综合评价指标体系设计方面，各国政府和学者都进行了一些探索研究。如荷兰人 Kleter 和 Marvin 则提出了用于早期能够测量食品在不同环节所遭遇安全风险的指标体系，包括食品生产环境风险、食品生产链风险以及消费者风险三大部分，他们认为这套指标体系也能够用于荷兰政府评估食品安全综合形势。我们可以看出食品安全风险评估也应该作为政府监管绩效的一个方面。①

美国 FDA 公共健康评估与政策办公室主任 Kara Morgan 在一次学术研讨会的发言中系统总结了 FDA 食品安全评估指标体系，包括投入、活动、产出、中间结果以及对公众健康影响的结果五个阶段。② 每个阶段均包括大量具体指标。该评价指标体系以投入——行动——产出——影响的监管流程为指标体系构建维度和逻辑，而且

① Gijs A. Kleter, Hans J. P. Marvin (2009), Indicators of Emerging Hazards and Risks to Food Safety, Food and Chemical Toxicology, No. 47, pp. 1022-1039.

② Kara Morgan (2010), Performance Measurement for Food Safety at FDA, available at http://www.fsis.usda.gov/PDF/FDA_Morgan_072110.pdf.

对产出的考核采用客观的量化指标，具有很强的操作性。

来自加拿大食品安全非营利组织——食品安全系统研究网络（Research Network in Food System）的学者 Sylvain Charlebois 等人则尝试着从消费者事务（包括食品安全警戒、食品安全教育以及食品安全信息可及性）、生物安全性（包括植物、动物以及技术发展与沟通）、治理与召回（包括公众关系、国际事务、国内农产业以及风险沟通）与可溯性及其管理（包括溯源能力、信息共享以及食品安全改善程度）四个维度、十三个指标的投入、产出及其政策，对全球 16 个国家和地区的食品安全绩效进行了评估和排名，该评价指标体系以具体的监管事务为维度，投入——产出为各维度的具体指标构建逻辑，将监管过程与结果相结合，具有很强的任务导向。①

综上所述，我们可以看出国外的食品安全监管绩效评估有着不同的构建逻辑和侧重点，有基于监管流程构建的，有基于特定工作任务构建的，有关注监管过程的，也有重视监管结果的。虽然这些研究成果是基于对自己国家食品安全监管或是特定的案例，为特定的评估对象量身定制的，不能将其照搬应用于我国省级政府食品安全监管绩效的构建。但是也为我们构建省级政府食品安全监管绩效指标体系提供了借鉴和参考。

此外，我国的很多学者也都对食品安全进行了相关的研究，然而这些研究虽具有相关性，但是都不是针对省级政府食品安全监管绩效评价进行探讨的，而且学者们所构建的指标评价体系或失于片面，或操作性值得商议，或不够贴合省级政府食品安全监管工作的实际。具体说来，现有研究的不足体现在以下几个方面：

（1）偏重于对食品安全状况评价的研究，而在政府食品安全监管绩效评价方面的研究比较少。2000 年，周泽义等将模糊综合评判用于北京市主要蔬菜、水果和肉类中的重金属、农药、多环芳烃、

① Sylvain Charlebois & Chris Yost (2008), Food Safety Performance World Ranking 2008, Research Network in Food Systems, available at http://www.ontraceagrifood.com/admincp/uploadedfiles/Food%20Safety%20Performance%20World%20Ranking%202008.pdf.

硝酸盐和亚硝酸盐污染调查结果的评价；[①] 李哲敏从我国食品安全概念内涵和目标出发，遵循完备性、系统性、动态性、可测性、重要性等食品安全评价指标设置的原则，从食品数量安全指数、食品质量安全指数、食品可持续发展指数三个维度来构建食品安全综合评价指标体系，用以评判我国食品安全现状。[②]

以上学者的研究为建立全面系统的食品安全综合评估指标体系奠定了方法论和实践基础，然而，他们的共同缺陷在于，将食品安全问题视为纯粹的科技问题，因此在指标设计过程中过于强调指标体系的技术性、微观性和精准性，是对特定的食品的安全状况进行客观评价，不是对政府监管能力等管理性因素的考察。

（2）现有的食品安全监管绩效的研究多局限于对绩效影响关键因素的探究，没有进一步利用这些研究结果构建起政府食品安全监管评价体系。如刘为君、魏益民、潘家荣、赵清华、周乃元运用逐步回归分析法，以北京、浙江、福建等九个食品安全示范区为例证明了政府控制、生产者控制、消费者控制、科技控制是目前中国食品安全综合示范控制模式绩效的关键影响因素，其中政府控制中的政府组织机构成立数、年有效监管次数是最重要的影响指标。[③]

杨超峰、刘录民等认为监管绩效较低是目前食品安全监管面临的主要问题，而组织绩效的高低取决于投入资源的多少以及资源是否得到了优化配置。因此要提高食品安全监管绩效，除了要加大监管资源投入力度外，还要从“加强统筹协调、改革体制机制、建立信息共享网络、发展第三方检验市场等方面优化监管资源配置”，从而不断提高食品安全监管水平。[④]

---

① 周泽义、樊耀波、王敏健：“食品污染综合评价的模糊数学方法”，载《环境科学》2000年第5期。

② 李哲敏：“食品安全内涵及评价指标体系研究”，载《北京农业职业学院学报》2004年第1期。

③ 刘为军、魏益民、潘家蓉等：“现阶段中国食品安全控制绩效的关键影响因素分析——基于9省（市）食品安全示范区的实证研究”，载《商业研究》2008年第7期。

④ 杨超峰、刘录民、董银果：“食品安全监管资源配置与绩效改进探讨”，载《中国卫生监督杂志》2011年第2期。

（3）虽然有少量的研究文献对我国地方政府食品安全监管绩效评价体系框架进行理论上的建构，但是却没有与具体层级的政府职能相结合，而且其指标体系存在着一定的不足，只能进行事后的绩效评价，不利于实现事前和事中的绩效控制，削弱了绩效管理的功能。如刘录民、侯军歧、董银果认为政府监管运行过程是由资源投入——运作管理——产出结果三个环节构成的反馈回路。因此，选择这三个环节作为构成地方政府食品安全监管绩效的三个维度，并运用德尔菲法对指标体系进行了筛选，最终形成了6个业绩领域、20个指标的地方食品安全监管绩效评估指标体系。[①] 王珍、袁梅针对刘录民、侯军歧、董银果构建的地方政府食品安全监管绩效评价指标体系，运用层次分析，根据地方食品安全监管绩效指标的权重值，计算出各级指标对于地方政府食品安全相对重要性，对地方政府食品安全监管有一定的指导意义。[②]

三、构建省级食品安全监管评价指标体系的步骤

平衡计分卡是被公共部门广泛应用的企业绩效管理工具之一，其指标维度的全面性，指标体系内部逻辑性，及其出色的战略执行效果使其在国内外公私部门绩效评估中得到了比较广泛的应用。[③] 本研究报告之所以选择用平衡计分卡模型来构建省级食品安全监管绩效评价指标体系的方法，主要是因为平衡计分卡绩效评价方法的特点能够较好地解决我国食品安全监管绩效评价方面的一些问题，具体体现在：平衡计分卡的多维度、全方位评价指标体系能够缓解当前政府食品安全绩效评估指标的片面性问题；平衡计分卡作为良好

① 刘录民、侯军歧、董银果："食品安全监管绩效评估方法探索"，载《广西大学学报（哲学社会科学版）》2009年第4期。

② 王珍、袁梅："地方政府食品安全监管绩效指标体系的重要性分析"，载《粮食科技与经济》2010年第5期。

③ 袁勇志：《公共部门绩效管理：基于平衡记分卡的实证研究》，经济管理出版社2010年版。

的战略实施工具，将抽象的组织使命和战略转化为具体的行动和目标，能够为我国实施食品安全监管战略管理提供工具参考；利用平衡计分卡绩效评价框架进行目标分解和考核标准制定，有利于食品安全监管制度改革。正如学者张定安所认为的，国外公共部门应用平衡计分卡的案例经验表明平衡计分卡在公共部门的应用可以帮助构建权责发生制、预算和会计制度，对公共部门组织学习与成长进行引导与推动，重塑公共组织的文化，平衡计分卡将改进和完善公共部门的内部运行机制，为公共组织绩效管理提供战略框架。①

（一）使命界定

我国《食品安全法》第1条规定："为保证食品安全，保障公众身体健康和生命安全，制定本法。"《国务院办公厅关于印发2012年食品安全重点工作安排的通知》指出2012年食品安全工作的主要任务是继续深化食品安全治理整顿，切实解决影响人们群众食品安全的突出问题。"健全食品安全监管长效机制""努力提高食品安全监管能力"，最终"促进食品安全水平不断提高"，可见食品安全监管部门的使命就是通过确保食品安全来保障公众身体健康和生命安全。而省级食品安全监管部门的使命就是通过确保辖区食品安全来保障辖区公众身体健康和生命安全。

（二）工作业绩维度战略目标的确定

根据前文省级政府食品安全监管绩效评价平衡计分卡模型逻辑的分析，我们看到工作业绩维度是对省级政府食品安全监管工作最终期望达到的工作目标的设定，也是对政府工作结果的测评。我们通过对省级食品安全监管定义的描述以及其使命的分析，可以看出

① 张定安："平衡计分卡与公共部门绩效管理"，载《中国行政管理》2004年第6期。

省级食品安全监管的最终目标是实现辖区良好的食品安全状况，进而保护辖区民众的身体健康和生命安全，同时也促进食品产业的健康发展。因此，我们将工作业绩维度的战略目标设定为“良好的食品安全状况”和“食品产业的健康发展”。

（三）相关利益人维度战略目标的设定

根据我们的指标构建逻辑，为了实现工作业绩维度的目标，需要省级政府对各个利益相关主体进行整合和规范，使其行为能够向着有利于实现良好食品安全监管绩效的方向发展。通过前文对省级政府食品安全监管智能的梳理，我们可以看出省级食品安全监管的利益相关人主要有食品生产经营者、消费者、其他社会组织，而省级政府要做的工作就是“对食品生产经营者进行有效的引导和监督”“对消费者进行良好的培训和动员”“与其他社会组织建立有效的合作关系”。此外，在这里需要补充说明的是，中央政府也是省级食品安全监管工作的利益相关人，因为省级食品安全监管需要落实中央关于食品安全监管的政策和部署，对上级政府负责。

（四）内部管理维度战略目标的确定

在对省级政府食品安全监管职能进行分析时，我们将政府的内部管理分为监管意愿、监管能力、监管行为三个方面的工作，因此，我们也从这三个方面来设定内部管理维度的战略目标。首先是“监管积极性强”，监管积极性是政府工作的动力，其次是“出色的监管能力”，监管能力是省食品安全监管工作的基础，最后是“监管行为规范”，也就是依法行政，这是省食品安全监管工作的载体，关系着政府形象和监管效果。

（五）学习与成长维度战略目标的确定

学习与成长维度是我们引入到食品安全监管绩效评价中的新维

度，是建设学习型政府的需要。我们主要从组织和员工两个层面来对该维度的战略目标进行初步设定。首先是“组织管理创新”，根据新公共管理的理念，组织需要采取创新的管理方法来应对组织所面临的内外挑战。省级食品安全监管部门也应该通过创新的管理方法来改善内部管理流程，协调各利益相关者的行动。其次是“员工培训和成长”，各项工作最终都是通过人去落实的。省级食品安全监管工作的有效开展需要一群有着良好职业操守和丰富专业技术知识的监管人员，因此员工的培训和激励就显得格外重要。

我们根据对省级政府食品安全监管战略目标的分解，结合平衡计分卡的逻辑体系，绘制出了省级政府食品安全监管部门的战略地图，作为应用平衡计分卡构建省级政府食品安全监管绩效评价指标体系框架的第一步成果。如图1所示。

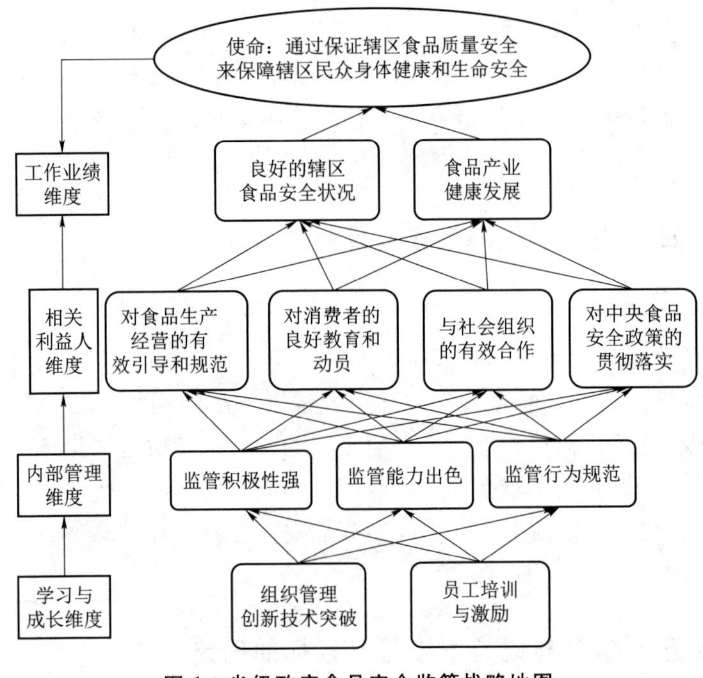

图1 省级政府食品安全监管战略地图

四、省级食品安全监管绩效评价指标体系的具体内容

（一）工作业绩维度指标要素的构建及其评价方法

对食品安全状况良好目标的评价，我们采用了客观指标和主观指标相结合的方法。就客观指标而言，食品抽检合格率是各国都采用的指标要素，它能客观地反映出食品的质量状况；食品中毒事故数量、发病人数和死亡人数这些指标是食品状况不好的表现，从反面折射出辖区的食品安全状况，该指标也是卫生部反映食品安全状况的重要指标之一；指标体系中的食品安全丑闻是指那些对“食品加工黑窝点”“不法生产经营”活动的曝光等，为了避免指标重复设置，这里的食品安全丑闻不包括食品中毒事故。这些客观指标都可以通过抽查或查阅资料的方法获得评价数据。就主观指标而言，消费者对食品安全状况的满意度也已经成为一些地区评价食品安全绩效的重要指标（如绍兴市），该指标要素的评价数据需要通过抽取一定消费者样本进行问卷或访谈的方法来获得。

对于评分标准。为了能够体现各省特定指标要素完成状况的差异度，我们对于那些难以明确设置是否符合标准的指标，采用设定3~5级分值，根据评价数据的客观情况对照评分方法进行阶梯式评分（如食品抽检合格率、消费者满意度），我们将其称为“阶梯式评分标准”；对于那些可以设置明确得分或失分标准的指标，我们采取满足条件即得分，否则不得分的方法（如食品中毒事故较去年有所下降、无食品安全丑闻）。

对食品产业健康发展目标的评价，我们同样是主客观指标相结合，从正面和反面进行评价。在客观指标方面，我们选用“食品企业通过QS认证的比例”这样的客观标准来作为食品企业优秀程度的

评价指标，由于“食品加工黑窝点”和“农村市场假冒伪劣产品”猖獗是我国食品市场的突出问题，也是食品安全的危险因素，因此，我们把这两项也列为评价指标，督促省食品安全监管部门对其进行改进。这些数据可以通过实地抽查或调查的方法来获得评估数据，评分标准详见附件表格。就主观指标而言，我们选择食品生产经营者对当地食品市场的看法来判断当地的食品产业健康发展状况。其评价数据获得方式和评分标准与“消费者对食品安全状况的满意程度”评价类似。

（二）相关利益人维度指标要素的构建及其评价方法

关于“食品生产经营者的有效引导和监管”指标的评价要素，我们根据省级食品安全监管部门需要针对食品生产经营者所做的工作来设置指标要素。在前文中，我们已经将省级食品安全监管工作中针对食品生产经营者的部分进行了分析，包括“行为标准设定”“资格认证”“教育培训”“质量控制督促”“日常监管”“严厉打击违法行为”几个方面。因此，指标要素的设置也是围绕着这六个方面的工作展开的。

对于有些指标要素，采取抽查企业进行实地考察的方法，更能反映出监管的效果，如“证照齐全”“卫生条件产品符合国家标准”“实施严格的内部质量控制”指标要素。值得一提的是，我们选用“企业的 HACCP 体系采用率”作为评价企业是否实施严格内部质量控制的标准，一方面是因为 HACCP 是公认的良好的质量控制方法，有学者已经将其作为评判食品安全质量控制的指标。另一方面是出于尽量将指标标准量化或客观化，避免评分的随意性的考虑。对于有些指标，通过查阅政府文件和工作报告，则能更清晰地了解政府工作的概况，如制定的各项监管政策和地方性标准、“培训与教育工作”“日常监管工作”“食品经营诚信档案”指标要素。其中，对“严厉处罚食品生产经营违法行为”指标的衡量采取了抽取食品生产经营者进行观点调查的方法，因为严厉处罚本身不是目的，而是形成威慑效果，督促食品生产经营者合法经营，一旦食品生产经营者都认为生产经营劣质食品容易被发现而且会被施以严厉处罚，那么就会自觉地改善自身行为。

关于“对消费者的教育和动员”指标的评价，主要是评价消费者是否具备基本的食品安全知识以及其参与投诉举报的积极性和渠道三个方面的内容。评价指标要素即有针对消费者而实施的“食品安全知识测验”和“其对投诉举报的态度调查”，这两个指标要素是对教育动员最终结果的测评；也有针对政府行为的“制定教育与宣传办法”“渠道、奖金设置”“食品安全宣传资料库”“投诉处理记录”，这四个指标要素是对教育和动员的过程或中间结果的测评。此外，值得一提的是，在该项指标中包含着“消费者教育和动员经费投入”指标评价要素，该项指标是将财务维度融入评价体系的体现。这些指标的评价数据获得方法和评分标准也在表格中有较详细的说明。

关于“与其他社会组织进行了有效合作”指标的评价，根据省级政府与社会组织合作任务和目标进行指标要素的设置，包括食品安全风险的检测和报告、监测技术的创新和突破、食品安全事件曝光和查处三个方面。同样，既有针对合作结果的测评，如“合作检测机构数量、监测数据发布数量、监测数据覆盖品种、监测技术创新”等，也有针对合作的过程或中间结果的测评，如“制定合作办法”“对媒体曝光食品安全事件的及时处理”。此外，与消费者教育和动员指标类似的是该指标的评价也包括“与社会组织合作经费投入”指标评价要素。有些评价数据可以用查阅资料的方法获得，有些评价数据则需要对结果的现场观察和对相关人的访谈，具体见表格中评价方法的设置。

关于“对中央政府食品安全监管规划和部署落实到位”指标的评价，主要从两个方面展开，一是短期方面的对中央政府食品安全监管年度工作部署的落实情况，一个是长期方面的对“食品安全监管十二五规划”的贯彻和落实情况。由于考评省级政府对中央政府食品安全监管政策的落实也是一项浩大的绩效评价工程，因此，我们选择采用抽查的方法，随机抽取中央工作部署中几项工作任务和目标，针对这几项工作任务和目标的落实情况对省级政府进行检查和评价，以其在这几方面的表现作为其贯彻落实中央政策情况的绩效。

（三）内部管理维度指标要素的构建及其评价方法

关于“监管积极性高”指标的评价要素设置，本研究报告从领导重视、职责明确、绩效评价、问责机制四个方面来评价监管积极性，领导重视是食品安全监管积极性的前提条件，职责明确是食品安全监管工作的保证，也是实施绩效考核和问责的基础，绩效考评和问责是对监管的激励和督促。在具体评价要素的设置方面，该部分较多地借鉴了我国区县的食品安全绩效评价指标。如“食品安全工作应列入省政府议事日程，并召开专题会议进行讨论”（绍兴市）、“建立政府食品安全监管绩效的评价体系，并将绩效评价与奖惩相结合”（温岭市）。此外，值得一提的是对“明确责任、解决智能空白和交叉问题”的考核采用查阅职责说明书以及询问和调查“易产生责任不明问题的食品品种和区域”的监管主体的方法，从而使对该项指标要素的评价更为客观，操作性更强。

关于“监管能力出色”指标的评价要素设置，本研究报告根据省级食品安全监管智能的设置，从“监管力量建设”“政策保障”“协调机制”“信息支撑”“应急能力”五个方面展开，一方面是基于监管人员、设备、经费、政策、机制、信息是食品安全监管工作得以进行的基本条件，而应急能力则是非常态下对管理能力的要求，另一方面，我国食品安全监管工作在这几个方面表现比较薄弱，如我国基层食品安全监管当前存在的一个突出问题就是监管力量不足，平均每个食品安全监管机构监管462个食品生产经营单位，平均每个专职食品安全监管人员负责监管134个食品生产经营单位，2010年，24%的市级、30%的县级食品安全监管机构无抽检经费，51%的监管机构没有配备快速检测设备，且多数因无经费补充试剂而长期闲置[①]。在本指标的评价要素设置中，也借鉴了国内外食品安全监管

① 访谈记录编号：BJ-OF-20120106-1。

评价指标，如“明确食品安全综合协调机构”“建立应急预案”等。此外，通过年度联合执法的次数等客观指标来评判食品安全监管协调机制是否发挥效果，使指标评价标准更加清晰；将农村市场的监管力量建设作为考评的一个重要指标，因为农村食品市场的监管是我国食品安全监管的薄弱环节；用评估专家对食品安全信息平台实际体验的方法来判断“信息支撑”的建设情况，并对食品安全信息平台所应该包括的信息种类进行列举，作为评估专家评分的参考。

关于“监管行为规范”指标的评价要素设置，主要从“行为规范设置”“处理办法”“社会监督”三个方面来评价，“行为规范设置”和“处理办法”是对监管行为进行规范的的前提，“社会监督”是对监管行为进行规范的力量所在。这三个指标要素可以通过查阅资料的方法获得评价信息。

（四）学习与成长维度指标要素的构建及其评价方法

该维度指标要素的设定既有对国内外经验的借鉴，也有针对我国食品安全监管存在的问题进行指标设置，从而引导政府创新和改革。体现在以下几点：

第一，在组织管理创新指标中，“组织管理得到上级政府的认可和表彰”是借鉴温岭市和绍兴市加分项目中的指标要素，而“绩效较上一年度有所增长”是借鉴香港特区政府绩效评估结构中的指标。针对我国地方政府食品安全监管中存在的诸如“食品安全监管地方保护主义”“食品企业经营粗放”等问题，将对这些问题的解决作为评价要素，以鼓励省级政府采取创新的措施来解决。

关于数据获得方式和评价方法，既有查资料所得的客观评价，也有评估者自身的考量区间，具体详见表格。在此需要解释的是，由于组织创新点比较多而且可能分散，不利于评估专家对创新点的捕捉，而被评估者对当地所采用的创新措施更为熟悉，因此我们选择由被评估者提交创新报告，锁定特定的创新点，然后由评估专家对这些创新点进行分析和核实，从而给出评估分数的评估方法。

第二，在员工培训与成长角度，我们从“针对食品安全监管人员的培训和学习方案设定”“工作人员素质”“工作人员满意度”“工作人员士气”四个方面来进行评价，这几个方面可以有效地反映组织成员是否正在不断学习，以及学习的效果。其中培训和学习方案设定是对过程的考量，后面三项是对培训和学习结果的考量，对于工作人员素质的考评我们不是采用主管领导的打分而是选用“笔试+面试”的测评方法，从而避免了主管领导出于维护组织内部关系而采取对各个成员打分均一化的问题，使评价结果更接近于实际情况。员工的满意度和士气是平衡计分卡组织与成长维度的重要指标，我们在这里采用随机抽取工作人员进行问卷调查的方法来获得工作人员工作态度的数据。

员工的培训和成长也可以被视为专项任务，与之前的专项工作评价相似，也加入了财务维度。至于评价方法，与其他指标要素的评价方法相似，详细情况见表格，这里不再重复说明。

五、进一步的政策建议

构建省级食品安全绩效评价指标框架体系只是落实政府食品安全绩效管理的第一步，要强化对省级政府食品安全绩效的考核及其有效执行还需要做很多其他的工作：

（1）征求被评估者的意见，被评估者的配合是实施省级食品安全绩效评估的一个重要条件，在实施评估时，将绩效评价指标以及评价办法进行公布，征集各方面的意见，有利于使绩效评价体系更加合理可行，也有助于后期评估的开展。

（2）对绩效评价体系进行追踪和改进，省级食品安全监管绩效评价指标体系中的一些指标必然会因为时间的变迁而失去意义，也会有新的指标需要被补充进来。指标体系在实施的过程中也会遇到各种难以预料的问题，这都需要对绩效评价的实施进行追踪，及时总结和改进绩效评价体系中的问题。

（3）将评估与奖惩相结合，省级政府食品安全绩效评价只有和奖惩相结合才是有意义的，否则无法起到应有的督促和激励作用，绩效评估也会因为无人重视而难以推广开或变成形式主义。

附录1　基于平衡计分卡理论的省级政府食品监管绩效评价指标体系

基本维度	战略目标	评价指标	评价方法
工作业绩	食品安全状况良好	1. 食品抽检合格率高	随机抽取辖区的一些食品品种进行检测，根据合格率的高低设定3～5级评分标准，进行阶梯式评分
		2. 食品中毒事故数量、发病人数和死亡人数较去年均有所减少	根据卫生部网络直报系统提供的各省的数据，与前一年进行对比，符合指标要求得分，否则不得分
		3. 辖区无食品安全丑闻	由考评人员对该年度全国的食品安全报道进行梳理，以此为评分依据，无事故和丑闻则得分，有则不得分
		4. 消费者对辖区食品质量状况满意	设置问卷进行抽样调查，根据满意的程度设置不同级别的得分标准，进行阶梯式评分
	食品产业健康发展	5. 食品企业通过QS认证的比例	随机抽查一定数量的企业，根据其通过QS认证的比例进行阶梯式评分
		6. 农村市场假冒伪劣产品得到遏制	随机抽取辖区的几个农村作为样本，对农村食品经销点和加工点进行抽查，发现制售假冒伪劣商品则此项不得分
		7. 无食品加工黑窝点	检查组对城乡结合部和出租屋等重点区域进行抽查，如果发现食品生产黑窝点，则此项不得分
		8. 食品生产经营者对辖区食品市场秩序满意	设置问卷进行抽样调查，根据满意的程度设置不同级别的得分标准，进行阶梯式评分

续表

基本维度	战略目标	评价指标	评价方法
相关利益人维度	对食品生产经营者进行了有效的监管和教育	9. 辖区食品生产经营者证照齐全	随机抽查一定数量的企业，根据其证照齐全者所占比例进行阶梯式评分
		10. 食品生产经营流程和卫生条件符合国家相关要求	同上
		11. 食品经营者实施了严格的质量控制	抽查一定数量的企业，根据其 HACCP 体系采用率来评判其质量控制情况，进行阶梯式评分
		12. 将食品安全工作列入地方经济社会发展规划，制定食品安全地方标准，制定农村食品监管以及流动商贩管理办法、制定督促辖区企业实施内部质量控制的办法	各个文件设定一定的分数，查阅文件，有该文件则得分，无则不得分
		13. 对食品生产经营者进行广泛的培训与教育，并留有记录和资料，培训教育经费投入数量	随机抽取省内的一定数量的县或区作为样本，查阅区县培训的图文资料，根据培训的次数、人数、覆盖范围由评估专家斟酌打分，并写出评分理由。即“模糊综合评价+评分理由”法
		14. 对养殖、生产、流通、销售、餐饮各环节的日常监督	同上，通过对抽取的区县的资料来评价全省的日常监督情况，根据监督频率，监督品种多少，覆盖范围来进行阶梯式评分
		15. 食品生产经营者普遍认为不法食品生产经营行为容易被发现，而且其处罚非常严厉	随机抽取食品生产经营者，通过问卷调查来获取信息，根据其认为处罚严厉的人数所占比例进行评分
		16. 建立了省食品经营诚信档案	根据资料的完善程度由评估专家斟酌打分，并给出评分理由

续表

基本维度	战略目标	评价指标	评价方法
相关利益人维度	对消费者进行了有效宣传和动员	17. 消费者了解食品安全基本知识	在对消费者调查问卷中设置该模块，设 3-5 级评分标准
		18. 消费者了解投诉和举报途径，并愿意举报或已经参与了举报	同上
		19. 对消费者投诉处理及时，有投诉处理记录	无投诉处理记录则扣去一定分数，在对消费者调查问卷中设置该问题，根据消费者对处理及时程度的评价进行阶梯式评分
		20. 制定省消费者食品安全教育与宣传办法	查阅资料，有文件则得分，否则不得分
		21. 建立省食品安全宣传资料库	查阅资料库，由考评专家利用“模糊综合评价+评分理由”法进行阶梯式评分
		22. 投诉、举报渠道设置，奖金设置	查资料、现场试用，由考评专家利用“模糊综合评价+评分理由”法进行阶梯式评分
		23. 消费者宣传与教育经费投入	查资料和票据，根据所提供资料的详细程度进行阶梯式评分
相关利益人维度	与其他社会组织进行了有效合作	24. 制定辖区各级政府部门与科研机构、监测机构、媒体的合作办法	查资料，有资料则该项得分，无则该项不得分
		25. 与政府建立合作关系的监测机构数量；年度提供的监测数据的数量；覆盖范围以及真实性	查资料，由国家设定省监测任务，根据对监测任务的完成情况进行阶梯式评分

续表

基本维度	战略目标	评价指标		评价方法
相关利益人维度	与其他社会组织进行了有效合作	26. 有合作的科研机构，且取得了监测技术创新成果		查资料，并观看技术创新成果的展示
		27. 辖区食品安全问题被媒体曝光后，能得到及时有效处置（如在曝光24小时内开展行动）；不存在不调查事实真相就强迫媒体删除报道的情况		查资料，抽取媒体进行求证，不符合条件则该项不得分
		28. 合作经费的投入		查资料和票据，根据所经费资料的详细程度进行阶梯式评分
相关利益人维度	对中央政府食品安全监管规划和部署落实到位	29. 贯彻和落实国务院年度食品安全工作部署		抽取国务院食品安全工作部署中的几项工作，对省进行考评，看其是否达到国务院设置的工作要求，达到则该项得分，否则不得分
		30. 对“十二五期间食品安全监管规划”的落实情况	有省级落实“十二五规划”的工作方案，有年度实施进度报告	查阅资料，无工作方案和年度实施进度报告则扣取该项一定分数
			工作方案得到有效落实	抽查工作方案中的特定工作项目进行检查，根据其落实情况进行阶梯式评分
内部管理	监管积极性高	31. 领导重视	食品安全工作应列入省政府议事日程，并召开专题会议进行讨论	查阅资料和会议记录，有则得分，无则不得分

续表

基本维度	战略目标	评价指标		评价方法
内部管理	监管积极性高	32. 明确责任	广泛征集意见，发现职能交叉和监管空白问题	查阅省对职责问题的调查结果和分析报告，利用“模糊综合分析法+评分理由”方法进行阶梯式评分
			召开会议，对有争议的职责进行明确，对监管空白进行新的职责设定	查会议记录和职责说明书，询问和调查有争议的品种如豆芽、小作坊、小摊贩、前店后厂、现场制售等生产经营活动的监管部门和监管要求，根据询问和调查结果以及文件的完善程度进行阶梯式评分
		33. 绩效考核	建立对下级政府食品安全监管绩效的评价体系，并将绩效评价与奖惩相结合	查阅绩效评价方案和绩效指标体系，利用“模糊综合评价法+评分理由”进行阶梯式评分，没有与奖惩结合则后一项不得分
		34. 问责机制	制定责任追究办法，引入公众监督	查询文件，由评估专家按照“模糊综合评价+评价理由”法进行阶梯式评分
	监管能力出色	35. 监管力量	各区、县的经费数额、人员编制、设备配备均不低于国家规定的标准	查资料和票据，经费、人员、设备各项都设定分值，达到国家标准则给分，否则不得分
			农村食品市场监督力量（人员、经费、设备、信息）建设的专项工作计划及工作报告	查阅资料，根据资料的详细程度和工作成效由评估专家按照“模糊综合评价+评价理由”法进行阶梯式评分

续表

基本维度	战略目标	评价指标		评价方法
内部管理	监管积极性高	36. 政策保障	食品安全的地方性立法情况	查阅资料，有则该项得分，否则不得分
			食品安全中长期规划或相关战略文件的制定情况	同上
		37. 协调机制	明确食品安全综合协调办事机构及其职责，其负责人具有能够协调各方的权威和能力	查阅文件规定以及人员编制名单，尤其是负责人的影响力，由评估专家按照“模糊综合评价+评价理由”法进行阶梯式评分
			行政执法与刑事司法衔接机制建立情况	查阅资料，由评估专家按照“模糊综合评价+评价理由”法进行阶梯式评分
			年度联合执法次数、覆盖范围、涵盖食品品种	查工作报告，可抽取部分商户或市民进行确认，由评估专家按照“模糊综合评价+评价理由”法进行阶梯式评分
		38. 信息支持	建立省级食品安全信息网站，能够链接到各县的食品安全信息网站	查询是否有信息网站存在，如果有，登录网站对照各项标准进行实际体验，根据数据是否存在及完善程度，利用“模糊评价+评分理由”法进行阶梯式评分
			食品安全风险监测数据的网上共享	
			省食品安全法律法规、标准的网上共享	

续表

基本维度	战略目标	评价指标		评价方法
内部管理	监管积极性高	38. 信息支持	各部门执法结果的网上共享	查询是否有信息网站存在，如果有，登录网站对照各项标准进行实际体验，根据数据是否存在及完善程度，利用“模糊评价+评分理由”法进行阶梯式评分
			食品安全经营诚信档案的网上共享	
			食品安全信息平台的经费投入	
		39. 应急能力	建立省食品安全应急预案	查资料，有则该项得分，否则不得分
			应急专项资金投入	不能提供经费资料（包括票据）不得分，根据提供经费资料使用的详细程度实行阶梯式评分
			应急演练的组织	进行应急的情景模拟考核，根据表现进行阶梯式评分
			应急物资储备	现场勘探，根据物资的质量和完善程度进行阶梯式评分
	监管行为规范	40. 制定食品安全监管人员行为规范		查阅资料，有规范则得分，否则不得分
		41. 明确对下级政府监管不作为、乱作为的处理办法、明确责任主体。		查阅资料，根据资料的详细程度由评分专家参照左侧指标采用“模糊综合评价法+评分理由”进行阶梯式评分，没有明确问责主体扣去一定分数
		42. 设置对行政不作为、乱收费的投诉渠道		查阅资料，有则得分，否则不得分

续表

基本维度	战略目标	评价指标	评价方法
学习与成长	组织管理创新	43. 省食品安全绩效较上一年有所提升	查资料、符合条件则该项得分，不符合条件则该项不得分
		44. 组织管理得到国务院的认可和表彰	同上
		45. 在改善食品安全地方保护主义方面取得了突破	要求省级政府提供辖区组织创新成果的报告，由评分专家参照左侧指标采用“模糊综合评价法+评分理由”进行阶梯式评分，同一创新成果不重复得分
		46. 在食品产业提升方面取得了突破	
		47. 其他食品安全监管过程改良或改善	
	员工培训与成长	48. 监管人员熟悉食品安全相关法律规定、具备监管的基本技能	对政府工作人员进行抽查考核，通过笔试和面试的方法进行素质评价，实行阶梯式评分
		49. 监管人员培训与成长的经费投入	不能提供经费资料（包括票据）不得分，根据提供经费资料使用的详细程度实行阶梯式评分
		50. 食品安全监管人员培训和学习方案的制定	查询资料；根据方案的详细程度进行阶梯式评分
		51. 政府工作人员对培训和学习的满意度较高	问卷调查；参照所设定的评分依据实施阶梯式评分
		52. 政府工作人员具有较高的士气（普遍认为绩效激励是有吸引力的，并愿意为其付出努力）	

食品安全监管的国际经验比较及其路径选择研究

——一个最新文献评介*

李腾飞　王志刚**

食品安全是当前在全球范围内受到高度重视的公共安全问题，食品质量与安全关系到人类的健康、社会的稳定和经济的发展。食品危害以及食源性疾病作为一个重要的全球性问题，一直备受社会关注①（周洁红、叶俊焘，2007）。为此，各国政府纷纷采用技术和法律手段提高食品安全的管理水平，对影响食品质量安全的因素进行有效监控。目前各发达国家和地区，如美国、加拿大、欧盟和日本等均已建立了较为完善的食品质量安全监管体系，从而保证了食品的质量安全，缓解了消费者对政府的信任危机。与此形成鲜明对比的是，我国的食品安全监管制度与机制设计还存在诸多漏洞，在预防和监管食品安全方面仍然力不从心。鉴于此，积极探索先进国家的食品安全监管模式和监管经验，结合我国国情进行合理吸收和借鉴，不仅可以有效避免重蹈发达国家的覆辙，也有助于我国监管机制的完善，增强食品安全监管的效能，保障消费安全。

---

* 本文受国家社会科学基金重大项目（项目编号：11&ZD052）、中国人民大学研究生科学研究基金（项目编号：13XNH152）的资助。本文原载《宏观质量研究》2013年第2期。

** 李腾飞，国家粮食局科学研究院粮食安全战略研究室。王志刚，博士、中国人民大学农业与农村发展学院教授、博士研究生导师，主要从事产业经济学和食品经济学研究。

① 周洁红、叶俊焘："我国食品安全管理中HACCP应用的现状、瓶颈与路径选择——浙江省农产品加工企业的分析"，载《农业经济问题》2007年第8期。

一、我国的食品安全监管制度

民以食为天，食以安为先。近年来，我国频发的食品安全事件使得人们对食品安全的关注不断增强，对食品质量的要求日趋提高。不断爆发的食品安全事件导致食品行业的经济秩序屡屡受到挑战，也使食品产业链遭受到不同程度的创伤，食品安全问题已成为全社会关注的焦点话题。在这一背景下，学者围绕食品安全的监管制度问题进行了广泛的探讨。

（一）我国的食品安全监管模式

我国的食品安全监管属于典型的分段监管模式，即食品安全的监管职能分属于不同的部门。王耀忠（2005）① 概括了我国食品安全监管的组织结构，发现我国负责食品安全监管的部门有农业部、卫生部、国家食品药品管理局、国家工商行政管理局、商务部和国家质量监督检验检疫总局等部门。这表明，我国食品安全监管不仅政出多门，而且相对分散。在这种组织结构下，我国食品安全监管遵循的是有限准入的市场理念，监管者以“发证”作为主要监管工具②（崔焕金、李中东，2013）。另外，国家环境保护总局、国家发展与改革委员会也承担一些监管职能。谢伟（2010）③ 论述了我国从中央到地方食品安全监管机构的具体设置：在中央政府层面，组建了最高协调机构“国家食品安全委员会”；在地方政府层面，县级以上地方人民政府统一负责、领导、组织、协调本行政区域内的食

---

① 王耀忠：“食品安全监管的横向和纵向配置——食品安全监管的国际比较与启示”，载《中国工业经济》2005年第12期。

② 崔焕金、李中东：“食品安全治理的制度、模式与效率：一个分析框架”，载《改革》2013年第2期。

③ 谢伟：“食品安全监管体制创新研究”，载《四川民族学院学报》2010年第6期。

品安全监督管理工作。按照责权一致的原则，建立了食品安全监管责任制和责任追究制。针对我国的这种监管模式，有些学者从理论上进行了解释。一种观点是从动态社会契约理论的角度指出我国食品安全监管制度是基于政府—市民的监管思路，即具有二元性①（李长健，张锋，2006）；另一种观点则从供应链的角度诠释了食品分段监管的合理性，并主张建立农业投入品、食品初级农产品、食品添加剂、食品相关产品、食品加工和食品流通的监管体系，并配合相应的监管标准，促进已有监管模式的完善②（卢剑等，2010）。上述局面在2013年3月进行的“大部制”改革之后有所改变，食品安全监管部门之间经过职能调整和权限整合初步实现了食品安全的集中监管。虽然这一机构改革是在原有框架内进行的局部调整，但这意味我国食品安全监管开始了新的制度变迁，未来改革的目标是实行集中监管，明晰监管部门之间的权责并逐步降低协调成本。

（二）我国监管制度的缺陷与完善

我国频繁爆发的食品安全事件，反映了现有监管制度存在的严重缺陷。这些缺陷主要集中在以下三个方面：一是相关法律法规不健全，应对食品安全新问题的能力有待提高；二是监管部门机构设置不合理，监管重复和监管盲区并存③（焦明江，2013）；三是缺乏风险评估及预测机构，食品监管的标准混乱④（李路平平、汪洋，

---

① 李长健、张锋：“社会性监管模式——中国食品安全监管模式研究”，载《广西大学学报（哲学社会科学版）》2006年第5期。

② 卢剑、孙勇、耿宁等：“我国食品安全问题及监管模式建立研究”，载《食品科学》2010年第5期。

③ 焦明江：“我国食品安全监管体制的完善：现状与反思”，载《人民论坛》2013年第5期。

④ 李路平平、汪洋：“食品安全监管长效机制建构研究”，载《技术经济与管理研究》2009年第3期。

2009）。比如，王耀忠[①]（2005）认为我国食品安全标准体系混乱表现在以下两个方面：一方面食品安全标准分为食品质量标准和食品卫生标准，分别由质量技术监督局、卫生部和农业部负责；另一方面食品标准分为国家标准、行业标准、地方标准以及企业自定标准等多种标准，这些标准之间相互冲突与不一致。与此同时，具体的监管事务则分别由质量技术监督局、卫生部、农业部、出入境检验检疫局和进出口食品安全局负责，导致的结果是监管机构各自为政，失去了标准的权威性和统一性。

针对上述问题，学者提出了不同的解决思路。如崔卓兰，宋慧宇[②]（2010）指出传统以强制为基础的单一监管方式已经不能满足现代社会对食品安全监管的需求，严重阻碍了食品安全监管的有效性。在服务型行政背景下，实行多元主体参与、非强制性、更多融入专业技术与激励机制的多元监管方式十分必要。李长健、张锋[③]（2006）从经济法和行政法的角度对我国食品安全的立法困境进行了解读，认为造成我国食品安全监管困境的主要原因是由立法漏洞、政府组织机构混乱和传统文化以及城乡二元经济共同作用的结果。为解决已有监管模式带来的体制性痼疾，刘亚平[④]（2011）从中国食品安全监管的实践出发，提出了重构政府与市场关系、进行风险规制和引导社会监督等三个方面的建议以破解现有监管困局。詹承豫[⑤]（2007）在我国经济转型的大背景下分析了食品安全监管体系存在的五大矛盾，即食品安全的链式供应与食品安全监管部门的各

---

① 王耀忠："食品安全监管的横向和纵向配置——食品安全监管的国际比较与启示"，载《中国工业经济》2005年第12期。

② 崔卓兰、宋慧宇："论我国食品安全监管方式的多元化"，载《华南师范大学学报（社会科学版）》2010年第3期。

③ 李长健、张锋："社会性监管模式——中国食品安全监管模式研究"，载《广西大学学报（哲学社会科学版）》2006年第5期。

④ 刘亚平："中国食品安全的监管痼疾及其纠治——对毒奶粉卷土重来的剖析"，载《经济社会体制比较》2011年第3期。

⑤ 詹承豫："转型期中国食品安全监管体系的五大矛盾分析"，载《学术交流》2007年第10期。

自为政之间的矛盾、食品检测设备技术落后与食品安全隐患严峻之间的矛盾、食品生产厂商的小而散与食品安全监管的标准化管理需求之间的矛盾、食品安全危害严重与食品安全的执法薄弱的矛盾和食品安全社会期望急切与食品安全监管投入不足之间的矛盾。为此，应该从近期治标和长远治本两方面进行综合治理，在近期方面应着重理顺监管体系和组织机构、完善法律标准，长远方面则着重于政府监管职能转变和行政价值结构的完善。此外，也有学者从缓解信息不对称、加强信息平台建设①（施晟、周德翼、汪普庆，2008）、实施质量认证体系和可追溯体系②（王志刚等，2006；周洁红、叶俊焘，2007；郑风田，2003；周应恒等，2013）等方面提出了解决思路。

二、主要发达国家的食品安全监管模式与特点

发达国家如美国、欧盟和日本等都建立了相对完善的食品安全监管体系，经历多年的发展，其已经形成了相对独特的监管模式和监管经验。总结这些不同的监管模式，可以为我国食品安全监管机制的设计提供一些经验和参考，一些学者对这一问题进行了积极探

① 施晟、周德翼、汪普庆："食品安全可追踪系统的信息传递效率及政府治理策略研究"，载《农业经济问题》2008 年第 5 期。

② 王志刚、翁燕珍、杨志刚等："食品加工企业采纳 HACCP 体系认证的有效性：来自全国 482 家食品企业的调研"，载《中国软科学》2006 年第 9 期；周洁红、叶俊焘："我国食品安全管理中 HACCP 应用的现状、瓶颈与路径选择——浙江省农产品加工企业的分析"，载《农业经济问题》2007 年第 8 期；郑风田："从食物安全体系到食品安全体系的调整——我国食物生产体系面临战略性转变"，载《财经研究》2003 年第 2 期；周应恒、宋玉兰、严斌剑："我国食品安全监管激励相容机制设计"，载《商业研究》2013 年第 1 期。

讨。如张月义、韩之俊、季任天[1]（2007）从监管机构、法律法规、风险管理等方面对美国、欧盟和日本的食品安全监管机制进行了详细阐述。李刚[2]（2010）结合我国国情分析了国外的食品安全监管制度，认为应借鉴美国经验实行食品安全的联合监管制度，建立中央政府和地方政府既相互独立又相互协作的食品安全监督网。国家工商总局研究中心[3]（2006）在考察英国和西班牙两国的监管制度之后，主张我国借鉴两国食品安全应急机制方面的有益经验。王兆华、雷家[4]（2004）通过对国外主要发达国家食品安全监管体系的研究，认为应采取渐进和分级的模式，推进中国食品工业的标准认证体系。由于各个国家的经济体制和政治制度的差异，有必要分别梳理不同国家的监管制度。

（一）美国的监管模式——法律完备、责权集中

作为多部门监管模式的代表，美国联邦及各州政府具有食品安全管理职能的机构有 20 个之多。但其中具有食品安全执法权的行政部门只有 5 个：卫生部的食品和药品管理局、农业部的食品安全检验局和动植物健康检验局、环境保护局、海关与边境保护局。上述监管部门职能划分的依据是根据食物的种类，这样在对特定食品进行监管时就实现了功能上的集中监管[5]（张月义等，2007）和权责统一。美国在保障食品安全方面的一个显著特点是其拥有十分强大

---

① 张月义、韩之俊、季任天："发达国家食品安全监管体系概述"，载《安徽农业科学》2007 年第 34 期。

② 李刚："食品安全监管的国际借鉴与我国监管框架的构建"，载《农业经济》2012 年第 10 期。

③ 国家工商总局研究中心赴英国、西班牙考察团："英国、西班牙食品安全监管考察报告"，载《中国经贸导刊》2006 年第 9 期

④ 王兆华、雷家："主要发达国家食品安全监管体系研究"，载《中国软科学》2004 年第 7 期。

⑤ 张月义、韩之俊、季任天："发达国家食品安全监管体系概述"，载《安徽农业科学》2007 年第 34 期。

的监管体系、完备的法律法规和应对特殊领域的特殊做法，在执法上强调食品安全管理的公开性和透明性[①]（毛振宾，2009）。此外，美国2011年1月修订实施的《食品安全现代化法案》成为保障食品安全的重要法律基础，该法案通过强调预防为主的食品安全控制理念，加大对食品企业的检查和执法力度以及提高食品安全标准，构建了更为积极和富有战略性的现代化食品安全“多维”保护体系，确保了美国在食品供应安全方面继续走在世界前列[②]（李腾飞、王志刚，2012）。

在诸多制度设计中，美国的食品安全召回制度值得关注[③]（Antle，2000；程言清、黄祖辉，2003）。通常来说，食品召回是在国家部门的监督下，由生产商自愿执行，由法院强制执行的情况比较少见[④]（Buzby，2001）。随着食品召回制度的深入人心，美国消费者对食品安全颇有信心。一般来说，在美国食品召回主要在以下两种情况下发生：一种是企业得知食品存在缺陷或风险，主动从市场上撤回；另一种是美国食品和药物管理局（FDA，Food and Drug Administration）强制要求企业召回缺陷食品[⑤]（陈卫康、骆乐，2009）。无论哪种情况，召回都是在FDA的监督下进行的，其在食品召回中发挥着关键作用[⑥]（Valeeva etal.，2000）。随着这项制度的深入实施，食品召回有增加的趋势，但这并不代表食品质量在下降，反而

① 毛振宾：“国内外食品安全监管的法律制度及发展趋势”，载《中国家禽》2009年第23期。

② 李腾飞、王志刚：“美国食品安全现代化法案的修改及其对我国的启示”，载《国家行政学院学报》2012年第4期。

③ Antle，J. M. ：No Such Thing as a Free Safety Lunch：the Cost of Food Safety Regulation in the Meat Industry，American Journal of Agricultural Economics，2000，Vol. 82，May，pp. 310-322. 程言清、黄祖辉：“美国食品召回制度及其对我国食品安全的启示”，载《南方经济》2003年第3期。

④ Buzby，，J. C. ：Effects of Food Safety Perceptions on Food Demand and Global Trade，Economic Research Service，2001，May.，pp. 55-66.

⑤ 陈卫康、骆乐：“发达国家食品安全监管研究及其启示”，载《广东农业科学》2009年第8期。

⑥ Valeeva，N.，Miranda Meuwissen，Alfons Oude Lansink，and Ruud Huirne：Cost Implications of Improving Food Safety in the Dutch Dairy Chain，European Review of Agricultural Economics，2000，Vol. 33，Dec.，pp. 511-541.

说明人们对食品质量有了更高的要求[①]（Christophe and Valceschini，2008）。

（二）欧盟的监管模式——全面具体、统一权威的标准体系

完善具体的标准体系是发达国家食品安全监管的突出特点，欧盟国家为实现对食品安全的有效防控，实施了大量具体、统一的食品技术标准体系。欧盟的食品安全监管系统主要由欧盟食品安全局、欧盟食品与兽医办公室组成，这一系统是一个国际性的控制与监督系统，可以对成员国食品生产链中的各个环节进行监督控制（Christophe，2008）。此外，其还制定了一系列强制遵守的食品安全标准（焦志伦，陈志卷，2010）。比如，早在1980年欧盟就颁布实施了《欧盟食品安全卫生制度》。2000年又颁布了《食品安全白皮书》，要求制定以控制"从农田到餐桌"全过程为基础的食品安全法规体系，从而将各类法规法律和标准加以体系化[②]（张志宽，2005）。近年来，随着食品风险不确定性的加大，欧盟将食品安全预警作为控制食品安全的一条重要原则和风险管理措施[③]（Grunert，2005）。根据这一措施，只要监管部门认为食品对人体健康有潜在的危害因素，就可以采取以预警原则为基础的保护措施，而不必等到有充分科学数据的评估结论，这就大大降低了食品风险的发生概率。

欧盟的成员国当中，英国和德国对食品安全的控制值得引起关注。英国食品安全监管的一个重要特征是严格执行食品追溯和召回

---

① Christophe，C.，and E. Valceschini：Coordination for Traceability in the Food Chain：A Critical Appraisal of European Regulation，European Journal of Law and Economics，2008，Vol. 2，Dec.，pp. 1-15.

② 张志宽："浅析欧美食品安全监管的基本原则"，载《中国工商管理研究》2005年第6期。

③ Grunert，K. G.：Food Quality and Safety：Consumer Perception and Demand，European Review of Agricultural Economics，2005，Vol. 32，Sep.，pp. 369-391.

制度。英国保障食品安全的主要管理机构是食品标准局，由其独立负责食品安全质量的总体事务并制定各种标准[①]（刘桂荣等，2010）。食品标准局代表女王履行职能，并向议会报告工作。这种不挂靠任何政府部门的机构设置方式，保证了它的独立性和代表消费者的立场。食品标准局还设立了特别工作组，由该局首席执行官挂帅，以加强对食品供应链各环节的监控。英国食品安全监管的成功与食品标准局制定的三条原则密切相关，即消费者第一、公开透明和公正独立[②]（张守文，2008）。与英国不同的是，德国对食品安全控制的特点是其健全的检测体系[③]（罗丹，2010）。德国的检测机构大部分为私营，政府只负责对监管机构的管理和批准，而检测机构通过监测站独立进行质检工作，并提交检测报告[④]（董娟，2011）。一直以来，德国政府实行的食品安全监管以及食品企业自查和报告制度，成为德国保护消费者健康的决定性机制。德国的食品监督归各州负责，州政府相关部门制定监管方案，由各市县食品监督官员和兽医官员负责执行。

（三）加拿大的监管模式——供应链的全程监控

加拿大食品安全监管模式的特点是由单一的部门对食品安全实行统一归口管理，这一部门是农业部的食品检查检验局。由其集中负责食品安全监管工作，具体实施联邦政府规定的所有食品的监督、检验、植物保护和动物卫生检疫计划，食品生产加工销售过程中的日常监督、抽样检验和案件查处，食品安全法规和食品安全标准，

---

① 刘桂荣、殷杰、李娜等：“韩国食品安全管理体系及进口食品监管制度简介”，载《检验检疫学刊》2010 年第 2 期。

② 张守文：“发达国家食品安全监管体制的主要模式及对我国的启示”，载《中国食品学报》2008 年第 6 期。

③ 罗丹：“德国有机食品行业的发展现状及启示”，载《老区建设》2010 年第 3 期。

④ 董娟：“近年来我国食品安全监管问题的研究综述”，载《社会科学管理与评论》2011 年第 3 期。

并对有关法规和标准的执行情况进行监督[①]（李刚，2010），以确保供应链环节的食品安全。除了履行上述职能，检验检疫局也负责制订并管理食品检验、执法、监督及控制计划，提出服务规范；或者发布紧急食品召回令，组织整个食品链的检验、检测和监督活动[②]（周洁红、叶俊焘，2007）。另外，加拿大的食品监督署负责农业投入品的监管、产地检查、动植物和食品及其包装检疫、药残监控、加工设施检查和标签检查，真正实现了“从田头到餐桌”的全程性管理。加拿大的这一监管模式实现了监管的集中，避免了多头负责带来的责任不清和监管空白问题的发生。

（四）日本的监管模式——严格完善的标准体系和追溯体系

日本的食品安全监管模式与我国较为类似，监管责任由多个部门分工实施。近年来，日本监管体制最大的一个变化是，该国在2003年成立了食品安全委员会，由其统一负责食品安全事务的管理和风险评估工作。食品安全委员会是承担食品安全风险评估和协调职能的内阁直属机构，其主要职能包括实施食品安全风险评估，对风险管理部门进行政策指导与监督以及进行风险信息的沟通与公开。日本监管模式最大的特点在于其完备的食品安全标准体系和追溯体系[③]（孙杭生，2006），其食品安全标准体系分为国家标准、行业标准和企业标准三个层次[④]（杨明亮等，2004）。日本颁布实施的《食品安全基本法》确立了消费者至上、科学的风险评估和从农场到餐

---

① 李刚：“食品安全监管的国际借鉴与我国监管框架的构建”，载《农业经济》2012年第10期。

② 周洁红、叶俊焘：“我国食品安全管理中HACCP应用的现状、瓶颈与路径选择——浙江省农产品加工企业的分析”，载《农业经济问题》2007年第8期。

③ 孙杭生：“日本的食品安全监管体系与制度”，载《农业经济》2006年第6期。

④ 杨明亮、钱辉、彭莹等：“全球食品安全管理及其发展趋势”，载《中国卫生法制》2004年第3期。

桌全程监控的食品安全理念，要求在国内和从国外进口食品的每一环节都必须确保食品安全。新世纪以来，日本多次对该法进行修改，比如在2003年该法增加了“肯定列表制度”，导致对进口食品的限制越来越严格[①]（施用海，2010）。

与此同时，日本对所有农产品都实施严格的可追溯管理系统，这是通过其完备的法律体系实现的[②]（胡定寰，2007）。根据这一管理要求，日本农业协会下属的各地农户必须记录米面、果蔬、肉制品和乳制品等农产品的生产者、农田所在地、使用的农药和肥料、使用次数、收获和出售日期等信息。农协收集这些信息之后，为每种农产品分配一个“身份证”号码，将其整理成数据库并开设网页以供消费者随时查询。目前，日本绝大多数食品企业在食品生产和加工过程中都能做到严格自律，基本上布及整个食品生产加工环节，真正做到“从农田到餐桌”的全过程、可追溯管理[③]（王耀忠，2005）。

（五）韩国的食品安全监管——多元管理、重典治乱

与其他亚洲国家相比，韩国的食品安全管理力度十分强大，其主要特点是对食品安全实施多元化管理，并强化企业的主体责任，加大对违法企业的惩处力度。具体而言，韩国主要从以下四方面保障食品的安全供应。一是加强政府内部协调，减少行政管理扯皮现象。韩国政府成立了国家食品安全政策委员会专门负责协调不同监管部门之间的工作，以避免责任不清和互相扯皮[④]（王中亮，2007）。二是加重对违法企业的处罚力度，让违法企业不敢轻易犯

---

① 施用海：“日趋严格的日本食品安全管理”，载《对外经贸事务》2010年第2期。

② 胡定寰：“建立健全农产品可追溯体系，强化食品安全”，载《中国农业信息》2007年第3期。

③ 王耀忠：“食品安全监管的横向和纵向配置——食品安全监管的国际比较与启示”，载《中国工业经济》2005年第12期。

④ 王中亮：“食品安全监管体制的国际比较及其启示”，载《上海经济研究》2007年第12期。

罪。韩国政府将制售有害食品行为定为“保健犯罪”，并且在《食品安全法》中规定，故意制造、销售劣质食品的人员将被处以一年以上有期徒刑；对国民健康产生严重影响的，有关责任人将被处以三年以上有期徒刑。三是实施明确的责任登记制度。韩国政府决定，卫生监管人员在完成验收过程后要明确记录本人的姓名，一旦其所验收的食品发生安全问题就要惟其是问。此外，负责食品安全的地方政府部门也将按照统一的标准对食物中的农药残留量等一系列安全指标等进行量化评分，从而杜绝了各地在食品安全标准上宽严不一的现象[①]（黄怡、王廷丽，2010）。四是设立举报电话，发动群众实施监督。韩国政策规定，任何人都可以向政府举报食品安全问题，一旦被证实，举报人可以获得高额奖励。

通过总结上述国家的食品安全监管模式，可以得出以下三点经验启示。一是应借鉴国外食品安全管理体制，尽快建立统一、高效的食品安全管理机构。进一步调整食品安全监管体制，理顺和明晰各部门监管职能[②]（戴孝悌、陈红英，2010）。在当前食品安全实现集中监管的趋势下，进一步压缩监管部门数量，合并监管职能。可以按照“从农田到餐桌”的食物链再造食品安全管理流程，组建相对独立的食品安全机构，实行项目制与全流程管理模式，确保产品质量的可控性及责任的可追溯性[③]（Kahneman and Tversky，1979；Knetsch and Sinden，1984；Hobbs，2004）。二是食品安全监管各部门必须各司其职、通力合作，严格依法办事，共同编织更加严密的食品

---

① 黄怡、王廷丽：“有关食品安全问题的国外理论研究综述”，载《生产力研究》2010年第10期。

② 戴孝悌、陈红英：“美国农业产业发展经验及其启示——基于产业链视角”，载《生产力研究》2010年第12期。

③ Kahneman. D.，and A. Tversky：Prospect Theory：an Analysis of Decision under Risk，Econometrics，1979，Vol. 47，Mar.，pp. 263 – 291. Knetsch，J. L.，and J. A. Sinden：Willingness to Pay and Compensation Demanded：Experimental Evidence of an Unexpected Disparity in Measures of Value，Quarterly Journal of Economics，1984，Vol. 99，Aug.，pp. 507–521. Hobbs，J. E.：Information Asymmetry and the Role of Traceability Systems，Agribusiness，2004，Vol. 20，Aut.，pp. 397–415.

安全监管网络。只有对问题食品始终保持高压态势，进一步落实监管措施，提高监管的针对性、有效性，才能真正实现食品安全的有效监管和全程监管[①]（Broughton and Walker，2010）。三是强化企业的主体责任和惩处力度。政府应转变监管企业的思路与模式，在充分保障其合法权利基础上，变包办代替、保姆式管理为督促、监督企业自觉履行生产经营义务[②]（Henson et al.，2000），使企业主动承担社会责任。其中，特别要加大对违法企业的行政和刑事处罚力度，将保护所有企业的惯性思维调整到保护合法企业的正确思路上来，对违法企业必须实行严厉打击，以增强法律的威慑力，提高企业违法成本。

三、我国食品安全监管机制完善的路径选择

发达国家在食品安全监管方面积累了很多有效的经验，这些经验对完善我国的食品安全监管制度提供了有用参考。但是，已有研究相对零碎且不系统，难以从整体上对食品安全监管机制进行宏观把握。在总结和梳理已有研究的基础上，建议从以下三点进行积极探索和大胆创新，从而完善我国的食品监管机制。

（一）理念创新——风险交流与风险管理

风险交流是食品安全管理的重要链条，其功能是“让公众了解风险管理如何进行以避免公众恐慌”，发达国家借助这一做法有效控

---

① Broughton, E. I., and D. Walker: Policies and Practices for Aquaculture Food Safety in China, Food Policy, 2010, Vol. 35, Oct., pp. 471-478.

② Henson, S., A. Brouder, and W. Mitullah: Food Safety Requirements and Food Exports from Developing Countries: The Case of Fish Exports from Kenya to the European Union, American Journal of Agricultural Economics, 2000, Vol. 82, Dec., pp. 1159-1169.

制了食品安全风险，成功化解了食品安全的信任危机。Covello (1992)[①] 认为风险交流是利益团体之间有关风险的本质、重要性或控制等相关信息的交换过程。关于风险交流的范围，Seeger (2001)[②] 认为应该涵盖三个阶段，即危机前、危机时期以及危机后，但是他强调重点应放在危机前的预防工作上。采用风险交流，可以促进政府与公众的良好交流，培育参与式的监管治理格局，形成风险界定的有效社会监督[③]（毛文娟，2013）。当前我国正处于经济转型、社会转轨的重要发展阶段，食品安全作为公共危机的一部分，对这种风险进行有效管理是政府能够及早采取行动、消除危机的关键[④]（温志强，2009）。

目前风险交流的模式有四种：一是赢得信任模式。信任是一切沟通的基础，任何一项交流都会对信任产生影响，不是在加强就是在削弱。二是双向对等沟通模式。风险交流是一个特殊的沟通过程，虽然学者们都强调这一过程应该是一个双方相互作用的过程，但事实上，对于众多的风险事件，尤其是公共性的风险事件，处于沟通双方的主体地位很难等同。三是愤怒管理与提前预警模式。这种方法对于理清公众要求、明确短期沟通目标、指导创作沟通重点信息有重要意义。四是信息突显模式。这一模式可以采取的手段有主动发布信息、组织记者采访、组织专家解答和组织主流媒体培训等。虽然以上四种模式各有优点，但总结我国发生的多起食品安全事件，采用政府风险交流的“民主范式”较为认可。因为风险交流应是多

---

① Covello, V. T.: Risk Communication: an Emerging Area of Health Communication Research, Communication Year Book, 1992, Vol. 15, pp. 359-373.

② Seeger, M. W., and T. Sellnow: Public Relations and Crisis Communication: Organizing and Chaos, Hand book of Public Relations, 2001, Vol. 9, pp. 155-166.

③ 毛文娟：“环境安全与食品安全风险的利益框架和社会机制分析”，载《经济问题探索》2013年第2期。

④ 温志强：“风险社会中突发事件的再认识——以公共危机管理为视角”，载《华中科技大学学报（社会科学版）》2009年第2期。

元的、民主的和参与的[①]（Valeeva et al.，2000）。不仅施政于民、全面告知风险，更应问政于民，在食品安全事件的应对与处置中，真正强调民众的建言献策，尊重公众的知情权。而公众也应由“被动公众”变化为“主动公众”，主动寻求健康信息、主动提供风险信息和志愿开展互助沟通等。

（二）机制创新——加强食品安全供应链管理

食品质量安全涉及食品的生产、加工、储存和销售。整个食品供应链中的交易主体、交易对象繁多，任何一个参与者的行为都会影响到产品的质量安全[②]（洪江涛、黄沛，2011；王海萍，2009）。随着消费者收入水平的提高，食品安全知识的普及，食品生产企业对食品供应链的管理亟待加强，以保证上游原料供应和下游销售渠道畅通[③]（何坪华、凌远云、周德翼，2009）。供应链管理机制的核心思想是广泛引入和利用各种社会资源和力量，改“末端治理”，为“源头控制”，对从田间到餐桌的整个食品供应链进行综合管理。因此，国内外多数学者主张利用供应链管理提高食品安全的监管效能，如 Hennessy 等（2001）[④] 分析了食品供给链中食品质量与治理结构的关系问题，强调利用供应链改善食品安全的监管管理水平。Vetter and Karantiniis（2002）[⑤] 等论述了在安全食品的供给中食品产业的

---

① Valeeva, N., Miranda Meuwissen, Alfons Oude Lansink, and Ruud Huirne: Cost Implications of Improving Food Safety in the Dutch Dairy Chain, European Review of Agricultural Economics, 2000, Vol. 33, Dec., pp. 511-541.

② 洪江涛、黄沛：“两级供应链上质量控制的动态协调机制研究”，载《管理工程学报》2011 年第 2 期；王海萍：“食品供应链安全监管体系创新框架研究”，载《广西社会科学》2009 年第 9 期。

③ 何坪华、凌远云、周德翼：“食品价值链及其对食品企业质量安全信用行为的影响”，载《农业经济问题》2009 年第 1 期。

④ Hennessy, D. A., J. Roosen, and J. Miranowski: Leadership and the Provision of Safe Food: American Journal Agricultural Economics, 2001, Vol. 83, Nov., pp. 862-874.

⑤ Vetter, H., and K. Karantiniis: Moral Hazard, Vertical Integration and Public Monitoring in Credence Goods, European Review of Agricultural Economics, 2002, Vol. 29, Jun., pp. 271-279.

领导力量及供应链在保障食品安全方面具有积极优势。

“瘦肉精”和“速成鸡”事件的发生，折射了农产品供应链环节存在着严重的食品安全隐患，生产源头养殖户的短期逐利行为强烈，供应链上下游之间利益冲突和信息不对称导致产品质量难以控制。因此，实施供应链管理并加强链上利益主体的行为约束成为控制食品安全的一种重要机制创新。供应链管理的核心是形成公平合理的利益分配机制①（魏毕琴，2011；李宁，2011），也即合理分配供应链环节的农户、合作社或者超市、加工商等主体的利益，这也有助于消除供应链需求、供给和制造三方的不确定性，避免食品发生安全质量风险②（黄桂红、饶志伟，2011）。以生猪产业链为例，要形成养殖户和屠宰、加工和销售企业之间的良好合作，必须建立供应链利益主体之间合作与协调，激励与监督，协商与信任等机制③（李艳芬，2011）。同时，为避免信息不对称导致的供应链主体发生机会主义行为，确定适当的质量缺陷产品惩罚和外部损失的成员分担份额，可以激励制造商和供应商严格履行契约，从而保障产品的质量控制水平，进而实现供应链上各主体总收益的最大化④（鲁丽丽、郑红玲，2011）。

（三）制度创新——建立第三方检测体系

我国食品安全监管的瓶颈之一就是监管力量的不足，解决这一问题的一个重要途径就是建立第三方检测体系。参照国际成熟经验，

---

① 魏毕琴：“论超市的生鲜农产品供应链上主体共生关系”，载《消费经济》2011年第1期；李宁：“农产品供应链集成化发展模式的研究”，载《中国商贸》2011年第11期。

② 黄桂红、饶志伟：“基于供应链一体化的农产品物流整合探析”，载《中国流通经济》2011年第2期。

③ 李艳芬：“生猪供应链中的生猪质量安全分析”，载《广东农业科学》2011年第2期。

④ 鲁丽丽、郑红玲：“农产品供应链协同质量控制机制研究”，载《中国商贸》2011年第2期。

独立的第三方检测不仅可以弥补政府检测力量的不足，也有助于提高质量检测工作的效率，因而是我国食品安全监管体制改革进程中可资借鉴的一种制度选择。所谓第三方检测，是指由国家指定的相关机构作为独立的第三方，由其对食品生产从原料到成品各个环节进行公证检验，以确保产品质量的一种制度安排①（周清杰、徐菲菲，2010）。近些年来，欧美先进国家在实行由“农田到餐桌”的食品质量监管中，探索设立第三方检验检测成为一个明显的趋势②（高秦伟，2011；薛庆根，2006）。例如，美国的食品被公认为是最安全的，美国的监管者很早就采取第三方检测，将常规性检测工作交给其认可的认证机构或各州的独立检验中心或实验室，政府负责监督第三方“循规蹈矩”。

2012 年爆发的“毒胶囊”事件折射了我国食品药品监管力量的严重不足，建立第三方检测体系已经是刻不容缓。据统计，我国食品药品监管人员共计 8 万人左右，却监管着全国近 5000 家药品生产企业、40 万家药品流通企业、17000 家医疗器械企业、3400 多家化妆品企业、2000 多家保健食品生产企业以及 230 万家餐饮企业。庞大的企业数量与有限的监管人员形成鲜明对照，解决监管力量不足的挑战已是当务之急。加强公众参与食品安全监管，是弥补政府失灵与力量不足的客观需要③（苗建萍、熊梓杰，2010）。因此，要构建我国的第三方检测体系，必须从现有社会资源中得到强有力的支持，特别是要发挥公众的作用④（阮兴文，2009）。目前我国有一大批与食品科学相关的国家级研究机构和高等院校，还有一些实力雄

---

① 周清杰、徐菲菲：“第三方检测与我国食品安全监管体制优化”，载《食品科技》2010 年第 2 期。

② 高秦伟：“美国食品安全监管中的召回方式及其启示”，载《国家行政学院学报》2011 年第 1 期；薛庆根：“美国食品安全体系及对我国的启示”，载《经济纵横》2006 年第 2 期。

③ 苗建萍、熊梓杰：“构建我国科学合理的食品安全大监管体制”，载《山西财经大学学报》2010 年第 2 期。

④ 阮兴文：“关于公众参与我国食品安全监督管理的思考”，载《党政干部论坛》2009 年第 5 期。

厚的专业企业。这些优秀的专业资源将成为有效弥补我国政府资源不足，提高食品质量检测效率的可行选择，为国民的食品消费提供可靠的技术支持和制度保障。为确保第三方检测机构的社会公信力，这些机构需要接受来自政府、行业协会以及市场的严格监督。政府是食品安全的最高监管者，因此对于第三方检测机构来说，要取得社会和市场对其检测结果的认可，必须获得政府的许可，政府对其出具检测报告的认可，才能使第三方机构获得其生存、发展必要的社会权威性保障。

四、结论与展望

食品安全监管机制的完善既是一个理论问题，也是一个现实问题。通过对国内外相关文献的梳理可以得出以下三点结论。首先，学者对食品安全监管机制的完善提出了不同的解决思路，但究其根本，监管制度的完善被认为是一个渐进的过程，需要从制度设计、体系建立和社会动员等方面多措并举。其次，在理论层面，现有文献大多集中于对食品安全的形成原因与解决机制的探讨。一是以制度经济学理论为代表从制度创新与变迁的视角提出将当前的分段监管体制，改为集中监管或者垂直监管；二是以供应链理论为代表主张从完善供应链的角度建立食品安全监管体制，以保证从农田到餐桌的食品安全；三是以借鉴发达国家经验为典型的“洋为中用”思路，用发达国家的“他山之石”来完善我国的监管制度。最后，在实际应用与经济理论分析方面，不少文献从信息不对称的角度研究了食品安全监管市场失灵和政府失灵的经济学依据。

虽然研究食品安全监管制度的文献颇多，但大多数研究将眼光局限在对国内现实问题的解决方面，而对于完善我国食品安全监管机制的研究不够深入，整体来看尚未形成一个较为系统的理论分析框架，并且缺乏深入的实证研究。2013 年 3 月国务院开展的大部制改革调整了食品安全的监管职能，整合了质检总局的生产环节和工商总局对流通环节的监管，体现了食品安全集中监管的思路，这一做法一定程度上是对国外经验的有益借鉴。但是，具体的改革方向和完善路径仍需要深入研究，比如如何优化基层监管、强化“行刑衔接”、实现社会共治、提高食品安全的财政投入以及考虑将食品安全纳入政府绩效考核等方面都成为未来需要探讨的重要内容和研究方向。总之，食品安全关系国计民生与社会和谐，国内外众多学者基于不同角度开展的已有研究，尽管存在一些局限，但其对食品安全监管制度完善所提供的有益探索值得充分肯定，这对后续研究的深入开展，促进食品安全监管制度的创新与完善必将起到十分重要的作用。

台湾地区转基因食品安全管理的观察

黄宏全[*]

一、前　　言

全球人口数量持续攀升使粮食需求量大增，粮食分布极为不均、气候变迁导致粮食产量下降等问题，迫使全世界都在寻找低成本、高效率的提高粮食产能的方法。与此同时，在生物科技日新月异进步的驱使下，“转基因食品”的诞生，将会提供长期稳定的低农业成本的供货量，以满足全球人民对粮食与日俱增的需求。因此，“转基因食品”俨然成为全球粮食来源的主要型态之一。但是，在“转基因食品”改善全球粮食问题的同时，我们将面临监督管理、风险安全、输入管理等相关问题，此相关问题又涉及法律、科学、公共卫生等诸多方面。我们的主管机关“卫生福利部”“农业委员会”“直辖市县市政府”，也制定了相关法规、提出了相关政策，如食品安全卫生管理法、基因改造食品安全性评估办法、建立食品履历等。因此，本文将就我国台湾地区“转基因食品”安全管理的观察向各位先进作一报告，并就教各位。

* 黄宏全，辅仁大学法律学院学士后法律学系专任副教授、中国人民大学食品安全治理协同创新中心研究员。

二、转基因食品的监督管理及实施情况

（一）相关“法规”

由于生物科技的进步发展，“转基因食品”的生产与制作过程有别于一般传统农产品。因此，对其监督管理的方法，必须量身订造，[①] 并建置完整的咨议体系，进行风险控管、预防。[②] 台湾地区对于“转基因食品”的管制基础来源于“食品安全卫生管理法”。该法除对“转基因食品”有明文定义[③]外，更是根据不同生产者确定了不同的管理标准，即将食品分为我们自行生产的食品与进口的食品来制定不一样的管理标准，前者包含改造食品原料之安全性评估、查验登记及标识等管理规定；[④] 后者更涵盖输入食品及相关产品、[⑤] 基因改造食品原料之相关记录。[⑥] 根据台湾地区的规定，在“转基

---

① “食品安全卫生管理法”第4条：“主管机关实行之食品安全管理措施应以风险评估为基础，符合满足国民享有之健康、安全食品以及知的权利、科学证据原则、事先预防原则、信息透明原则，建构风险评估以及咨议体系。”

② “基因改造食品咨议会设办法”第1条：“本办法依食品安全卫生管理法第四条第四项规定订定之。”

③ “食品安全卫生管理法”第3条第11款：“基因改造：指使用基因工程或分子生物技术，将遗传物质转移或转殖入活细胞或生物体，产生基因重组现象，使表现具外源基因特性或使自身特定基因无法表现之相关技术。但不包括传统育种、同科物种之细胞及原生质体融合、杂交、诱变、体外受精、体细胞变异及染色体倍增等技术。”

④ 参见“我国基因改造食品查验登记、标识等管理说明”，载《“卫福部”消费者资讯》，2014年8月20日。

⑤ 参见“卫生福利部”公告：部授食字第1031301233号，公布日：2014年8月20日。

⑥ “食品安全卫生管理法”第21条第2项：“食品所含之基因改造食品原料非经中央主管机关健康风险评估审查，并查验登记发给许可文件，不得供作食品原料。经中央主管机关查验登记并发给许可文件之基因改造食品原料，其输入业者应依第九条第二项所定办法，建立基因改造食品原料供应来源及流向之追溯或追踪系统。”

因食品”的改造过程中，需经过两阶段的安全性评估，[①] 并于查验登记后核发许可证明，且该许可证明具有年限限制，需于期满前三个月展延，才能续为使用，[②] 以便满足转基因食品改良的需求。再者，依照“食品安全卫生管理法”第21条第7项[③]之规定，未办理查验登记的基因食品改造原料，亦需于2年后补办理。

而对于特别或是大宗的“转基因食品”，台湾地区另有特殊规定。举例来说，市面上最常见的“转基因食品”为黄豆、玉米等相关产品，因此，“卫生福利部食品药物管理署”（简称“食品药物管理署”）之函示，此类相关制品，应向“中央”主管机关办理全面查验登记，[④] 并通过三阶段的严密管理模式，分别为上市前源头管

---

① “基因改造食品安全性评估方法”第二章“基因改造食品”的安全性评估：“基因改造食品”之安全性评估系针对经“基因改造技术”处理后，所有的改变因子进行阶段式之安全性评估。一、第一阶段：基因改造食品基本数据之评估。二、第一阶段评估结果显示该基因改造食品具潜在之毒性物质或过敏原，则须进行第二阶段评估。三、依上述第一、二阶段数据仍无法判定该基因改造食品的安全性时，则至少须再进行针对全食品（注2）设计之适当的动物试验，以评估该基因改造食品之安全性。注2：“全食品”是指基因改造食品一般常见之可食用部位，而非经精制、加工处理或提炼、纯化的该食品中之主要成分或组成物。

② “食品安全卫生管理法”第21条第4项：“第一项及第二项许可文件，其有效期间为一年至五年，由‘中央’主管机关核定之；期满仍需继续制造、加工、调配、改装、输入或输出者，应于期满前三个月内，申请‘中央’主管机关核准展延。但每次展延，不得超过五年。第一项及第二项许可之废止、许可文件之发给、换发、补发、展延、移转、注销及登记事项变更等管理事项之办法，由‘中央’主管机关定之。第一项及第二项之查验登记，得委托其他机构办理；其委托办法，由‘中央’主管机关定之。”

③ “食品安全卫生管理法”第21条第7项：“本法2014年1月28日修正前，第二项未办理查验登记之基因改造食品原料，应于公布后二年内完成办理。”

④ 参见“食品药物管理署”2014年9月26日部授食字第1021350531号公告：“自2003年1月1日起，非经本署查验登记许可并予以公告之基因改造黄豆及玉米，不得制造、加工、调配、改装、输入或输出。”2013年9月26日部授食字第1021350531号公告修正：“基因改造之黄豆及玉米”应向‘中央’主管机关办理查验登记。2014年2月5日公布修正之“食品安全卫生管理法”第21条第2项：“食品所含之基因改造食品原料非经‘中央’主管机关健康风险评估审查，并查验登记发给许可文件，不得供作食品原料。”

理、边境查验与监测及市售包装产品监测，[①] 以建立“源头管理”之概念。

以下就 2014 年 2 月 5 日新修正的“食品安全卫生管理法”中与基因食品有关部分予以介绍。

	新修正	修正前
第 3 条 第 11 款	基因改造：指使用基因工程或分子生物技术，将遗传物质转移或转殖入活细胞或生物体，产生基因重组现象，使表现具外源基因特性或使自身特定基因无法表现之相关技术。但不包括传统育种、同科物种之细胞及原生质体融合、杂交、诱变、体外受精、体细胞变异及染色体倍增等技术。	新增
第 21 条 第 2 项	食品所含之基因改造食品原料非经“中央”主管机关健康风险评估审查，并查验登记发给许可文件，不得供作食品原料。	新增
第 21 条 第 3 项	经“中央”主管机关查验登记并发给许可文件之基因改造食品原料，其输入业者应依第九条第二项所定办法，建立基因改造食品原料供应来源及流向之追溯或追踪系统。	新增
第 21 条 第 7 项	本“法”在“中华民国”2014 年 1 月 28 日修正前，第二项未办理查验登记之基因改造食品原料，应于公布后二年内完成办理。	新增

① “食品药物管理署基因改造食品采取源头、边境查验、市售监测之三阶段严密管理模式”，2014 年 4 月 18 日发布。

续表

	新修正	修正前
第22条	食品之容器或外包装，应以中文及通用符号，明显标识下列事项： 一、品名。 二、内容物名称；其为二种以上混合物时，应依其含量多寡由高至低分别标识之。 三、净重、容量或数量。 四、食品添加物名称；混合二种以上食品添加物，以功能性命名者，应分别标明添加物名称。 五、制造厂商或本地负责厂商名称、电话号码及地址。 六、原产地（国）。 七、有效日期。 八、营养标识。 九、含基因改造食品原料。 十、其他经“中央”主管机关公告之事项。 前项第二款内容物之主成分应标明所占百分比，其应标识之产品、主成分项目、标识内容、方式及各该产品实施日期，由“中央”主管机关另定之。 第一项第八款及第九款标识之应遵行事项，由“中央”主管机关公告之。	食品之容器或外包装，应以中文及通用符号，明显标识下列事项： 一、品名。 二、内容物名称；其为二种以上混合物时，应分别标明。主成分应标明所占百分比，其应标识之产品、主成分项目、标识内容、方式及各该产品实施日期，由“中央”主管机关另定之。 三、净重、容量或数量。 四、食品添加物名称；混合二种以上食品添加物，以功能性命名者，应分别标明添加物名称。 五、制造厂商与本地负责厂商名称、电话号码及地址。 六、原产地（国）。 七、有效日期。 八、营养标识。 九、其他经“中央”主管机关公告之事项。 前项第八款营养标识及其他应遵行事项，由“中央”主管机关公告之。

续表

	新修正	修正前
第 24 条	食品添加物之容器或外包装，应以中文及通用符号，明显标识下列事项： 一、品名及“食品添加物”字样。 二、食品添加物名称；其为二种以上混合物时，应分别标明。 三、净重、容量或数量。 四、制造厂商或本地负责厂商名称、电话号码及地址。 五、有效日期。 六、使用范围、用量标准及使用限制。 七、原产地（国）。 八、含基因改造食品添加物之原料。 九、其他经“中央”主管机关公告之事项。 前项第二款食品添加物之香料成分及第八款标识之应遵行事项，由“中央”主管机关公告之。	食品添加物之容器或外包装，应以中文及通用符号，明显标识下列事项： 一、品名及“食品添加物”字样。 二、食品添加物名称；其为二种以上混合物时，应分别标明。 三、净重、容量或数量。 四、本地负责厂商名称、电话号码及地址。 五、有效日期。 六、使用范围、用量标准及使用限制。 七、原产地（国）。 八、其他经“中央”主管机关公告之事项。
第 25 条	“中央”主管机关得对直接供应饮食之场所，就其供应之特定食品，要求以中文标识原产地；对特定散装食品贩卖者，得就其贩卖之地点、方式予以限制，或要求以中文标识品名、原产地（国）、含基因改造食品原料、制造日期或有效日期等事项。 前项特定食品品项、应标识事项、方法及范围；与特定散装食品品项、限制方式及应标识事项，由“中央”主管机关公告之。	“中央”主管机关得对直接供应饮食之场所，就其供应之特定食品，要求以中文标识原产地；对特定散装食品贩卖者，得就其贩卖之地点、方式予以限制，或要求以中文标识品名、原产地（国）、制造日期或有效日期等事项。 前项特定食品品项、应标识事项、方法及范围；与特定散装食品品项、限制方式及应标识事项，由“中央”主管机关公告之。

续表

	新修正	修正前
第32条	主管机关为追查或预防食品卫生安全事件，必要时得要求食品业者或其代理人提供输入产品之相关纪录、文件及电子档案或数据库，食品业者或其代理人不得规避、妨碍或拒绝。 食品业者应就前项输入产品、基因改造食品原料之相关纪录、文件及电子档案或数据库保存五年。 前项应保存之数据、方式及范围，由“中央”主管机关公告之。	主管机关为追查或预防食品卫生安全事件，必要时得要求食品业者或其代理人提供输入产品之相关纪录、文件及电子档案或数据库，食品业者或其代理人不得规避、妨碍或拒绝。
第60条	本“法”除第三十条申报制度与第三十三条保证金收取规定及第二十二条第一项第五款、第二十六条、第二十七条，自公布后一年施行外，自公布尔日施行。 第二十二条第一项第四款自2014年6月19日施行。 本“法”2014年1月28日修正条文第二十一条第三项，自公布后一年施行。	新增

（二）边境查验

为控管基因食品的出入安全，依照“食品安全卫生管理法”

第 30 条[①]与“食品及相关产品输入查验办法”第 3 条[②]、第 22 条[③]的规定，经食品药物管理署公告的相关产品，于入关前必须依相关流程向“食品药物管理署”申请查验，经查验符合规定者核发许可证，才能将产品输入台湾市场。

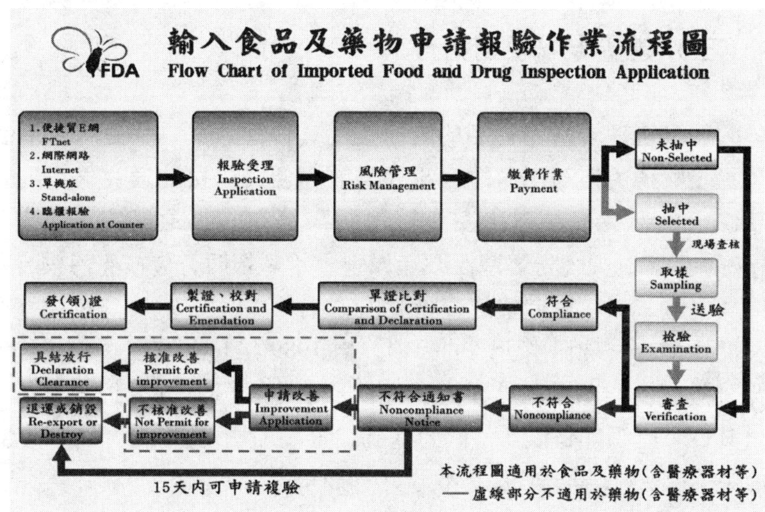

图片来源：“食品药物管理署”

---

① “食品安全卫生管理法”第 30 条：“输入产品因性质或其查验时间等条件特殊者，食品业者得向查验机关申请具结先行放行，并于特定地点存放。查验机关审查后认定应缴纳保证金者，得命其缴纳保证金后，准予具结先行放行。前项具结先行放行之产品，其存放地点得由食品业者或其代理人指定；产品未取得输入许可前，不得移动、启用或贩卖。第三十条、第三十一条及本条第一项有关产品输入之查验、申报或查验、申报之委托、优良厂商输入查验与申报之优惠措施、输入产品具结先行放行之条件、应缴纳保证金之审查基准、保证金之收取标准及其他应遵行事项之办法，由‘中央’主管机关定之。”

② “食品及相关产品输入查验办法”第 3 条：“报验义务人或其代理人于产品到达港埠前十五日内，向输入港埠所在地之查验机关申请查验。前项查验申请由代理人为之者，应检具委托代理文件；代理人为个人者，并应检具身分证明文件；以代理申请查验及申报为业务之事业者，并应检具报关（验）业务证照、公司或商号登记证明文件。”

③ “食品及相关产品输入查验办法”第 22 条：“输入产品经查验符合规定者，查验机关核发输入许可通知予报验义务人；报验义务人亦得向查验机关申请核发书面之输入许可通知。报验义务人应自收受许可通知之次日起十五日内，凭取样凭单领取余存样品。届期未领取或样品之性质不适合久存者，由查验机关径行处置。”

另一方面，为考虑查验成本，“食品药物管理署”的采样方式是采抽验，而非全面检验，也就是经抽中的查验产品，进行采样、检验，通过后与未抽中的产品进行审查；而检验未通过者，进行通知业者，再视商品是否可以改善，不得改善者，则退运或销毁。

（三）建置专属税则列号

为便利管理转基因食品的安全卫生，以达维护居民之本旨，且为满足货物通关自动化的作业流程与兼顾便民与快速通关之目的，①依新修正的新“食品卫生安全管理法”第30条②之规定，输入经“中央”主管机关公告之基因改造原料，于申报时，应按照海关专属的分类号列，以建置完整的查验流程。

而为配合全球自由贸易的因素，自1989年起台湾“关税税则及货品分类架构”即采用世界海关组织所制定的国际商品统一分类制度（HS）。此制度是以6位码为基础，再增加两码数字，形成8位码的海关关税税则，再依商品标准分类增加两码，最终形成10码列号。③

（四）食品履历之应用

除了使用上述监督管理方式外，食品安全主管机关与食品业者参考国外，包含日本、美国、加拿大、欧盟等国家和地区相关技术，建置食品履历的系统，兹以日本的食品履历为例，加以说明。

日本从2001年就开始推动食品履历的制度，虚拟代号的建构，将产品标识代码，该代码就如同产品的身分证码一样，使消费者只

---

① 参见“财政部关务署”：“海关配合进出口贸易管理作业规定”，2013年8月16日修正。

② “‘食品药物管理署’基因改造食品采取源头、边境查验、市售监测之三阶段严密管理模式”，2014年4月18日发布。

③ “行政院农委会”：“‘我国’海关进口税则农产品分类管理简介”，载《农政与农情》第190期。

要通过因特网与信息设备输入代号，就能获得产品相关信息。此外，在日本所建置的食品履历中，发现消费者最重视的产品信息，也就是食品履历登录制度核心所在，就是品种信息、施肥管理与病虫草害管理的作业过程，而其中品种信息就包含该产品是否为转基因食品的记录。另外，在建置食品履历系统后，日本政府要求相关业者在 2010 年以前将所有食品完成登录，以建立完整的信息流通。①

就台湾地区而言，主管机关与食品业者已共同建置了一套食品追踪系统，② 又称为“食品履历”（food traceability system）③。该系统将食品生产、加工、产销、配送等相关信息一一记载，并作为追踪依据。④ 目前台湾地区“食品履历”可分为由“农委会”所管理的“农产品产销履历”、“卫生福利部”所建置的“加工食品追溯网”以及由“经济部工业局”所管理的“食品履历”三种。而这三者所建置的履历内容有所不同，因此为整合相关信息，已建立多元化的查询系统，如“经济部”已着手建立“食品云”的相关工作。⑤

再者，农产品产销履历是针对农产品与农产加工品，采取自愿登录制度。此次所建置的食品履历，主要针对食品或是食品的加工产品，且登录重点在于食品或产品的批号、标记、原料、流向等信息。⑥ 因此，除对食品本身的控管外，也将食品业者或食品加工业者的信息加以整合登录在该系统中，取代以往食品业者仅以公司、行

① 许辅：“借镜日本食品履历追溯制度”，载《农政与农情》2004 年 10 月。

② “食品安全卫生管理法”第 9 条：“经‘中央’主管机关公告类别与规模之食品业者，应依其产业模式，建立产品原材料、半成品与成品供应来源及流向之追溯或追踪系统。前项追溯或追踪系统之建立、应记录之事项、查核及其他应遵行事项之办法，由‘中央’主管机关定之。”

③ 林信堂：“‘食品履历’系统之发展及应用”，载食品卫生处网，https://consumer.fda.gov.tw/Pages/Detail.aspx?nodeID=272&pid=5213，2014 年 10 月 2 日访问。

④ “食品安全卫生管理法”第 21 条第 3 项经‘中央’主管机关查验登记并发给许可文件之基因改造食品原料，其输入业者应依第九条第二项所定办法，建立基因改造食品原料供应来源及流向之追溯或追踪系统。

⑤ ‘经济部’新闻稿：“‘经济部’执行食品履历公/私有云情形与因应食安事件相关措施”，发稿日 2013 年 11 月。

⑥ 许辅：“食品追踪链，找回吃的安全”，载《联合报》2014 年 6 月 6 日。

号或营利事业之名义进行登记，使基因食品主管机关或卫生单位在第一时间能确实掌握相关资料。[①] 而依照新修正之“食品卫生安全管理法”第8条[②]及“食品业者登录办法”之规定，食品业者之登录从以往的自愿登录，改为分阶段强制登录制度，[③] 首批强制登录业者为食品添加物制造、输出输入者。[④]

---

① 许辅：“《食品登录是落实追踪追溯制度的基础》数据源”，载 file:///D:/My%20Documents/Downloads/%E9%A3%9F%E5%93%81%E7%99%BB%E9%8C%84%E6%98%AF%E9%A3%9F%E5%93%81%E8%BF%BD%E8%B9%A4%E8%BF%BD%E6%BA%AF%E5%88%B6%E5%BA%A6%E7%9A%84%E5%9F%BA%E7%A4%8E%20(2).pdf，2014年9月30日访问。

② “食品安全卫生管理法”第8条：“食品业者之从业人员、作业场所、设施卫生管理及其品保制度，均应符合食品之良好卫生规范准则。经‘中央’主管机关公告类别及规模之食品业，应符合食品安全管制系统准则之规定。经‘中央’主管机关公告类别及规模之食品业者，应向‘中央’或直辖市、县（市）主管机关申请登录，始得营业。第一项食品之良好卫生规范准则、第二项食品安全管制系统准则，及前项食品业者申请登录之条件、程序、应登录之事项与申请变更、登录之废止、撤销及其他应遵行事项之办法，由‘中央’主管机关定之。‘中央’主管机关得就食品业者，办理卫生安全管理之验证；必要时得就该项业务委托相关验证机构办理。前项验证之程序、验证方式、委托验证之受托者、委托程序及其他相关事项之管理办法，由‘中央’主管机关定之。”

③ “食品安全卫生管理法”第21条第3项：“经‘中央’主管机关查验登记并发给许可文件之基因改造食品原料，其输入业者应依第九条第二项所定办法，建立基因改造食品原料供应来源及流向之追溯或追踪系统。”

④ “卫生福利部”函释受食字第1031300763号一、订定“食品添加物业者应办理登录”。

“二、适用对象：所有食品添加物制造、加工、输入及贩卖业者。

三、施行日期：

（一）食品添加物制造、加工或输入业者：‘中华民国’一百零三年五月一日。

（二）食品添加物贩卖业者：‘中华民国’一百零三年十月一日。

四、自公告日起，受理制造、加工、输入或贩卖食品添加物业者之登录。

五、输入食品添加物，其目的为自用，属输入食品添加物业者，如目的为贩卖，则兼具食品添加物贩卖业者身分；制造或加工单方食品添加物，其目的为自用，属制造或加工食品添加物业者，如目的为贩卖，则兼具食品添加物贩卖业者身分；制造或加工复方食品添加物，其目的为自用，不属制造或加工食品添加物业者，如目的为贩卖，则具食品添加物制造或加工及贩卖业者身分。

六、食品添加物贩卖业者包含食品添加物输出业者。

七、食品添加物调配或改装业者属食品添加物制造或加工业者。”

另由于近期台湾地区所引发的“食用油风暴”，主管机关“卫生福利部特”以函释方式主导第二波强制登录制度并于 2014 年彻底执行。本次强制登录的业者除原本就列入的制造、输出入业者外，更增加餐饮业及贩卖业、基因改造食品原料输入业者。① 而在登录系统中，除需登录业者的基本数据外，更依照不同的产业类别设置不同的登录细部选项，例如，加工制造业者需登入加工产品为单方食品添加物或复方食品添加物以及加工内容的细部说明；餐饮业者需登入连锁场所、营业地点等。另一方面，输出入业者是此次强制登录的重点所在，他们须在履历中登入包含存放地点、卫生管理人员、食品接触材料、原料供货商数据、添加物供货商数据等信息。此外，食用油脂业更提早于 10 月底开始执行，并设有处罚机制，即业者若不登录或在食品追踪系统中登录不实数据都将处以罚款及歇业、停业、废止登记或登录等相关处分。② 此“卫生福利部”的函释将全

---

① “卫生福利部”授食字第 1031301884 号一、订定“应申请登录始得营业之食品业者类别、规模及实施日期”：

“（一）食品业者类别如下：1. 制造、加工业：食品制造、加工业、含塑料类材质之食品器具、食品容器或包装制造、加工业。

2. 餐饮业。

3. 输入业：食品输入业、含塑料类材质之食品器具、食品容器或包装输入业。

4. 贩卖业。

（二）食品业者规模及施行日期：

1. 新办理工厂登记、商业登记或公司登记者，自公告日起实施。

2. 已办理工厂登记、商业登记或公司登记者，自‘中华民国’一百零三年十二月三十一日实施。惟已办理工厂登记之食用油脂制造业、加工业，以及已办理工厂登记、商业登记或公司登记之食用油脂输入业，自‘中华民国’一百零三年十月三十一日实施。

二、食品添加物制造、加工、输入及贩卖业者，应依本部 103 年 4 月 24 日部授食字第 1031300763 号公告规定登录。”

三、自公告日起，受理食品业者之登录。”

② “食品安全卫生管理法”第 47 条第 3 款：“有下列行为之一者，处新台币三万元以上三百万元以下罚锾；情节重大者，并得命其歇业、停业一定期间、废止其公司、商业、工厂之全部或部分登记事项，或食品业者之登录；经废止登录者，一年内不得再申请重新登录：三、食品业者依第八条第三项或第九条第一项规定，登录或建立追溯或追踪之数据不实。”

力防堵再次食品安全风暴，并建置更完善的把关机制。

由上所述，此套追踪系统可以使生产者追踪食品的流向、提供消费者充足的信息及方便政府监督管理；除方便三方面的信息整合流通外，更能在发生相关问题的第一时间进行追踪查询，创造三赢的局面。

三、争端问题处理

（一）标识问题与管控

人类生活的基本热量来源就是食物、食品，而当我们在选择食物时必须依赖标识，标识俨然成为提供消费者第一手信息的角色。因此，对于一般传统食物、食品的标识管理尤为重要。然而，对于转基因食品而言，因该种食物的生成方式是通过科技技术的移转，相较于一般传统食物内容不同，更可能产生过敏、食物中毒、改变食物本身营养成分等的问题，因此标识的重要性可见一斑。

依照新修正“食品卫生管理法”第22条①，食品的外包装或标识应记载本条所列食品本身事项，以在人们选择食品时，提供足够

① “食品安全卫生管理法”第22条：“食品之容器或外包装，应以中文及通用符号，明显标示下列事项：一、品名。二、内容物名称；其为二种以上混合物时，应依其含量多寡由高至低分别标示之。三、净重、容量或数量。四、食品添加物名称；混合二种以上食品添加物，以功能性命名者，应分别标明添加物名称。五、制造厂商或国内负责厂商名称、电话号码及地址。六、原产地（国）。七、有效日期。八、营养标示。九、含基因改造食品原料。十、其他经‘中央’主管机关公告之事项。前项第二款内容物之主成分应标明所占百分比，其应标示之产品、主成分项目、标示内容、方式及各该产品实施日期，由‘中央’主管机关另定之。第一项第八款及第九款标示之应遵行事项，由‘中央’主管机关公告之。”

的信息。此外，再依第 24 条[①]之规定，食品具有添加物时亦须明显特别标识。以最常见的基因改造黄豆及玉米为例，食品药物管理署也特以函示[②]，“（一）以基因改造黄豆或玉米为原料，且该等原料占最终产品总重量百分之五以上之食品，应标识‘基因改造’或‘含基因改造’字样。

（二）以非基因改造之黄豆或玉米为原料之食品，得标识‘非基因改造’或‘不是基因改造’字样。

（三）非基因改造之黄豆或玉米，若因采收、储运或其他因素掺杂有基因改造之黄豆或玉米未超过百分之五，且此等掺杂非属有意掺入者，得视为非基因改造黄豆或玉米。

（四）使用基因改造之黄豆或玉米所制造之酱油、黄豆油（色拉油）、玉米油、玉米糖浆、玉米淀粉等，得免标识‘基因改造’或‘含基因改造’字样。

（五）前述标识字样应加标于品名或黄豆、玉米原料成分之后或其他明显处所，其字体长度及宽度不得小于 2 公厘”。管制其标识的事宜。

四、结论和展望

“转基因食品”为满足生活需求，已渐渐融入人类的生活当中。然而，其技术及应用横跨生物、专利、公共卫生、法律等相关专业

---

① “食品安全卫生管理法”第 24 条：“食品添加物之容器或外包装，应以中文及通用符号，明显标示下列事项：一、品名及‘食品添加物’样。二、食品添加物名称；其为二种以上混合物时，应分别标明。三、净重、容量或数量。四、制造厂商或本地负责厂商名称、电话号码及地址。五、有效日期。六、使用范围、用量标准及使用限制。七、原产地（国）。八、含基因改造食品添加物之原料。九、其他经‘中央’主管机关公告之事项。前项第二款食品添加物之香料成分及第八款标示之应遵行事项，由‘中央’主管机关公告之。”

② “食品药物管理署”2014 年 9 月 26 日部授食字第 1021350529 号公告修正。

领域，又因其重要性日渐增加，各国政府对其重视程度也与以往有别，因此各国相继针对“转基因食品”的相关问题进行法规的制定和政策的实行。我国台湾地区也是如此：对于旧有的“食品安全卫生管理法”进行修正、制定基因改造食品安全性评估方法，以及建置食品追踪系统、基因改造产品跨部会工作小组等。此外，对于犹如食品身份证的标识说明，进行严格规定与监督，防止滥行标识误导消费者购买的风险。由此，将“转基因食品”从原料来源到销售末端与一般传统食品加以区分，以更好地管控“转基因食品”。最后，本文认为，“转基因食品”食品之组成将随着科技的变动、生活的需求改变。因此，有关部门应秉持“管理食品卫生安全及质量，维护居民健康”之本旨，进行相关“法规”、政策的制定，实现有效的管理及永续的发展。

食品安全社会参与

食品安全治理公众参与机制研究*

王辉霞**

国以民为本，民以食为天，食以安为先。食品安全关乎社会公众福祉安康、关乎食品生产经营者的发展存亡、关乎政府的信用和形象、关乎经济发展、关乎社会和谐稳定，是衡量人民生活质量、社会管理水平、国家法制建设和政府治理水平的一个重要方面。食品安全是公共安全问题，政府、食品生产经营者、社会公众等多元主体积极协作，是食品安全问题最终化解进而形成良性秩序的基本途径。其中，公众参与为食品安全治理提供了一种解决问题的新机制，是食品安全治理最广泛、最彻底、最及时的治理。食品安全治理的公众参与，是指公众（包括消费者个体、消费者组织以及其他倡导食品安全与公众健康的社会组织或团体）以提供信息、发表意见、讨论协商、表达利益诉求等方式参与食品安全的决策和行动，进而参与食品安全保障和公众健康维护之公共事务的各种活动。食品安全治理的公众参与兼具有实体和程序意义，既指涉公众对食品安全治理事务的知情权、参与权、表达权、监督权等实体权利，又指涉保障公众参与食品安全治理事务的法律规则、法律程序和原则。食品安全治理的公众参与既反对政府对食品安全决策权力的垄断，也不意味着政府从食品安全这一公共事务领域的退出以及责任的让渡，而是政府职能和监管模式的转变。食品安全治理的公众参与旨

* 本文系作者主持的山西省科技厅软科学研究项目（项目编号：2013041012-02）的阶段性研究成果。本文原载《经济法学评论》第十三卷，现已根据2015年修正的《食品安全法》作出修改。

** 王辉霞，法学博士，山西财经大学法学院讲师。

在改变政府权力运行机制、改变政府行事逻辑，要求政府的食品安全决策和行动透明且符合食品安全与公众健康的目标，要求政府透明立法、透明执法、透明司法，实现政府与社会的良性互动，进而化解食品安全矛盾并形成良性食品安全治理秩序。本文以食品安全治理过程为依托，主要研究“食品安全治理的公众参与为什么，是什么，以及怎么样”。

一、食品安全治理的公众参与原因解读

（一）从食品安全风险角度分析：食品安全风险孕育着公众参与文化

德国社会学家乌尔里希·贝克在《风险社会》一书中开篇用“生活在文明的火焰山上：风险社会概观”作为标题，描绘了一幅自陷危境的现代文明令人恐怖不安的画面，这些风险发生于我们的厨房、卧室等日常生活中。贝克指出，在现代社会，财富的社会生产逻辑受到风险生产逻辑的制约，尤其是依靠科学技术增加的社会财富伴随着风险生产的潜在副作用。“在发达的现代性中，财富的社会生产系统地伴随着社会的风险生产。”① 风险是人类活动和疏忽的反映，是生产力高度发展的表现，风险取决于决策，以工业方式被生产。食品安全风险是伴随着食品工业决策和活动而产生的。随着食品生产、制作、分销等手段的发展，现代市场化的食品生产方式，带来了重大的社会和经济效益，极大地丰富了人们的食物选择，同时在繁荣的食品供给背后，由于工业的过度生产，食品安全风险无孔不入。不仅食品及其原料本身会存在有害物质，食品及其原料在

① ［德］乌尔里希·贝克：《风险社会》，何博闻译，译林出版社2004年版，第37页。

生产、加工、运输、包装、储存、销售等环节，也会因物理的、化学的、生物的以及人为蓄意掺入等因素作用而产生有害公众健康和安全的危险。食品风险具有不确定性和社会性。如何能够避免、减弱、改造或者疏导食品安全风险？答案是创新食品安全治理体制机制，通过建立一套有序的公众参与制度和规范有效地控制风险。

一方面，食品安全风险的不确定性和不可见性，需要建构动态的公众参与机制。食品安全风险是和其他东西（比如能量、营养）一起被消费者吸入和吞下的附带产品，是正常食品消费的夹带物，食品安全风险（比如食物中的毒素）一般是不被感知的，消费者面对食品安全风险几乎不可能作出任何决定。只有通过建构动态的公众参与机制，将食品安全共同的经济决定、科学研究议程、发展计划和新技术的部署向社会公众开放，使公众在平等、理性基础上通过对话达成共识，形成食品公共决策和进行食品安全治理，才能有效预防、减少和化解食品安全风险。风险社会孕育了公众参与和责任文化，开启了民主和善治的空间，食品安全风险治理离不开公众参与。

另一方面，食品安全风险的社会性需要公众参与。食品安全风险是工业化的一种大规模产品，食品安全问题不再局限于特定的地区和特定的团体，而是纵跨生产与再生产、横跨国家界限，呈现全球化的趋势，具有社会性。食物链实际上将地球上所有的人联结在一起，面对食品安全风险，任何人难以自保，食品安全属于公共安全问题。开放性和公开性是公共领域的重要特征，也是公众参与公共事务的重要前提。传统的公私区分的法律制度、程序和机制等已不能适应食品安全风险的基本维度，食品安全风险的规模化、社会化要求在注重食品安全风险产生的后果的同时，注重风险产生的因果条件，借助开放性和理性化等理念来建构应对食品安全风险的新机制。开放性包含公众参与、公开透明等因素，要求完善食品安全公众参与机制，提高食品安全公共决策的社会透明度。依据宪政经济学之父詹姆斯·麦基尔·布坎南（James · M · Buchanan）的“民主决策边际效益最优理论”，食品安全治理的开放性、透明度与食品安全风险和成本成反比，食品安全治理的开放性、透明度越高，食品安全风险、成本就越小，反之，食品安全治理的开放性、透明度越低，食品安全风险、成本就越高。政府和食品生产经营者决策程序公开、决策过程和决策结果公开是发挥政府、食品生产者、公众整合功能，预防食品安全风险的途径。

（二）从食品安全利益角度分析：公众是食品安全与公众健康的真正利益归属者

利益是人类社会活动的核心。马克思说，人们通过奋斗所争取的一切，都同他们的利益有关。不同利益主体的共同点即“都以追求自身利益最大化为目的”。利益是连接食品产业链各环节的纽带，是食品产业链发展和存续的动力源，也是各类食品安全问题和矛盾的根源。在食品安全法律关系中关涉两大利益，一是食品安全与公众健康（属于社会公共利益），一是食品生产经营者的商业利益。公众是食品安全与公众健康利益的直接利益归属者，政府是这一公共利益的代表者，生产经营者是商业利益的利益归属者，从理论上和长远看，二者是一致的，但是一些经营者因短视和投机，往往将公司利益凌驾于公众健康之上，更有甚者操纵政府食品安全政策制定和监管活动，使政府偏离代表公共利益的轨道。理论上讲，与其利益相关的决定由其本人来作出，更符合其需要，因为最了解其需要的只有其本人，如果我们尊重其利益、视其为一个具有独立人格的主体的话，理当由公众对与其相关的公共事务进行决定。因此，从利益角度看，公众是食品安全与公众健康的真正利益归属者，是最具有主动性的食品安全治理主体。

在食品安全立法和决策环节，食品安全法律和公共政策的形成过程，实质上是一个利益分配和调整的过程，食品安全的利益归属者是社会公众，代表公众利益和愿望的食品安全法律、政策也来自社会公众。公众在争取自己利益的过程中，必然要求参与与自己利益关系密切的公共政策和法律制定过程，甚至就某些利益关系重大的问题向政府讨价还价，施加压力，从而使食品安全相关政策和法律变得更加符合公众健康的利益。公众合法、实质、有序地参与食品安全相关的决策过程，通过公众的参与有效协调各种利益关系，这样的政策和立法就体现了食品安全真正利益归属者的利益。公众关注和质疑是推动政府食品安全法律法规制度向善的力量。公众参与食品安全法律、决策的制定程序，表达其价值倾向并通过信息交涉进而达成的共识，使食品决策的制定具备基本的公共性。只有食品安全立法的机制透明，让社会公众有参与的渠道，才能产生良法，也才能够建立食品安全治理的良性秩序和实现食品安全善治。各国食品安全法的产生及演进表明：由于工业化引发的食品安全问题对公众健康的威胁，公众对食品安全问题的持续关注与呼声（如各种食品安全运动及维权运动）是推动各国食品安全法制定、修改完善、实施的源动力。换言之，要求食品安全立法，最早的呼声来自民间，公众参与是影响食品安全法治进程、法治理念的一个重要因素。食品安全与公众健康起初并不是各国食品安全法的立法目的，各国食品安全法的立法理念大都经历了“从经营者优先”向“消费者优先”的过渡，从“偏重食品企业利益忽视消费者利益”向“消费者利益优先，公众健康至上”转变，这一转变并不是各国政府和食品生产经营者自我反省和道德意识的自觉提升，而是源于消费者团体和消费者运动的压力。

在食品安全监管环节，一方面，公众参与是对政府监管的合理、有效补充。政府被当作维护社会公正、效率，弥补市场不足的制度性工具，政府监管是解决自由市场经济产生的各种不公正问题的合法途径，在平衡效率与公平、效率与民主、效率与质量等方面发挥着重要作用。但如果片面追求政府对食品安全的控制，不仅不会带来食品安全，还会导致更大的食品危机。食品安全不是靠供给推动，而是靠需求推动，社会公众处在推动者位置。另一方面，公众监督是政府食品安全监管的强有力的压力。面对政府监管的动力不足以及滥用监管权的情形，除了依靠体制内的约束外，更为现实可行的机制就是社会公众监督的制衡。公众对政府部门及其工作人员的违法行为、不作为行为等进行举报，从而起到监督“监管者”的效果，避免“权力寻租”与腐败行为的发生。

在食品安全纠纷解决环节，公众是食品安全风险的承担者、食品安全事故的受害者，因而公众是食品安全司法的发动者。消费者的诉权和损害索赔权是政府在最低层次上对食品消费者的保护。政府在食品安全问题上应创造良好的诉讼环境，尊重法院独立行使职权，法院在保证公众食品安全权利上负有终极责任。正如徐显明教授所言，“应该用公民的权利来解决我们的安全问题。要用公民的诉讼权及索赔权来解决食品安全问题，这个方法是治本，政府监管只能治标，行业制约只治末。把司法的刑事惩处与民事赔偿两大功能同时发挥出来，才会实现公民的‘食品安全权’。如果我们不创新社会管理方式，不用法治的方式维护社会安全，还把重点放在‘公权力’和政府体系的加强上，我们的食品安全问题就会年年执法检查，而年年问题不断”。①

（三）从市场与政府的关系角度分析：食品安全治理多元化

1. 市场失灵

从经济学角度看，食品安全问题实质上是市场失灵的一种表现。市场中的食品生产经营者是经济人，具有利己性。食品生产经营者追求利润最大化的秉性导致食品供求双方的目标偏差：消费者购买食品的目的是获得营养和健康，而营养和健康只能通过消费安全的食品来获得，要求食品是安全和适宜消费的。食品生产经营者生产或销售食品的目的是追逐利润，但是能够实现食品生产经营者利润的却不只是健康食品，有时甚至是不健康、不安全的食品。在经济人逐利本性的驱使下，在信息不对称的保护下，某些食品生产经营

① 徐显明：“用创新社会管理的思维来解决食品安全问题”，载《中国人大》2011年第13期。

者甚至主观生产问题食品。食品生产经营者与消费者之间的目标偏差，在外部力量干预不足的情况下会引发食品安全问题。现代社会中，食品处于市场流通领域，食品市场是非常复杂的，很难通过市场自我闭锁系统确保食品安全。食品生产经营者的目标与公众健康并不总是一致的，单纯依靠食品生产者的诚信和道德是不切实际的。

2. 政府失效

食品安全问题具有市场信息不对称、外部不经济以及公共产品的特性，因此，市场配置资源并不一定能够实现最优，需要寻找更好的资源配置的方法，需要政府来弥补市场失灵的缺陷，需要政府介入建立有效的信息制度和监管机制。食品安全规制是政府依据相关的法律制度，通过强制披露、标准控制、事先批准等手段，对食品生产、加工、贮藏、运输和销售过程进行调节、监管，以维护处于弱势的广大公众的利益，从而解决食品安全领域的利益失调和权利失衡问题。政府规制是改善食品市场资源配置效率的主要方法，加强食品安全监管是世界各国解决食品安全问题的必然选择。

但是，在自由市场中政府有效控制食品安全也是各国都面临的重大难题。社会公众期望政府对食品安全进行强有力的监管，面对食品安全风险，政府监管有相当的作用，但政府无力承担所有的责任。实践中，食品产业链有多长、有多少个环节，就有多少种食品安全监管机构。为什么这样的监管体系还是没能避免一次次的食品安全危机的到来？我国三聚氰胺毒奶粉事件及美国花生酱沙门氏菌感染事件等，都不是由政府监管机构发现的，而是相关科研机构首先发现，之后向监管部门发出预警信息的。可谓“监管常在，盲区常在，问题常在”。由于食品安全的日趋复杂化与高度专业化，政府在食品安全监管中的不足，使得传统的政府架构、运作流程以及行政人员在食品安全治理问题上显得捉襟见肘，政府在食品安全治理中屡屡失效，人们开始怀疑政府单一治理模式的有效性。首先，政府存在被食品产业俘获、操控的风险。“规制俘获理论”认为，规制者同样具有谋求自身利益最大化的规制动机和目标，规制者因从某些利益集团获取种种利益而被俘获，以至于向他们提供“投其所好”

的规制政策。施蒂格勒认为：立法者和规制机构因拥有国家赋予的强制权力，从而为一产业利用国家赢利提供了可能性。[①] 美国学者玛丽恩·内斯特尔在《食品政治》一书中提出："食品企业运用政治手段影响政府官员、科学家、食品和营养专业人士，影响立法和政府政策，使他们作出有利于食品行业而不利于消费者的营养和健康的政策举措，使政府机构支持商业利益凌驾于消费者利益之上。政府服务于商业利益，其代价是牺牲公共健康。所以，要实现更公正的平衡必须从国会开始，从改革管理竞选捐款和游说活动的法律做起。然而，历史表明：没有消费者更强有力的拥护，期望近期发生这样的改革是几乎没有依据的。"[②] 其次，即便政府勤勉尽责，也会因为监管者与被监管者之间的信息不对称，而导致监管真空、监管漏洞。因而，政府监管是有限的。于是，食品安全多元治理成为一种趋势。

3. 社会公众参与

政府职能的演变轨迹，从"夜警国家"到"福利国家"，从消极国家到职能国家，从"无为政府"到"全能政府"再到"有限政府"，国家和政府职能始终处于不断变迁之中。英国著名的法学家L. D. 韦德（H. W. R. Wade）讲："两百年前，人们希望国家不要压迫他们；一百年前，人们希望国家给他们更多的自由；如今，人们期待国家为他们多做些事情。"福利国家的政府管制不仅止于市场失败现象的补救，而应从更宽广的社会脉络重新定位，市场中的纯粹交换关系无法充分诠释经济理性，交换也并非是由理性个人依市场价格技能而采取的极佳化经济行为所驱使。[③] 各国提出重塑政府，重新界定管制者与产业者以及社会公众之间的关系，并更新其治理

① 库尔特·勒布、托马斯·盖尔·穆尔：《施蒂格勒论文精粹》，商务印书馆1999年版，第308页。

② ［美］玛丽恩·内斯特尔：《食品政治：影响我们健康的食品行业》，社会科学文献出版社2004版，第321页。

③ 郑春发、郑国泰："治理典范变迁之研究：以国家角色转换为例"，载《新竹教育大学人文社会学报》2009年3月第2卷第1期。

模式，运用私法领域的方式更加柔和便捷地实现管理目标，旨在培育相互信任感、提升政策接受度以及增进公共利益。不断探索食品安全政府监管机制的缺陷、改进和完善食品安全政府监管体制机制也是各国政府的使命。

2010年诺贝尔经济学奖获奖理论，公共选择学派学者埃莉诺·奥斯特罗姆的“多中心治理理论”（Polycentric Governance）提出，解决社会公共事务问题，或者以政府机制为唯一手段、或者以市场机制为唯一手段，都是有局限性的，仅仅在政府与市场这两种途径中寻找解决方法的思路是值得怀疑的，应该开辟社会公众、社会组织参与管理公共事务的新路径。事实上，社会公共事务可以有一种以上的管理机制，可以由多种主体和多种机制合作治理，关键是取决于每一种机制管理的效率和公平。换言之，食品安全治理的关键不在于寻找最有效的方式，而是要提供多元主体参与治理的平台。寻找政府和市场之外公众参与的“多中心”路径，即多中心治理和自主治理理论，打破政府对食品安全治理的垄断，向社会公众开放食品安全的相关信息，随着食品安全相关知识的传播，让公众参与，保障公众的话语权，逐步解决食品安全问题。公众知情权，媒体报道、传播扩大信息公开面，政府积极采取监管措施，公众、媒体、政府合作共治才是解决食品安全问题的有效途径。政府向消费者提供充分的信息，确保消费者的知情权。公众发现、检举、揭露食品安全问题，媒体客观、公正、全面地向公众传播、扩散食品安全信息让更多人知情，使更多的公众可以及时采取有效的行动及时应对食品安全问题。

（四）从法律发展的角度分析：法律的社会化需要公众参与

自罗马法以来、尤其是19世纪欧洲大陆法以来，法学界人为主观创造了日益精细的法律部门划分，如公法与私法，民法与经济法，刑罚与民事责任，侵权损害赔偿与合同损害赔偿，侵权损害赔偿责任与不正当竞争损害赔偿责任，合同责任与侵犯消费者权益责任，凡此等等。法律部门的划分对法律认知和操作活动带来了诸多认识论上的便利，但同时形成了认识上的思维固化，即在讨论某个或某类实际问题时，将法律治理策略的构筑空间限于某一个或某几个狭小的法律部门，或者某一法律部门的一个或者几个分支，使得法律部门划分很可能陷入教条主义。如果将法律部门划分本身当成真理，对法律部门划分予以盲目崇拜，会阻碍人们去思考更为全面、更为有效、更为实用的社会治理模式。由于食品生产的社会化、科技化，以及食品风险的不确定性、社会性，传统的法律架构显得捉襟见肘，由此催生了权利本位、自由选择、机会平等、公众参与、多元互动和价值趋向多元为特征的现代法律文化，打破法律部门划分的教条主义。

近年来，“社会”成为时代的热词，跟社会有关的词越来越多，如“社会责任”“社会组织”“社会建设”“社会管理”“社会创新”“社会企业”“社会公众”等。社会是一个区别于国家或政府系统、市场或企业系统之外的所有组织或关系的总和。我国社会结构发生的重大变化是行业组织、学术团体、社区组织、网络组织的大量涌现。社会组织具有非政府性、非营利性、相对独立和自愿等特点。法律社会化是法律发展迎合社会发展的一个历史进程。法律社会化内含公私法融合、社会本位、政府与市场互动，社会公共利益、社会公平、社会安全、社会和谐、社会公众参与等内容。这种现代型法律文化以权利本位、自由选择、机会平等、公众参与、多元互动和价值趋向多元为主导。

食品安全的社会性需要公众参与。安全是与风险相对的一个概念，食品安全是建立在风险分析框架上的概念。食品安全和风险相似，也具有社会性、科学性的特征。社会性主要表现在，食品安全是一个反映特定社会背景下对社会多元利益进行调整的概念。食品安全的社会性特征要求利害关系人均可参与食品安全治理，参与食品安全风险评估、风险管理、风险交流，参与标准制定，参与食品决策和规则制定等。科学性则主要表现在科学的不确定性上，食品安全受到科技进步、疾病构造的变化、饮食习惯的变化等各种因素的影响，包含着可变的要素，由于条件的变化，原先被认定为安全的食品可能会被重新作出不安全的评估。随着生物技术的发展，食品安全公共政策涉及技术和生态系统之间的矛盾关系，食品安全的科学性则要求技术风险的评估与管理须引入公众参与、透明性与责任性机制。

（五）食品安全善治与公众参与互为条件

首先，食品安全善治离不开公众参与。食品安全善治是确保公众生命和健康得到最大程度的保护的过程。食品安全领域的公共利益就是公众健康，而公众是这一公共利益的最直接代表者，社会公众和社会组织参与食品安全治理是实现这一公共利益的最直接的力量和最为重要的条件之一。食品安全善治是政府与公共社会协同合作的食品安全公共管理，要求改善我们的权利文化，不容忍任何政治权威、经济权贵和学术权威等公共权威垄断话语权，要求食品安全相关法律法规标准及决策深入社会公众的表象世界，将食品安全相关科学（营养、医学、毒理等）和政策贴近社会公众的日常生活。可见，食品安全善治离不开社会的作用，离不开公众参与。公众参与是食品安全善治的社会基础和基本机制。食品安全善治本身包含着公众参与的改善。

其次，公众参与离不开善治。善治是公众参与的公权力支撑基础和民主政治基础。食品安全善治不仅是社会公众对政府的期望，也是任何政府都向往的目标。食品安全善治是社会公众对食品安全公共权威和秩序的自觉认同，而获取社会公众认同的最主要的途径便是公众参与食品安全治理过程。影响食品安全善治的因素包括法治、公众参与、公平公正、公开透明、政府担责、政府效率、社会稳定等。可见，公众参与是影响善治的重要条件，增进公众参与是实现善治的重要措施。

（六）消费者保护以及公众参与文化的勃兴

市场经济的冲击余波未了，全球化、民主化、信息化的浪潮又不期叠加。在食品生产经营的工业化和市场化的浪潮中，利益呈现复杂化、多元化态势。作为市场主体的消费者的利益日益显现，消费者对自身利益的确认、追求和保护的消费者意识也随之萌芽、成长、壮大，消费者和消费者意识最终会成为影响社会政治生活的一支重要力量。公众参与文化日渐勃兴，社会公众不仅要福利的拓展，也要公平的过程；不仅要权利的保障，也要权力的透明。随着受教育程度的提高，公众具备了更加良好的自我组织、批评和形成政策意见的能力。

消费者的食品安全权作为一种新型权利凸显。随着生活水平的提高，消费者的健康意识也日渐增强，与健康相关的食品安全问题也备受消费者关注。食品安全权来源于消费者的安全权，是食品安全法律规范所规定的、人们在食品消费中所享有的权利，体现消费者的生存利益。《CAC 食品卫生通则》（1999 年）的“导言”提出，“人们有权利期望所食用的食物是安全和适宜消费的”。《世界人权宣言》（1948 年）第 25 条规定：“每个人都有享受适当水平的健康和福利生活的权利，包括食物、衣服、住房、医疗和必须的社会服务。”FAO 理事会《粮食权利纲领》指出“获得充足营养食品的权利，是基本人权的一部分”。各国食品安全法都以食品安全与公众健康为宗旨，其最终目的在于保护消费者的健康。但食品安全法只是在最终目的上保护消费者的健康，通过对食品安全国家职责的规范以及对食品生产经营者的规制，间接保护消费者。如《日本食品安全基本法》中并没有专门条文规定消费者的权利。欧盟在食品安全法中明确规定消费者保护条款，但也主要是避免消费者受误导。欧盟 EC178/2002 法规第 8 条规定，“食品法旨在保护消费者利益及向消费者提供选择安全食品的信息，避免：欺诈与误导行为；食品掺杂；其他可误导消费者的行为”。

消费者的自立和责任增强了其参与能力。随着规制缓和以及社会高度信息的发展，消费者保护法从“强调对消费者的行政保护”向“尊重和保障消费者的权利、强调消费者的自立和责任，给自立的消费者提供支援”转变。消费者形象也从“受保护的弱者”向“自立的市场主体”转变。在欧盟，消费者形象从“一个粗心大意且一知半解、不会仔细专注标签或广告、很可能误解各种信息的消费者”转变为“既不挑剔又不轻信他人、能够且喜欢阅读商品标签、注意周边购物环境、不会仅凭商品包装得出错误结论的人”。[①] 日本《食品安全基本法》的第9条规定，“消费者应当努力深刻理解食品安全知识，同时对食品安全政策表达自己的意见，发挥其确保食品安全的积极作用”。

二、食品安全治理的公众参与含义解析

（一）公众参与含义

1. 公众参与含义

公众参与，又称为公民参与、公共参与。在市场化、民主化、全球化的趋势下，“公众参与”在政治生活、社会治理、学术界及公众中日渐盛行，但经济学、政治学、法学等不同学科、不同学者由于研究角度的不同，对“公众参与”的含义也有不同的诠释。在政治学领域，公民参与是宏观的民主政治正当性的基础。贾西津认为，公民参与在经典意义上主要是指公民通过政治制度内的渠道，试图影响政府的活动，特别是与投票相关的一系列行为。现代民主发展的趋势体现了公民参与内涵在三个方面的扩展：第一，公民参与的

---

① Sosnitza, IIC, 2005, pp. 535 - 536. 转引自郑友德、万志前：“德国反不正当竞争法的发展与创新”，载《法商研究》2007年第1期。

法定性从民主选举向民主决策和民主管理的扩展。第二，公民参与客体从政府政策目标向公共事务的结果目标扩展，公民主体性资格增强。第三，公民的积极参与受到更多的强调，体现强势民主的发展。[①] 俞可平将公民参与理解为，公民试图影响公共政策和公共生活的一切活动。参与主体既包括个体公民，也包括由个体公民组成的各种民间组织；参与领域包括关涉公共利益和公共理性的公共领域；参与方式包括能够影响公共政策的各种方式。[②] 公众参与是一种决策和治理机制，是公共决策和公共管理应遵循的基本原则。公众对公共事务的共同讨论、共同协商、共同行动解决公共问题。公众参与的三个关键词："公众""公共""参与"。"公众"是参与的主体，包括个人和组织。"公共"是参与的事项范围，即具有公共性的政治和社会事务。"参与"就是让公众有能力去影响和参加到那些影响他们生活的决策和行为，参与政府决策和社会治理。公众参与的方法是参与双方能产生互动的各种行为。公众参与主要是从参与的事务范围，而不是从参与主体来理解的一个概念。公众参与所强调的是"事务的公共性"，如果某个事务属于公共事务，那么公众就可以参与到对该事务的观点表达、讨论、评价、协商等活动之中。也只有这样，才能体现出公共事务的公共性。[③] 在法学领域，公众参与指的是赋予公民的一项原则性的权利——参与权，或者一种保障公民民主权利（知情权、参与权、表达权、监督权）的法律程序和原则，即公众参与兼有实体和程序意义。王锡锌将行政过程中的公众参与概括为，在行政立法和决策过程中，政府相关主体通过允许、鼓励利害关系人和一般社会公众，就立法和决策所涉及的与利益相关或者涉及公共利益的重大问题，以提供信息、表达意见、发表评论、阐述利益诉求等方式参与立法和决策过程，并进而提升行政立法和

① 贾西津：《中国公民参与——案例与模式》，社会科学文献出版社2008年版，代序第1页。

② 俞可平："公民参与的几个理论问题"，载《学习时报》2006年12月19日。

③ 王锡锌："利益组织化、公众参与和个体权利保障"，载《东方法学》2008年第4期。

决策公正性、正当性和合理性的一系列制度和机制。①

公众参与是市场经济发展，出现利益多元化和社会组织化，公众权利意识和法治观念增强的必然结果。公众参与是一种社会监督，是社会治理的一种机制，是解决社会矛盾的制度性手段。不同文化传统的国家公众参与的范围不同，同时，公众参与的范围，也因参与事项的不同而不同。但将公众参与融入法治则是各国的共识。

2. 公众界说

公众参与的核心在于参与事项的“公共性”，而不在于“公众主体”本身。但是公共事项的参与主体又是公众参与必须面对的一个问题。“公众”是公众参与的主体范围，由于研究对象的不同，“公众”的范围界定也是有差异的。公众（public）通常是指具有共同的利益基础、共同的兴趣或关注某些共同问题的社会大众或群体。在环境治理语境下，1991 年联合国《跨国界背景下环境影响评价公约》中，“公众是指任何一个或多个自然人或法人”。1998 年联合国欧洲经济委员会（UNECE）《在环境问题上获得信息、公众参与决策和诉诸法律的奥胡斯公约》第 2 条第 4 项，“公众是指任何一个或多个自然人或法人，以及按照国家立法或实践，兼指这种自然人或法人的协会、组织或团体”。该公约同时将具体案件“所涉公众”界定为，正在受或可能受环境决策影响或在环境决策中有自己利益的公众，为本定义的目的，倡导环境保护并符合本国法律之下任何相关要求的非政府组织应视为有自己的利益。

本文讨论的“公众”主要包括消费者个体、消费者组织以及其他在符合本国法律之下任何倡导食品安全的非政府、非营利性组织，该类组织视为有自己的利益兼具有社会公益性，可以与普通公众形成联盟，给政府和食品公司施加压力。法律是调整人们之间的利益关系的。从利益角度看，由于食品与市场的高度关联性，食品安全法律关系中的利益可以分为食品安全与公众健康（社会公共利益）、

① 王锡锌：《行政过程中公众参与的制度实践》，中国法制出版社 2008 年版，第 2 页。

商业利益两大类，其中，社会公众是食品安全与公众健康的真正利益归属者，政府是这一公共利益的代表者，生产经营者则以追求商业利益为目标，因而食品安全治理的主体大致分为政府、食品生产经营者、消费者三类。利益调整的宗旨是“食品安全与公众健康”优先于“商业利益”。公众是最具有主动性的食品安全治理主体。食品安全即与经济、市场相关，又与政治、社会相关，在食品安全关系中消费者与社会公众重叠，一方面，人人都是食品消费者，因而所有社会公众都是食品消费者；另一方面，消费者侧重于社会个体角度，公众既可以是个体也可以是群体，由于消费者组织以及其他社会组织在食品安全治理中的重要地位，本文使用“公众”一词，区别于政府，区别于食品生产经营者，包括消费者个体、消费者组织以及其他倡导食品安全与公众健康的社会组织或团体。

消费者既是经济学概念也是法学概念，消费者是一个与市场相关的概念，而且指的是个人，是个体概念。公众，既可以是个体，也可以是一个集合概念，包括组织。消费者是公众的特殊形式，与消费者相联系的主要是在再生产的最后一个环节上的经济权利和义务关系。公众是一个与政府相对的概念，与公众相联系的则是与生存相关的一切社会性的权利与义务关系。由于食品既是商品又与公众健康和生存相关联，因此食品安全治理方面的公众与消费者重叠。消费者是经济学与法学相结合的一个概念，公众则是政治学与法学相结合的一个概念。在市场经济的语境中，主体包括消费者、经营者、政府。在民主政治的语境中，主体包括政府和公众。在政治经济合一的食品安全领域，一定意义上所有的社会成员从根本上说都是消费者。[①] 食品安全治理中的公众参与之“公众”是一个法学、政治学、经济学相结合的综合概念，包括消费者个体、消费者组织以及其他倡导食品安全与公众健康的社会组织。

① 杨凤春：“论消费者保护的政治学意义”，载《北京大学学报》（哲学社会科学版）1997年第6期。

（二）公众参与方式

1. 社会个体参与

社会个体可以作为政府或相关机构所挑选的代表参与，如接受公众咨询，就公共事务的管理方案发表评论和意见，评论和意见既可以是口头的，也可以是书面的。社会个体还可以对自己感兴趣或与自己利益相关的问题主动发表看法、提出要求，主动参与公共决策。

2. 公众参与通过协会、组织、团体、社区等组织平台实现

公众的意愿表达和参与意向通过各种组织平台实现。非政府组织、团体、协会等组织平台能够集合公众意见，将公众集合和动员起来，参与到公共事务的管理和决策中。针对不同身份而产生的关涉不同公众的利益需求，个体公众很难以自身的能力去表达和应对，尤其是专业复杂性强的事项，需要借助组织机构平台实现公众参与公共事务的管理与决策。在复杂的社会情势和背景下，个体公众为了避免自己利益遭受歧视，组建不同的组织机构，通过组织、协会、团体等的组织优势来实现个体参与和意见表达。这些组织机构以群体的方式来参与公共事务，在立法、公共政策制定、食品安全执法监管等领域表达组织性的综合意见。但组织建立和运作的根本动力是来自于其成员的个体利益需求，组织是个体参与的实现和延伸，是一种发展的公众参与形式。组织的这种集合式的参与方式，针对个体逐一表达，一方面有利于凝结个体公众的参与能力，另一方面也更有利于政府等决策者收集信息、掌握情况，从而作出符合公众意愿的判断，提高公众参与的效率。通过组织机构平台参与实现了公众个人以职业身份和职业需求的公众参与。

非政府组织通过与政府合作与沟通参与公共事务的决策与管理；接受政府委托完成政府自身难以完成的项目或工作；以政府部门工作小组的方式参加公共事务；作为政府的专业智囊机构协助政府开

展专业性工作；扮演公众专家的职能。非政府组织通过对公众的引导和教育向公众介绍具体的问题，以容易理解的方式将科学研究成果重新包装后提供给媒体，然后通过媒体、科普活动等把相关食品安全知识和理念传递给公众。非政府组织是政府与公众之间交流沟通的桥梁，把政府的政策传达给公众，把公众的意见反馈给政府。非政府组织还为公众提供相关专业信息，方便公众发表自己的意见和建议。非政府组织属于非营利性组织，为政府之外监督企业等营利性商业组织的重要社会力量。

社区平台是社会个体地域性参与的实现平台。如英国的“地方战略合作伙伴”（Local Strategic Partnerships，LSP），是实施英国地方政府自治的合作组织，是错综复杂的地方治理网络的组成部分，包括政府部门的多家机构、委员会、利益团体、非政府组织、协会、公众代表等。该组织的职责：一是战略决策，从宏观上对公共事务的处理做方向性判断；二是执行层面，包括资源配置、执行运转等；三是操作层面，包括服务、实施等。

（三）食品安全治理的公众参与含义和特征

食品安全治理是社会公共治理的一种，是食品安全各相关主体（政府、食品生产经营者、社会公众）在认识食品安全与公众健康的基础上，调整相互之间的关系，并建立和维持食品安全秩序的过程，是食品安全各相关主体参与食品安全控制的诸多方式的总和。食品安全治理与公众参与相链接的最核心的问题是食品安全的公共性属性。食品安全与公众健康息息相关，是典型的公共安全问题。人人需要饮食，因此，人人都应参与食品安全公共治理。食品安全治理实质上是公共治理在食品安全领域的具体化。食品安全治理作为社会治理又有自己的特征，由于食品的商品属性，食品安全治理离不开市场环境，但又不是一种简单的经济利益交换与平衡，而是为维护食品安全与公众健康，是一种对食品安全新秩序的建构过程，提倡政府、食品生产经营者、社会公众共同参与、共同受益，实现政府、市场、社会三种力量的博弈均衡。

食品安全治理的公众参与是指公众（消费者个体、消费者组织以及其他倡导食品安全与公众健康的社会组织、团体，区别于政府和食品生产经营者），以提供信息、发表意见、协商讨论、表达利益诉求等方式参与食品安全的决策和行动，进而参与食品安全保障和公众健康维护之公共事务的各种活动。食品安全治理的公众参与兼具有实体和程序意义，既指涉公众对食品安全治理事务的知情权、参与权、表达权、监督权等实体权利，又指涉保障公众参与食品安全治理事务的法律规则、法律程序和原则。食品安全治理的公众参与既反对政府对食品安全决策权力的垄断，也不意味着政府从食品安全这一公共事务领域的退出以及责任的让渡，而是政府职能和监管模式的转变。食品安全治理的公众参与旨在改变政府权力运行机制、改变政府行事逻辑，要求政府的食品安全决策和行动透明且符合食品安全与公众健康的目标，要求政府透明立法、透明执法、透明司法。政府与民间社会的良性互动，是食品安全治理制度向善的力量。食品安全治理的公众参与的关键不是寻求最有效的方式，而是提供多方主体参与治理的平台。公众参与要求食品安全决策程序公开，要求食品信息公开，公众、政府与企业之间互动，通过互动平台，让迥然不同的行动者——消费者、社会组织、专家、政府、企业——通过互动谈判来寻找解决食品安全问题的方法。一项决策不是官方公告和辩论的产物，也不是科学家们投票的结果，而是经由公共讨论的力量而实现的，通过各种民主程序将公众的观点融入食品安全和技术创新计划之中。

从形式上来说，食品安全治理的公众参与在于完备制度和程序之条件；从实质上来说，公众参与则重视制度和程序符合规范性要求，即法治化程度。食品安全治理的公众参与主要有以下特征。

1. 依法参与

依法参与是指公众参与在制度框架内依法、依程序运行，即将公众参与融入法治之中，强调实体与程序并重，通过法律确定主体的权利和义务进而引导主体的行为，通过程序和制度化克服人为因素带来的不安全性和不稳定性。政府应鼓励和引导社会公众通过一定的程序或者途径积极参与到食品安全治理活动中，应确保法规标准制定过程的公开透明并采取必要措施确保相关信息的公开透明，应将公众意见和建议反映到食品安全相关法规标准中并向公众提供陈述意见和建议的机会，促进相关信息和意见的互动交流。如《日本食品安全基本法》（2003年）第13条规定了食品法规、政策制定须遵循“透明和公众参与方针”，[①] 要求采取措施促进相关信息公开、促进公众表达意见、促进信息和意见的的交换，将公众意见反映到食品安全法规、政策中，确保法规、政策制定过程的公正和透明。又如我国《食品安全法》（2015年）第9条、[②] 10条、[③] 12条、[④] 13条[⑤]规定了食品安全治理中发挥社会的作用。

就公众而言，首先，依法明确公众的参与权，包括知情权、参与权、表达权、监督权。其次，依法规范公众参与的程序。再次，健全公众参与相关配套保障措施，集合公众力量，规范公众参与权。

---

① 日本《食品安全基本法》（2003年）第13条规定：为确保食品安全而制定食品安全法规、政策时，应充分体现民意。在制定法规、政策过程中力争公正、透明。在制定法规、政策时，应采用必要的手段征集相关信息，并给予相关人员互相交换信息，充分表达意见的机会。

② 我国《食品安全法》（2015年）第9条，食品行业协会应当加强行业自律，按照章程建立健全行业规范和奖惩机制，提供食品安全信息、技术等服务，引导和督促食品生产经营者依法生产经营，推动行业诚信建设，宣传、普及食品安全知识。消费者协会和其他消费者组织对违反本法规定，损害消费者合法权益的行为，依法进行社会监督。

③ 我国《食品安全法》（2015年）第10条，各级人民政府应当加强食品安全的宣传教育，普及食品安全知识，鼓励社会组织、基层群众性自治组织、食品生产经营者开展食品安全法律、法规以及食品安全标准和知识的普及工作，倡导健康的饮食方式，增强消费者食品安全意识和自我保护能力。新闻媒体应当开展食品安全法律、法规以及食品安全标准和知识的公益宣传，并对食品安全违法行为进行舆论监督。有关食品安全的宣传报道应当真实、公正。

④ 我国《食品安全法》（2015年）第12条，任何组织或者个人有权举报食品安全违法行为，依法向有关部门了解食品安全信息，对食品安全监督管理工作提出意见和建议。

⑤ 我国《食品安全法》（2015年）第13条对在食品安全工作中做出突出贡献的单位和个人，按照国家有关规定给予表彰、奖励。

就政府而言，首先，要求政府的回应性。政府的回应性体现政府对公众参与的态度，直接影响公众参与的广度和深度。公众参与机制的意义在于参与之后公众利益表达对政府的公共决策影响有多大，因此，只有政府具备了回应性，才有实现民主表达的可能性，否则，公众参与只是一个口号。公众参与不仅是公众表达意愿的方式，也是监督政府决策和行为的重要手段。政府回应是政府与公众之间建立协商互动关系的基础，双方之间通过信息交流、理性协商等方式表达、理解相互的立场和关注点，并寻求共识与合作。推动政府的依法公开信息，规范政府对公众参与的回应、反馈，使得食品安全立法、公共决策建立在社会公众之间、公众与政府之间的对话、协商、讨论的基础上，建立在不同文化对多元社会认知的某些核心问题进行有效回应的基础上。其次，要求政府的担责性。要求政府对公共利益担责，辨别不同主体的利益诉求、促进多元利益的相互理解，推行重视公共需求的具有公共约束力的食品安全政策。此外，提倡“法治思维”，并不是简单的将法律视为工具，而是通过提高政府、公众的法治和规则意识，提高法治能力，才是依法参与的关键。

2. 有序参与

食品安全治理的公众参与，强调协调有序、程序化的公众参与，即在公共部门的有序引导和组织下，公众参与活动有序化、规范化，既要防止参与事项泛化，又要防止参与形式化。参与与秩序之间存在着紧密的联系，具体包含“为什么参与、怎样参与、谁参与、参与什么、参与的如何”等问题。食品安全治理的公众参与主要在以下几个层面上进行：食品安全立法决策方面的公众参与；政府食品安全执法监管方面的公众参与；食品安全纠纷解决方面的公众参与。不同方面的公众参与之间是相互联系的、具有约束性、具有规律性的，而且是动态变化的有序。

我国现阶段的公众参与提倡“有序”参与，区别与“无序盲动”参与。有序参与的目的在于通过利益表达寻求协商、博弈、均衡，无序参与则多为宣泄某种不具有建设性的情绪等。为了实现有效的参与，须寻求个体利益的组织化和参与方式的规范化，利益组织化和参与方式制度化是衡量公众参与水平的重要指标。公众参与的模式主要包括征求意见模式、上书请愿模式、听证会模式、影响性诉讼模式等。征求意见模式指公众根据食品安全立法和重大决策向社会公开征求意见的要求，有序提出意见和建议。上书请愿模式指公众通过向决策部门提交书面请求或意见，寻求公共问题解决的公众参与。如郑州消费者赵正军向卫生部申请公开生乳新国标制定会议纪要。听证会模式指公众通过参加食品安全立法和重大决策公开听证的渠道，有序提出意见和建议进行磋商。影响性诉讼模式，是指公众特别是具备一定专业知识的法律人士，通过提起诉讼的方式，发起、描述、评价重大的公共问题，集合民意、推动决策。如郑州消费者赵正军向法院诉卫生部要求公开生乳新国标制定会议纪要一案。

3. 有效参与

食品安全治理的公众参与不是简单的口号，而是要实实在在的付诸行动，从口号到行动是需要一系列的制度和程序支撑的。政府应制定完备的公众参与制度和机制，建立有效的利益表达机制和适当的激励机制，明确、细化公众参与的程序，努力使公众参与制度化、规范化和程序化。政府积极运用现代的科技手段如互联网络、手机短息平台、微博等，为公众参与提供公开、平等、充分的参与途径，提高参与的效率，努力满足公众的参与要求。从参与过程角度看，信息公开、程序透明、风险交流及时充分等是促进公众参与有效发挥作用的重要机制，即公众参与的过程应是公开、理性、负责任的讨论、对话、争辩和说服过程，而不是操纵、强迫、欺诈或趋炎附势的过程。从公众参与结果看，公众参与效果评价框架应是“我参与，你参与，他参与，我们参与，你们参与……大家获利”。而不是“我参与，你参与，他参与，我们参与，你们参与……他们获利”。[①]

---

① I participate, you participate, he participates, we participate, you participate… they profit. 参见 Sherry R Arnstein, A Ladder of Citizen Participation, JAIP, Vol. 35, No. 4, July 1969, pp. 216-224.

4. 理性参与

公众参与与公众切身利益密不可分。公众最知道自己的利益，是食品安全利益的最终归属者，公众的智慧和力量可以增进食品安全与公众健康、为自身群体带来更广泛的利益。公众参与具有积极性取决于公众参与的热情。公众理性是公众参与的内核，理性的公众参与是化解食品安全问题的动力。公众理性取决与公众的文化素质和知识水平，参与者的文化素质和知识水平越高，参与能力越强，反之亦然。理性参与具有自愿性，即由公众自行决定行使还是放弃参与。公众参与，既强调模范遵守食品安全治理规则，又强调积极参与食品安全规则的制定。人的行动受意识的支配，理性参与意识决定和影响着公众参与的方向，决定公众参与行动是否理性。公众参与实践中，存在并非出于公众的社会责任感以及对权利义务的认识，而是一时冲动、发发牢骚，参与的主动性、自觉性差等参与意识不强的情形。公众理性参与意识的培养和提高需要全社会的共同努力，需要政府与民间社会互动，培育社会公众的主体意识、权利意识、合作意识和责任意识，最终促进公众理性参与意识的提高。

三、食品安全治理中公众参与的功能

食品安全治理的公众参与具有阶段性。食品安全治理的公众参与包括食品安公共决策阶段、决策实施执行阶段、纠纷解决救济阶段，因而在不同阶段的公众参与的形式、作用存在差异。

（一）食品安全立法、决策中公众参与的功能

公众参与对于确定食品决策的目标的公共性具有不可替代的作用。公众的价值判断总是和事实紧密联系，他们不仅追求形式合理性，也追求实质合理性。公众直接代表公众健康的社会公共利益，

参与食品安全决策，会使得政府决策能够全面考虑各方利害关系人的正当利益，增强决策的科学性和可接受性，降低决策失误的风险和政策执行的成本。公众参与权体现公众在食品安全的社会治理中处于主体地位，而非治理的客体，有利于增强公众对政府的决定的信任感和主动配合。公众参与是推动食品行业法律法规乃至整个社会的法律价值理念在公平与效率之间平衡协调，以社会公平、公正为首要价值取向，关注公共利益，注重社会效率与经济效率的和谐统一。

公众参与具有促进食品安全立法和公共决策的“科学化、民主化”的功能。食品安全立法及公共决策中的公众参与功能可以归结为：确保公众能够表达自己的利益诉求和实现信息传递两大功能。公众参与具有利益表达功能，食品安全是社会公众最关心、最直接、最现实的利益问题，公众充分有效地表达利益诉求，参与利益博弈过程，对食品安全立法和公共决策产生影响和约束，实现立法和决策的民主、科学，确保立法和决策满足“食品安全与公众健康”的公共利益需求。公众参与的信息传递功能包括自下而上的信息收集（信息输入）功能以及自上而下的信息供给（信息输出）功能。

1. 利益表达功能

公众参与有利于食品安全法律、政策的公正、合理，防止食品安全政策偏离“公共性”。消费者以及与食品消费相关的组织（即消费者个体、消费者组织以及其他倡导食品安全与公众健康的民间社会组织）对政府食品政策制定过程的参与，有利于不同利益主体在竞争、谈判、妥协的基础上形成公平、合理的政策目标。同时，在制定食品安全政策时，避免政府成为形形色色的食品生产经营者财富计划的政策签署者，回归食品安全与公众健康之公共利益的真正代表者。

政府食品安全政策公平合理的前提是：存在着不同的利益集团，主要包括生产经营者和消费者两大集团，而且不同利益集团之间能够产生相应的制衡机制。如果政府制定食品安全政策时缺乏消费者及其组织的参与，缺乏不同利益集团（消费者集团与经营者集团）博弈平衡，所制定的食品安全政策，可能成为政府与食品生产经营者之间共谋的产物。有关的食品安全政策也会因受到特定利益集团——食品生产经营者的操纵、绑架，引致食品政策的内容可能与政策目标发生偏离或扭曲，最终食品安全政策有失公平合理，偏离社会公共利益。如美国学者 Marion Nestle 在《食品政治》中揭示了“美国食品工业组织如何操纵联邦政府的营养政策”。① 而且，这种不公平不合理的局面还会进一步恶化。依据这种不公平合理的食品安全政策进行利益调整，势必带来利益分配失衡，以及食品消费领域社会心理、社会舆论和社会行为的混乱无序，也必然带来政府公信力的下降。因此，缺乏公众参与，将导致食品安全政策因缺乏不同利益集团的博弈均衡而发生偏离，难以公平合理；食品安全政策的不公平合理，必然带来食品安全领域利益分配的失衡和食品安全治理的无序；这种失衡和无序弥散到整个社会，产生破窗效应，形成不良的社会风气。

政府的自我管理能力是有限的，没有消费者利益集团对食品政策制定过程的参与，单纯依靠政府的力量是难以保障食品安全政策公平合理，难以实现“食品安全与公众健康”的社会公共利益目标。美国宪法之父詹姆士·麦迪逊曾提到，政府的职责不仅是要管理社会，而且是要管理政府自身。但是，政府做得较好的往往是对社会的管理，而不是对政府自身的管理。由于政府对自身利益的追求，在食品安全的决策和执法中，政府的具体部门和公职人员腐败失控是难免的。就算抛开政府的寻租和腐败，政府实际制定的食品安全政策能否达到保障食品安全和公众健康的政策目标，也是值得怀疑的。实践中，上有政策下有对策，由于食品产业的影响，寻租带来的“不公正感”“道德缺失”“信任危机”等因素，经过广泛传播、进入社会生态，从而间接地影响到市场效率。面对政府制定的政策、法律，公众怀疑其背后到底是正常的行政，还是寻租，政府的公信

① ［美］玛利恩·内斯特尔：《食品政治》，社科文献出版社 2004 年版。

与法律的权威也会受到挑战。

公众参与的目的包括利益主张和专业知识建议。参与制度所期待的目的，是考虑参与者的利益，还是吸收其他专家提出的专业知识建议实现立法、决策的技术理性（或科学合理性）。[①] 平衡协调技术问题和利益问题，是公众参与必须面对的问题。尊重、考虑各参与方利益的最好方法是给予各种利益主张获得充分表达的机会。在食品安全与公众健康事项上，只有经过具有广泛代表性多元利益相关方参与，即消费者、政府、产业界、非政府组织，以及服务、支持、研究、学术和其他方面，公开讨论和协商达成的共识，并考虑食品产业界和消费者的平衡参与，才能保障政策、法律目标及实施不偏离“食品安全与公众健康”之宗旨。

2. 信息征集功能

立法者和决策者通过公众参与，多方面获取客观真实的信息，可以了解公众需求、价值观及偏好等方面的信息。公众参与能够增加公共决策者可获得的作为决策基础的信息的数量，为决策提供信息依据，是提高食品安全法律政策透明度的重要机制。公众参与食品安全立法、决策，是提升国家竞争力与民主品质的基础，也是影响公众对政府信任度的重要因素。公众参与有助于食品安全公共决策者更好地理解社会期望，识别与食品安全相关的机遇和风险，从而作出更为明智的立法与决策；有助于改善食品安全风险管理，提高公共机构的声望和公信力；有助于决策和立法获取公众认同感，以便更好地实施。

立法、决策中的公众参与，指公众通过多种形式、渠道和程序充分有效地表达自己的意志和愿望，充分有序地参与立法、决策过程。透明才能产生信任。立法、决策中的公众参与，通过汇集不同阶层代表、不同利益诉求、不同期望值表达，形成立法、决策的重要依据，有利于培育公众对法律、政策的自觉认同感。通常而言，

---

① 刘平、鲁道夫·特劳普-梅茨等：《地方决策中的公众参与：中国和德国》，上海社科院出版社2009年版。

如果公众的意志在立法、决策上表达得越具体充分、汇集得越充分科学，立法、公共政策就越民主、科学，公众也越愿意选择通过法律制度和法定程序的方式来表达自己的意志、追求合理的利益，而更少地采用非法的、非理性的、不经济的方式来追求自己利益的最大化。[①] 公众参与还能有效防止立法腐败。有权力的地方就可能产生腐败，立法权、决策权也不例外。卢梭指出，“政府滥用法律的危害之大远远比不上立法者的腐化”。实践中立法腐败表象主要是：国家立法部门化，部门立法利益化，部门利益合法化。阳光是最好的防腐剂，防止立法腐败的最好办法是立法过程透明化，保障公众的知情权、表达权、参与权、监督权。立法的公众参与是公众在法定的程序和原则下理性表达自己利益在合理、合法范围内的最大化。只有在公众参与下，才能有效防止公共权力的滥用，使食品安全立法、政策更加符合“公众健康”的公共利益。

社会发展的客观需要和利益是法形成的根本原因，这种客观需要和利益首先来自于社会公众，然后被立法者认识并接受，才可能上升为法律。因此，政策和法律的需求信息来自于社会公众。任何一项食品安全政策的实际需求总是来自社会的实际需要，食品安全的立法需求也首先源于社会公众和消费者的安全与健康的利益需求并形成利益共识，这种利益共识通过公众参与的方式进入立法者的视野，方能启动相关立法活动。可以说，立法过程就是利益表达和利益博弈的过程。在食品安全立法中，为了确保不同利益群体的博弈均衡，对于弱势群体（低收入者）、边缘地区群体（农民消费者）、知识缺乏的群体，要特别关注他们的食品安全利益诉求和表达，通过权利设定、信息供给、教育宣传、程序设计等机制，使他们能够充分有效的表达自己的意志，使得食品安全立法需求能够真正成为整个社会不同利益群体的共同需求。

立法过程中，一方面通过立法机关与相关利害关系人进行对话、

① 李林：“民主立法与公众参与（代序）”，见李林主编：《立法过程中的公众参与》，中国社会科学出版社 2009 年版，第 1-20 页。

协商和博弈，征集社会公众的需求，一方面通过相关利害关系人相互之间的对话、协商和博弈，表明各自对于立法议题、法律规范等的看法、意见和建议，在充分陈述各自的观点和理由的基础上，开展彼此之间的沟通、协商，通过博弈和妥协平衡相互之间的利益关系，达成理性立法方案。立法中的公众参与，也是将食品安全相关的立法背景、立法目的等传导给公众，引导社会舆论，凝聚各方共识的重要途径。

立法的公众参与有助于增强公信力。公众通过参与感受到自己在公共决策中的主体地位。经公众参与产生的决策，从情感上更容易获得公众的认同和尊重，减少公众对决策的抵制心理，因而也更容易被执行。公众参与是一种有效的普法教育和公民教育，能够增进立法的公信力。公众参与将公众置于食品安全决策的主体地位，对立法及公共政策制定的参与，是公众充分释放意见、凝聚共识的过程，既能使法律、政策更加完善，也有利于增强公民的法制意识和主人公意识；法律通过前的大规模讨论，能够被公众主动接受和领会，增进了守法的自觉性和主动性，有利于法律的贯彻执行。相比较而言，法律通过后的教育宣传则偏向于被动接受和领会，一些有益的建议可能被排斥在外，不利于公民法律意识、民主意识的培养。

（二）食品安全监管中的公众参与功能

食品安全监管中的公众参与，一是对生产经营者进行全方位、多层次的监督，使其时时处处受到监督，从而促使生产者遵循法律。一是对政府监管的监督，增加其监管压力，从而促使政府履行职责、承担责任。

1. 公众参与是对政府监管的合理补充

一方面，政府监管不是万能的，是有限的。政府被当作维护社会公正、效率、弥补市场不足的制度性工具，政府监管是解决自由市场经济产生的各种不公正问题的合法途径，在平衡效率与公平、效率与民主、效率与质量等方面发挥着重要作用。食品安全离不开政府的有效监管，政府监管是确保食品安全的主导力量。但是，政府监管不是万能的。实践中，基本上在每一次食品安全事件之后，我们都能发现食品监管盲区的影子。可谓常见“事件”，常见“盲区”。食品产业业态复杂，生产经营的多环节和供给主体的多元多层次，加之市场中生产经营者的数量与食品监管机构和监管人员在数量和时间方面的悬殊差距。政府在人、财、物、技术、时空等方面都是有限的，即便政府尽职尽责、尽心尽力，政府也不可能实现对食品安全天衣无缝的控制。因此，食品安全完全依靠政府控制是片面的，甚至会走向事物的反面，使得解决问题的方法变为引发问题的因素。美国学者玛丽恩·内斯特尔在《食品政治》一书中谈到：在自由市场经济中，联邦政府以“老大哥”的身份命令什么食品能或不能生产，这些“不适当”的控制、限制、甚至公开禁止等极端主义措施是失败的。①

另一方面，监管动力不足是政府监管必须面对的问题。市场中的食品生产经营者并没有标签，不存在谁必然诚信、谁必然不诚信的问题。一定程度上，食品企业的诚信取决于外在监管的压力。食品安全外在监管的主体主要有两类，一类是政府，一类是社会公众和消费者。两类监管相比，政府监管的优势在于信息能力、组织能力、公信力、执行力等方面的强势，其劣势在于监管动力不足。监管动力仰赖监管利益驱动机制，取决于监管者与被监管者之间的利益相关程度。监管者与被监管者之间的利益关联度越强，监管动力就越充分；监管者与被监管者之间的利益关联度越弱或不相关，监管动力就会减弱。食品安全监管中公众是食品安全监督的直接动力。社会公众（尤其是食品消费者），是食品安全利益的最终归属者，与食品安全利益相关度最强，是最具监管动力的监管主体，也是自觉

① ［美］玛丽恩·内斯特尔：《食品政治：影响我们健康的食品行业》，社会科学文献出版社 2004 年版，第 315 页。

主动的监督主体。食品消费不是靠供给推动，它是靠需求推动，而消费者处在推动者的位置上。每一个消费者微薄的力量加起来可以改变世界上最大的公司，改变食品行业不负责任的经营行为。因此，公众参与改变食品公司决策和行为，推动经营者在股东利益最大化和公众健康之间公正平衡。食品安全监管中通过公众参与机制，发挥公众的监管力量，弥补政府监管，是化解食品安全矛盾的重要途径。

2. 公众参与是对政府监管的监督

政府的食品安全监管属于政府公共权力的重要组成部分。任何公权力的行使都必须受到监督，必须对权力的行使结果担责。政府对自身利益的追求以及官僚主义本质上的诱惑，所造成的政府腐败失控的可能性是很大的。“美国宪法之父”麦迪逊说：“如果人都是天使，就不需要任何政府了；如果是天使统治人，就不需要对政府有外来的或内在的控制了。”实践中，忽视消费者利益保护、怠于履行监管职责等不作为、选择性执法、弹性执法、争夺部门利益、推诿责任甚至为不法生产经营者开绿灯等执法弊病，归根结底是因权力缺乏有效监督造成的。依据我国《食品安全法》（2015年）第12条规定，任何组织或者个人有权举报食品安全违法行为，依法向有关部门了解食品安全信息，对食品安全监督管理工作提出意见和建议。对政府监管的监督主要从以下方面，首先，角色设置，食品安全不同监管主体角色定位是否科学合理，权责分明、权益设置是否科学到位；其次，说明回应，任何人都可以就承担公共管理职责的相关负有责任的主体提出质疑，相关主体有适时答复的义务，这是一种日常动态的监督机制；最后，责任担当，任何监管主体角色错位、越位、不当，均应承担法律责任，包括撤职、引咎辞职等行政以及纪检处分，以及民事责任，乃至刑事责任。追究监管者的责任，不断完善食品安全执法责任追究制度。具体讲，地方政府、食品安全协调机构不履行食品安全监督管理的领导、协调职责的，对主要负责人和直接负责的主管人员给予相应的行政问责和行政处分。食品安全监督管理部门滥用职权或者怠于履行职责的，对主要负责人、直接负责的主管人员和其他直接责任人给予相应的行政问责和行政处分。此外，还应将食品安全监管工作纳入政府绩效管理评价考核体系。

（三）食品安全司法中的公众参与功能

1. 有利于公众在食品安全问题上享有权利和承担责任

人人都享有获得安全的食品的权利，人人都有负有单独或与他人共同维护食品安全的义务。在食品安全问题上，为了让公众更好地享有权利和承担责任，必须保障公众能够获得信息、有权参与决策和诉诸法律。在食品安全方面，改善获得信息的途径和公众对决策的参与有助于提高决策的质量和执行，提高公众对食品安全问题的认识，使公众有机会表明自己的关切并使政府能够对这些关切给予应有的考虑。

消费者、社会组织通过行使诉讼权、索赔权，发挥司法的民事赔偿与刑事惩处两大功能。政府应通过法律制度安排，保障消费者、社会组织等能够求助于有效的司法机制，以便使公众正当的食品安全利益得到保护，食品安全相关法律得到执行。某种意义上讲，保障公众的诉讼权是解决食品安全问题的治本之策。

2. 提高政府决策的责任心和透明度

立法机关在工作中落实公众参与原则。加强公众对食品安全决策的支持，确认政府各级部门都应当保证透明度。确保公众了解参与食品安全决策的程序，能够自由地使用这些程序并知道如何加以使用。承认消费者个体、消费者组织、其他非政府组织各自在食品安全治理方面发挥作用的重要性。通过促进食品安全教育加深对食品安全的理解并鼓励帮助广大公众认识和参与食品安全决策。认识到在公众参与方面利用新闻媒体以及电子通信形式或其他未来通信形式的重要性。确认政府决策需具备正确、全面和最新食品安全信息的必要性。为消费者提供充分的产品信息很重要，这种信息使他们能够在食品安全方面作出明智的选择。政府部门为公众利益掌握着食品安全信息，应当让公众包括各种组织能够求助于有效的司法机制，以便使公众的正当利益得到保护，法律得到执行。

公众参与有助于改变政府选择性执法和弹性执法。2008 年的三聚氢氨事件中，违法添加者众多，22 家奶企集体中毒，但只有三鹿成为“严打对象”，其他奶企安然无恙，这种选择性执法，不啻于是对违法者最好的“奖励”。选择性执法，或者是出于地方政府保护当地 GDP 或形象的考虑，或者是一些违法企业背后的权力保护伞，抑或是“法不责众”的思维定式。但无论如何，都是对法治的亵渎和对违法者的纵容。通过司法保障公众参与有助于改变政府选择性执法和弹性执法的执法腐败局面。

四、食品安全治理的公众参与层面和途径

（一）食品安全治理的公众参与层面

食品安全治理过程大致可以划分为事前、事中、事后三大环节，相应地，食品安全治理的公众参与包括：食品安全立法、决策的公众参与——事前参与；食品安全监管的公众参与——事中参与；食品安全纠纷解决的公众参与——事后参与。同时，公众参与是一个全方位、多层次的动态开放体系。

1. 食品安全立法、决策的公众参与——事前参与

食品安全立法和公共决策（简称决策）指食品安全公共机构制定法律、法规、标准、政策等规范性文件的行为，[①] 主要涉及食品安

① 公共机构包括权利机关、行政机关、行政规制性机构以及其他具有公共管理职能的组织或机构。

全规划、法律法规、监管体制机制、标准体系、关键政策等，表现形式为法律、行政法规、部门规章、地方性法规、地方政府规章、其他规范性文件。食品安全立法和决策实质上是对食品安全多元利益关系的界定、分配与协调，而通过完善的利益表达机制使各种利益诉求都能上升到利益协商和对话的平台，则是法律实现多元利益平衡协调的根本途径。食品安全立法决策的公众参与是指社会公众（特指消费者、消费者组织以及其他倡导食品安全和公众健康的非营利性组织）在食品安全立法和重大决策的整个过程中通过听证会、公开征求意见、协商交流、说明回应等程序充分征求社会公众意见，使食品安全立法、决策反映食品安全与公众健康利益的各种活动。食品安全立法、决策的公众参与，是食品安全治理民主的重要体现，是公民的立法、决策参与权在食品安全领域的表现形式。

公众参与是提高食品安全立法决策透明度、立法决策效率和立法决策效果的重要工具之一。一个国家无论身处发展的哪一阶段，善治都是重要的。1996 年联合国伊斯坦布尔人居会议的报告强调"善治"与"参与"互为条件。经济合作与发展组织（OECD）的《规制改革联合清单》指出，法规应当以公开透明的方式制定，并通过适当和充分的公开程序有效、及时地获取受影响的商业组织、工会、消费者组织、环保组织等国内外利益集团或其他层级的政府的意见和建议。我国《宪法》第 2 条第 2 款确立了公众参与的宪法基础，"人民依照法律规定，通过各种途径和形式，管理国家事务，管理经济和文化事业，管理社会事务"。公众参与是社会主义民主的内在要求，是善治的必要条件。

首先，公众是食品安全政策和法律的实际需求者。任何一项政策的实际需求总是来自社会的实际需要。公众关注和质疑是促使立法者立法决策的重要力量，要求在食品系统以及营养政策和措施等方面高度重视食品安全与公众健康问题。如 2009 年美国发生严重的"花生酱事件"，引起公众、消费者对食品安全监管体制以及 FDA 执法能力的质疑和建议，在公众运动推动下通过了《FDA 食品安全增强法案》。

其次，立法、决策的公众参与是公众参与公共事务的最典型、最普遍、最重要的方式。食品安全立法、决策的公众参与是保障食品安全权利在政府、生产经营者和社会公众之间均衡配置的最为源头的机制。食品安全立法、决策中引入公众参与的价值在于：公众的广泛参与使得所制定的食品安全法律、法规、标准和政策获得更高程度上的认同感，有利于法律、法规、标准和相关政策的实施，获得更多认同以及提高公众遵守的自觉性。公众从源头上参与食品安全决策过程，是有效预防政治腐败和立法者被食品产业利益绑架的机制。公众参与食品安全立法决策过程，是公众对与自己利益直接相关的食品安全问题公共决策的认同过程，是公众民主参与权的一个方面。在食品安全领域，社会公众拥有政府难以把握的重要的基本经验信息以及实践中有效的、可接受的相关方案，能够促进政府决策的科学化水平。公众参与是提升公众食品安全意识以及建立公众对政府政策、监管以及食品产业信任的途径。食品安全立法决策过程中引入公众参与机制，已经成为很多国家食品安全立法决策的法定程序和惯常做法。在很多国家和地区，如美国、加拿大、欧盟、日本等，食品相关部门制定食品安全法规和政策时，公众参与和透明程序是基本原则，近年来，我国也逐步向这一世界惯例靠拢。

2. 食品安全监管层面的公众参与——事中参与

食品安全执法最核心的问题是食品安全监管。食品安全监管层面的公众参与，是公众全面参与监督食品安全法律、法规、政策的实施。包括社会公众对食品生产、经营、流通、销售等环节进行社会监督，鼓励、支持、引导个人和组织对食品安全问题检举、举报，鼓励公众对食品安全问题解决提出合理化建议，鼓励公众参与食品安全公共交流，鼓励公众对政府的监督管理活动进行监督、提出建议和意见，要求政府开放自己的食品安全执法过程，听取社会公众的意见的建议。各国的食品安全法治对此都有一定程度的规制，如《FDA食品安全增强法案》《日本食品卫生法》《欧盟食品基本法》

等。日本《食品卫生法》明确规定食品安全政策实施状况的信息公开和公众意见的听取。① 社会公众对食物安全的关注要求在食品行业的监管更加规范和主动，对政府监管机构的压力越来越大。然而，由于公共部门的资源稀缺，公共和私营部门合作，以较低的监管成本提供更安全的食品。在英国和北美，在食品安全领域广泛采用公共和私营部门合作共同监管食品安全。

政府食品安全执法的效率，重要的不是查处的数量和严苛的惩罚，而是查处的力量和适应性。从我国《食品安全法》所规定的惩罚性赔偿责任以及《刑法修正案（八）》所规定的严格的刑事责任来看，我国当前的食品安全违法惩罚力度是很强的，但是单纯惩罚力度强并不能代表违法者的违法成本高，法律威慑力大。事实上，影响违法成本、法律威慑力的主要因素：一是惩罚力度，二是违法者被查处的概率。单纯提高惩罚力度，并不意味着法律的威慑力一定增强，相反，如果法律规定的惩罚力度适度，但是不同程度的食品安全违法行为都能够得到及时的抑制，就像一栋大楼打烂一扇窗能够得到及时修护，正常的秩序能够得以恢复，慢慢地人们就会习惯于有秩序的生活，即养成遵守法律的习惯。因此，有效的食品安全执法：一是违法者被查处的概率足够高，具有威慑力，使生产经营者害怕被查处而自觉遵守，不去触碰法律底线。二是惩罚的力度与违法程度相适应，即重则重罚，轻则轻罚。换言之，如果将制裁作为一种违法行为的成本，立法上的表述只是一种可能性，法律制裁的威慑效果，一定程度上等同于法律所规定的对违法行为的惩罚力度乘以违法行为被查处的概率。即便法律规定的处罚很重，但若执法不严，被查处的概率不高，依然不足以震慑违法者。

实践中，政府监管动力不足和监管能力有限是造成监管失效的重要原因，一方面，拥有公共权力的政府监管部门的监管动力来自

---

① 《日本食品卫生法》第65条，为了在食品卫生的相关政策中反映国民或居民的意见，促进相关人员之间交换信息和意见，厚生劳动大臣和督道府县知事等应当公布该政策的实施状况，并就该政策广泛征求国民或居民的意见。

于被社会公众问责的压力，如果没有问责风险，没有压力，政府的监管动力是可想而知的。实践中，政府监管者有权无责或者权责失衡，导致选择性执法和弹性执法，不利于食品安全问题的解决，也影响政府的公信力。我国出现的诸多治理乱象，“十个大盖帽管不好一桌饭”“九龙治水水不治”，都说明政府监管存在的问题。针对这一问题，强化监管机构的责任，加强公众参与，重构以权力制约权力、以权利制约权力、以民主法治制约权力的闭环监督系统。可见，食品安全的公共性，使得食品安全治理已经超乎市场治理触及政府治理的层面，一国食品安全法治状况反映一国政府治理的水平。另一方面，政府的监管能力受到时间、资源和人力上的限制，由于食品的种类太多、数量巨大、业态十分复杂，监管机构和监管人员的数量远少于数量众多的食品生产者、供应者、分销者和零售者。[①] 因此，食品安全治理强调政府与社会公众之间的合作，发动社会公众的力量，提高各方发现问题、制定解决方案并加以实施的能力，是解决食品安全监管力不足的出路。公众参与有利于我国食品安全监管人员不足、经费缺乏问题的化解，公众参与对于弥补现行分段监管机制中的监管漏洞和重复监管缺陷具有重要意义。

3. 食品安全纠纷解决的公众参与——事后参与

通过食品安全立法、执法机制能够最大限度地减少食品安全纠纷的发生，但由于市场的盲目性以及人的有限理性，无法从根本上杜绝食品安全问题和食品安全纠纷。民以食为天，人人都是食品消费者，食品安全纠纷解决机制是保护消费者食品安全权益的重要机制。食品安全纠纷解决机制的科学建构直接关系到消费者的食品安全权益能否得到有效保护，经营者的违法行为能否得到有效抑制。

---

① 据“食品安全‘九问’—访食品安全委员会办公室主任”显示，全国13亿多人口每天消耗200万吨粮食、蔬菜、肉类等食品，共有食品生产企业40多万家、食品经营主体323万家、餐饮单位210万家、农牧渔民2亿多户，小作坊、小摊贩、小餐饮更是数量巨大。载http：//www. gov. cn/jrzg/2011-05/05/content_ 1858494. htm，2013年1月15日访问。

安全是消费者最基本的利益，由于食品安全纠纷中消费者与经营者之间的经济力、信息力、组织力等方面的实质差异导致消费者的弱势地位，食品安全纠纷解决机制在设置和适用过程中，强调对消费者的倾斜保护，强调社会公共利益，要求经营者在经营决策和活动中对消费者安全负责，所以某种程度上，食品安全纠纷解决主要涉及食品消费者保护问题。食品安全与食品消费者保护互为表里。

食品召回、食品安全行政处置、公益诉讼强调通过市场（私力）自我预防机制、政府（公力）救济机制、社会公众（社会力）参与司法机制，对食品消费者进行有效保护，并侧重于从整体上保护消费者利益，从消费者的集体权利这一社会公共利益的角度进行处理、救济。食品召回能够及时对不安全食品快速有效地从市场上撤出，最大限度保护消费者的利益，食品召回制度是保护消费者免受不安全食品可能带来的损害的有效机制，对食品安全消费纠纷的预防、解决具有重要意义。食品安全事件中，往往受害人众多，传统的民事诉讼费时费钱，缺乏效率，难以对受害人提供有效救济，通过政府的行政管理加以解决虽具有及时、高效性，但缺乏公正性基础及法治运作机制，而公益诉讼提供了维护消费者利益的有效途径，公益诉讼通过司法程序保护消费者权利进而推进食品安全，体现了遵循法治和利用社会公众力量的理念。在食品安全治理过程中，公益诉讼不仅具有消费者公共利益保护功能，还具有促进公共政策形成的功能。同时，食品生产的工业化和科技化，食品安全侵权往往呈现大规模性。坚持预防为主是解决大规模侵权的主要原则，食品召回、食品安全行政处置、公益诉讼体现了预防原则。

食品安全纠纷中公众参与的主要功能是推进消费者维权救济。社会公众直接面向食品的生产、销售等环节，是食品安全违法犯罪信息的重要来源渠道。因此，发动消费者、公众等社会力量参与食品安全司法，强调消费者、公众的民事诉讼、民事救济，实现公权和私权联动，确保食品安全，维护公众健康。

（二）食品安全治理的公众参与途径

食品安全治理的公众参与不是简单的口号，而是要实实在在地付诸行动，从口号到行动需要一系列的制度和程序支撑。政府应制定完备的公众参与制度和机制，建立有效的利益表达机制和适当的激励机制，明确、细化公众参与的程序，努力使公众参与制度化、规范化和程序化，从政策制度上保障公众能够依法参与食品安全治理。政府积极运用现代的科技手段如互联网络、手机短息平台、微博等，为公众参与提供公开、平等、充分的参与途径，提高参与的效率，努力满足公众的参与要求。政府要积极采取有效措施，对公众参与进行合理引导和规范，防止公众参与无序，确保公众参与在法律的框架内有序地进行。

1. 事前参与的主要方式

（1）举行立法听证会。立法听证会是为了获取和形成公众观点，收集科学信息和技术数据。完善立法听证会制度，确保消费者代表、企业、行业协会、法学界、社会组织以及相关政府部门的代表，就食品安全法律法规及标准的内容提出意见和建议。要完善公众意见反馈制度，在立法机关面向公众征集意见之后，要及时向公众说明回应公开征询意见的情况：公众提了哪些方面的意见，各种不同意见的比重，最终表决通过的法案所采纳的意见及为什么采纳这些意见等。

（2）公开法律草案，征求公众意见。2009年我国制定《食品安全法》时就向社会公开法律草案，在广泛征求公众意见的基础上通过。2008年4月20日至5月20日，全国人大常委会办公厅将食品安全法草案向社会全文公布，并公开征求各方意见和建议，一个月征求期间，收到来自公民、法人及其他组织等社会公众意见11327件，意见来自网络、报刊、来信等不同方式。此后，《食品安全法》修订过程中，国务院法制办就《中华人民共和国食品安全法（修订草案送审稿）》先后两次书面征求有关部门、地方政府、行业协会的意见；向社会公开征求意见，收到5600多条有效意见；赴5省市实地调研；多次召开企业和行业协会座谈会及专家论证会，反复协调部门意见。2015年4月24日，十二届全国人大常委会第十四次会议修订通过《中华人民共和国食品安全法》。《食品安全法》是一部充分体现民主立法和公众参与的法律。

（3）食品安全执法听证质询会。涉及食品安全监管责任的食药、卫生、农业、畜牧水产、商务、质监、工商、公安、工信等政府监管部门相关负责人，消费者民主评议代表、消费者组织代表及媒体代表参加会议，就食品安全问题进行听证质询。公众就有关食品安全方面的问题进行质询，涉及部门的负责人就代表提出的问题进行互动解答，并进行总结归纳，发现立法中存在的问题，提出新的立法完善建议。

2. 事中参与的主要方式——举报检举

由于食品安全违法犯罪行为隐蔽性强，仅仅依靠监管部门的有限力量进行监管，很难及时发现和查处随时发生的所有不法行为。实践证明，实行食品安全有奖举报制度，是弥补政府监管不足的重要举措和有效手段。为鼓励社会公众参与食品安全监督管理，依法查处食品安全违法案件，及时控制和消除食品安全隐患，国务院食安办印发了《关于建立食品安全有奖举报制度的指导意见》（2011年），要求各地制定实施食品安全举报奖励具体办法，保证食品安全有奖举报制度的运行实施。赋予任何个人或组织检举、控告食品安全领域的违法违规行为的权利以及对食品安全监督管理工作进行意见和建议的权利，并对先进积极者以表彰奖励。

发挥媒体、互联网的作用。媒体是实现公众知情权、监督权的公器。通过大众传媒将危险向公众公开传播可以使底层社会公众发出自己的呼声。大众传媒（互联网、移动电话）构成了信息交换论坛，媒体应当在社会预警方面发挥一种主导作用。就我国的食品安全问题而言，媒体在食品安全问题的监督上起着非常重要的作用。

在历次食品安全事件中，媒体捕捉新闻、持续跟踪、动员公众、促进沟通的作用无可否认。媒体准确、客观、及时地将风险信息传递给公众，在很大程度上决定了整个社会的风险意识。《政府信息公开条例》第15条规定了行政机关应主动公开的信息，“行政机关应当将主动公开的政府信息，通过政府公报、政府网站、新闻发布会以及报刊、广播、电视等便于公众知晓的方式公开”。政府需尊重媒体独立报道的权利，并进行正确的引导和监督。

互联网的开放性使得“互连”更加便宜和便捷，消融了政府之间、学术之间、企业之间以及消费者网络之间的界限。改变组织的决策方式和行为模式，通过组织内外不同主体的积极参与、互动交流，实现信息共享，利益共享，责任公担，来共同应对风险。互联网的开放性意味着任何人都能够获得发表在网络上的任何事物，意味着任何个人、任何组织包括国家和政府，都不能完全控制互联网，意味着个体权利和能力的扩张及其对传统的金字塔模式的社会政治经济结构和体制的消解。开放网络的出现在很大程度上削弱了国家对信息的控制，为个体对国家和社会的基于实力平等的挑战提供了可能。作为公开的、宽泛的、广义的、对大多数社会公众有效的传媒，实现了真正的大众传媒的作用。互联网可以比任何一种方式都更为快捷、更为便利、更为经济、更为直观、更为有效地把各种食品安全信息传播开来。互联网是开放性的传媒。截至2010年11月底，中国网民总数达到4.5亿人，年度增长率为20.3%。中国互联网的普及率达到33.9%，已经超过了30%的世界平均普及率。[①] 网络在人类交流和传播中起着的越来越重要作用。食品安全治理中，通过互联网搭建食品经营者、消费者、政府等之间的互动平台，促进公众参与食品安全治理。

---

① “2010年12月30日国新办就2010年各项工作进展情况举行发布会”，载http://www.china.com.cn/zhibo/2010-12/30/content_21628111.htm?show=t，2013年1月10日访问。

3. 事后参与的主要方式

（1）食品召回。食品召回，是指食品生产经营者按照法定的程序，对其生产原因造成的某一批次或者类别的不安全食品，通过退货或者修正标识等方式，及时消除或者减少食品安全危害的活动。食品召回制度的主要目的在于防患于未然，而非事后补救。从“事后损害索赔”到“召回”，将“出事以后的处理”转化成“事先将健康风险降至最低”，食品召回制度更利于保护消费者的合法权益。

首先，在食品安全危机频发的背景下，我国《食品安全法》规定了食品召回制度，但相应的食品召回配套机制未能及时跟进，对于不安全食品的防范和处理，缺少“实施细则”。因而尽快完善相关法律法规需提上日程。其次，问题食品被召回后，召回食品无害化处理信息透明，接受社会公众监督。问题食品召回后，或改头换面重新流向市场，或二次流通进入农村或一些小食品店等监管乏力的环节。因此，消费者对召回的问题食品处理进行监督，相关处理结果应及时向社会公众公布。最后，食品召回制度不仅依赖于生产经营者的自律和政府的他律，还依赖于市场竞争与政府监管之外的第三种力量——社会公众遭遇缺陷产品时的制衡能力。整合政府力量、民间力量、法律的力量、市场的力量去联手设防，健全食品召回法规体系，形成合力。

（2）食品安全事故处置。公众参与食品安全事故处理是食品安全突发事件处理机制的完善思路之一。将社会公众的参与排除在食品安全事件处理之外，单靠政府和生产经营者的力量来解决食品安全问题是不完备的。保障公众健康和生命安全作为应急处置的首要任务，应调动公众参与食品安全事故处置机制，发动全社会的力量有效预防、积极应对食品安全事故。根据食品安全事故应急处置的需要，动员个人和组织等社会力量协助参与应急处置，必要时依法调用企业及个人物资，也是增强食品安全事故处置力量的重要方面。同时，加强对食品安全专业人员、食品生产经营者及广大消费者的食品安全知识宣传、教育与培训，促进专业人员掌握食品安全相关工作技能，增强食品生产经营者的责任意识，提高消费者的风险意识和防范能力。日本《食品卫生法》规定了“处理违法者的公布事项”，该法第63条规定，为了防止发生食品卫生上的危害，厚生劳动大臣和督道府县知事可公布违反本法或依本法所作处理者的名称等，应当努力明了食品卫生上的危害状况。

（3）食品安全公益诉讼。食品安全事件主要是基于同样的事故或者因暴露于同样的有毒物质而引发的民事案件，给每个受害消费者带来不同程度的人身、财产伤害，属于大规模侵权。解决大规模侵权问题主要通过团体诉讼制度。遵循法治理念和利用社会公众的力量，通过司法程序明确消费者的权益并强制保护其权利，公益诉讼提供了维护消费者利益的有效途径。在食品安全治理过程中，公益诉讼不仅具有保护消费者公共利益保护功能，还具有促进食品安全公共政策形成的功能。

五、食品安全治理的公众参与保障措施

如何有效保障公众参与和防止公众参与被不当滥用是一个问题的两个方面，缺一不可。这在很大程度上取决于一国政府的法治水平和管理水平。确立公众参与时，需要坚持两个标准，既要有合法性，即程序性标准；又要有合理性，即实体性标准。公众参与尤其应强调通过程序控制来加以实现。哈贝马斯讲，民主过程的合法力量不是来自伦理信念的集中和一致，而是在于确保政治领域中“商谈”的程序设置。

（一）公众参与的实体权利保障

食品安全即是人类福祉的基点，又是享受包括生命权本身在内

的各种基本人权的关键。人人有权享有安全且适宜的食品的权利，是基本人权的组成部分。利益只有转变成法律上的权利才是可靠的、有保障的。公众参与的实体权利主要涉及“民主四权”，即“知情权、参与权、表达权、监督权”，其中知情权与公众参与的基础性制度相关联，表达权与公众参与的程序性制度相关联，监督权与公众参与的支持性制度相关联，参与权则涵盖了整个的民主四权。公众参与从根本上源于自下而上的公众的权利自觉，但是公众参与的有效性离不开自上而下的政府对公众参与的认同与回应以及对公众参与需求的激励、引导与整合。保障公众的选择权和话语权，需要有基本价值观和法制来保证。

明确食品安全治理各环节公众参与的权利内容、权利行使方式、权利保障机制，是实现有效公众参与的实体保障机制。事前参与，即食品安全立法决策中的公众参与，公众在此环节的地位是相关立法和决策之利益博弈的一方主体，其核心的权利是知情权、参与权、表达权、监督权以及救济权。参与的方式主要是能够影响立法和公共决策的方式，如上书请愿、征求意见、听证会、影响性诉讼等。事中参与，即食品安全监管的公众参与，公众在此环节的地位是监督食品生产经营者的行为和产品、监督政府监管者的监管活动，其核心的权利是监督举报权，此环节可以通过私人利益的利益驱动机制推进，参与的主要方式是监督举报。事后参与，即食品安全纠纷解决的公众参与，公众是食品安全风险的承担者，是食品安全纠纷当中的受害方，是食品安全司法的发动者。以保障公众的诉权为核心，参与的主要方式是公益诉讼机制，确保公众能够接近司法进而接近正义。

1. 知情权

知情权，也称知的权利、知悉权或了解权。在食品安全领域，知情权指的是，对国家的重要食品安全决策、政府的重要食品安全监管事务以及社会上当前发生的与公众健康密切相关的重大食品安全事件，社会公众享有能够获得相关信息的权利。知情权是公众参与食品安全决策的前提，是公众监督公权力的有效约束手段，有利于提高食品安全公共决策的责任心和透明度，并能够增加公众对食品安全决策的支持，是社会和谐包容的正能量。食品安全立法过程中，对相关议题和信息的知情权，是公众参与食品安全立法的前提。公众能否真实、全面、有针对性和及时地获悉食品安全立法决策的各种必要信息，是公众参与必须的条件。知情权的前提是信息公开，政府在此方面承认公众的权利并为权利行使提供援助，换言之，对知情权的保障仰赖于我国信息公开制度的健全、完备。因此，公众的知情权与政府信息公开是一个问题的两个方面，缺一不可。

2. 参与权

在食品安全公共事务管理过程中，承认、确立公众的参与权，并努力通过一系列实施细则和实施办法等加以细化，使得公众参与成为具体、明确、可操作的程序。参与权是公众影响食品安全立法的行动。参与权，一是要有公众参与立法规划、立法起草、立法讨论等的制度化、程序化的安排，如立法公开制度、[①] 立法听证制度、立法咨询制度、立法参与制度、立法监督、复议制度等；二是要有公众参与立法的信息、资料、时间、程序等的具体安排和保障；三是公众表达的意见和建议应当具有一定的法律意义，能够在一定程度上影响立法过程和立法结果。

3. 表达权

食品安全立法中的公众参与制度所期待的目的之一就是考虑参与者的利益，尊重、考虑各参与方利益的最好方法是给予各种利益主张获得充分表达的机会。因此，表达权是公众参与权实现的最好方法，参与方通过充分表达、博弈和协商的方式实质性参与食品安全立法、决策过程，并对其产生影响和约束。而实质性的公众参与地位又是真实、有效表达的重要前提条件。

---

① 立法公开制度，是立法机关有关公布立法规划和立法议程、公布法律草案并允许公民对法案发表意见、发表立法记录、通过媒体播放立法审议过程、准许公民旁听立法、允许公民查询立法资料等各种制度的总称。

4. 监督权

法的生命力在于法的实施。在食品安全立法和决策的执行阶段，公众参与是最重要的社会监督机制和外部监督力量，因而，保障公众的监督权，是食品安全法执法以及食品安全监管过程中不可或缺的机制和力量，是政府食品安全执法的重要协助机制以及对食品公司最为直接的有效制衡机制。

5. 获得救济权

司法救济是权利得以保护的最终极和最低限的机制。在食品安全公共管理过程中，如何保证公众参与权的真实性、公众参与权行使的效率以及公众参与权行使的效果？应当让公众（包括个人和组织）能够求助于有效的司法保障机制，使公众参与的正当利益获得保护、法律得到执行。获得司法救济权是公众参与权最终实现的最终极的保护措施。对公众参与权利的法律保障，不能缺失程序法以及救济法上的保障。

（二）公众参与的程序权利保障

参与程序的设置科学、合理是保障公众参与的必要条件。程序减少或避免了恣意因素，是保障食品安全治理中公众参与权利实现和防止公众滥用参与权的重要机制。哈贝马斯讲，民主过程的合法力量不是来自伦理信念的集中和一致，而是在于确保政治领域中“商谈”的程序设置。程序是解决公众参与实质有效的枢纽，如果利益不被转变为权利，那么该利益就是不安定的；如果政府不把服务转变为义务，那么该服务就是不可靠的，而实现这种转变的装置便是程序。[①] 可以说，程序问题是食品安全治理中公众参与的真正焦点。而且公众参与本身也是一种程序机制，具有控制、监督行政权力的功能。由于食品安全问题的复杂性以及公共性，食品安全治理

① 季卫东：《法治秩序的建构》，中国政法大学出版社 1999 年版，第 10、11、85 页。

的公众参与之相关法律规定应具有原则性、概括性、政策性，如将“公众参与”作为食品安全法的一项原则，原则性规定有足够的灵活度对食品安全治理的公众参与操作提供明晰的指导，同时通过规则、内部章程等形式进一步细化公众参与程序规则、具体操作规程。

1. 公众的利益认同与表达机制

公众的参与热情、参与愿望、利益认同是发动公众参与程序的源头，公众参与需求的有效表达，一是要确保公众的博弈资格，一是要整合利益共识、寻求专业支持和信息支持。利益表达也称权利表达，畅通的利益表达机制是缓和公民情绪、维护社会稳定的条件。公众通过司法机制、人民代表机制、公众参与机制等表达自己的食品安全利益，对食品安全公共决策施加影响。通过媒体促进公众对食品安全的认同，促使广大消费者对食品安全问题的认识不断提高，充分认识到选择好的食品对健康的重要性。如美国将每年的10月24日设为粮食日，粮食日是由公共利益科学中心（CSPI）创设的，旨在追求更健康、负担得起、可持续食物的全国性庆典或运动，该食品运动的目的是改善美国的食品公共政策。食品运动努力改变美国人的饮食习惯，倡导所有美国人，不论年龄、种族、收入、地区的不同，应选择健康的饮食，避免肥胖、心脏病和其他与饮食相关疾病。

2. 政府的反馈机制

政府的回应性体现政府对公众参与的态度，直接影响公众参与的广度和深度。政府通过多种方式对公众的利益表达进行回馈。公众参与机制的意义在于参与之后公众利益表达对政府的公共决策影响有多大，因此，只有政府具备了回应性，才有实现民主表达的可能性，否则，公众参与只是一个口号。公众参与不仅是公众表达意愿的方式，也是监督政府决策和行为的重要手段。政府回应是政府与公众之间建立协商互动关系的基础，双方之间通过信息交流、理性协商等方式表达、理解相互的立场和关注点，并寻求共识与合作。一是要开放接纳公众参与需求、及时揭示真相和需求动态。二是通过确定议题、有序协商讨论形成政策共识、宣传实施政策、解决事后问题。回应制度以公众向政府的利益诉求渠道和政府对公众的信息公开为基础，要求政府的回应应该是积极、有效的，要求公众对政府的回应进行评估。

3. 公共决策实施机制

公共决策经公众与政府充分博弈后，获得公众认同感，有利于决策的有效实施。同时，公众有权通过人民代表大会等制度安排监督政府执法工作的有效性，有权对政策的实施效果进行评估，如全国人大常委会近年来连续开展的“食品安全的执法检查”活动。食品安全公共政策包含从提出议题、讨论议题，再到作出决策、监督实施决策等阶段，因此食品安全治理的公众参与具有阶段性。一项食品安全决策贯彻实施过程中又会出现新的公共需求和新的议题，因此食品安全治理的公众参与又具有螺旋循环上升的开放体系。

六、食品安全治理的公众参与支持机制

公众参与的要旨在于公众时刻知悉、参与、监督政府食品安全决策和行为的全过程。公众参与离不开政府自上而下的鼓励、引导、规范，也离不开社会自下而上的推动、自觉、理性。有效的公众参与取决于很多因素，这些因素包括公众掌握的信息是否全面准确，利益的组织化是否充分，决策事项的专业复杂程度以及参与者的知识水平能否达到有效论辩的基本要求等。通过信息公开以提升公众的信息力，通过消费机构的设置以提高公众的组织力，通过开展食品安全教育以增进公众的知识力，通过公益诉讼保障公众的参与积极性，进而提高公众参与能力和效力。具体讲，一是政府开放立法和决策过程，透明、公开决策。包括政府决策信息公开，公众参与讨论、意见表达，政府反馈意见等；二是开展公众学习、教育，提

升公众理性认识。三是发挥媒体、社会组织等的组织优势，聚合公众实力和能力，提高公众参与效能。四是完善公益诉讼，保障公众的维权救济机制，提振消费者的维权和参与积极性。

（一）食品安全信息公开机制

信息公开是有效公众参与的重要前提。公众在充分了解食品的实际情况和事实根据的基础上，才能作出对社会、对自己负责的理性判断和行为。一项有意义的讨论只能在充分保障公众知情权的情况下，方才能够达成，要使得公众在讨论中采取一种负责任的立场，必须使公众能够获得与决策相关的有价值信息。食品安全信息公开主要指食品安全治理规则的透明度，生产经营者食品决策和行动的透明度，食品安全政府监管权力分配、相互依存的透明度，监管过程和监管结果的公开、透明。食品生产经营者依法向利益相关方公开其决策和经营活动的过程，能够最大限度地纠偏食品信息不对称，保护食品安全和公众健康。此外，食品生产经营者应健全标签等食品标示信息，维护消费者的知情权。政府决策和监管活动应最大限度地提高透明度，听取消费者的意见并向其提供各种信息资源，保障消费者拥有获得安全食品的充分信息及选择的权利，并应建立有效的食品安全信息系统，确保公众的知情权。

1. 规范食品标签信息

真实、准确、恰当的食品标示，能够如实反映食品营养和安全信息，是消费者判断食品经济价值和健康价值的重要依据，是消费者选择安全食品的必要信息有利于维护企业权益，防止假冒伪劣，净化市场。各国通过对食品标签信息监管，一是确保供应的食品的营养与安全；二是防止欺诈消费者。

消费者的消费决策取决于消费者所掌握的食品质量信息，食品标签是消费者可获得的食品质量信息的最直接载体，适当标签是各国保证食品在销售时是安全、有益健康的，实现食品安全控制的有效方式。对于已经在市场上流通的食品而言，需要有一套稳定的质量安全显示体系，增加信息供给。按照相关法律法规的要求，生产者须在食品包装上标明生产中所用原料，所含营养成分的含量以及添加的食品添加剂名称等关键信息，这是缓解信息不对称的一个基础性措施。

食品标签是指粘贴、印刷、标记在食品或者其包装上，用以表示食品名称、质量等级、商品量、食用或者使用方法、生产者或者销售者等相关信息的文字、符号、数字、图案以及其他说明的总称，是食品包装上的图形、符号、文字及一切说明物。内容真实完整的食品标签可以准确地向消费者传递该食品的质量特性、安全特性以及食用、饮用方法等信息，是保护消费者知情权和选择权的重要体现。我国食品标签方面的相关规范主要有《食品安全法》、《食品安全国家标准 预包装食品标签通则》（GB 7718—2011 年）、《食品标识管理规定》（2009 年）、《预包装食品营养标签通则》（GB 28050—2011）等。通过法律标准对食品标识以下方面进行规范：作为标识对象的食品范围、应标识的事项、相关主体的标识义务、监督检查、处罚及程序等。依据我国《食品安全法》，生产者对标签、说明书上所载明的内容负责。食品经营者应当按照食品标签标示的警示标志、警示说明或者注意事项的要求，销售预包装食品。食品和食品添加剂的标签、说明书，不得含有虚假、夸大的内容，不得涉及疾病预防、治疗功能。食品和食品添加剂的标签、说明书应当清楚、明显，容易辨识。食品和食品添加剂与其标签、说明书所载明的内容不符的，不得上市销售。《食品安全法》（2015 年）第 67 条，预包装食品的包装上应当有标签。标签应当标明下列事项：名称、规格、净含量、生产日期；成分或者配料表；生产者的名称、地址、联系方式；保质期；产品标准代号；贮存条件；所使用的食品添加剂在国家标准中的通用名称；生产许可证编号；法律、法规或者食品安全标准规定应当标明的其他事项。

2. 政府食品安全信息公开

提供客观、可信和易懂的食品安全信息是政府的责任。政府相关部门提高食品安全信息的收集能力和利用效率，准确、及时、客观地公开其在履行职责过程中制作或获知的，以一定形式记录、保存的食品生产、流通、餐饮消费以及进出口等环节的有关食品安全信息，维护消费者和食品生产经营者的合法权益。此外，通过政府网站、政府公报、新闻发布会以及报刊、广播、电视等便于公众知晓的方式向社会公布食品安全信息，逐步建立统一的食品安全信息公布平台，实现信息共享。

（1）监管结果公开。首先，建立有效的食品安全信息传导机制，把有效信息作为食品安全公共管理的重要手段，定期发布食品生产、流通全过程的市场检测结果及不安全食品的风险预警等信息，为消费者和生产者服务，使消费者了解关于食品安全性的真实情况，减少由于信息不对称而出现的食品不安全因素，增强消费者的自我保护意识和能力。食品生产供应者和政府监管部门在认真对待食品安全动态信息的同时，及时改进生产、服务和管理，提高其社会责任感和应变能力。其次，监管结果公开、透明，公开监管部门执法检查记录。强化对食品安全风险评估、检验检测、监督检查等结果的及时公开制度。通过公开的渠道向公众公布。出现食品安全问题，政府部门只要如实公布问题产品的信息，消费者用自己的消费行为就可以自然作出选择，一个企业的产品失去了消费者的信任，就会失去市场，就会被市场淘汰。而且，利用市场的惩罚功能，还可以大大降低监管部门的工作负荷。如英国食品标准局发布报告，点名警告亨氏、雀巢等西方知名品牌，在英国的产品致癌物升高，并提醒英国市民长期食用这些产品具有的风险。在香港，向消费者公开资讯，是保护消费者及提高其自保能力的重要措施，香港消费者委员会有两个网站为消费者提供信息，消费者委员会的官方网站（www. consumer. org. hk）和网上选择月刊的网站（http：//choice. yp. com. hk），并由《选择》月刊定期发放有关消费者权益的资讯和意见。[①] 除详尽列明产品测试报告和产品资料，及评估产品质量的专题研究和调查外，还有各类型的专栏，包括健康与营养常识、消费者个案投诉实录、危险产品、环境保护、投资者教育和全球性消费者关注的问题等。《香港消费者委员会条例》第20条第（1）款规定，任何人未经委员会以书面同意，不得发布或安排发布任何广告，以明示或默示的方式提述委员会、委员会的刊物、委员会或委员会委任他人进行的测试或调查的结果，藉以宣传或贬损任何货品、服务或不动产，或推广任何人的形象。

（2）规范食品安全信息公布渠道。通过政府网站、公报、发布会、新闻媒体等多种渠道向社会公布食品安全信息，逐步建立统一的信息公布平台。根据政府信息公开条例的规定，组织和个人可以通过以下方式查阅相关信息，一是政府公报、政府网站、新闻发布会以及大众媒体；二是各级政府在档案馆、图书馆设置的政府信息查阅场所。如果有关部门不依法履行政府信息公开义务的，社会组织和个人可以向上级行政机关等主管部门举报，收到举报的机关应当及时予以调查处理。

（3）食品安全信息公开的范围。食品安全信息，从性质上看，食品安全属于政府信息，具有公共产品的属性；从内容上看，食品安全信息关涉人体健康。食品安全信息包括食品安全总体趋势信息、食品安全日常监测信息、食品安全监管工作信息、食品安全事件信息、食品生产许可及信用信息等。政府应建立一个信息披露机制，通过多种媒体向公众通报食品市场信息，这些信息包括与食品安全

---

① 《选择》月刊是香港消费者委员会1976年11月创刊的面向公众的消费指南刊物。该刊不接受任何商业广告，内容主要是消费者委员会进行的产品测试、服务调查报告，向消费者提供公正、客观、中肯的信息，提醒消费者注意产品的安全，并作出适当的选择。产品测试报告，消费者委员会试验的产品样本由其指定的购物员以消费者身份在市面上购买，如果采购人员和检测人员向所测试产品的企业泄露了相关资料或者接受馈赠，须承担相应的责任。产品研究报告，为消费者提供资讯及分析产品的声称是否属实。

有关的监测和监督抽查结果、处理意见，对监测和监督抽查结果的分析评价，食品认证信息和食品（企业）品牌信息等，其中最重要的是动态质量监测信息。通过向消费者提供足够的信息，使得正规企业的良好行为进一步得到市场认可，同时增加违规企业的机会成本，从而约束其道德行为。美国FDA掌握着数百万份关于食品和药品安全的文件，包括对公司的检查结果，以及食品安全操作与管理程序手册。1971年以前，FDA只是将10%的记录公之于众。但是就在那年，该机构实施了一项新规定，使90%的文件得以公开。今天，任何人都可以在其网站上找到FDA的原始检查报告。[①] 日本检疫所举办一些活动，如在不影响监视指导相关工作的情况下，允许普通公众参观检疫所，以获得公众对监视检查工作真实情况的广泛了解。

（4）构建纵横交错的信息公布网络。国家建立统一的食品安全信息平台，实行食品安全信息统一公布制度。国家食品安全总体情况、食品安全风险警示信息、重大食品安全事故及其调查处理信息和国务院确定需要统一公布的其他信息由国务院食品药品监督管理部门统一公布。食品安全风险警示信息和重大食品安全事故及其调查处理信息的影响限于特定区域的，也可以由有关省、自治区、直辖市人民政府食品药品监督管理部门公布。未经授权不得发布上述信息。县级以上人民政府食品药品监督管理、质量监督、农业行政部门依据各自职责公布食品安全日常监督管理信息。县级以上地方人民政府食品药品监督管理、卫生行政、质量监督、农业行政部门获知依法需要统一公布的信息，应当向上级主管部门报告，由上级主管部门立即报告国务院食品药品监督管理部门；必要时，可以直接向国务院食品药品监督管理部门报告。县级以上人民政府食品药品监督管理、卫生行政、质量监督、农业行政部门应当相互通报获知的食品安全信息。公布食品安全信息，应当做到

---

① 陈定伟："美国食品安全监管中的信息公开制度"，载《中国改革》2011年第8期。

准确、及时，并进行必要的解释说明，避免误导消费者和社会舆论。任何单位和个人不得编造、散布虚假食品安全信息。县级以上人民政府食品药品监督管理部门发现可能误导消费者和社会舆论的食品安全信息，应当立即组织有关部门、专业机构、相关食品生产经营者等进行核实、分析，并及时公布结果。

（二）食品安全教育机制

一定意义上，消费者教育是保护消费权益的起点和根本。食品安全法治必须改变重事后惩罚与补救的思路，应加强预防性法律制度的建设。食品安全治理的思路为标本兼治、综合治理、防治并重、注重预防，建立健全教育、制度、监督并重的惩治和预防体系。在商业利益的驱使下，食品公司一方面通过游说等方式影响政府的食品安全法律和决策，另一方面通过广告等方式影响消费者的食物选择。贝克提出："没有社会理性的科学理性是空洞的，没有科学理性的社会理性是盲目的。"因而建立健全食品安全宣传教育机制是提升消费者知识水平进而提升消费者理性和参与能力的重要机制。美国非常重视食品安全教育，致力于通过食品安全科学知识的普及提高社会公众食品安全的意识和能力。不仅有健全完备的法律作为支撑，如《营养标签与教育法》(Nutrition Labeling and Education Act, 1990)、《膳食补充与健康教育法》（Dietary Supplement Health and Education Act, 1994）等，而且在实践中建立了完善的食品安全教育体系且不断发展和改进。

在我国，公众对食品安全问题达到前所未有的关注，但公众的食品安全意识、食品安全法律法规的知晓率以及食品安全科学知识水平仍需大幅提升，食品安全宣传教育工作也不够深入、全面、高效。这需要政府发动有关部门、大学、研究机构、消费者组织等各种力量，开展常规、日常的食品安全科普宣传教育，普及食品安全法律法规和科学知识，促进社会公众树立科学、适当的食品消费理念，增强食品安全意识，提高预防、应对食品安全风险的能力。我国《食品安全法》第8条规定，“国家鼓励社会团体、基层群众性自治组织开展食品安全法律、法规以及食品安全标准和知识的普及工作，倡导健康的饮食方式，增强消费者食品安全意识和自我保护能力。新闻媒体应当开展食品安全法律、法规以及食品安全标准和知识的公益宣传，并对违反本法的行为进行舆论监督”。2011年国家基本公共卫生服务项目扩大了内容，增加了项目。其中基层医疗卫生机构开展健康教育活动经费被纳入基本公共卫生服务。①

食品安全宣传教育具体措施包括：第一，通过影视作品、展览、画册、挂图等方式，制作科普专栏、专题节目、宣传片、纪录片等，利用现代通信技术如手机、互联网等开展日常或临时应急食品安全科学知识宣传与教育。充分利用互联网络，建立食品安全消费者教育工作联络网进行相关的信息交流和共享，为食品安全宣传教育提供支撑平台。第二，通过“食品安全宣传教育日、宣传教育周、宣传教育月、宣传教育年”等方式集中开展某一主题的食品安全宣传教育活动，并通过报刊、广播、电视、互联网等各种媒体扩大活动的社会影响力和普及率。如美国将每年9月确定为全国食品安全教育月，以加强对食品服务人员的食品安全训练以及公众正确选择、处理食品的教育，并建立了全国食品安全信息网络，向公众提供食品安全信息，提高公众的食品安全意识。第三，通过开展“食品安全进社区、进农村、进校园、进工厂、进机关……”等活动，发挥各种社会组织的作用，积极开展食品安全宣传教育活动。第四，编辑科普读物和音像制品，采用多种形式出版发行。如制作食品安全处理和制备的消费者宣传资料，并附上营养和生活方式建议等简单明了的信息。聘请有社会影响力的正面人物担任食品安全形象大使，参与各种宣传教育活动。在美国，通过使用“问问卡伦”（Ask Karen），消费者可以找到食品安全问题的答案，“问问卡伦”是一个能让消费者每周7天、全天24小时地询问食品安全问题的特别节

① “食品安全信息报告纳入基本公共卫生服务”，载《广州日报》2011年5月25日A7版。

目，“卡伦”是食品安全检验局（Food Safety and Inspection Service，FSIS）的虚拟代表。第五，加强与媒体的沟通交流。通过记者招待会、媒体通气会等方式开展食品安全专题发布讨论，重点分析社会公众广泛关注的食品安全事件或某一方面的问题，提高媒体科学认知食品安全风险、科学传播能力。食品安全相关部门要建立健全食品安全信息发布制度，通过新闻发布会、媒体通气会、专题访谈等形式，大力宣传食品安全政策、措施，并将日常宣传与集中宣传有机结合。通过媒体及时公开监管信息，主动公布监督检查结果，揭露食品安全违法违规行为，公开、宣传处罚结果，对重大案件查处情况以及重要专项活动工作信息，还应公布监督检查过程和相关的科学依据、数据，与利益相关方展开充分沟通交流，增强食品安全监管工作透明度。第六，办好食品安全网站。食品安全相关部门应在自己的门户网站开设食品安全宣传教育专栏，加强与公众间的食品安全信息沟通交流，宣传重大食品安全举措及成效，及时准确地公布监督检查、风险评估和风险预警等食品安全信息。第七，正确引导食品安全舆情。食品安全相关部门要建立食品安全舆情监测制度，对媒体报道、互联网社区、即时通讯等信息实施监测，及时发现食品安全问题，科学确认食品安全风险，适当处置权威信息，消除公众疑虑，避免社会恐慌。第八，将消费教育纳入国民教育。《联合国保护消费者准则》（1999 年扩大版）规定，各国政府应拟定或鼓励拟定与本国国民的文化传统相适应的消费者教育与宣传方案，使公众能够认识自己的权利和责任，成为有鉴别力的、理性选择的消费者。在制订方案时，应特别顾及乡村及城市地区低收入者等处于不利地位消费者的利益和需求。各国政府应鼓励消费者组织及其他包括大众传媒在内的有关民间组织或团体参与消费教育与宣传工作。在适当情形下，消费者教育应成为教育系统基本课程的组成部分，最好成为现有学科的一部分。该准则将“保健、营养、防止食物治病和掺假”作为消费者教育与宣传的重要内容之一。欧美等市场经济成熟的国家把消费教育作为消费者权益保护的重要内容，纳入义务教育和学历教育等国民教育体系，成为全社会的共同任务和责任。我国应将食品安全教育以及消费者教育纳入义务教育，在学历教育体系中加强食品安全相关专业的广度和深度。在中小学教材中编入食品安全科学知识的内容，在思想教育、素质拓展教育中加入食品安全专题，并组织学生参与食品安全实践活动。在学历教育中，推进大学的食品安全相关学科建设，增强硕士、博士、博士后流动站等的食品安全科学知识研究能力，强化食品安全专业教育，培养食品安全专业人才。

（三）食品安全相关组织机制

政府、企业、消费者各方能力的不均衡是食品安全问题深层次的根源，完善平衡协调机制显得尤为重要。政府和企业具有组织化的运作手段，处于权力、财力、信息力的优势地位，而消费者因社会原子化状态而带来的弱势地位并没有实质性的改变，因而消费者的结社以及发挥社会组织的功能是公众参与的重要保障机制。遇到食品安全问题时，我们不能指望消费者个人具备专业能力，能够对所有问题进行分析，为复杂的社会政策和监管流程作出有意义的贡献。权利保障依赖主体的参与，而个体利益如果得不到有效组织化，则将失去有效参与的能力、信息、支持等资源；进而，分散个体的利益将在相互冲突和高成本游戏的过程中被吞噬和淹没，社会组织则是连接散在的个体公民与社会之间的主通道。消费者团体是有组织的，这种独立的非营利性组织能够发挥出集体力量和政治影响，以确保相关部门在政治和决策过程中能够听到普通消费者的呼声。

1. 我国政府消费者保护机构的设立

确立消费者在食品安全决策和行动中的核心地位，尤其是消费者在参与食品安全政策制定、食品安全监督等方面的地位，在食品安全和消费者措施中，将保障食品安全和公众健康放在首位，提振消费者食品安全信心，是各国的普遍做法。

将保障食品安全与公众健康同消费者保护相衔接，食品安全的公众参与机制要在食品安全管理政策中体现消费者在食品安全领域的中心地位，应从确立、保护消费者的权利角度出发，作出统一设计，从制度原则层面保障公众在食品安全管理中的核心地位，并设置专门的消费者行政机构统一实施消费者公共事务管理。

食品安全法由“重视经济发展、重视企业利益”向“优先保护消费者”过渡，是世界食品安全法发展趋势之一，美国、日本等国家和地区的食品安全法均确立了“公众健康至上的理念”。我国《食品安全法》也将立法宗旨确立为“维护食品安全与公众健康”。但是如何提升消费者的地位仍然有待具体的制度化，保护消费者的措施仍然有待进一步整合。其中，消费保护机构设置及其角色定位是行之有效的措施之一。以消费者保护为中心，设立专门、独立的政府消费者保护机构，并对其内部设置及功能进行定位，专门从事管理消费者事务，统一实施消费者保护政策。如美国联邦贸易委员会消费者保护局、[①]香港消费者保护委员会、[②]日本国家消费者事务中心、[③]台湾地区

① 美国联邦贸易委员会的消费者保护局致力于防止消费免受欺诈以及其他不公平的商业行为。其职能包括：通过执行联邦保护消费者法律，提振消费者信心；通过向消费者免费提供信息，保护消费者免受欺诈和欺骗；接受消费者的投诉和申诉并开展调查；支持消费者诉讼、进行消费诉讼及帮助消费者索赔；开展消费教育等。该局主要由广告实践部、消费者教育部、执行部、金融活动部、市场实践部、计划信息部、隐私和身份信息保护部7个部门组成。如广告部通过实施国家真实广告法律保护消费者，并特别注重加强食品、非处方药、膳食补充剂、酒以及高科技产品和网络方面的工作。

② 香港消费者委员会是法定团体，成立于1974年4月，委员会的主要财政来源为政府资助，但在制定及执行政策方面不受政府干预具有自主权，其委员及雇员因公秉诚办理事务时，受《消费者委员会条例》保障，个人无须承担责任。其宗旨是保障消费者的权益，加强消费者的自保能力。主要工作包括：向消费者提供产品及服务的信息；推行消费者教育活动，让消费者认识应有的权利和义务。

③ 日本在通商产业省（后改为经济产业省）下设国家消费者事务中心（The National Consumer Affairs Center of Japan，简称NCAC），1970年依据日本1968年《消费者保护基本法》成立并根据2004年《消费者基本法》重新组织的保护消费者利益的核心组织，独立行使职权，提供有关改善国民生活的信息，从事消费者教育与培训等活动，在地方设立地方消费者事务中心。NACA的职能包括：消费信息的收集、分析及发布；消费者咨询；信息的发布与调查；产品的测试；教育与培训；消费者非诉讼纠纷解决机制；国际交流。

“消费者保护委员会”等。①

依据我国现行的行政体制，在国家工商行政总局下设消费者权益保护局，消费者权益保护局的主要职能是：研究、拟订消费者权益保护的法律规章、政策措施并组织、监督执行；组织查处严重侵犯消费者权益的案件；对流通领域商品质量进行监督检查，并组织查处流通领域假冒伪劣等违法违规行为。由于缺乏独立性以及权力配置级别低等原因，这一机构对于消费者权益的保护功能削减。鉴于有关国家和国际组织的消费者保护法当中，均有关于设立消费者政府机构的规范，建议在我国消费者保护法修改时，在国务院部门中设立专门的消费者保护委员会，专司消费者保护工作。笔者认为，应借鉴市场经济成熟和消费者保护发达的国家经验，建立一个独立的、专门的国家消费者权益保护委员会或者国家消费者政策委员会，专司消费者保护行政工作，制定消费者保护的政策，以充分地激活市场的理性，构建和谐消费环境。消费者行政机构与消费者社会组织相比，前者拥有政府行政权力，属于公权力系统的行政监管、监督，履行的是政府的公共管理职能；后者在性质上属于民间社会团体，履行社会监督。其职能设置主要应包括：研究、拟定、修订消费者保护计划、政策、措施，并监督、检查、考核其实施；研究国际国内消费者保护趋势及其与经济社会发展相关问题；进行消费者宣传教育，收集并提供消费信息；监督、协调地方机构之权力设置、消费者保护政策、措施；公布消费者保护计划、政策、措施等的实施结果。在食品安全领域，消费者政府机构的职权应包括：采取必要的措施和方法，强行制止不安全食品的权力；强迫食品生产经营者，从食品特性及其他方面给消费者提供完整的信息，提供明确的说明等。

---

① 在台湾地区，“行政院”下设“消费者保护委员会”（简称“消保会”）这一官方机构，专司消费者保护工作。侧重于研究制定消费政策、负责解释台湾地区“消费者保护法”等消费者权益保护事项。另在全国各县市政府，均设置消费者服务中心、消费者保护官及消费争议调解委员会。职能包括：政策之研订、审议及协调推动、“消费者保护法”之解释及研修、重大消费事件之协调处理等消费者权益保护事项。

2. 我国消费者组织的定位

广义上讲，消费者组织是一切以保护消费者利益为宗旨而成立的组织，关注的不是消费者组织的形式，不论其是官方的还是民间的，包括官方、半官方的消费者机构和狭义的消费者组织。在多数国家中，专门设有官方消费者组织，还有半官方、民间消费者组织。

首先，消费者组织是公益性社会组织。

中国消费者协会于 1984 年 12 月经国务院批准成立，是对商品和服务进行社会监督的保护消费者合法权益的全国性社会团体。根据我国《社会团体登记管理条例》，社会团体是指中国公民自愿组成，为实现会员共同意愿，按照其章程开展活动的非营利性社会组织。然而在我国消费者协会并不是由消费者自发成立的，而是由政府发起成立的保护消费者的机构，因此，我国 2013 年修订后的《消费者权益保护法》对消费者组织进行了重新定位，将消费者组织从“社会团体”转变为“社会组织”。《消费者权益保护法》（2015 年）第 36 条规定，消费者协会和其他消费者组织是依法成立的对商品和服务进行社会监督的保护消费者合法权益的社会组织。该法第 37 条规定消费者协会的公益职能包括：向消费者提供消费信息和咨询服务，提高消费者维护自身合法权益的能力，引导文明、健康、节约资源和保护环境的消费方式；参与制定有关消费者权益的法律、法规、规章和强制性标准；参与有关行政部门对商品和服务的监督、检查；就消费者合法权益问题，向有关部门反映、查询，提出建议；受理消费者的投诉，并对投诉事项进行调查、调解；投诉事项涉及商品和服务质量问题的，可以委托具备资格的鉴定人鉴定，鉴定人应当告知鉴定意见；就损害消费者合法权益的行为，支持受损害的消费者提起诉讼或者依法提起公益诉讼；对损害消费者合法权益的行为，通过大众传媒予以揭露、批评。

其次，消费者组织以保护消费者利益为宗旨。

保护消费利益是消费者组织的根本宗旨，这决定了消费者组织的性质，是区分消费者组织与其他组织或团体（如工会等）的重要标志。保护消费者利益包括保护消费者的整体利益、消费者的个体利益以及消费者某一方面的利益等。因此，消费者组织包括消费者协会和其它消费者组织，为了消费者安全和公平贸易等某一方面利益而设立的组织，如日本的主妇联盟和台湾地区的主妇联盟等，也属于消费者组织。消费者组织不得违反其宗旨从事其它活动。消费者组织应以公平和公正的态度处理事务，其运作应保持高透明度，保持独立意见，可让公众问责。

再次，消费者组织不以营利为目的。

消费者组织不得从事营利性活动，消费者组织应是中立的，中立于生产经营者。为了保障消费者组织在经营者与消费者之间的中立以及消费者组织的独立，消费者组织不能接受在其出版物上刊登任何商业目的的广告，其向消费者提供的信息和忠告建议不允许有选择地为商业所利用，其行为和评论的独立性绝不因接受赞助而受影响和限制，消费者组织不能接受营利性企业和党派政治性机构的捐款，以保持其在企业与消费者之间的独立、公正，保证消费者组织真正代表消费者利益。如国际消费者联盟组织，其经费来源包括会费，销售出版物所得，接受无商业性、党派政治性机构的赞助，其成员有会员和通讯会员之区分。会员的资格要求是：完全代表消费者利益，与政党政治分离，与商业经营和贸易等经济利益分离。会员的权利是：取得会员资格两年后参加理事会选举，免费接受国际消费者组织联盟的所有刊物、报纸及信息服务及其他协作服务。会员的义务是：缴纳会费、报送工作年报、财务预算、寄送刊物、积极参与组织活动等。通讯会员也要求代表消费者利益与商业活动无关，通讯会员可以免费或半价接受该组织的刊物，有偿使用其信息，以观察员身份参加全体大会，同时负有缴纳会费、报送工作年报、寄送刊物的义务。[①] 台湾地区消费者文教基金会（简称消基会），作为民间公益性社会组织专司消费者保护。消费者文教基金会，属于财团法人，为专门改善消费环境，维护消费者权利所设立

---

① 李昌麒、许明月：《消费者保护法》，法律出版社2005年版，第118页。

的非营利性的第三部门。消基会的经费主要来自台湾地区民众的小额捐款、消基会主办的《消费者报道》杂志订阅费、消基会发行部出版的“消费者出版品丛书”的出让费。日本消费者协会于 1961 年 9 月 3 日成立，其经费来自于政府拨款。我国《消费者权益保护法》(2013 年）第 38 条规定，“消费者组织不得从事商品经营和营利性服务，不得以收取费用或者其他牟取利益的方式向消费者推荐商品和服务。”各级人民政府对消费者协会履行职责应当予以必要的经费等支持。消费者协会应当认真履行保护消费者合法权益的职责，听取消费者的意见和建议，接受社会监督。

最后，完善消费者组织的功能。第一，通过影响政府食品安全政策、对政府食品安全工作进行建议等方式，推动政府做好食品安全与消费者保护工作，并为消费者参与食品安全公共决策提供平台。第二，开展食品检验检测，并公布检测结果，为消费者提供客观、中肯的信息，从而警示消费者。应借鉴发达国家的做法，在消费者协会设立检测机构，经费来源可借鉴德国的模式，部分来源于政府财政拨款，部分依靠社会资助；也可参照日本模式，由政府全额拨款。第三，搜集、分析与发布有关食品安全问题及安全风险的相关信息。消费者充分掌握了信息，辨识不安全食品，作出适当、明智的消费选择。调查、研究各类食品，为消费者提供资讯及分析产品的声称是否属实。第四，监察不安全食品并要求有关供应商回收，影响食品生产经营者，使其食品适合消费者的需要。第五，开展食品安全宣传、咨询和消费教育，让消费者认识自己应有的权利和义务，加强消费者维护食品安全与本身权益的能力。第六，接受消费者的食品安全投诉并进行调查、鉴定、处理，就消费者所受侵害，支持消费者诉讼或代表不特定多数消费者起诉，通过媒体对损害消费者行为进行披露，给不法经营者造成舆论压力。第七，支持消费者起诉或提起食品安全公益诉讼。第八，开展食品安全国际交流活动，向外国介绍消费者保护状况，研究国际消费者保护运动及其他国家的实践，为本国消费者保护提供相应的借鉴等。

（四）食品安全公益诉讼机制

现代复杂的风险社会，随着公司和组织的扩大，社会共同生活中的危险来源由单个人之间的个人侵权，逐步过渡到以企业活动为中心的危险活动。作为复杂组织形式的企业，其经营活动成为现代社会重要的危险来源。[①] 一个侵权行为可能致使多人受损的事件频繁发生，而且这种大规模侵权的可能性成为当今时代的特征之一，也使得把一个诉讼案仅放在对等主体之间“一对一”进行考虑传统的框架越发显得捉襟见肘。

一方面，食品安全纠纷中，消费者与经营者之间基于先行行为、经济力量相差悬殊、信息分布不均衡、专业知识不对等以及经营者的垄断地位等原因而存在着攻击防御能力相差悬殊的问题。[②] 通过消费者公益诉讼，个体消费者可以避免诉讼程序过于复杂而带来的巨额时间成本，减轻消费者获救金额较少而带来的诉讼惰性，还可以有效防止或者减少不法经营者通过对个体消费者的“微小侵害”而获取巨大不法利益。另一方面，食品安全事件中，往往受害人众多，传统的民事诉讼费时费钱，缺乏效率，难以对受害人提供有效救济，通过政府的行政管理加以解决虽具有及时、高效性，但缺乏公正性基础及法治运作机制，而公益诉讼提供了维护消费者利益的有效途径，公益诉讼通过司法程序保护消费者权利进而推进食品安全，体现了遵循法治和利用社会公众力量的理念。在食品安全治理过程中，公益诉讼不仅具有消费者公共利益保护功能，还具有促进公共政策形成的功能。公益诉讼是公众参与的重要话语机制，通过公益诉讼改变公共讨论的主题，给予缺乏权利保护手段的人以关注和尊重，

---

① 朱岩：“从大规模侵权看侵权责任法的体系变迁”，载《中国人民大学学报》2009年第3期。

② 肖建国、黄忠顺：《消费纠纷解决——理论与实务》，清华大学出版社2012年版，第242页。

为公众参与食品安全公共治理提供了最经济的法治路径。

公益诉讼是指个人或团体，对损害不特定多数人的社会公共利益的行为，请求人民法院进行纠正和制裁的诉讼活动。公益诉讼的基本判断标准是：在特定诉讼中，原告提出的诉讼请求所保护的法益是否超过了私人利益的范围，如果是，即为公益诉讼，否则为私益诉讼。依据我国2012年《民事诉讼法》第55条规定，受理公益诉讼案件须具备"损害社会公共利益的行为"这一要件。[①]食品安全公益诉讼案件中，食品安全侵权的受害人往往是不特定的多数人，即公众。原告不仅主张自己的利益，而且试图排除与其处于同一状况的社会公众的扩散性、片段性利益受侵害，具有公益性。在现代风险社会，食品安全案件或事件多属于大规模群体性侵害事件，加之食品安全与人的生命健康息息相关，食品安全事件又属于公共事件。食品安全纠纷多属于群体纠纷，群体纠纷所涉及的利益为特定或不特定多数人利益，即群体利益，食品安全群体利益既包括一般消费者私权主张在规模上的扩张，也包括公众健康这一公益性很强的诉求。

一方面，我国近年来，食品安全事件频发，法院食品安全案数量激增。2011年，全国法院共受理食品安全纠纷案367件，审结333件。2011年全国法院受理的危害食品安全犯罪案件上升216%。2012年上半年，全国法院共受理食品安全纠纷案330件，审结276件，生效判决人数425人，收结案数接近2011年全年的水平。[②]另一方面，司法实践中，三鹿等大规模食品安全侵权案件发生后，并没有出现相应的大规模诉讼，而是行政机关承担了惩罚侵权人、对受害人提供救济的职能。理论上讲，司法机关应成为处理食品安全侵权纠纷的终局机关，我国在处理此类事件中，行政力量超乎司法

---

① 我国《民事诉讼法》（2012年）第55条规定，"对污染环境、侵害众多消费者合法权益等损害社会公共利益的行为，法律规定的机关和有关组织可以向人民法院提起诉讼"。

② 白龙："上半年受理案件数超去年全年，食品安全案数量激增"，载《人民日报》2012年8月1日。

力量，这种行政机关主导的食品安全侵权纠纷解决模式与权利本位、程序正义、多元互动的现代法律文化不相适应，因而随着权利意识的提升，发挥司法的终局解决机制是我国食品安全纠纷解决的发展趋向。

1. 食品安全公益诉讼的适用条件

公益诉讼是一种更好地表达和沟通社会群体意见、维护公众利益、疏解冲突的一种形式。适度开展公益诉讼，避免滥诉，保障公益诉讼有序进行，有利于社会进步。因此，公益诉讼应当在法律规定的范围内依法进行。受理公益诉讼案件的特殊条件是"损害社会公共利益的行为"。我国2012年的《民事诉讼法》第55条规定："对污染环境、侵害众多消费者合法权益等损害社会公共利益的行为，法律规定的机关和有关组织可以向人民法院提起诉讼。"可见，法律规定的机关和有关组织可以对"损害社会公共利益的行为"提起诉讼，该条列举指出"侵害众多消费者合法权益的行为"属于"损害社会公共利益的行为"。在食品安全纠纷中，不安全食品损害公众健康，属于侵害不特定多数消费者合法权益的这一公共利益的范畴，因而，像"毒胶囊事件""三聚氰胺事件"等均符合公益诉讼的条件。

2. 食品安全公益诉讼主体

依据《民事诉讼法》第55条的规定，我国公益诉讼的主体包括法律规定的机关和有关组织。这里有三个关键词："机关""有关组织""法律"。这里的"法律规定的机关"需要作目的性限缩解释，将"机关"解释为人民检察院和法律明确规定的可以提起公益诉讼的行政机关，行政机关应该在相关的《环境保护法》《消费者保护法》《食品安全法》等实体法中进行明确规定。

食品安全纠纷中，消费者与经营者之间的经济条件、教育水平、议价（谈判）能力等存在不平衡，消费者无论在起诉的专业知识还是在物质保障上都处于弱势地位，难以与被告经营者进行诉讼抗衡。消费者势单力薄，诉讼过程曲折艰难，"赢了官司输了钱"的结局让不少消费者望而却步。我国《消费者权益保护法》赋予消费者协会公益诉讼的资格，该法第47条规定，对侵害众多消费者合法权益的行为，中国消费者协会以及在省、自治区、直辖市设立的消费者协会，可以向人民法院提起诉讼。并增加消费者协会公益诉讼职能。通过消费者组织公益诉讼，推动食品生产经营者对食品安全负责，推进政府积极履行食品安全监管职责。

此外，强化消费者组织支持消费诉讼的传统功能，如香港设有消费者诉讼基金。香港消费者委员会是消费者诉讼基金的信托人。基金于1994年11月依据信托声明成立。成立初时获政府拨款1000万元，为消费者提供法律援助及经费，在涉及重大公众利益和公义的事件上，协助有同样遭遇的消费者循法律途径追讨赔偿。自成立以来直至2012年3月，经基金处理的申请数目为1231件，在申请期间问题已获解决的数目为153件，获基金批予协助其申请的数目为681件（当中获得赔偿的数目为190件）。

3. 食品安全公益诉讼的审理程序与证据规则

食品安全公益诉讼中，由于消费者与经营者的攻击防御的差异，应合理变通“谁主张谁举证”的证据原则，减轻消费者的举证责任。如台湾地区塑化剂事件，消基会代表568名消费者提起团体诉讼，提出赔偿78亿元新台币。依据台湾地区“消费者保护法”的团体诉讼规定，必须由经认可的消费者团体提出，如台湾地区消基会、台湾地区消费者协会。但是团体诉讼“举证困难”，塑化剂事件危害范围广大，受害对象不明朗，加之消费者购买产品的证明、医师诊断书等证据往往疏于保全，因果关系难以证明，因而，简化程序，并减轻消费者举证责任，便于诉讼。

4. 在诉讼程序方面支持消费者诉讼

为了鼓励消费者维权，平衡消费者与经营者之间的攻击防御能力的差异，一是法院应当对不熟悉诉讼程序的消费者进行必要的阐明，指导其妥当地行使诉权。二是减轻消费者的主张责任。小额消费中，消费者往往疏于消费凭证的收集与保存，发生纠纷后若经营者“保持沉默”，将导致双方当事人无法形成争点，造成证据调查的前提和对象不充分，进而导致双方供给防御无法有效开展。借鉴国外经验，规定经营者的完全陈述义务或通过“消极的单纯否定视为自认”来强化经营者的主张义务。如《日本民事诉讼法》第79条规定，对对方当事人主张的事实进行否认，必须载明理由。再如《德国民事诉讼法》第138条规定，当事人应当对事实进行全面、真实的陈述。当事人否认对方当事人所主张的事实时，应当陈述理由，没有明显争执或从当事人的其他陈述中不能看出争执的，视为自认。对于某些事实，只有既非当事人自己的行为时才准许说“不知”。三是举证责任倾斜。由于证据在消费者和经营者之间的分布不均匀、经营者离证据较近等因素考量，对消费者进行举证责任减轻、移转、倒置等方式进行倾斜保护。比较有代表性的是危险领域理论，即待证实是属于哪一方当事人控制的危险领域，由其就该事实负证明责任。加重经营者提供证据的义务，通过“不理推定”模式制裁违反完全提出证据义务的经营者。四是前置或融合非诉纠纷解决机制。借鉴域外经验，设置小额纠纷诉前强制调解程序，如《德国民事诉讼法》第15a条规定，各州有权对1500马克以下的小额案件采取诉前强制调解。强化法院的职权干预，推进食品安全纠纷解决程序呈现非诉化趋势。法院已受理的小额案件，实行非诉纠纷解决机制与诉讼解决机制融合，强调非诉机制在诉讼中的运用。如最高法院《关于适用简易程序审理民事案件的若干规定》第14条规定，除了根据案件性质和当事人的实际情况不能调解或显然没有调解必要的小额纠纷案件，开庭审理时应先行调解。

结　　语

食品安全风险开启了道德和政治的空间，孕育着一种公众参与和责任文化。现代社会是风险社会，食品安全是食品工业决策和行动的附属物，政府、食品生产经营者向社会公众开放其食品决策和行动过程，是化解食品风险的制度需求，透明的立法与监管流程，以及侵权诉讼体系能够创建良好的社会氛围，推动食品生产经营者生产安全的食品，维护公众健康。食品安全的社会性和公共性特征使得公众参与成为食品安全治理机制的基础和支架。

解决食品安全问题寄希望于生产经营者的道德和自律是不现实的，只靠政府之手亦不可能。必须转变思维方式和治理途径，改变“政府万能”的观念，改变政府不重视社会公众参与处理社会公共事务的传统，发挥社会的力量，发动社会公众的主体能动性。通过消费者个人、消费者组织、社区组织等社会组织参与，能够对食品安全问题产生巨大的影响——他们既能影响政府，也能影响企业，使得政府、市场和社会在食品安全治理问题上形成良性制衡关系，即避免了市场本身的恶性竞争、又避免了政府的自由放任或监管不力现象。这种制衡将一种内在的支撑力量植入各种制度的运作，建构起食品安全领域的良性治理秩序，也使食品安全治理表现出消费者和社会公众的主体能动性。政府与民间社会的良性互动是不断激活食品安全治理制度向善的力量。

食品安全最终由市场中的安全食品来体现，因此，食品生产经营者是保障食品安全的基础性力量，是食品安全的第一责任人，生产经营者的自觉、主动担责是食品安全的保障。生产经营者对食品安全负有基本的法律责任，有责任在食品产业链的各个环节适当地采取必要措施，确保食品安全。食品产业链各环节的生产经营者遵循高质高效的食品安全流程，依据相关食品安全标准，对自身的生产经营活动过程实施管理，是食品安全有效控制的基础。简言之，食品生产经营者的责任体系构建和商业诚信是食品安全的基础。但是，食品生产经营者的道德与诚信不可能从天而降，生产经营者的诚信源于政府监管和社会监督的压力，没有政府和社会公众的外部监督压力，期望食品生产经营者的诚信自律，是不切实际的。首先，政府监管对生产经营者的监管压力。政府有责任对食品掺假掺毒进行监督监管，使得食品生产经营者畏惧政府的监督处罚而诚信自律。如果政府相关部门监督监管不力，消费者、社会组织必须行使权利。

其次，社会公众对食品生产经营者的监督制衡，一方面，通过社会组织以及社会舆论的力量，引导、支持社会公众集体行动，对不诚信者的食品说“不”，迫使产业者畏惧丧失市场信誉导致的丧失市场进而对食品安全负责。另一方面，通过公益诉讼等司法救济手段，确保公众能够诉诸法律，使得食品生产经营者畏惧公众的诉讼与巨额索赔而诚信自律。最后，公众参与是对食品安全政府监管的制衡，是对食品安全政府监管的监督。“一切有权力的人都容易滥用权力，这是万古不易的一条经验。有权力的人们使用权力一直到遇有界限的地方才休止。”① 这是对权力运行规律的最佳阐释。因此，对食品安全监管机构权力的运行进行必要的控制、监督尤为必要。如何保障政府监管部门充分发挥其监管职能，真正履行食品安全和公共健康的职责，而不被商业利益俘获，除了政府自身内部的激励与约束机制外，社会公众的外部问责压力也是必不可少的。拥有公共权力的政府监管部门的监管动力来自于被社会公众问责的压力，如果没有问责风险，没有压力，政府的监管动力是可想而知的。实践中，政府监管者有权无责或者权责失衡，导致选择性执法和弹性执法，不利于食品安全问题的解决，也影响政府的公信力。因而，政府的有效监管，须加强公众参与，重构以权力制约权力、以权利制约权力、以民主法治制约权力的闭环监督系统。综上可见，公众参与是食品安全治理体系中最基础、最广泛、最彻底、最主动的治理。只有这样的良性循环，才能最终化解食品安全矛盾进而形成食品安全治理的良性秩序。

① ［德］拉伦茨：《法学方法论》，陈爱娥译，商务印书馆2003年版，第389页。

食品安全公共事件的媒体监督报道框架及对策建议*

——基于皮革奶事件的分析

赵兴健　姚一源　王志刚**

近年来，恶性食品安全事件层出不穷，引起公众强烈关注。这一方面暴露了我国食品安全的监督管理还存在一定漏洞，特别是政府缺乏有效的监督机制和公开透明的食品安全信息披露机制，另一方面公众缺乏获取信息的权威渠道，难以发挥社会舆论作用。因此，媒体监督作为政府监督的一种有效补充，在食品安全事件的信息披露和监管方面作用重大。随着消费者食品安全意识的提高、信息传播速度的加快以及网络舆论环境的发展，媒体监督披露对解决食品安全问题的作用日益凸显。2009 年出台的《食品安全法》强调了"新闻媒体应当开展食品安全法律法规以及食品安全标准和知识的公益宣传，并对违反本法的行为进行舆论监督"，从法律层面认可了媒体监督的地位。

在传播内容研究领域，框架分析被发展成为一种研究新闻文本

* 本文系国家社会科学基金重大项目"供应链视角下食品药品安全监管制度创新研究"（项目编号：11&ZD052）成果；全国农产品质量安全财政专项资金"农产品质量安全公众消费心理与公共政策研究"成果。本文原载《中国食品与营养》2013 年第 4 期。

** 赵兴健，硕士研究生，研究方向：食品安全。姚一源，中国人民大学农业与农村发展学院硕士研究生。王志刚，博士、中国人民大学农业与农村发展学院教授、博士研究生导师，主要从事产业经济学和食品经济学研究。

的方法。[①] 有学者指出，新闻框架也应该体现为两个层次：一是新闻材料的选择，包括新闻来源和消息来源两个方面[②]；二是新闻材料的建构，主要指报道主题、基调等[③]。因此，本研究借鉴这一观点，以近期引发巨大争议的食品安全公共事件——“皮革奶”事件的网络层面媒体报道为分析对象，通过对媒体报道内容的研究，探究当前环境下媒体监督报道的现状，并对加强食品安全监管提出相应的对策与建议。

一、案例选取及数据来源

（一）案例选取[④]

“皮革奶”事件是网络上引发反响较强烈的一起食品安全事件。2012年4月9日，央视主持人赵普在微博上爆料称老酸奶可能是破皮鞋制成，内幕很可怕。有网友随即称，所谓老酸奶其实大量添加工业明胶。消息传出，消费者谈“明胶”色变，老酸奶销量一再下滑。其间工业明胶对人体危害的有关报道，进一步引起社会关注。同年4月12日，中国乳制品工业协会发表声明称乳制品主流品牌企业生产的老酸奶是严格按照国家标准生产的，这些企业是不会使用工业明胶的。同时，部分酸奶企业也对此事件进行了回应，称企业

---

① 陈阳：“框架分析：一个亟待澄清的理论概念”，载《国际新闻界》2007年第4期；刘毅：《网络舆情研究概论》，天津人民出版社2007年版。

② 戴媛：“我国网络舆情安全评估体系指标体系研究”，北京化工大学，2008年；张元龙：“关于‘舆情’及相关概念的界定与辨析”，载《浙江学刊》2009年第3期

③ 潘晓凌，乔同舟：“新闻材料的选择与建构：连战‘和平之旅’两岸媒体报道比较研究”，载《新闻与传播研究》2007年第12期。

④ “食品伙伴网：食品行业‘工业明胶’事件专题”，载 http：//www.foodmate.net/special/anquan/44.html.

生产严格按照规定程序进行，绝不会因为追求利润非法添加工业明胶。事件爆发后各地质监局开展检查，严厉打击工业明胶流入食品领域，同时鼓励群众举报。4 月 15 日，央视《每周质量报告》对事件进行跟进，曝光了“非法厂商用皮革下脚料造药用胶囊”，有关部门转入追查毒胶囊问题，老酸奶添加明胶这一安全问题逐渐被媒体淡化，事件渐渐平息。

（二）数据来源

本文通过百度新闻高级搜索，设置关键词为“工业明胶”，时间范围是 2012 年 4 月 9 日“老酸奶事件”爆发至 2012 年 9 月 17 日资料收集日期，共收集到新闻 4350 篇，在剔除重复新闻和与老酸奶无关的工业明胶新闻之后，得到有效新闻 237 条。

基于分析的需要，本文构建新闻来源、消息来源，报道体裁、报道基调、报道主题等五个方面的类目加以分析。新闻来源根据百度新闻分类标准分为：专业新闻网站和地方信息港、专业及行业网站、政府及组织网站、报刊杂志及广播电视媒体。消息来源分为：政府部门及官员、专家学者、消费者等一般个人和媒体记者（含无法判断信息来源报道）。报道体裁分为：消息、通讯、公告、访谈和评论。报道基调分为：正面、中立和负面。报道主题分为：曝光添加工业明胶、明胶知识科普、政府应对措施、企业正面宣传、明胶事件影响。

二、媒体报道的框架分析

（一）报道来源

统计发现，专业新闻网站和地方新闻网站报道数量最多，占总数的62.03%，且新华网、人民网等全国性新闻媒体与地方新闻网站报道数量平分秋色；其次是专业及行业网站，报道数量占比26.16%；报刊杂志及广播电视媒体、政府及组织网站报道数量相对较少。因此，大众新闻类和专业类媒体在食品安全事件的报道数量和覆盖范围上优势明显，社会监督作用举足轻重（图1）。

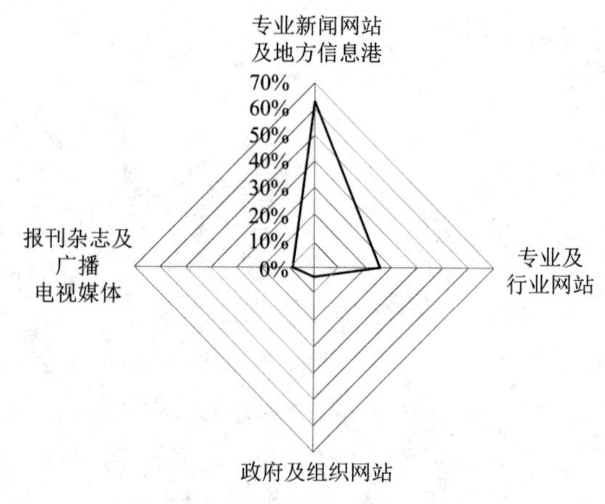

图1　媒体新闻报道来源

（二）消息来源

由于部分报道消息来源多元，故采用重复计算的方式，并且采用相对数量比较的方式进行分析。在所有的消息来源中，媒体记者所占比例最高，多为记者调查得出新闻；政府部门及官员次之，这部分的内容主要为政府相关部门开展检查工作的报道。企业、专家、行业协会、消费者分别列居其后，所报道的新闻内容多为企业回应，专家解释等（图2）。

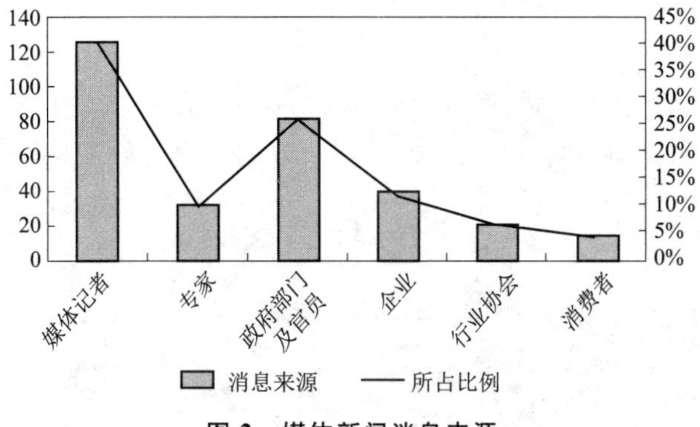

图 2　媒体新闻消息来源

（三）报道体裁

从图 3 可知，消息和通讯类的报道占了近 8 成，绝大多数内容以描述事件为主。公告占 6%，主要是政府、企业或者其他利益相关者直接发表的披露声明，具有较高的权威性。访谈类的报道不多，约为 4%，多为对专家或者行业协会的人员进行采访，具有一定的专业导向。记者专业评论占 8%，不到总体的 1/10。

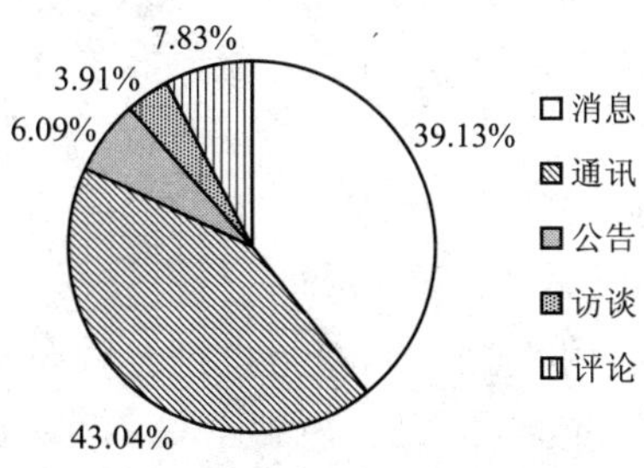

图 3　媒体新闻报道体裁

（四）内容基调

本文基调侧重于新闻内容所产生的影响结果。图4显示，正面报道占绝大多数，达47.21%，体现了报道对事件解决的积极推动作用，其中也不乏企业危机公关正面宣传的可能。负面报道次之，为38.63%；中立则占14.16%，主要为有关专业知识的科普报道。

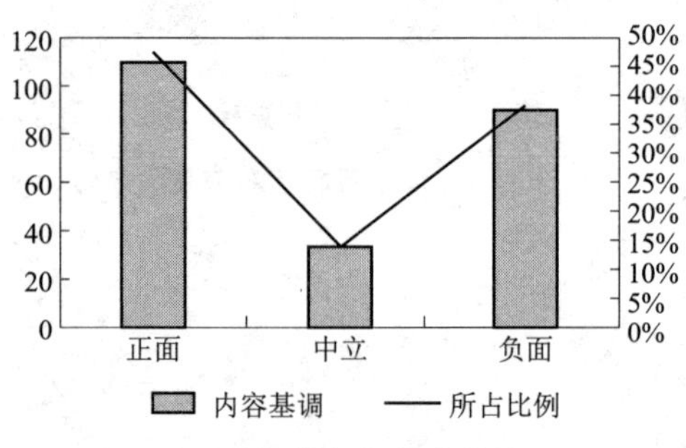

图4　媒体新闻报道基调

（五）报道主题

报道主题随事件发展而变化，因此本文将样本分为六大类：工业明胶曝光（A）；明胶知识科普、专家出面解释（B）；政府应对措施、公布情况（C）；企业正面宣传（D）；事件影响、公众反应（E）和事件责任追究、事件反思（F）。图5为“工业明胶”的百度关注度，其中4月出现两个高峰，5月后事件逐渐平息，报道数量和关注程度明显下降。我们按时间段将事件过程分为4月14日前、4月14日至4月30日、5月以后进行统计。可以看出，事件发展初期，新闻报道的主题并无明显侧重，随着事件的发展，政府应对和事件影响、责任归因这几类的报道逐渐占重要的比重，在事件平息阶段，政府应对占绝大部分（附表）。

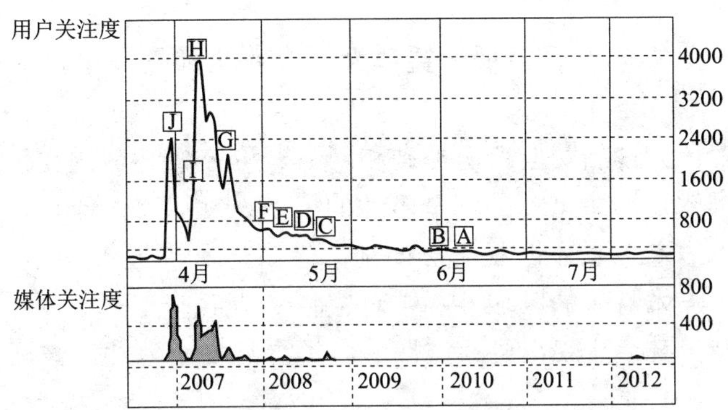

图 5 “皮革奶”事件媒体关注度和用户关注度趋势

附表 媒体新闻报道主题统计

时间阶段（月/日）	A	B	C	D	E	F
4/9—4/14	15	18	21	25	22	17
4/14—4/30	8	13	35	7	14	20
5/1—9/17	0	1	32	1	5	5

三、媒体监督报道的现状

通过对网络媒体报道情况的分析，可以发现，媒体关于“皮革奶”事件的监督报道呈现一定规律，专业新闻网站和地方信息港的报道数量最多（占 62.03%）；新闻消息来源以媒体记者所占比例最高；报道体裁以通讯和消息为主；新闻内容基调正面（47.21%）稍多于负面（38.63%）；报道主题随事件发展而变化，曝光量减少，检查应对、正面宣传和责任追求报道量增加。据此，目前媒体监督在报道层面呈现以下特点。

（一）媒体监督力量日益强大，专业化和覆盖层面有所增强

随着社会食品安全意识提高和网络舆论监督环境的完善，越来越多的媒体开始注重食品安全事件的报道，发挥监督作用，媒体监督范围和报道数量不断提升。而地方性媒体和专业性网站的加入，更提高了媒体监督的区域性、针对性和专业性，使得更多的公众能够接触与自身生活联系更为密切的各类食品安全事件的最新情况和有关知识。

（二）媒体监督报道积极性较高，作用巨大

由于媒体对于新闻价值的追求，自然使其对食品安全事件具有很高的敏感度和监督积极性，很多问题首先通过媒体得到曝光。通过媒体自身不断加强一线信息的收集报道，有关监督更具真实性和时效性，也更能反映食品安全问题现状。这说明媒体逐渐发挥出其关键的监督作用，已经成为社会了解事实真相的重要渠道。此外，政府信息披露也是公众了解事件的主要信息来源，由于其不可替代的权威性，也使得其成为媒体监督的重要信息参考。

（三）媒体监督注重客观报道，对事件处理有推动作用

媒体通过对于食品安全公共事件进展的客观报道和信息公告发布，尽管在报道基调上存在不同情况，但媒体监督使事件的处理更透明化，有利于社会公众及时了解政府监管措施，开展舆论监督，其中正面积极的信息将有助于事态的平息和问题的解决。但另一方面，部分媒体在监督过程中存在接受企业公关的情况，这在一定程度上会降低事件对企业的负面影响，但如果处理不当，对事实真相进行扭曲掩饰，反而会激化整个事态向负面发展。

（四）食品安全事件报道具有爆发性，政府应对影响事件走势

媒体的监督报道集中在事件爆发早期，且与公众反应高峰具有一定重合，这充分体现了媒体监督对于食品安全事件爆发和社会反响的及时反馈和信息传播作用。在此过程中，媒体通过多个角度的报道使得公众和政府更为全面地了解事件，并在报道上呈现数量和主题的丰富性。而随着事件的逐步扩散，政府应对将成为媒体的主要关注对象，及时发挥对事件处理的监督作用，并通过透明化的报道引导事态平息。这种持续性的媒体监督与关注，对事件的有效解决起到了重要的推进作用。

四、对策与建议

基于本文对当前我国媒体对食品安全事件监督报道情况分析，对进一步加强食品安全监督提出了以下建议。

（一）加强媒体自身报道水平

一方面，媒体要勇于批评、揭露危害公众食品安全与人身健康的违法违纪行为，推动政府加强食品安全监管与信息披露机制的完善，积极正确地发挥舆论监督作用。另一方面，媒体也要注重自身职业素养提升和专业知识积累，特别是对于食品安全事件报道这一具有较高专业要求的监督报道，要积极寻求专家、权威机构的支持，在确保传播信息的真实科学的情况下，进行客观的监督批评。此外，媒体记者也应多学习西方同行的报道经验，对其中所涉及的监督报道形式和信息披露手段进行深入研究，提高媒体监督能力。

（二）注重媒体社会监督职能

在社会公共安全事件的报道上，媒体应拒绝商业炒作，在监督报道过程中要处理好经济利益和社会利益之间的关系，要始终将社会整体利益放在第一位，及时准确地进行事件报道、追踪，维护媒体自身公信力。应尽量避免在标题和报道内容中设置“致癌”等字眼夸大问题或采用模糊化语句进行误导，掩盖或歪曲事实真相，引发社会恐慌，对事件的处理造成负面影响。对于伪造、掩盖食品安全事件信息等严重违反媒体监督报道准则的情况，应采取相应的惩罚措施对于有关媒体和记者进行批评教育。

（三）提高公众食品科学认知水平

频繁发生的食品安全事件使消费者信心缺失，但食品安全问题也存在一定的夸大。在“皮革奶”事件中，微博爆料引发的激烈争议就体现了消费者对于食品安全缺乏理性认识和专业知识积累，过激反应使食品行业遭受不必要的责难。因此，在食品安全事件的监督中还需要多进行食品安全知识的普及，让百姓以相对平和理智的心态来面对有关安全事件。媒体的科普宣传将起到至关重要的作用，而有关专家和机构也应对媒体的工作进行专业支持，为提高社会公众科学认知水平共同努力。

（四）形成媒体、政府信息共享与监督平台

政府的监督管理与事件信息披露依然是解决食品安全监管问题和社会公众了解食品安全事件的重要途径。媒体监督曝光有助于政府对食品安全事件的公开公正处理，而政府的有关信息披露也需借助媒体的平台进行扩散。因此必须要建立互通有无的信息披露与监督机制，实现统一协调的食品安全信息监测、通

报、发布的快速反应体系。在面对食品安全日常监督和事件曝光时，媒体和政府做好对接，规范媒体监督与信息披露渠道，从而更好地解决多头发布、相互矛盾、误导消费者、影响政府权威等问题。

食品零售业的崛起及其私人规制

孙娟娟*

如今，大多数的消费者都从食品零售商那里购买食品，由此导致的食品市场结构变化，使得位于食品供应链下游的食品零售商成为了食品供应链中新崛起的主导者，而这一地位使其在食品采购和销售方面掌握了强大的市场权力。为了确保食品的安全，食品零售商不仅可以像其他食品生产经营者那样建立内部的安全管理体系，同时也通过制定私人的食品标准，追求更安全更优质的食品，并要求其供应商通过第三方认证的方式落实这些标准。随着这些标准和认证的发展，业已出现的“标准—认证—认可”三位一体的私人规制，这不仅给官方规制带来了挑战，同时也为改进食品领域内的官方规制提供了新的契机。

一、食品零售商的崛起

根据“三部门假设”①，食品经济可以划分为农业、食品制造业

* 孙娟娟，中国人民大学法学院博士后，欧盟食品法项目 Lascaux、中国人民大学食品安全治理协同创新中心及中国法学会食品安全法治研究中心研究员。主要研究方向：食品法，风险规制。

① Ehrig, D. and Staroske, U., “The gap of services and the Three-Sector-Hypothesis (Petty′s law): is this concept out of fashion or a tool to enhance welfare”, in, Harrisson, D., Szell, G. and Bourque, R. (ed.), Social innovation, the social economy and world economic development, Peter Lang GmbH, 2009, p. 262.

和食品销售行业。比较而言，农业是一个传统部门，动物养殖和植物种植是食品的来源。随着工业化的发展，一方面，食品工业的迅速发展改变了食品生产和加工的性质，另一方面，对于食品制造，农业始终是其原材料的主要来源，技术的投入和规模化的经营也促进了农业工业化的发展。而在过去的30年里，作为一个充满活力和创新力的行业，食品销售（零售和批发）迅速崛起，随之而来的一个巨大变化就是零售商取代了制造商在食品供应链中的主导地位。[①]一般来说，食品零售业包括所有向消费者销售食品的机构，如小卖部和餐饮。然而，20世纪60年代以来出现了大众商业的发展，如美国的沃尔玛和法国的家乐福。[②] 由于这些商场在便利性和价格上的优势，以超市为模式的食品零售业很快就被消费者所接受，并成为了他们购买食品的主要场所。

在零售业发展的进程中，其所带来的集中化趋势体现在三个方面。第一，集中发生在食品供应链的销售环节。一直以来，市场销售渠道具有多层次且分散的特点。然而，超市供应链既短又集中，且向大型分配中心直接发货。[③] 第二，食品零售商的扩张遍布全球，其不仅是经济全球化的一个动力，同时也推动了横向联合的发展，[④]即为数不多的大型超市链掌握了大部分的市场。第三，值得重点指出的是，零售商不仅扩张他们的门店，同时也在全世界范围内进行采购。因此，零售商所具有的购买力也使其具有了纵向整合的实力，

---

① Wrigley, N. and Lowe, M., The globalization of trade in retail services, Report commissioned by the OECD Trade Policy Linkages and Services Division for the OECD Experts Meeting on Distribution Services, 2010, pp. 1-2.

② Wang, H., "Buyer power, transport cost and welfare", Journal of Industry, Competition and Trades 10 (1), 2010, p. 42.

③ Boselie, D., et al., "Supermarket procurement practices in developing countries: redefining the roles of the public and private sectors", American Journal of Agricultural Economics, 85 (5), 2003, p. 1156.

④ Wrigley, N. and Lowe, M., The globalization of trade in retail services, Report commissioned by the OECD Trade Policy Linkages and Services Division for the OECD Experts Meeting on Distribution Services, 2010, p. 3.

即对整个供应链的掌控。市场集中化所带来的结果是把双刃剑。例如，伴随集中化而来的有市场的扩张、进入的壁垒以及由此所获得的购买力，而这一市场权力的直接表现就是获得市场的主导地位，借此可以限制产出、提高价格、甚至剥夺消费者的选择。① 作为竞争法规制的对象，这些不良的表现都会损害消费者的福利。相反，集中也会带来一些有益的表现。例如，规模经济在增加财富的同时也能减少成本。

有鉴于此，食品可以被视为是超市内出售的特定产品，为此，食品零售商的集中，或者说针对食品销售市场的集中也同样具有不良和有益的表现。尽管食品零售商的工作是向消费者出售食品，但市场集中不仅使他们成为强势的销售方同时也使得他们成为了强势的采购方。对此，强大的食品零售商可以通过其掌握的购买力与供应商议价，从而获取更为低廉的批发价格，并最终使消费者受益。② 然而，对于零售商是否真能让消费者受益是值得争议的。事实上，通过集中销售市场，食品零售商掌握了销售力，进而可以控制价格，甚至以高价的方式将食品销售给消费者。很明显，尽管一端的生产者收到的货款越来越少，但这并不意味着另一端的消费者必然能从低价中受益。③ 此外，私人标签的使用也强化了食品零售商的自给能力。④ 如果说市场控制力帮助食品制造商成功实现了去规制和自我规制，那么食品零售商则是通过私人食品标准和第三方认证的方式实现了符合自身需要的一种新的私人规制。

---

① Whish, R., Competition law, Oxford University Press, Sixth Edition, 2009, p. 25.

② Wang, H., "Buyer power, transport cost and welfare", Journal of Industry, Competition and Trades10 (1), 2010, p. 43.

③ Olivier De Schutter, Addressing concentration in food supply chains, the role of competition law in tacking the abuse of buyer power, United Nations Special Rapporteur on the Right to Food, 2010, p. 2.

④ Connor, J., M., et al., "Concentration change and countervailing power in the U. S. food manufacturing industries", Review of Industrial Organization, 11 (4), 1996, pp. 474-475.

二、"标准—认证—认可"三位一体的私人规制

由于食品安全问题引发的担忧，对于健康的关注使得消费者渴望了解食品的制造过程以及食品的成分组成。与此同时，收入的增加也使得消费者愿意购买更为安全和优质的食品。相应的，食品零售商通过私人食品标准回应消费者这一需求和愿望，包括采用先进的管理体系标准和与食品生产方式等相关的质量标准。① 正因为如此，与食品零售商一同崛起的还有食品私人标准的多样化，② 尤其是在一些工业化国家，这些私人标准的发展不仅帮助食品零售商落实了法律对于食品安全的要求，同时也增强消费者对于他们产品的信心。

尽管持续提升食品安全是这类私人标准发展的一个动力，但是食品零售商更为关注的还是有关质量方面的标准，因为后者才能通过产品的差异化真正帮助他们获得比较优势。比较来说，食品安全是他们履行法律要求时所要实现的共同目标，但是以食品质量为基础的各类私人标准，如与劳动、环境或动物福利相关的内容才能帮助他们实现产品的差异化和多样性。③ 因此，制定和执行私人食品标准的一个特点就是根据不同的质量特征实现多样化。与作为技术规则而日益标准化的食品安全标准相比，由食品零售商倡导的私人标准的繁荣主要有两个原因。第一，与官方食品安全标准相比，私人食品标准更能适应不断变化的食品供应链，尤其是消费者对于更为安全更为优质的食品追求。第二，在国际食品市场上，官方食品标

---

① Fulponi, L., "Private voluntary standards in the food system: the perspective of major food retailers in OECD countries", Food Policy, 31, 2006, p. 1.

② Smith, G., Interaction of Public and Private Standards in the Food Chain, OECD Food, Agriculture and Fisheries Working Papers, No. 15, DOI: 10.1787/221282527214, 2009, p. 23.

③ Fulponi, L., "Private voluntary standards in the food system: the perspective of major food retailers in OECD countries", Food Policy, 31, 2006, p. 4.

准无法基于食品质量的多样性为食品差异化提供发展的空间，而私人发展的食品质量控制也无法因为遵循官方食品标准而受益。① 面对食品私人标准的纷繁复杂，已经出现一些全球性的联合以便协调这些私人食品标准。从本地市场到国际市场，这一协调的目的在于确保并提升成员企业的比较优势。

然而，作为私人标准，食品零售商所制定的私人食品标准并没有法律地位。因而，制定和遵守这些标准的责任也主要由私人机构承担。② 也就是说，不同于由政府所确立的官方食品安全标准的一致性和权威性，食品零售商所要求的私人食品标准不仅多样，而且也缺乏机制确保它的落实，尤其是远距离的合格评定。为此，第三方认证的出现为这一标准的执行提供了客观、公正的机制。③

就食品领域内第三方认证的发展，食品零售商是主要的推动者。由于国际贸易中涉及诸多的供应商，尤其是来自其他国家的供应商，这对食品零售商来说要对违反他们安全和质量标准的供应商提起诉讼不仅耗时也很昂贵。作为弥补，认证为确保合格评定提供了有效手段，而第三方认证是最受欢迎的，因为其将原本应该由食品零售商承担的成本转嫁给了供应商。④ 此外，对于食品零售商而言，食品安全保障也是重要的工作，因此通过引入第三方的认证，其就可以相应地减少安全和质量确保的责任，因为一旦发生问题，主要责任在于开展认证的第三方。⑤ 诚然，除了食品零售商，供应商也能从上

---

① Henson, S., "The Role of Public and Private Standards in Regulating International Food Markets", Paper prepared for the IATRC Summer Symposium Food regulation and trade: Institutional framework, concepts of analysis and empirical evidence, Bonn, Germany, 2006, available on the Internet at: http://waicent.fao.org/fileadmin/user_upload/ivc/docs/01%20Henson_1.pdf, p. 13.

② Food safety and quality, trade consideration, OECD, 1999, p. 16.

③ Hatanaka, M., et al., "Third-party certification in global agrifood system", Food Policy, 30, 2005, p. 354.

④ Ibid., pp. 60-61.

⑤ Hatanaka, M., et al., "Third-party certification in global agrifood system", Food Policy, 30, 2005, p. 360.

述的趋势中受益，因为这样的认证可以使他们获得进入市场的比较优势。对此，一方面，对于具有某一特征的产品进行认证，可以方便其进入预定的基尼市场。① 另一方面，对于来自发展中国家的供应商，第三方认证也可以方便他们进入国际市场，尤其是当这些国家的官方食品安全标准被认为远远低于进口发达国家的标准时。因此，第三方认证的优势可以总结如下：减少风险和法律责任、可以作为"合理谨慎"的抗辩事由、提升守法的信心、比较优势、更多的入市机会、国家或国际的认可度、减少成本和提升利润、减少保险成本、更好的管理效率等。②

比较而言，公共认证可以通过国家信誉确保合格评定的可信度，而第三方认证则是凭借其作为外部机构的独立性，通过评估、评价和认证所声明信息的真实性，并借助认证标志提供公正和客观的认证结果，即合格情况。③ 就评估工作而言，它包括供应商的申请、根据审计要求由第三方的评估人员对供应商的设备和生产实践进行预评估和文件审查，只有核实其符合情况后才能赋予认证并由其在其食品产品上使用认证标志。④ 传统而言，审计制度主要用于财务部门，其目的是确保交易的常规性和合法性。如今，通过结合内部和外部的控制，改良后的审计已经被视为确保管理体系的重要监督工具。

尽管私人第三方认证的关键在于第三方的独立性，但是对审计人员可靠性的质疑再次催生了认可制度，⑤ 其实质是由合格评定机构根据一定的标准通过独立的评价确保相关机构的公正和能力。在这

---

① Ibid., pp. 360-361.

② Tanner, B., "Independent assessment by third - party certification bodies", Food Control, 11 (5), 2000, p. 415.

③ Deaton, B., "A theoretical framework for examining the role of third-party certifiers", Food Control, 15, 2004, p. 615.

④ Hatanaka, M., et al., "Third-party certification in global agrifood system", Food Policy, 30, 2005, p. 357.

⑤ Fulponi, L., "Private voluntary standards in the food system: the perspective of major food retailers in OECD countries", Food Policy, 31, 2006, p. 8.

个方面，许多国家都成立了认可机构，包括公共机构、公私合作机构以及私人机构。① 对合格评定机构的认可来说，ISO/IEC 17011：2004 标准已经就组织评估合格评定机构的能力的工作开展了协调，从而确保这些认可工作的一致性和可比性。正是因如此，即便各国的认可机构各不相同，但是认可结构的可比性便利了跨国贸易的发展。②

三、双轨制下的挑战与机遇

随着食品零售商的崛起，尤其是其在食品供应链中的主导地位，私人食品标准以及第三方认证对于供应商来说已经具有了事实上的约束力，因为如果他们不按照上述的要求供应食品将遭受严重的经济制裁，例如失去某一利润丰厚的市场份额。③ 因此，由这一私人规制模式和官方规制形成的双轨制也需要注重合作。其中，“标准—认证—认可”三位一体的私人规制也可以被视为一种新的立法和执法方式。而要确保这一新规制对利益相关者的约束力，国家应进一步完善合同、反欺诈等法律以及民事和刑事法律的执行体系。④

① Busch, L., “Quasi-state? The unexpected risk of private food law”, in, van der Meulen, B. (ed.), Private Food Law, governing food chains through contract law, self-regulation, private standards, audits and certification schemes, Wageningen Academic Publishers, 2011, p. 61.

② Donaldson, J, Directory of national accreditation bodies, National Institute of Standards and Technology, 2005.

③ Busch, L., “Quasi-state? The unexpected risk of private food law”, in, van der Meulen, B. (ed.), Private Food Law, governing food chains through contract law, self-regulation, private standards, audits and certification schemes, Wageningen Academic Publishers, 2011, p. 59-62.

④ Busch, L., “Quasi-state? The unexpected risk of private food law”, in, van der Meulen, B. (ed.), Private Food Law, governing food chains through contract law, self-regulation, private standards, audits and certification schemes, Wageningen Academic Publishers, 2011, p. 62.

随着标准制定机构的发展，包括食品从业者的联盟，一系列制定出来的标准正在这一私人规制中发挥着法律的作用。与官方设置的食品安全标准相比，这一私人标准的优点在于其灵活性，因为它们更能适应特定的情况，也更有效率，因此更能提高食品从业者的比较优势，例如从劳动、环境等方面提高食品的质量。[①] 有鉴于此，考虑到官方控制的有限性，政府也有意愿推进私人食品标准的发展，例如设立标准制定机构或者为私人的食品标准提供自愿性的认证服务。而当进口成为国家食品供给的重要组成部分，确保跨国食品贸易中的食品安全难度也使得官方控制开始认可私人提供的认证效果。例如对于第三方的认证，食品从业者将其作为经济有效的守法依据，而政府也开始通过对第三方认证的认可确保食品安全。[②]

然而，在全球化的背景下，零售商可在工业化或发展中国家购买食品，在标准落实方面其要求供应商通过第三方的认证，但这可能成为进入市场的限制。对此，值得担忧的壁垒有两种形式。第一，对小供应商形成的进入壁垒。在落实私人食品标准方便，大型的生产商或供应商更有能力改变企业结构或者升级技术以便符合零售商要求的标准，然而，对于中小型食品从业者而言，高昂的成本使得其无法执行这些私人的食品标准，进而他们就无法进入相关产品的市场。第二，不同于 WTO 框架下对官方食品安全标准的协调，这些更高要求的私人标准可能对来自发展中国家的供应商构成市场进入壁垒，尤其是小供应商。正因为如此，有争议认为这一私人规制模式使得关于动植物检疫措施的私人标准与 WTO 体系下 SPS 协议的动植物检疫措施标准形成竞争。

此外，尽管零售商所要追求的是以更低的价格满足消费者对更安全更优质食品的追求，但从竞争法角度来说，这一私人规制模式也是存在问题的。例如，欧盟于 1999 年就对零售商的权力提出了质

① Ibid, p. 63.

② Tanner, B., "Independent assessment by third - party certification bodies", Food Control, 11 (5), 2000, p. 415.

疑，为此，英国对多个领域内的零售供应进行了调查。[①] 然而，最终的调查报告并不认为超市的崛起是英国零售价格飙升的一个原因。相反，当时搜集的证据反而表明消费者对超市的发展非常满意，尽管其强大的购买力使得供应链中的小供应商增加了成本，尤其是小农。[②] 然而，在经过10年的发展后，零售商在公平竞争方面出现的问题重新引起了关注。例如，英国的竞争委员会发现超市零售商的权力滥用会损害消费者的利益，例如更高的零售价格、质量的降低、消费者选择的减少、投资的减少和生产者研发的减少。[③]

① Flynn, A., Marsden T. and Smith, E., Food regulation and retailing in a new institutional context, The Political Quarterly Publishing Co. Ltd, 2003, p. 42.

② Competition Commission, Supermarkets: a report on the supply of groceries from multiple stores in the United Kingdom, 2000, available on the Internet at: http://webarchive.nationalarchives.gov.uk/+/http://www.competition-commission.org.uk/rep_pub/reports/2000/446super.htm#top.

③ Olivier De Schutter, Addressing concentration in food supply chains, the role of competition law in tacking the abuse of buyer power, United Nations Special Rapporteur on the Right to Food, 2010, p. 3.

论食品安全卡特尔

——一种食品安全法律治理的路径*

史际春　蒋　媛**

一、食品安全卡特尔的合法性分析

（一）食品安全卡特尔与食品安全治理

我国以往的食品安全治理，着眼于政府监管，效率低、成本高，重审批和外部监管，忽视事中、事后监管以及经营者、消费者和社会组织在治理中的基础性作用及其主观能动性，因而无法深入本质、溯及源头以实现有效的全程监管。相比之下，经营者自律具有直接利益驱动、即时反馈的优势，可深入内部修补食品生产流通消费链条中可能出现的安全隐患与漏洞，真正实现生产、流通、经营、销售、服务每个环节的全程监控、溯源监督和无缝对接，与政府监管、社会监管共同把好食品安全这道“阀门”。

食品安全治理要标本兼治，就必须使市场无形之手与政府有形之手协同并用。在市场机制和“赚钱”意愿的推动下，诸多食品领

---

* 本文原载《政治与法律》2014 年第 8 期。

** 史际春，中国人民大学法学院教授、食品安全治理协同创新中心研究员。蒋媛，中国人民大学经济法专业博士研究生。

域的同业经营者摸索出了一条有助于解决食品安全问题的路径，即以改善产品质量、提升创新能力、化解产能过剩、加强中小企业竞争实力、保护资源环境、维护进出口利益等为目标，达成具有一定限制竞争效果的经营者联合或同盟，其客观或终极的效果则是有助于提升消费者福利、维护食品安全、实现社会整体利益最大化。例如实践中出现的“食品安全餐饮经营者联盟”、“中国奶粉爱心诚信联盟”、“甘肃乳企诚信联盟”、品牌“放心肉”、“放心油条”联盟、“餐饮服务诚信示范街”以及“个体食品加工创优同盟”等，均是如此。

笔者认为，食品行业的经营者以维护食品安全、保护消费者利益为目的，相应地可以改进食品生产、营销手段或者促进技术进步，有助于实现市场对不诚信经营者及其制作出售的不安全食品之正向淘汰机制，系必要地限制竞争，所涉产品市场的实质性竞争未受根本性损害，由此达成的积极效果大于消极效果的联合或垄断协议，可以统称为“食品安全卡特尔”。食品安全卡特尔对于落实食品经营者的“食品安全第一责任人”角色，构建食品追溯管理制度，加强食品经营者自律，完善食品安全自查、召回、无害化处理、补救和销毁等管理措施，将小作坊、小食品店、小餐饮店和食品摊贩等纳入规范化的监督管理，推动构建与培育健康、可持续的市场淘汰机制等，均具有重要意义。值得注意的是，因其涉及对食品质量、数量、市场以及交易行为等的限制，具有垄断与妨碍竞争的“外象”，因而不可避免地要受反垄断法的规制。

（二）食品安全卡特尔符合反垄断法豁免制度的基本法理

“豁免提供了一种绕开反垄断法定禁止的统一途径。随着反垄断法发展，它们包含了由于压倒性社会经济需要而豁免某些经营者适用该法的条款。”反垄断法豁免常与“适用除外”混用，是指某种行为在形式上符合反垄断法禁止的规定，但从社会公共利益、技术创新和消费者福祉等其他方面来看，这种行为又是有益的，具有正当、合理性，因而可排除在反垄断法的适用范围之外。美国联邦贸易委员会和司法部发布的《竞争者之间协作行为的反托拉斯指南》就开宗明义地指出："为了在现代市场上展开竞争，竞争者有时需要进行合谋。竞争力量推动公司进行复杂的合谋，以达到扩张进入外国市场、为高昂的创新活动融资以及降低生产和其他成本的目的。这些合谋通常不仅是良性的，而且能够促进竞争。"

一般而言，豁免对象主要是对整体经济利益、社会公共利益有重要意义的行业或领域，以及对市场竞争的影响不大但对整体利益或特定社会成员却十分有益的限制竞争行为或垄断行为。食品安全卡特尔作为横向协议性质的限制竞争行为，通过具有竞争关系的经营者之间达成具有一定限制竞争效果的协议或决议，旨在保障食品安全、维护消费者权益从而促进社会整体利益，可由豁免制度赋予其合法性。

当代反垄断法和政策越来越倾向于合理性分析，即凡合理的就是合法的。所谓合理性，是基于一定的价值或理念、目标，以及由此反映出的特定社会之经济、社会、思想、文化、学术乃至政治等因素，所作的分析及其结论。"反托拉斯和竞争法常常受到社会和历史因素的影响，并且有可能响应截然不同的目标。"实践中，各国反垄断法的价值、理念及目标虽各有侧重，但大体包括自由竞争、公平竞争、经济效率、消费者权益、环境保护、国家安全以及社会整体利益等。其中，相对于高强度的竞争，社会整体利益已然成为更高位阶的法律价值。社会整体利益包括经济效率、消费者福祉、社会公平正义、公益、环境保护、中小企业保护、统一大市场、国家安全等多种内容。"在现实经济生活中，完全竞争的市场是理想的，是可望而不可及的"；"经济进步必然和垄断因素相联系，决定了法院应当在竞争自由和经济进步相冲突中决定哪一个目标占优先地位"。食品安全卡特尔之所以符合反垄断法适用豁免的法理，根本上即在于其立足于超越了单纯追求竞争的更高价值。

有学者科学地指出，反垄断法对垄断的规制是区分不同情形分别对待的，它并非一概地反对所有的垄断，而只反对那些"坏的"

垄断。在我国2013年修正的《产业结构调整指导目录（2011）》中，“农产品基地建设、畜禽标准化规模养殖技术开发与应用、农作物、家畜、家禽及水生动植物、野生动植物遗传工程、农牧渔产品无公害、绿色生产技术开发与应用、绿色无公害饲料及添加剂开发、有机废弃物无害化处理及有机肥料产业化技术开发与应用等”内容被放在鼓励类产业目录中，体现了国家在提升农作物质量、维护食品安全和消费者利益等方面的政策导向。食品安全卡特尔当可作为其每个环节上的安全及质量保障机制之一。

（三）食品安全卡特尔豁免具有充分的现实法律规范支撑

食品安全卡特尔以维护食品安全为宗旨，其表现形式多种多样，包括为改进技术、研发新产品、统一规格及型号、质量标准、约定生产经营的专业化分工、促成中小企业联合、保护环境、节约能源、保护国家进出口安全而形成的联合，以及农民、农业合作社和其他农村经济组织在农产品生产、储存、加工、运销诸领域的相关联合等。

从典型国家的反垄断法文本来看，卡特尔豁免均是重要的组成部分之一。美国反垄断法对卡特尔的豁免主要通过法官运用“合理规则”的方式实现。此外，美国联邦贸易委员会与司法部还发布了若干单行规章规定卡特尔豁免，如1918年豁免出口卡特尔的《韦布-波默林法》、1992年豁免农业合作卡特尔的《凯普-伏尔斯蒂德法》、1980年豁免研究开发卡特尔的《国家合作研究法》等。2000年4月发布的《竞争者之间协作行为的反托拉斯指南》对事实的或者潜在的竞争者之间建立合作性的合营企业、技术领域的交叉许可、共同采购和共同销售、建立商会以及建立战略同盟等各种卡特尔豁免均作了较详细的规定。该指南当然也适用于食品行业的卡特尔。

欧盟对卡特尔违法性的判断标准主要根据《欧共体条约》第81条和第83条，采用“一般禁止”加“广泛豁免”的模式，其中卡特尔豁免包括个别豁免（Individual Exemption）与集体豁免（Block

Exemption）两种方式。欧共体委员会在2000年颁布了《关于研究开发协议集体豁免的2659/2000号条例》《有关专业化协议集体豁免的2658/2000号条例》。具体而言，一项卡特尔在被认定符合第81条的违法性标准后，即开始认定其是否可适用“集体豁免”。如符合“集体豁免”中的“白色清单”免责条款，则依法自动豁免；如有“黑色清单”中的禁止条件，则不适用“集体豁免”，但未必完全被否定，只要卡特尔存在重大的抵偿性利益（Countervailing Benefits），仍可通过更具体的个案分析以适用“个别豁免”；如果出现黑白清单之外的限制性条款即“灰色清单”，则需要对每一条款进行合理性分析，来认定其是否适用“集体豁免”。此外，欧共体委员会2001年发布《有关欧共体条约第81条对横向合作协议适用指南的委员会通知》（以下简称：《欧共体通知》），对于常见的各种卡特尔阐明了委员会予以豁免认定的框架，并对《研究开发协议集体豁免条例》与《专业化协议集体豁免条例》进行了补充。其同年又发布《关于处理不受欧共体第81条第1款规制的非明显限制竞争的无足轻重的协议》，对中小企业合作卡特尔豁免作了具体规定。上述条例、通知和指南在实践中均是欧盟及成员国反垄断执法和司法的重要依据。本文所谓食品安全卡特尔自属其适用范围。

德国关于卡特尔豁免的规定沿袭了欧盟竞争法的成文法模式，但早期的“类型化卡特尔列举”则与欧盟的“广泛豁免模式”有较大差异。德国《反限制竞争法》自1957年颁行至今共修订了7次，在1998年第6次修订之前，卡特尔豁免主要在第1篇第1章“卡特尔合同和卡特尔决议”的第2条至第8条进行类型化列举：标准和型号卡特尔及条件卡特尔、专门化卡特尔、中小企业合作卡特尔、合理化卡特尔、结构危机卡特尔、其他可以提高经济效益或者消费者福利的卡特尔以及部长特许卡特尔，每一种类型的卡特尔均被附加了不同的约束条件。第28条则对农业生产企业因有关农产品生产、销售、使用、储藏、加工或处理农业产品的共同设施达成的协议规定了豁免。第9条、第10条针对卡特尔的申请登记、驳回程序、豁免申请与授予等进行了规定。

日本《禁止私人垄断和确保公正交易法》修改前的第6章对旨在克服萧条的共同行为、实现合理化的共同行为等豁免做了比较集中的规定。其他如《中小企业团体组织法》《进出口交易法》《农业合作社法》《水产合作社法》等单行法中也均规定了相关的卡特尔豁免。此外日本还制定了《关于〈禁止私人垄断和确保公正交易法〉的适用除外等问题的法律》对反垄断豁免进行专门规定。1999年6月15日，日本颁布了《关于反垄断法适用除外制度的整理方案》，不景气、合理化等大部分卡特尔豁免被废止，仅中小企业合作卡特尔得到保留。

我国的卡特尔豁免法律规范主要为《反垄断法》第15条关于垄断协议适用豁免的规定，以及第56条关于农民与农产品领域的协议联盟的规定。《反垄断法》第15条综合借鉴了欧盟与德国立法模式，将“类型化列举”与“一般豁免”相结合，但又具“本国特色”。如第15条第1款第1项至第6项类型化列举了研究与开发卡特尔、专门化卡特尔、中小企业卡特尔、社会公益性卡特尔、不景气卡特尔、进出口卡特尔，第7项则以“法律和国务院规定的其他情形”作为其他卡特尔兜底条款；同时对前5项同等要求经营者证明“所达成的协议不会严重限制相关市场的竞争，并且能够使消费者分享由此产生的利益”。第56条规定农业生产者和农村经济组织的联合或协同行为对反垄断法可以不予适用，但在实践中，不排除相关争议可依法进入反垄断执法机构和法院的审查。

二、食品安全卡特尔的主要类型及其合理性分析

2011年国家发改委与工业和信息化部联合发布《食品工业“十二五”发展规划》，总结了我国食品工业在食品安全保障体系、自主创新能力、产业链建设、产业发展方式以及企业组织结构等五大方面存在的问题：食品企业质量参差不齐、诚信意识淡薄、管理理念落后，政府监管缺位或低效，行业自律缺失，消费者维权意识与能

力不足，市场充斥着大量不正当竞争以及质次价高的劣质产品，中小企业经营困难，企业忽视创新、研发而过度营销，等等。从竞争的角度，概而言之，这些问题则表现为逆向选择、道德风险、劣币驱逐良币等逆向淘汰机制盛行。“反垄断法是合法性与合理性高度统一、充分讲理的一种法。”各类食品安全卡特尔不仅契合反垄断法豁免制度的法理，并有充分的中外法律规范支持，更因符合我国食品安全实践的需求而具有充分的合理性。

（一）食品安全标准化与专业化卡特尔

食品安全标准化与专业化卡特尔，是协议采用统一的产品标准、规格型号或约定生产经营的专业化分工。这种协议和约定能够产生规模效应与协同优势。“大的也可以是美的”，规模使得分工成为可能，而分工的专业化、精细化又可提高效率，规模效应还有助于降低交易费用。卡特尔能够促进内部信息的交流，“与共谋定价本身不同，这种信息交换常常可以产生显著的社会效益，因为，一般来说，卖主们对竞争者的价格和产出掌握的信息越多，市场的运作效率就越高。一个企业如果不知道市场价格是多少，就不知道该生产多少，或者实际上根本不知道要不要生产。如果对竞争者扩张生产能力的计划一无所知，它也就无法对自己要不要扩张生产能力作出明智的决策”。“团队通常能创造比单个成员带来效益之和还要大的效益，也即产生一加一大于二的结果”。“内部协作或者协同行为内化了外部性，减弱了彼此之间因敲竹杠或卸责等对抗行为带来的风险，使企业更好生存下来。”当前，我国食品行业中整体性的安全标准、基础通用标准、重点产品标准、检测方法标准和加工技术标准，以及食品添加剂、快捷食品、肉制品、乳制品、饮料等具体的行业标准等都不甚完善，各类标准在技术内容上存在诸多冲突和矛盾，亟须予以整合。食品安全卡特尔通过规范内部联盟成员自觉实行良好操作规范（GMP）、危害分析和关键控制点（HACCP）、诚信管理体系（CMS）等，推进标准化、国际化、高质量的食品安全监管体制和科学管理模式，可以为逐步增强食品安全保障能力、堵塞外部监管漏洞、形成内外监管合力，为实现全程监管和无缝对接奠定基础。

（二）食品安全中小企业合作卡特尔

食品安全中小企业合作卡特尔，旨在通过抱团发展、聚少成多的方式改善中小企业的经营能力，在规模化经营中增强市场竞争能力。“目前我国食品工业大中型企业偏少，‘小、散、低’的格局并未根本改变，小微企业和小作坊仍然占全行业的90%左右。同时，中小企业自检能力不足，检测设备配置落后，公共检测平台缺乏，成为制约我国食品安全整体水平提升的关键因素。”为了提高企业竞争能力、改善经营管理，更好地与大企业进行竞争，中小企业之间通过共同购买、销售、生产等方式形成专业化、规模化的生产经营，对改进技术、改善经营管理，增进规模、效益与市场竞争力均具有重要意义。比如市场中大量存在的食品生产加工小作坊、小食品店、小餐饮店、食品摊贩，通过在原材料采购、用料、网点扩展、人员培训、产品标准和质量、自我约束、互相督查等方面达成一系列协议，形成“餐饮服务诚信示范街”，将单个、弱小的经营者用质量、诚信、销售、运输、技术等绑定在一起，可以在避免“单打独斗”等经营弊端的同时提升竞争能力与服务水平。

（三）食品安全研究与开发卡特尔

食品安全研究与开发卡特尔（以及相关的环境卡特尔、出口卡特尔等）对淘汰落后产能、健全产业退出机制、推动食品产业结构转型升级、优化经济发展方式、节能减排、保护资源环境以及增强国际竞争力等均有重要意义。经营模式转型、组织结构升级已是全球食品产业发展的大势所趋。跨国公司在全球范围内通过资本整合，凭借专利、标准、规格、技术和管理装备领域的优势地位大举抢滩登陆我国市场，使得我国国际竞争力尚不强大的食品工业面临着严峻挑战。随着全球食品产业日益向深层次、广领域、高效益、低能耗、全利用的一体化可持续模式转型，我国食品业也成为国际食品产业链条中的一环，受国际大环境的影响程度日益加深。食品安全研究与开发卡特尔有利于节能、节水、节地、降耗，发展循环经济，提高资源利用率，强化污染物减排和治理，增强我国企业的国际竞争力。目前我国在粮食加工、肉类屠宰加工、发酵、酿酒、乳制品领域存在产能过剩，通过食品安全卡特尔“强强联合”，也可以淘汰技术与装备落后、资源与能源消耗高、环保不达标的落后产能，提升整体经济效益。比如，为了保证肉类食品的高品质货源，让百姓吃上“放心肉”，江苏苏食集团与知名厂家联盟，采取“双名牌互动”形式，建设了完整的生猪屠宰管理制度、肉类食品质量安全信息可追溯系统、屠宰监管技术系统与肉品冷链系统，淘汰传统加工技术，推动了肉品业转型，有效保证了肉品卫生和质量安全。

（四）农产品产供销卡特尔

农民或农村经济组织在农产品的产供销领域达成卡特尔，不仅可以为稳定农产品有效供给、确保粮食安全与社会稳定奠定基础，还有利于对抗市场巨头、解决“三农问题”、保障民生与就业。农民作为分散的经营者，规模化程度低，资金、技术、营销等能力普遍较弱，因此有必要鼓励农民组织起来，通过合作社及其联社、农业或农产品协会及农产品运销卡特尔等提升市场竞争力。2013 年 3 月广受关注的黄浦江死猪事件，就与浙江嘉兴农户传统的分散型、粗放型的乡村家庭养殖模式具有密切的联系。如果养殖户能够形成“家庭农场联合体”等卡特尔协议或组织，对解决养殖量与管理能力不匹配的问题当具有重要的作用。比如江苏兴化市姜堰区、海陵区以及盐城市射阳县的 12 家农场共同组成“家庭农场联合体”，实现粮食统一烘干、加工、销售，有效解决了农场主们的后顾之忧。这种中小农业主的卡特尔联盟通过合作发展与资源整合，改善了自身竞争能力，增进了社会整体效益。这类做法显然值得推广。

（五）食品安全诚信卡特尔

食品安全诚信卡特尔能够强化企业主体责任，促进食品行业与企业的诚信水平。比如常州武进区成立的“酒店餐饮企业诚信联盟”，一方面对不诚信的成员单位采用批评、教育、取消联盟资格的方式予以约束，另一方面对联盟内的诚信企业进行大力宣传，从而构建激励机制。这种诚信卡特尔奖惩并重，有助于激励经营者不断改善经营管理，自觉落实食品安全的主体责任。此外，食品安全诚信卡特尔还可以要求联盟内部成员进行持续信息披露并相互监督，促进各种食品安全信息在经营者与消费者之间的流通与反馈。这种内在的信息披露要求，加大了脏、乱、差以及不诚信、不守法的食品加工、生产、销售企业的生存压力，迫使其改革自身各方面的缺陷。例如，“甘肃乳企诚信联盟”向消费者郑重承诺，该联盟企业的产品中不含三聚氰胺等有害物质，承诺企业严格遵守法律法规，自觉执行国家标准和行业标准。这种卡特尔形式的宣誓、承诺，不仅可以增强消费者对联盟所属企业乳品质量的信任，亦可吸引其他企业为加入联盟而改进管理、重视质量、规范经营，其潜在的激励因素在于，加盟企业的美誉度更高，销售和价格更稳定，从而可获取更多利润暨更大的利益。这有助于形成正常的市场正向淘汰机制。

食品安全卡特尔既可以属于以上某一种类型，也可以是几种类型的混合体，对其法律规制不必拘泥于类型，关键是看其维护食品安全和质量的宗旨及实际效果如何。

三、食品安全卡特尔反垄断法豁免的路径

食品安全卡特尔是一种有益的垄断，值得弘扬和推广普及，为此需要观念倡导和规则指引并行，给经营者和民众以合理预期，使之得以发挥应有的经济与社会效益。

（一）明确食品安全卡特尔之反垄断法适用豁免

总体而言，从国际上看，反垄断法对卡特尔的豁免适用趋于严厉，豁免范围不断缩小，比如德国第 7 次修订《反限制竞争法》后就仅保留了中小企业合作卡特尔。然而，对此现象要具体分析，不可一概而论。就我国食品行业及食品安全监管的实际情况而言，则有必要认可食品安全卡特尔及其合理性，明确其反垄断法适用豁免，并使经营者、消费者和整个社会周知。当前我国食品行业集中度较低、企业经营规模偏小、经营方式以粗放型为主，比如三鹿奶粉事件令国人对内资乳企丧失信心，其根源就是成千上万分散的奶农为了蝇头小利往鲜奶里添加水和三聚氰胺。如果忽视国情、盲目信奉某种本本上的教义，一味厌恶垄断和卡特尔，则既不利于民众放心消费，也有碍我国食品企业参与国际竞争，损害的是社会整体利益。相反，构建合理的食品安全卡特尔豁免制度有利于形成更加有序、有效的竞争机制和淘汰机制。当然，为保证食品安全卡特尔的豁免能够实现此种效果，应以行为豁免而非集体豁免为原则，即依据个案分析对某一食品卡特尔行为的积极效果与消极效果进行权衡，以此决定是否豁免（而非针对某一行业的整体性豁免），从而确保食品安全卡特尔豁免的合理性。对于学界、官方和法律界而言，就食品安全、质量卡特尔原则上可给予反垄断法适用豁免达成共识，是至关重要的。

（二）制定《垄断协议反垄断法适用豁免指南》

从发达国家的经验看，在反垄断法领域内，仅有立法机关制定的法律，其将不足以适用。《反垄断法》对卡特尔豁免作了规定，但有关豁免对象、条件、程序、期限、授权主体等尚需反垄断执法机构制订指南或由法院在司法审判中形成规则，我国这方面的实践明显滞后于食品安全法治对卡特尔豁免的需求。比如《反垄断法》第

15条关于豁免程序方面仅规定了经营者的举证义务，即“经营者能够证明达成的协议属于下列情形之一的”，以及第1款至第5款的“经营者能够证明达成的协议不会限制相关市场的竞争，并且能够使消费者分享由此产生的利益”；《反垄断法》第56条对农业生产者和农村经济组织的联合或协同行为除外适用《反垄断法》只作了原则规定。

解决上述问题、细化卡特尔豁免制度主要有两种方式：一是效仿美国，通过判例造法并发布相关指南；二是效仿欧盟，发布指南和有约束力的实施细则。由于卡特尔的实践类型多样，对法律规制的要求也各有不同，结合我国的大陆法系传统以及反垄断法的执法现状，通过发布指南及其实施细则，对相关实践的具体内容、卡特尔豁免的社会需求及法律规制对市场竞争的影响进行不同总结，能够给行政机关、司法机关、律师、经营者分析案件、应对执法和诉讼，提供更好的参照与思路。据此，国家发改委和工商总局有必要以我国《反垄断法》的宗旨和基本精神基础，针对食品安全卡特尔和其他可以豁免之卡特尔的具体情况，在深入调研的基础上共同发布《垄断协议反垄断法适用豁免指南》（以下简称《豁免指南》），为食品安全卡特尔的豁免提供有力的指引和法律适用的直接依据。

（三）实现《豁免指南》与《食品安全法》的衔接

国家食药总局的《送审稿》从落实食品安全监管体制改革和政府职能转变、强化企业主体责任、地方政府责任落实、创新监管机制方式、完善食品安全社会共治、严惩重处违法违规行为等六个方面，对现行《中华人民共和国食品安全法》（以下简称《食品安全法》）作出了补充及修改，在具体的监管上也展现了一些创新之处。这为在食品安全领域具体适用反垄断法、增进食品安全卡特尔豁免的可预测性与确定性，提供了新的思路和依据。

1. 加强反垄断执法机构与食品安全监管机构的协调

《决定》提出，科学的宏观调控，有效的政府治理，是发挥社会主义市场经济体制优势的内在要求。《送审稿》第5条规定，“国务院食品药品监督管理部门依照本法和国务院规定的职责，承担食品安全综合协调职责，负责对食品生产经营活动实施监督管理”；“国务院质量监督检验检疫部门依照本法和国务院规定的职责，负责对食品相关产品生产和食品进出口活动实施监督管理”。《送审稿》第53条规定，“质量监督检验检疫部门对安全鉴定说明文件进行评价审查”。可见，食品安全系由国家食药总局总体负责协调监管，其中涉及进出口活动和食品相关产品安全评价审查的，由国务院质量监督检验检疫部门负责。

对食品安全卡特尔的监管及其反垄断法适用豁免，涉及反垄断执法机构与产业监管机构之间的协调。我国《反垄断法》从起草到正式定稿，在这一问题上有所反复，2007年正式通过的《反垄断法》对此未作明确规定，对产业监管机构就其管辖范围内垄断和竞争问题的执法权有所忽视，导致实践中出现涉及二者协调的问题时缺乏必要的法律支持。“协调的过程就是互通信息、寻求共识、协力合作、共克难关的‘民主’过程。”促进反垄断执法机构与产业监管机构之间的协调执法，有利于实现监管的多重目标和价值追求，在妥善协调竞争政策和国家食品产业政策关系的同时，平衡各方主体利益、维护社会整体利益。《送审稿》第5条第6款规定，“国务院其他与食品安全工作相关的部门依照本法和国务院有关规定，履行相应职责”。虽然据此可将反垄断执法机构兜底于其中，但更有效的方案应当是在《豁免指南》中对反垄断执法机构与产业监管机构之间的协调执法予以明确规定。其要点包括：明确二者都应当遵循反垄断法的基本原则与精神，依据行业性立法（对于食品安全卡特尔而言即《食品安全法》）来实施具体的规制措施；要求加强沟通与协作，并明确发生监管冲突时确定执法权归属的依据，在综合考虑对个案的专业知识、先前的处理经验、对当事人的熟悉程度等因素的基础上予以权衡；明确一方行使执法权时，另一方应当予以积极配合，包括提供资料、提供专业咨询、组织专家意见等。

2. 落实企业主体责任，明确豁免的实体及程序规范

《送审稿》第4条提出，食品生产经营者是“食品安全第一责任人”，应当履行“诚信自律”的义务。为了有效提升食品企业的诚信意识，深入贯彻落实企业主体责任，应当充分发挥法律的指引功能与预测功能，为经营者自觉履行责任提供规范依据，包括实体性规范与程序性规范。其中，程序性规范尤其重要。在实体性规范的原则性与模糊性有可能削弱法律的确定性与可预见性的情况下，需要通过程序性规范对其加以有效弥补。《反垄断法》对卡特尔豁免作了规定，为了给食品安全卡特尔以及其他行业中符合豁免要求的卡特尔提供明确的适用依据，反垄断执法机构应当在《豁免指南》中规定有关豁免对象、适用条件、期限、程序、豁免撤销及其他限制等要求。

在实体性规范方面，重点是对类型化卡特尔豁免的适用作出区别规定，尤其是对各类卡特尔的适用主体范围、基本分析框架以及评估的标准作出规定。在这方面，《欧共体通知》具有较强的借鉴意义。《欧共体通知》确立了按照“不在第81（1）款适用范围之内的协议”（黑色清单）、“几乎总在第81（1）款适用范围之内的协议”（白色清单）、“可能落入第81（1）款适用范围的协议”（灰色清单）分类适用第81（1）款评估的基本分析框架，并对不同类型的卡特尔作出了针对性的界定。比如对专业化协议侧重从“界定各方市场地位、集中率、市场参与者的梳理以及其他结构因素”“上游市场的合作”“竞争者间的分包合同”等因素展开；对购买协议则更关注分析“购买和销售市场的相互依赖”。据此，我国的《豁免指南》在实体规范方面应当注意以下几个方面。其一，我国《反垄断法》对豁免的实质要件仅规定了“经济利益、消费者的公平份额、不消除竞争”三个方面，缺少“限制竞争的必不可少”这一惯常要件，应当通过扩张解释将“必不可少”要件增加到评判标准当中。其二，引入分析方法时应立足于“市场地位”“市场份额”与“市场集中度”等要素，评判卡特尔是否具有“在价格、产量、市场划分或者商品和服务的种类和质量方面对市场产生消极影响的能力”。

其三，为避免法律规范的抽象性给经营者造成困扰，损害规制效果，可附录卡特尔豁免的具体案例以供社会参考。其四，对中小企业卡特尔豁免之“市场份额”界定，应予适当倾斜或优待；同时，鉴于中国属于农业大国的基本国情，应对农业卡特尔豁免进行类推适用。《送审稿》第2条第2款规定：“供食用的源于农业的初级产品（即食用农产品）的质量安全管理，遵守《中华人民共和国农产品质量安全法》的规定，但本法另有规定的，应当遵守本法的有关规定。”《送审稿》第31条和第32条将“食品生产加工小作坊、小食品店、小餐饮店、食品摊贩”纳入监管范畴，并“鼓励和支持上述主体改进生产经营条件、进入集中交易市场、店铺等固定场所经营”。在我国食品企业规模整体偏小、竞争能力偏弱、中小食品企业需要国家给予政策支持的客观背景下，对中小企业卡特尔的豁免判定应当立足于实际情况，给予更多宽容。

在程序性规范方面，建立“事后审查”的基本模式。各国反垄断法对卡特尔豁免的程序控制主要是事后的执法及司法审查。美国历来如此。欧盟、德国与日本虽曾经采用事前审查的做法，但欧盟理事会于2002年通过1/2003号条例后，废除了事前申报审查制度。根据该条例规定，凡是违反第81条第1款但符合第3款豁免条件的行为，不再需要委员会事先作出决定，而可直接依法豁免，只要符合豁免条件，协议自始有效。德国、日本也随之修法，卡特尔豁免的方式与欧盟趋同。事先申报审查以经营者申请登记或经批准为合作前提；事后审查则以相关主管机构进行反垄断执法或发生纠纷时法院进行司法审判为审查方式。德国《反限制竞争法》在第7次修订以前，依据卡特尔对竞争影响程度的轻重不同，将其分为登记卡特尔、可驳回卡特尔以及须经批准的卡特尔。《送审稿》第92条规定：“国家建立食品安全风险分类分级监督管理制度。食品安全监督管理部门根据食品安全风险程度确定监督管理的重点、方式和频次等。”这一规定原则上也可成为卡特尔豁免中程序控制的参照因素。但由于类型、合作内容与发生领域不同，合作主体的能力有别，各种卡特尔对市场竞争的影响程度也有较大差异。《反垄断法》第15

条和第56条规定的卡特尔豁免，尤其是合理化卡特尔、标准化卡特尔、专业化卡特尔、中小企业卡特尔、农业方面的卡特尔以及相关的食品安全卡特尔等，由于其对竞争损害不大或根本无损害，均可“不告不理”，反垄断执法机构无须主动介入审查，如此也可以减轻监管负担和参与合作经营者的成本，同时避免对市场秩序造成重大的不利后果。

3. 创新监管机制，完善食品安全的社会共治

以政府规制为中心，忽视企业主体责任及社会监督的传统食品安全监管模式，不可避免地会产生各种弊端，无法实现危机预防与源头控制。《送审稿》第3条确定了“预防为主、风险管理、全程控制、社会共治”的监管原则，更加注重企业、社会等力量的介入，以寻求监管机制的创新。社会共同治理旨在合理安排政府、企业、社会组织、消费者以及媒体等多元化主体的权利和义务设置、角色安排与监督协作，对推进食品安全监管机制的转型具有重要意义。此外，在转变政府职能、推进官民互动、实现以人为本的整体背景下，创新监管机制、完善社会共治还应注重网络媒体监督机制、消费者利益诉求表达机制的构建，因此，《送审稿》对舆论监督权和食品安全有奖举报作了规定，以提升社会及广大消费者参与食品安全监督的积极性。

在食品安全卡特尔中，社会共治突出表现为问责制与公众参与机制的导入。具体而言，反垄断执法机构等介入食品安全卡特尔豁免审查时，应导入听证制度，并要求合作者披露相关信息。在听证程序中，公众的质疑与询问、经营者的说明与回应等，应成为评判与决定是否授予豁免的重要依据。这里的“公众”应包括豁免的直接受损者（行业竞争者、上下游关联方等）、行业协会、消费者、环境保护团体及其他公益团体等利益相关者。并且，对于大企业之间或者有重大影响的卡特尔，在豁免存续期间，可以要求参与的经营者向主管机关汇报并发布公告，实现对卡特尔全程、动态化的监督。2013年商务部公布了全部“无条件批准案件”，使反垄断执法置于公众与媒体的监督之下，这种做法可以在推广食品安全卡特尔时予以借鉴。

食品安全环境治理

从“镉大米”事件谈我国种植业产品重金属污染的来源与防控对策*

毛雪飞　汤晓艳　王　艳　王　敏**

2013 年 2 月 27 日，《南方日报》发表了题为“湖南问题大米流向广东餐桌”的报道，随后 5 月份广州市食品药品监督管理局发布的监测结果显示 18 批次大米及制品中有 8 批次镉超标，湖南大米一时成为众矢之的。特别是央视“新闻 1+1”栏目报道后，给湖南和其他一些南方水稻产区的大米种植和加工业造成了严重打击，5 月上旬湖南晚稻收购价每 50kg 为 132 元，同比下跌约 20%，许多地方有价无市；全省约有 40% 大米产地加工企业处于停产状态，有些地方 70% 大米加工企业停工，库存积压严重，农民种植积极性急剧下降。“镉大米”事件已经影响到了全国粮食收购和质量安全，其波及范围之广、公众反应之强实属罕见。湖南“镉大米”事件所引发的反思，不能简单地将“罪魁”推给自然环境和污染，有其深层次的社会、科技、产业、法规、标准、行政管理等多方面问题。在当前农产品质量安全形势整体向好、媒体曝光持续升温、公众要求不断提高的大背景下，有必要客观地对我国种植业产品的重金属污染来源进行分析，

---

* 本文原载《农产品质量与安全》2013 年第 4 期。

** 毛雪飞，中国农业科学院农业质量标准与检测技术研究所助理研究员，从事农产品质量安全及农业标准体系研究。汤晓艳，中国农业科学院农业质量标准与检测技术研究所，农业部农产品质量安全重点实验室。王艳，农业部科技发展中心。王敏，中国农业科学院农业质量标准与检测技术研究所研究员，从事农产品质量安全科研及管理工作。

对相关农产品质量安全问题的原因进行总结，从而为改善农产品重金属污染、提高农产品质量安全水平提出切实可行的对策建议。

一、我国种植业产品重金属污染的主要来源分析

重金属主要包括镉、铅、汞、铬以及类金属砷等元素，具有不同程度的急性和蓄积毒性，是农产品质量安全的重要危害因子。究其来源，重金属是自然元素的一部分，在自然环境中广泛存在，但一般含量较低，过量的人类活动和气候变化改变了元素存在的动态平衡，加上部分作物高富集的生物特性，导致了农产品的重金属含量超标。

（一）产地环境本底过高是农产品重金属超标的重要原因

当前我国大米镉超标主要发生在湖南等部分南方稻米主产区。上述地域多处于有色金属矿带，岩层包裹的重金属在土壤形成、风化、淋溶等过程中释放到环境中，造成重金属的自然本底值较高。加之南方土壤偏酸性，重金属活性也较高。

（二）产地环境污染是农产品重金属超标最主要的人为因素

近年来，我国工农业快速发展，尤其是无节制矿采和“三废”排放造成大气、水体、土壤等产地环境污染，重金属通过作物的吸收和富集而积累在可食部分。此次湖南镉超标大米除了受环境本地影响，与湘江流域上千家工矿企业的“三废”排放有直接关系。急剧增长的汽车尾气排放也是导致农产品铅超标的原因之一。[①] 另外，

① 梁尧、李刚、仇建飞等：“土壤重金属污染对农产品质量安全的影响及其防治措施”，载《农产品质量与安全》，2013年第3期。

大气污染致酸雨频发，加剧了土壤酸化，增加了作物对重金属的吸收。[①] 对照环保部发布的2011年全国降水pH年均值等值线图，稻米超标严重的地区均在红色的酸雨范围内。

（三）农业投入品质量不过关或不合理使用加剧了环境重金属的污染

以磷肥为例，由于生产控制不规范，原料矿中过量重金属通过肥料进入农业环境，从而成为污染源。并且，南方稻米镉超标还与长期使用酸性肥料加重土壤酸化有关。[②] 此外，畜禽养殖过程中使用的铜、砷制剂等通过畜禽粪便排入农业环境，[③] 也成为不可忽视的重金属污染来源。

（四）部分作物的高富集特性是其重金属长期超标的主要原因

多年的监测和研究资料表明，稻米[④]、姬松茸[⑤]、香菇[⑥]等产品中镉超标现象与这些生物体对重金属的富集特性密切相关。以稻米为例，镉超标的现象多发生在南方籼稻区，北方粳稻区的稻米很少

---

① 钟晓兰、周生路、李江涛等："模拟酸雨对土壤重金属镉形态转化的影响"，载《土壤》，2009年第41卷第4期。

② 赵晶、冯文强、秦鱼生等："不同氮磷钾肥对土壤pH和镉有效性的影响"，载《土壤学报》2010年第47卷第5期。

③ 刘英俊、朱晓华、兰方菲等："饲料中的砷制剂和氟化物对畜禽的作用及其对环境的影响"，载《畜牧与兽医》2013年第45卷第2期。

④ 魏帅、魏益民、郭波莉等："镉在水稻中的富集部位及赋存形态研究进展"，中国食品科学技术学会第九届年会（中国黑龙江哈尔滨），2012年第19期。

⑤ 徐丽红、何莎莉、吴应淼等："姬松茸对有害重金属镉的吸收富集规律及控制技术研究"，载《中国食品学报》2010年第10卷第4期。

⑥ 徐丽红、吴应淼、陈俏彪等："香菇（Lentinus edodes）对重金属镉（Cd）的吸收规律及控制技术研究"，载《农业环境科学学报》2011年第30卷第7期。

超标，除了环境原因，品种差异也是重要因素；又如姬松茸，调查发现，姬松茸栽培所用的培养料、覆土及水中镉要远低于产品的含量，充分说明姬松茸具有很强的镉富集特性。

（五）不合理的农业生产和加工方式也是不可忽视的因素

重金属的积累量与作物的生长期、生长部位密切相关，如茶叶的茎、枝、梗中重金属富集量高于叶片，而老叶要比新叶的重金属含量高，[①] 因此采摘时过多地带入枝、梗、老叶，有可能造成产品重金属超标，这也是紧压茶、红茶重金属含量偏高的重要原因。此外，农产品加工过程中金属、搪瓷、陶瓷材质容器、工具、生产线等都可能发生重金属迁移，从而增加了产品重金属的污染水平。

（六）部分重金属限量标准设置不合理导致超标率虚高

当前，我国重金属限量标准缺乏科学的风险评估过程，对膳食结构变化、产业发展等因素考虑不足，导致部分指标过严。如我国稻米中镉限量（0.2mg/kg）严于CAC和日本等限量标准（0.4mg/kg），造成我国稻米镉污染问题被过分夸大。又如茶叶中铅，2005年之前我国限量为2mg/kg，超标问题十分严重，媒体上曾有过“喝茶等于铅中毒”的说法，但实际上茶叶暴露人群并不直接食用茶叶，而茶汤中铅的暴露风险并不高[②]，因此在经过科学的风险评估之后，茶叶铅的限量调至5mg/kg。

---

① 周玉婵、李明顺：“广西两茶园土壤-茶叶-茶汤系统重金属污染及其转移特征”，载《农业环境科学学报》2008年第27卷第6期。

② 李霄、侯彩云、张世湘：“茶叶冲泡中铅浸出规律研究”，载《食品工业科技》2005年第26卷第6期。

二、我国种植业产品重金属污染防控的主要问题与对策建议

由于我国农产品质量安全管理工作起步较晚、基础较差、安全隐患和制约因素较多，加上新的职能调整赋予农业部门更多更重的职责，确保农产品质量安全的任务还面临许多亟待解决的问题。同时，重金属污染来源的复杂性也决定了农产品污染防控的艰巨性。因此，有效防控重金属污染一方面需要健全法律法规，完善监管制度，强化执法监管；另一方面需要加强支撑体系建设，加大科技投入，强化生产环节源头治理和过程控制。

（一）强化立法建设，完善相关制度

（1）尽快制定《农产品产地污染防治法》等相关法律法规。虽然我国先后颁布了《农产品质量安全法》《食品安全法》及条例等，但在保障农产品质量安全的产地环境和生产环节方面仍缺乏具体法律法规。因此，尽快制定《农产品产地污染防治法》势在必行，从法律层面明确政府各相关部门在农产品产地污染防治的管理职能，以产地保护为核心，建立产地污染的预防、应急处置和治理等方面的基本制度，形成全国统一、自上而下的农产品产地环境污染防控体制。同时，完善农业投入品监管相关法规，尽快出台《肥料管理条例》以规范肥料生产、减少重金属污染。

（2）建立并实施农产品生产源头安全性评价和管控制度。现行法规、生产管理和执法监管体系，对水、土、气、投入品和生产技术等生产源头性关键要素均普遍缺乏安全性评价和准入管控，而重金属污染物则很难在贮藏和加工环节消除。因此，有必要建立并实施农产品生产用水的安全性评价与使用准入制度、农产品产地环境安全性定期评估制度、农产品产地空气质量监测与净化

制度、农业投入品使用安全评价制度和农业生产技术的安全评价制度。①

（二）加强风险监测，强化科学评估

（1）进一步扩大监测范围和种类，加大专项投入。当前受经费限制，我国对农产品重金属污染的监测只覆盖部分大中城市、部分主要消费品种，且缺乏长期连续性；参数仅为镉、铅、汞、砷、铬等，诸多极具潜在危害的镍、铝、稀土元素等的污染情况还不清楚；同时，农产品与产地环境抽样剥离，缺乏有效污染来源数据。因此，必须进一步扩大监测范围、加大专项投入，争取将“米袋子”“菜篮子”的主要产品以及所有高风险重金属纳入风险监测与评估计划，产品与环境样品“一对一”配套抽样，实施持续、系统、动态监测与评估。

（2）强化部门合作，统筹国家与地方的监测计划。目前，国家及地方部门各取所需制定监测计划，尚缺乏有机衔接。为解决上述问题，首先应加强农业部与环保部门的合作，统筹产地环境与农产品的重金属监测计划。其次应加强对地方的指导，争取采用转移支付方式，指导全国县级以上统一开展农产品质量安全风险监测计划，切实帮助基层强化监管、稳定队伍。

（3）进一步完善监测网络，加强风险评估体系和制度建设。当前我国农产品质量安全风险评估工作正处于起步阶段，监测网络尚不完善，有必要科学布局并加快建立产地环境与产品长期性定位观测点，构建全国产地环境监测与预警信息平台，完善现有的全国农产品质量安全监测信息服务平台。另一方面，应进一步完善农产品质量安全风险评估体系，尽快组建国家农产品质量安全风

---

① 金发忠：“关于严格农产品生产源头安全性评价与管控的思考”，载《农产品质量与安全》，2013年第3期。

险评估中心；[①] 尽快在全国农产品主产区规划建立一批农产品质量安全风险实验站，进一步提升风险监测能力；尽快着手编制《全国农产品质量安全风险评估体系能力建设规划》，拓展农产品质量安全风险评估的内涵。

（三）完善标准体系，推动标准化生产

（1）优先推动产地安全标准体系构建，着力解决关键限量和技术标准的制修订。针对当前我国重金属限量、检测技术、产地环境、投入品和生产技术规程等标准配套性差、实用性不强的问题，有必要加快相关标准体系建设。优先构建农产品产地安全性管理标准体系，特别是当前急需的产地定点监测、产地种植适宜性评价、产地分类和分级等技术标准，以及农产品禁产区划定与调整、产地安全监测信息统计等管理工作标准。针对大米镉限量过严、农产品镍限量缺失等，开展科学评价，合理修订重金属限量；同时，进一步完善农业投入品的安全性评价和使用技术标准，如磷肥中镉、铅等重金属限量标准；加强重金属快速检测方法的技术积累，适时颁布适用于现场检测的快速筛查方法标准。

（2）继续推动县域为单元的农业标准化，加强标准集成、转化与培训。在农业标准化方面，针对当前农业生产组织化水平较低、农业标准化运用能力差等问题，应继续以县域为单元，由县级政府统筹各部门资源，推动农业标准在全产业链整体“落地”，构建上下一体、事权明晰、县为重点的标准化推进新格局；强化省级农业部门在全国农业标准化整体推进中统筹规划、标准集成与转化、地方标准制修订等方面的作用；尽快启动农业标准化财政转移支付，将农业标准化纳入农业补贴范畴。此外，继续发挥标准化技术委员会、质检机构、农业院校、技术培训学校、农技推广部门、农资经营点

① 金发忠：“关于农产品质量安全监管及其业务支撑体系建设的思考”，载《农产品质量与安全》，2011 年第 6 期。

和市场咨询机构的作用，完善农业标准化多级教育培训体系，解决农业标准化的“最后一公里”问题。

（四）强化科技支撑，加大科研投入

（1）紧扣“逆向监管”开展科学研究，为执法监管提供技术支撑。当前农产品质量安全领域的研究工作多集中在检测监测领域，相关基础科学及机理研究严重滞后。急需开展土壤和农产品中重金属形态提取、低成本快速前处理与检测技术研究，以及快速筛查仪器设备的研发；重点开展剂量-反应评估、毒理学评价、评估模型与方法以及风险预警等共性技术研究；重点解决多种重金属的累积性风险评估、重金属形态以及产地环境—植物体之间的迁移转化规律、投入品对农产品或产地安全的定量评估等关键基础性科学问题。

（2）围绕“顺向推动”需求开展科学研究，为农业标准化生产提供整套技术。从农田到餐桌的整个过程有大量的科学问题和前沿技术以及支撑产业发展的关键或共性技术尚未充分展开，科研积累严重匮乏。针对上述问题，一是开展重金属污染产地安全种植技术研究，开发基于农艺、生物措施和工程治理等的产地环境综合治理技术。二是开展新型“绿色”农业投入品研究，针对重金属高富集作物，应将其低富集能力纳入品种审定的考核指标体系；加快研制环保型缓释肥料、生态型有机—无机复合肥料和生物有机肥料，以及高效、安全、环保的饲料添加剂。三是加强生产过程安全控制技术研究与应用，针对“大肥、大水”的传统生产模式，研究并推广投入品精准化、环保化和程序化施用技术。

（3）加大科研投入，力争在“十三五”设立“农产品质量安全科技专项”。在科研投入方面，尽管国家已开始在科技项目中有所安排，但重点不突出，强度也不够，与现实需求差距甚远。因此，迫切需要国家和农业部加大农产品质量安全科技投入，将农产品质量安全风险评估、过程控制、关键技术标准、高效环保型农业投入品

研发、产地污染调控与治理等科研项目一揽子纳入农业行业科技总体规划，予以重点支持和尽快实施。现阶段，在公益性行业（农业）科研专项计划、948 计划等农业科技计划中，应进一步加大对农产品质量安全领域科技项目与经费的支持力度。

北京市场常见淡水食用鱼体内农药残留水平调查及健康风险评价*

于志勇　金　芬　孙景芳　原盛广
郑　蓓　张文婧　安　伟　杨　敏**

中国是世界上水产品生产、消费和农药使用大国。2010年全国水产品总产量为5365万t，已经跃居世界第一，其中淡水水产品为2346万t。① 草鱼、鲢鱼、鲤鱼和鲫鱼等四大类淡水鱼的总消费量占淡水鱼总消费量的50%以上，为1200万 $t \cdot a^{-1}$ 左右。②

与此同时，随着农业规模化生产的扩展，我国农药使用量的不断上升，大部分农药随雨水冲淋进入自然水体，水体中检出的农药种类逐渐增多。由于大部分农药都具有亲脂性特点，能够在鱼体内

---

* 本文系北京市财政专项引进中央在京科技资源平台建设项目成果；环境模拟与污染控制国家重点联合实验室仪器平台方法开发与应用研究课题项目成果。本文原载《环境科学》2013年第1期。

** 于志勇，博士、工程师，主要研究方向：环境分析化学。金芬，中国农业科学院农业质量标准与检测技术研究所农产品质量与食物安全重点实验室。孙景芳等6名作者，单位为中国科学院生态环境研究中心环境水质学国家重点实验室。

① 中华人民共和国国家统计局：《中国统计年鉴（2011）》，中国统计出版社2011年版；刘平、周益奇、臧利杰："北京农贸市场4种鱼类体内重金属污染调查"，载《环境科学》2011年第32期。

② "联合国粮食及农业组织：渔业统计数据"，载 http://www.fao.org/fishery/statistics/global-production/zh；渔业行业研究报告，首届全国大宗淡水鱼产业发展峰会会议纪要，2011年。

富集，其中有机氯杀虫剂的富集系数可达4~40000倍，[①] 因此食用鱼体内的农药残留也引起越来越多的关注。例如，白洋淀的鲢鱼、草鱼等淡水鱼中HCHs和DDTs的含量分别为59.3~110.7$\mu g \cdot kg^{-1}$和29.6~124.4$\mu g \cdot kg^{-1}$；[②] 在长江宜昌大口鲇等淡水鱼中测出的HCHs平均含量为0.26$\mu g \cdot kg^{-1}$，DDTs含量为0.4~14.8$\mu g \cdot kg^{-1}$[③]；汕头鳗鱼中的HCHs和DDTs浓度分别为5~79$\mu g \cdot kg^{-1}$和6~56$\mu g \cdot kg^{-1}$。[④] 由于富集作用，食用淡水鱼将会是人体农药摄入的重要途径之一。[⑤] 总体来看，有关淡水鱼农药污染的研究主要集中在已经被禁用的有机氯农药方面，而对目前仍在大量使用的有机磷、拟除虫菊酯及其他有机氯类农药的关注较少。[⑥]

本研究以有机氯、有机磷及拟除虫菊酯等25种常用农药为目标，采用超声波提取-气质联用分析法对北京4个水产品批发市场中出售的鲤鱼、鲫鱼、草鱼和鲢鱼等4种主要淡水鱼的农药残留状况进行了调查，并在此基础上，利用商值法对鱼体中农药的健康风险进行评价。

---

① PanditGG，SahuSK，SharmaS，et al，“Distribution and fate ofpersistent organochlorine pesticides in coastal marine environment of Mumbai”，Environment International，2006，32（2），pp. 240-243. Barber S D，McNally J A，Natalia GR，et al，“Exposure to p，p’-DDEor dieldrin during the reproductive season alters hepatic CYP expression inlargemouth bass（Micropterus salmoides）”，Aquatic Toxicology，2007，81，pp. 27-35.

② 窦薇、赵忠宪：“白洋淀几种不同食性鱼类对六六六、DDT的富集”，载《环境科学进展》1996年第4卷第6期。

③ 李荣、徐进、甘金华等：“长江宜昌江段几种鱼类体中六六六、滴滴涕的残留水平”，载《长江流域资源与环境》2008年第17卷Z1期。

④ 陈会波、谢仲文、翁蓝玲等：“鳗鱼体中DDT、六六六残留量及与养殖环境关系的研究”，载《汕头科技》，1993年第2期。

⑤ Kimberly M S，Nadine R S，“Fish Consumption：Recommendations Versus Advisories，Can They Be Reconciled?”，Nutrition Reviews，2005，63（2），pp. 39-46.

⑥ 赵玉琴、李丽娜、李建华：“常见拟除虫菊酯和有机磷农药对鱼类的急性及其联合毒性研究”，载《环境污染与防治》2008年第30卷第11期。

一、材料与方法

（一）样品采集

2009 年 9~12 月笔者分别从北京新发地、昌平水屯、岳各庄和大洋路 4 个主要水产品批发市场采集不同体重的鲤鱼、鲫鱼、草鱼和鲢鱼各 20 条。4 种鱼类的体重范围分别为：鲤鱼：506~1335g；鲫鱼：125~352g；草鱼：530~1939g；鲢鱼：740~1385g。由于不同鱼类在生长过程中对不同种类农药的生物累积作用可能不同，所以每个市场每种鱼类按体重分大、中、小 3 组（见表 1），每组取 3~6 条，收集背部及腹部的鱼肉，用搅拌机打碎混匀，装入玻璃瓶中冷冻保存。

表 1　不同鱼类的不同体重范围（g）

鱼类	小	中	大
鲤鱼	506~637	737~739	1184~1335
鲫鱼	125~155	190~237	272~352
草鱼	530~727	1167~1324	1540~1385
鲢鱼	740~775	1075~1092	1278~1385

（二）仪器与试剂

气相色谱—质谱联用仪（GC/MS-QP2010 Plus，Shimadzu，日本）；旋转蒸发仪（R210，buchi，瑞士）；氮吹仪（WD-12，杭州

奥盛)；天平（AB104-N，梅特勒-托利多，德国)；旋涡振荡器（wi1102，北京东西仪科技)；离心机（Allegra X-22R，Beckman Coulter，美国)；纯水机（Milli-Q Biocel，Millipore，美国)；Rxi-5MS（30m×0.32mmID×0.25μm）色谱柱（Shimadzu，日本)。25 种目标农药的单标购自中国计量科学研究院，浓度为 100~1000mg·L^{-1}，用正己烷配成 1mg·L^{-1}的混合标样。超纯水（电导率=18.2Ω·cm^{-1})；乙腈、二氯甲烷和甲醇都为 HPLC 级（Fisher，美国)；正己烷为农残级（Fisher，美国)；无水氯化钠（优级纯，北京试剂公司)；NH_2固相萃取柱（500mg/6CC，Waters，美国)。

（三）GC/MS 仪器条件

气相色谱条件：色谱柱：Rxi-5MS（30m×0.32mmID×0.25μm)；进样口温度：290℃，载气：He；载气流量：恒流 2mL·min^{-1}，进样量：1μL，溶剂延迟：6min，升温程序：80℃保持 2min，以 6℃·min^{-1}速度升到 290℃，保持 8min。质谱条件：质谱接口温度 290℃；离子源温度 200℃；采用提取离子模式定量。

（四）样品预处理

称 10g 鱼样（湿重）于 50mL 的 PVC 离心管中，加入 20mL 二氯甲烷/乙腈（7：3，体积比）超声提取 15min，加入 5g 氯化钠旋涡振荡 2min，4000r·min^{-1}离心 5min，上层 10mL 的溶液移至一新的 PVC 离心管中，重复 3 次。将 PVC 离心管放于-20℃ 20min，清液转移到圆底烧瓶中，用 5mL 二氯甲烷/乙腈（7：3）洗涤 PVC 离心管 2 次，将洗涤液合并到圆底烧瓶中并旋转蒸发至约 1mL。过 500mg 的 NH_2小柱净化，用 5mL 正己烷/二氯甲烷（3：1，体积比）洗脱。洗脱液在微弱的氮气流下吹干，用 1mL 正己烷溶解用 GC-MS

测定。①

（五）样品的定性和定量

根据目标物质的保留时间和碎片离子及其丰度进行定性分析，而定量分析采用选择离子模式（SIM），目标物质的保留时间和碎片离子列于表2。

（六）质量控制与保证（QA/QC）

由于农药的广泛使用和实际样品中的含量极低，分析过程中的任何残留都会对分析结果产生很大的影响，因此空白试验对样品结果的准确性是很重要的。为控制实验过程中的空白值，每一批样品（6~8个）均采集一针溶剂空白，每批样品均带有空白及加标样品，所有的数据均为扣除空白后的数据。样品中的基质对测试结果也有很大的影响，所以本实验采用外标定量时，所用标样均是在基质中加标，这样就消除了基质干扰，加标浓度分别为0、0.05、0.1、0.2和0.5mg·L^{-1}。采用在脂肪含量最多的草鱼中加标浓度为0.02mg·kg^{-1}（$n=3$）时计算方法的回收率。

---

① Hu J Y, Jin F, Wan Y, et al,"Trophodynamic Behavior of 4-Nonylphenol and Nonylphenol Polyethoxylate in a marine aquatic food web from Bohai Bay, North China: comparison to DDTs", Environmental Science & Technology, 2005, 39, pp. 4801-4807. Chen S B, Yu X J, He X Y, et al,"Simplified pesticide multiresidues analysis in fish by low-temperature cleanup and solid-phase extraction coupled with gas chromatography/mass spectrometry", Food Chemistry, 2009, 113, pp. 1297-1300. GB/T 5009.19-2008，食品中有机氯农药多组分残留量的测定；金珍、林竹光："气相色谱-负化学离子源/质谱法测定鱼肉中残留农药"，载《理化检验-化学分册》2008年第44卷第12期。

表 2 目标农药保留时间和回收率

化合物名称	CAS 登录号	出峰顺序	保留时间/min	定量碎片/定性碎片（m/z）	回收率/%
敌敌畏	62-73-7	1	7.904	109/185	63.74
仲丁威	3766-81-2	2	15.386	121/150	88.38
久效磷	6923-22-4	3	16.828	127/192	146.27
α-六六六	319-84-6	4	16.944	181/219	102.54
六氯苯	118-74-1	5	17.170	284/142	66.84
乐果	60-51-5	6	17.499	87/125	67.82
β-六六六	319-85-7	7	17.910	181/219	92.48
莠去津	1912-24-9	8	17.974	200/215	69.66
林丹	58-89-9	9	18.095	181/219	72.46
δ-六六六	319-86-8	10	18.949	181/219	62.26
百菌清	1897-45-6	11	19.111	266/264	61.17
2，4-滴丁酯	94-80-4	12	20.279	185/57	149.28
乙草胺	34256-82-1	13	20.360	146/162	69.58
甲基对硫磷	298-00-0	14	20.368	109/125	86.76
七氯	76-44-8	15	20.486	100/272	73.68
马拉硫磷	121-75-5	16	21.759	173/125	73.69
对硫磷	56-38-2	17	22.000	291/139	75.66
毒死蜱	2921-88-2	18	22.018	197/314	111.04
丁草胺	23184-66-9	19	24.337	160/176	69.72
p，p'-DDE	72-55-9	20	24.905	246/318	88.04
p，p'-DDD	72-54-8	21	26.167	235/165	61.57
o，p'-DDT	789-02-6	22	26.250	235/165	77.64
p，p'-DDT	50-29-3	23	27.295	235/165	73.9
三氯杀螨醇	115-32-2	24	29.017	139/251	169.07
溴氰菊酯	52918-63-5	25	35.875	181/253	68.85

（七）健康风险评价方法

根据25种农药在鱼体中的残留浓度水平以及人们饮食的安全值，利用Oracle Crystal Ball软件（Oracl©，Ver. 11. 1. 1. 3. 00）进行Monte Carlo模拟，并采用商值法对食用淡水鱼体内的农药进行健康风险评价。

二、结果与讨论

（一）前处理及分析方法的优化

以4种鱼体内脂肪含量最多的草鱼为基质配置的标准样品（加标浓度：$1mg \cdot kg^{-1}$）进行色谱条件优化。通过优化程序升温条件，使样品基线平稳，干扰峰较少，基本能够达到基线分离。为去除提取液中的脂肪，本实验首先将提取液放置在-20℃冰箱中冷冻20min，以使大部分脂肪凝结在底部，然后将上清液过净化柱，以提高净化效率。此外，本实验采用高压进样方式（200kPa，2min），与普通进样方式相比，该方法灵敏度提高了1倍以上，且改善了峰形。

（二）方法的有效性

25种农药回收率在60%~170%之间（表2），方法检出限在5~$25\mu g \cdot kg^{-1}$之间，能够满足测试工作的需要。本研究采用在基质中加标的方法，有效地消除了基质干扰，获得了较好的灵敏度和精确度。

（三）鱼体内农药的残留状况

北京水产品批发市场上4种淡水鱼体内的农药残留水平见表3。由表3可见，百菌清、丁草胺等18种农药均有检出，而七氯、*o*，*p*′-DDT、敌敌畏、对硫磷、毒死蜱、仲丁威和久效磷未检出。其中，乙草胺、β-六六六、三氯杀螨醇、*p*，*p*′-DDE和甲基对硫磷5种农药的检出率超过50%。乙草胺的高检出率（97.9%）可能与其较高的使用量有关。目前，乙草胺是我国农业生产中使用量最大的除草剂，每年的需求量达1万t以上；① 而β-六六六、三氯杀螨醇、*p*，*p*′-DDE、甲基对硫磷均为我国已禁止或限制使用的农药，高检出率（93.8%、89.6%、85.4%和52.1%）表明它们在环境中具有持久性，今后仍然值得关注。

表3　鱼肉中农药残留结果[1)]/μg·kg^{-1}

名称	浓度范围	平均浓度	检出率（%）	鲢鱼中浓度范围	鲫鱼中浓度范围	鲤鱼中浓度范围	草鱼中浓度范围
乙草胺	ND[2)]~18.9	4.8	97.9	1.8~18.9	1.5~14.5	1.3~7.5	ND~7.6
β-六六六	ND~44.5	12.3	93.8	4.4~44.5	ND~24.5	ND~22.7	1.2~34.6
三氯杀螨醇	ND~27.9	9.3	89.6	3.7~23.5	ND~21.8	ND~19.6	ND~27.9
p，*p*′-DDE	ND~33.8	4.9	85.4	ND~5.9	ND~33.8	0.5~13.4	ND~21.8
甲基对硫磷	ND~75.6	13.2	52.1	ND~36.1	ND~75.6	ND~46.2	ND~37.7
p，*p*′-DDT	ND~143.3	8.7	43.8	ND~2.4	ND~143.3	ND~1.1	ND~31.1
百菌清	ND~1779.4	108.9	29.2	ND~1779.4	ND~704.4	ND~453.1	ND~539.9
丁草胺	ND~21.2	1.7	27.1	ND~1.9	ND~21.2	ND~5.8	ND

① 中国报告大厅：《2011-2016年中国乙草胺行业市场深度调研及投资风险评估报告》，2011年版；“我国农药需求量”，载http://www.chinapesticide.gov.cn/。

续表

名称	浓度范围	平均浓度	检出率（%）	鲢鱼中浓度范围	鲫鱼中浓度范围	鲤鱼中浓度范围	草鱼中浓度范围
δ-六六六	ND~15.6	1	22.9	ND~15.6	ND~6.5	ND~4.7	ND~1.6
p，*p*′-DDD	ND~4.4	0.3	20.8	ND	ND~4.4	ND~2.1	ND~1.2
α-六六六	ND~114.6	6	16.7	ND~114.6	ND~73.3	ND~18.7	ND~11.7
六氯苯	ND~0.9	0	8.3	ND	ND~0.6	ND~0.9	ND
溴氰菊酯	ND~620.3	13.5	6.3	ND~18.9	ND	ND	ND~620.3
马拉硫磷	ND~9.7	0.5	6.3	ND	ND	ND	ND~9.7
莠去津	ND~0.6	0	6.3	ND	ND	ND~0.4	ND~0.6
2，4-滴丁酯	ND~36	1	4.2	ND	ND~36	ND	ND
乐果	ND~29.9	1.1	4.2	ND~29.9	ND	ND	ND
林丹	ND~11.1	0.4	4.2	ND~11.1	ND	ND	ND
七氯	ND	ND	0	ND	ND	ND	ND
o，*p*′-DDT	ND	ND	0	ND	ND	ND	ND
敌敌畏	ND	ND	0	ND	ND	ND	ND
对硫磷	ND	ND	0	ND	ND	ND	ND
毒死蜱	ND	ND	0	ND	ND	ND	ND
仲丁威	ND	ND	0	ND	ND	ND	ND
久效磷	ND	ND	0	ND	ND	ND	ND

1）湿重；2）ND：未检出

由表 3 可见，北京市场 4 种淡水鱼体内农药的检出浓度范围为 0.4~1779.4μg·kg^{-1}，其中百菌清的浓度最高，达 1779.4μg·kg^{-1}，其次为溴氰菊酯（620.3μg·kg^{-1}），*p*，*p*′-DDT（143.3μg·kg^{-1}），α-六六六（114.6μg·kg^{-1}）。鱼体中农药总浓度平均值前 5 位的分别为百菌清、溴氰菊酯、甲基对硫磷、β-六六六和三氯杀螨醇（9.3~108.9μg·kg^{-1}）。β-六六六在 4 种六六六同分异构体中无论是检出率还是平均浓度都是最高的，这与水体中的残留情况相同①并且和β-六六六的高富集性有关。② 在淡水养殖中，百菌清和溴氰菊酯为鱼虾病防治常用药，其中百菌清为消毒剂，主要用于防治鱼虾病害和清池底；③ 溴氰菊酯主要用于由中华蚤、锚头蚤等寄生虫引起的青鱼、草鱼等淡水鱼疾病。④ 高浓度的百菌清和溴氰菊酯残留可能与养殖过程中使用这些农药有关。

从农药残留整体水平看，4 种鱼类中残留最少的为鲤鱼，残留较多的为鲫鱼、鲢鱼和草鱼。其中六六六和滴滴涕的残留（平均浓度分别为 19.7μg·kg^{-1}和 13.9μg·kg^{-1}）远远低于 20 世纪 90 年代白洋淀鱼体中的残留量（平均浓度分别为 59.3~110.7μg·kg^{-1}和 29.6~124.4μg·kg^{-1}）⑤，说明随着这些农药的禁用，环境中的浓度逐渐降低，在鱼体中的残留也在逐渐减少，但仍高于 2005 年长江宜昌鱼体中的浓度（平均浓度为 0.26μg·kg^{-1}和 0.4~14.8μg·kg^{-1}）⑥。乙草胺、三氯杀螨醇、甲基对硫磷、百菌清、丁草胺等六六六和滴滴涕以外的农药在鱼体中的含量以往报道较少。本研究表明，这些农药有较高的检出率，值得关注。此外由图 1 可见，鱼肉中同时检出了 2~10 种农药，其中同时检出 3 种以上农药的频率为 95.8%，多种农药复合污染的情况也值得关注。

---

① 薛南冬、徐晓白、刘秀芬："北京官厅水库中农药类内分泌干扰物分布和来源"，载《环境科学》2006 年第 27 期。

② 王益鸣、王晓华、胡颢琰等："浙江沿岸海产品中有机氯农药的残留水平"，载《东海海洋》2005 年第 23 期。

③ Davies P E, "The toxicology and metabolism of chlorothalonilinfish. III. Metabolism, enzymatics and detoxication in Salmo spp. and Galaxias spp.", Aquatic Toxicology, 1985, 7 (4), pp. 277-299.

④ Sayeed I, Parvez S, Pandey S, et al, "Oxidative stress biomarkers of exposure to deltamethrin in freshwater fish, Channa punctatus Bloch", Ecotoxicology and Environmental Safety, 2003, 56 (2), pp. 295-301.

⑤ 窦薇、赵忠宪："白洋淀几种不同食性鱼类对六六六、DDT 的富集"，载《环境科学进展》1996 年第 4 期。

⑥ 李荣、徐进、甘金华等："长江宜昌江段几种鱼类体中六六六、滴滴涕的残留水平"，载《长江流域资源与环境》2008 年第 17 期。

不同种类鱼体内农药残留的情况见图2。从中可以看出，同种农药在不同鱼类中的含量也有明显的差别。其中 p，p'-DDT、2，4-滴丁酯和丁草胺在鲫鱼中的含量明显高于其他鱼体中的含量；而溴氰菊酯和马拉硫磷等在草鱼体内含量最高；林丹、百菌清和乐果等农药只在鲢鱼体中检出。此外，百菌清在4种鱼体中均随着鱼重量的增大而增加，有可能是在鱼的生长过程中持续从环境中摄入而引起的。

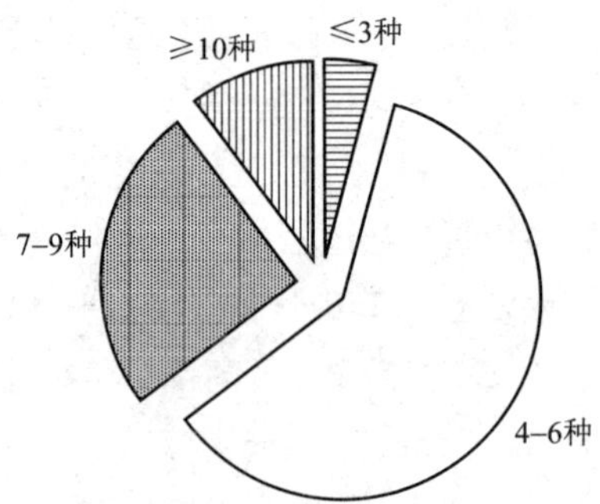

图1　鱼肉样品检出农药种类情况

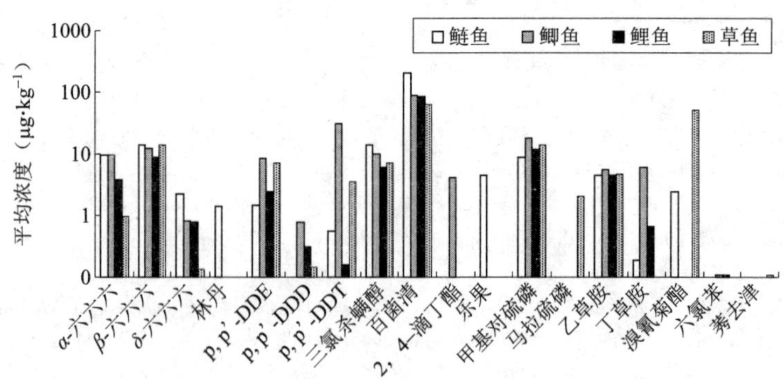

图2　不同鱼类中农药平均浓度水平

（四）食用鱼中农药的健康风险评价

目前有关市场上销售的食用鱼的风险评价报道并不多，考虑到农药种类繁多，本研究采用美国 EPA 推荐的风险商方法进行风险定量。[①] 针对鱼肉中的农药残留数据，运用 Oracle Crystal Ball 软件，拟合出食用鱼中各种农药的分布模型和 Median 值[②]，并按每个成年人（70kg）每天食用鱼 30g 计算出单种农药的风险商（q = Median×30g/70kg/NOAEL）（见表 4）。其中 q 为单种农药的风险商，Median 为农药的中值浓度，NOAEL 为农药的无影响作用浓度。[③]

根据风险商计算食用鱼中农药的健康风险（$\sum_{i=1-20} q$）为 0.04343。从结果可以看出，通过食用鱼摄入的目标农药的健康风险远小于 0.1，属于低风险水平。按风险商对 4 种鱼类中的 20 种农药进行风险排序：六六六>甲基对硫磷>溴氰菊酯>滴滴涕>乐果>林丹>三氯杀螨醇>乙草胺>六氯苯>2，4-丁酯>丁草胺>百菌清>马拉硫磷>莠去津>七氯、敌敌畏、毒死蜱、对硫磷、久效磷、仲丁威。排在前面的农药为风险大的农药，应该加强日常监控。从结果可以看出，六六六、甲基对硫磷和滴滴涕等虽然已经禁用，但是环境中的残留仍然很高，导致风险较高；而溴氰菊酯和乐果等现在仍在使用的大宗农药的风险今后值得关注。

---

① USEPA, Appendix E: Risk Quotient Method and LOCs-Risks of Metolachlor Use to Federally Listed Endangered Barton Springs Salamander, 2007.

② USEPA, Risk assessment guidance for superfund volume 1, human health evaluation manual (PartA), EPA/540/1-89/002 Washington, DC: Office of Emergency and Remedial Response, 1990. Lindqvist R, Sylven S, Vagsholm I, "Quantitative microbial risk assessment exemplified by Staphylococcus aureus in unripened cheese made from raw milk", International Journal of Food Microbiology, 2002, 78, pp. 155-170. USEPA, available at http://www.epa.gov/oppefed1/ecorisk_ders/toera_risk.htm.

③ Gao R J, Dong J, Zhang W J, et al, "Dietary risk assessment of spinosad in China", Regulatory Toxicology and Pharmacology, 2007, 49, pp. 31-42.

三、结　论

（1）北京主要水产品市场上所售的4种主要食用鱼类中均有农药残留检出。七氯、*o*，*p*′-DDT、敌敌畏、对硫磷、毒死蜱、仲丁威和久效磷等7种农药在各种鱼体中未检出，而其他18种农药均有检出，其中乙草胺、β-六六六、三氯杀螨醇、*p*，*p*′-DDE、甲基对硫磷、*p*，*p*′-DDT和百菌清的检出率较高。鱼体中百菌清、溴氰菊酯、*p*，*p*′-DDT和α-六六六含量最高。鱼体中的农药也存在多种农药共存的情况。对照不同体重、不同种类鱼体中农药残留数据，发现不同农药在不同种类鱼体内的残留有明显差异。

表4　食用鱼中20种农药的风险商[1)]

农药名称	NOAEL值[2)] /g·（kg·day）$^{-1}$	分布模型	Median值	风险商
六氯苯	0.8	Logistic	0.11	0.00005893
滴滴涕	0.5	Lognormal	3.2	0.002743
林丹	0.3	Exponential	0.31	0.0004428
六六六	0.3	Lognormal	13.77	0.01967
马拉硫磷	20	Exponential	0.42	0.000009
乐果	0.2	Exponential	0.85	0.001821
溴氰菊酯	10	Gamma	0.18	0.007714
百菌清	15	Lognormal	0.45	0.00001286
甲基对硫磷	0.25	Beta	6.07	0.01040
莠去津	35	Exponential	0.08	0.0000009796
三氯杀螨醇	8.2	Beta	7.85	0.0004103
乙草胺	20	Lognormal	4.09	0.00008764
2，4-滴丁酯	10	Exponential	0.78	0.00003343
丁草胺	5	Lognormal	0.27	0.00002314

①七氯、敌敌畏、对硫磷、毒死蜱、仲丁威和久效磷的风险商均为0；②六六六的NOAEL按林丹计算，丁草胺的NOAEL按ADI值计算，2，4-滴丁酯的NOAEL按10估算

（2）从整体上看，目前北京市民通过食用鱼摄入农药的健康风险较低，食用鱼中风险较大的农药为六六六、甲基对硫磷、溴氰菊酯、滴滴涕和乐果等。今后应关注食用鱼养殖过程中使用的农药的污染问题。

中国初级农产品生产的环境污染威胁及应对性科研投入现状分析*

竺 效 钱 坤**

食品安全和环境污染已经成为中国当下最重要的两大民生问题，也是近年全国两会热点关注的两大“常任”问题，但要解决食品安全的治理问题须跳出食品问题本身。其中，初级农产品的安全生产对环境污染问题的有效解决依赖性非常强，土壤、水、大气等环境要素的污染成为影响初级农产品生产安全的主要原因已获共识。通过统计分析和比较，21 世纪以来中国环境污染和初级农产品生产的发展态势可以为我们揭示，湖南、江西等省作为主粮稻谷的主产区，其种植所需依赖的灌溉水和土壤恰恰正受到镉、铅等重金属随水污染而“成灾”，而深圳、盐城所开展的水产品生产受环境污染影响的区域个案研究足以引起我们对于中国水产品安全生产的担忧。面对环境污染对初级农产品安全生产潜在影响的科学结论，基于中国种植业、水产养殖业、畜牧业等初级农产品生产环境总体的严峻形势，亟须中央或地方各级公共财政能投入资金，并引导科研资源优先配置于威胁初级农产品安全生产的环境污染治理领域。但近年来，环保、农业两大相关中央财政公益性行业科研专项，以及国家自然科学基金这一本可不受行业限制的综合性科研资助平台，均未能打破行业和专业壁垒，将与食品安全密切关联的环境污染防治的科研列

---

* 本文原载《环境与可持续发展》2014 年第 3 期。

** 竺效，法学博士、中国人民大学食品安全治理协同创新中心副教授、博士研究生导师，主要从事环境法学研究。钱坤，中国人民大学法学院本科生。

入重点或优先培育的科研领域，因而，必须清楚认识到并力求尽快改变这一现状，以求更好地解决中国的食品安全治理问题。本文以下将依次分析之。

一、环境污染对初级农产品安全生产的潜在影响

环境污染和食品安全均已成为我国当下影响广泛而深远的热点问题，但环境污染是威胁食品安全的重要因素几乎已经成为世界各国以及自然科学界和社会科学界的一种共识。1993 年英国 C. E. Fisher 已研究并将现代食品安全问题划分为六大类，分别为环境污染物、自然毒素、微生物致病、人为加入食物链的有害物质、营养失控、其他不确定的饮食风险，其中前四类问题都直接或间接与环境相关，而且环境污染物还被单列为一类。[①] 我国卫生部“十二五”规划教材《营养与食品卫生学》则将食品污染及其预防主要列为微生物污染、化学性污染、物理性污染，[②] 而这些均与环境污染具有密不可分的联系。可见，环境污染因素是威胁食品安全的主要原因之一。

当物理、化学和生物因素进入大气、水体（含海洋）、土壤等环境介质，可因其数量、浓度或持续时间超过环境的自净能力，而造成环境污染。概括而言，环境污染物可通过大气、水体、土壤和食物链等多种途径对人体产生不良影响，甚至产生由环境污染而引起的食品安全问题。食品作为环境中物质、能量交换的产物，其生产、加工、贮存、分配和制作都是在一个开放的系统中完成的。[③] 可以

---

① 张文学、杨立刚：“食品安全的环境责任界定”，载《生态经济》2003 年版第 19 卷第 6 期。

② 孙长颢等：《营养与食品卫生学》，人民卫生出版社 2012 年版。

③ 刘玲玲：“环境污染与食品安全”，载《中国食物与营养》2006 年第 2 期。

说，在食品的整个生命周期链中，都可能出现因环境污染而导致的食品不安全风险，尤其是初级农产品的生产过程。

从理论上分析，环境污染物进入食品的主要环境介质包括大气、水体（含海洋）、土壤等。因工业生产中所使用的原料和工艺不同而可能排出不同的有害气体或固体物质（粉尘），包括各种金属颗粒物和化合物，颗粒物、硫化合物、氮氧化物、碳氧化物、碳氢化合物等大气污染物可以直接被人和动植物吸收，也可通过干、湿沉降而污染水体与土壤。水体污染物对陆生生物的影响主要是通过污水灌溉的方式造成，污水灌溉可以使污染物通过植物的根系吸收，向地上部分甚至果实中转移，使有害物质在作物中累积；此外有害物质也可在水生动物体内富集，影响到渔业和水产养殖产品的安全。土壤中的污染物可以进入土壤，如果其数量超过了土壤的自净能力极限，就会在土壤里累积，使土壤理化性质发生变化，从而影响农作物生长，并使有害物质在农作物内残留或积累，并进一步影响到食品安全，[①] 而当前造成土壤污染的主要原因是水体污染、大气污染、固体废物的任意堆放、农药和化肥的不合理使用等。[②]

国家统计局公布的《2013中国统计年鉴》第7-13、7-15、7-17部分也显示，纳入环保部监测范围并予以公布的废水中主要污染物包括化学需氧量、氨氮、总氮、总磷、石油类、挥发酚、铅、汞、镉、六价铬、总铬、砷12个类别，废气中主要污染物包括二氧化硫、氮氧化物、烟粉尘三个类别，固体废物则包括了一半工业废物和危险工业废物两大类。[③] 其中，铅、汞、镉等重金属是现阶段土壤污染的重要来源，也是诱发食品安全问题的重要因素，其来源广

① 张远："土壤污染对食品安全的影响及其防治"，载《中国食物与营养》2009年第3期。

② 郝亚琦、王益权："土壤污染现状及修复对策"，载《水土保持研究》2007年第14卷第3期。

③ 中国国家统计局："2013中国统计年鉴"，载 http://www.stats.gov.cn/tjsj/ndsj/2013/indexch.htm，2014年2月13日访问。

泛，大体有工业烟尘、粉尘、矿区矿渣等，其通过沉降、污水灌溉等方式进入生物体内，进而威胁食品安全。如果重金属在植物体内积累过多，会对植物产生毒害作用，使植物体内的代谢过程发生紊乱，直接影响植物生长发育，乃至造成植株死亡。① 唐志刚等则援引WHO的观点，提出水体中重金属对水生生物的毒性，不仅表现为重金属本身的毒性，而且重金属可在微生物的作用下转化为毒性更大的金属化合物，如汞的甲基化作用。曾经轰动世界的“水俣病”，就是日本九州岛水俣地区因长期食用受甲基汞污染的鱼贝类而引起的慢性甲基汞中毒。另外，水体中的重金属还可以经过食物链的生物放大作用，在水生生物体内富集，并通过食物进入人体。②

此外，大气污染物中的二氧化硫、氮氧化物等污染物，则可转化为酸性物质与强氧化剂，进一步加重重金属污染。二氧化硫等污染物会引发酸雨，酸雨不仅会造成农作物生长不良、抗病能力下降、产量下降，其进入土壤或水体后，会使土壤和水体酸化，酸性土壤环境中的锰、铜、铅、汞、镉等元素会转化为可溶性化合物，活性增强，易于被农作物吸收。并且，水生生态系统中的动植物的生长及繁衍也会受到影响。

上述环境污染主要对作为食品原料的初级农产品的生产产生潜在影响，除此之外，食品的加工、贮存、运输和销售过程也可能受到多方面的污染，比如二噁英等污染物就可通过物理接触等方式污染鱼、肉、禽、蛋、乳及其制品。

---

① 李秀珍、李彬：“重金属对植物生长发育及品质的影响”，载《安徽农业科学》2008年第36卷第14期。

② WHO, Guideline for drinking-water quality, 3rd ed. Geneva: WHO Press, 2008 见唐志刚、温超、周岩民等：“动物源性食品重金属污染现状及其控制技术”，载《粮食与饲料工业》2012年第35卷第5期。

二、中国初级农产品生产环境受污染的现状

（一）21世纪以来中国环境污染的总体发展趋势

自21世纪以来，国家逐步加大环境保护投资力度，不断强化环境污染治理能力。尤其是21世纪第二个十年以来，环境保护促进经济发展方式转变的作用逐步强化，参与宏观调控更加积极，环境保护优化经济发展结构的作用进一步显现。主要污染物减排任务逐步由部分完成向全部完成甚至超额完成转变，突出环境问题整治成效显著。①

但是，目前可公开获得的最新的环境统计数据《2012年环境统计年报》已为我们揭示，当前环境形势依然严峻，环境风险不断凸显，污染治理任务依然艰巨。仅举与种植业、畜牧业、渔业这些初级农产品生产较为紧密关联的水污染为例。2012年，全国工业废水中石油类排放量1.7万吨，挥发酚排放量1481.4吨，氰化物排放量171.8吨，虽分别比上年减少15.8%、38.5%、20.2%，但工业废水中重金属汞、镉、六价铬、总铬、铅及砷排放量仍分别高达1.1吨、26.7吨、70.4吨、188.6吨、97.1吨和127.7吨。（表1）

表1　全国工业废水中重金属及其他污染物排放量（单位：吨）

	石油类	挥发酚	氰化物	汞	镉	六价铬	总铬	铅	砷
2011	20589.1	2410.5	215.4	1.2	35.1	106.2	290.3	150.8	145.2
2012	17327.2	1481.4	171.8	1.1	26.7	70.4	188.6	97.1	127.7
变化率（%）	-15.8	-38.5	-20.2	-8.3	-23.9	-33.7	-35.0	-35.6	-12.1

① 环境保护部："全国环境统计公报（2012）"，载 http://zls.mep.gov.cn/hjtj/qghjtjgb/201311/t20131104_262805.htm，2014年2月15日访问。

与我国初级农业产品生产主要产区密切关联的重点流域的污染情况更令人担忧。以《重点流域水污染防治“十二五”规划》中的流域分区统计，松花江、辽河、海河、黄河中上游、淮河、长江中下游、太湖、巢湖、滇池、三峡库区及其上游、丹江口库区及其上游等重点流域2012年工业重金属等污染物总体排放量仍较大。(表2)①

表2 2012年重点流域废水及废水中污染物总体排放情况

	废水/亿吨	化学需氧量/万吨	氨氮/万吨	工业石油类/吨	工业挥发酚/吨	工业氰化物/吨	工业重金属/吨
松花江	23.9	201.4	12.8	464.9	14.2	1.7	1.0
辽河	18.1	126.0	9.8	424.1	17.7	3.8	4.6
海河	79.1	284.9	24.9	1996.6	387.9	36.8	26.1
黄河中上游	39.9	173.4	17.5	2549.7	605.3	25.7	41.1
淮河	66.0	262.9	28.7	1752.8	153.6	19.0	20.2
长江中下游	124.2	381.1	48.8	4101.4	62.9	37.7	221.7
太湖	34.5	34.9	5.4	229.6	9.4	6.7	10.4
巢湖	4.3	12.3	1.4	44.9	0.0	0.0	0.1
滇池	3.9	0.8	0.3	46.8	0.1	0.1	2.6
三峡库区	55.5	202.6	24.1	1270.9	11.6	3.4	23.0
丹江口库区	4.5	21.9	2.9	152.7	1.7	0.7	17.0

此外，2012年沿海地区工业石油类排放量为2492.2吨，工业挥发酚排放量为62.8吨，工业氰化物排放量为13.0吨，工业废水中6种重金属（包括铅、镉、汞、六价铬、总铬及砷）排放总量为48.3吨。②据国家海洋局2013年3月发布的《2012年中国海洋环境状况公报》显示：“2012年，经由全国72条主要河流入海的污染物量分

① 环境保护部：“2012年环境统计年报”，载 http://zls.mep.gov.cn/hjtj/nb/，2013年12月25日访问。

② 环境保护部：“2012年环境统计年报，废水”，载 http://zls.mep.gov.cn/hjtj/nb/2012tjnb/201312/t20131225_265553.htm，2013年12月25日访问。

别为：化学需氧量（CODCr）1388万吨，氨氮（以氮计）32.8万吨，硝酸盐氮（以氮计）228万吨，亚硝酸盐氮（以氮计）6.2万吨，总磷（以磷计）35.9万吨，石油类9.3万吨，重金属4.6万吨（其中锌40147吨、铜3710吨、铅2067吨、镉226吨、汞77吨），砷3758吨。”“2012年8月，对全国84个入海排污口邻近海域沉积物质量进行监测，其中25个排污口邻近海域沉积物质量不能满足所在海洋功能区沉积物质量要求，主要污染物为石油类、镉、汞和粪大肠菌群。与上年相比，19个排污口邻近海域沉积物中石油类、镉等污染物含量降低，沉积物质量有所改善；13个排污口邻近海域沉积物中石油类、镉和硫化物等污染物含量升高，沉积物质量下降。”“共有26个排污口邻近海域采集到贝类样品，其中11个排污口邻近海域贝类生物质量不能满足所在海洋功能区生物质量要求，主要污染物为粪大肠菌群、石油烃、镉和铅。”①

环境污染物排放总量之巨，彰显出我国环境形势依然不容乐观。而环境污染又严重危及食品安全，仅以土壤污染为例，据国土资源部、国家统计局、国务院第二次全国土地调查领导小组办公室发布的《关于第二次全国土地调查主要数据成果的公报》揭示：“我国有相当数量耕地受到中、重度污染，大多不宜耕种。”国土资源部副部长、国务院第二次全国土地调查领导小组办公室主任王世元还表示，“环境保护部土壤状况调查结果表明，中重度污染耕地大体在5000万亩左右”。② 虽然当下具体数据尚未公开，但据10年前的报道，我国受镉、砷、铬、铅等重金属污染的耕地面积就已达近2000万 hm^2，约占总耕地面积的1/5；其中工业“三废”污染耕地1000万 hm^2，污水灌溉的农田面积已达330多万 hm^2。③ 2006年时任国家

---

① 国家海洋局：“2012年中国海洋环境状况公报”，载 http://www.soa.gov.cn/zwgk/hygb/zghyhjzlgb/hyhjzlgbml/2012nzghyhjzkgb/，2013年3月27日访问。

② “我国五千万亩地受污染不能种”，载《新华日报》2013年12月31日，http://news.sina.com.cn/c/2013-12-31/071029124910.shtml.

③ 林强：“我国的土壤污染现状及其防治对策”，载《福建水土保持》2004年第16卷第1期。

环保总局局长的周生贤就表示，“全国受污染的耕地约有 1.5 亿亩，污水灌溉污染耕地 3250 万亩，固体废弃物堆存占地和毁田 200 万亩，合计约占耕地总面积的 1/10 以上，其中多数集中在经济较发达的地区。据估算，全国每年因重金属污染的粮食达 1200 万吨，造成的直接经济损失超过 200 亿元”。[①] 综上可见，与食品安全紧密相关的环境污染形势不容乐观。

（二）21 世纪以来中国初级农产品生产的发展趋势

环境污染可以在生产、加工、流通等诸多环节中影响食品安全，但联系最为紧密的还是生产过程，特别是初级农产品的生产过程中，农作物生长受土壤、水等环境因素影响较大，渔业产品的质量与安全则与养殖、捕捞水域的环境污染情况息息相关，而畜牧业产品则与青、干饲料以及水源的环境污染情况有着密切关联。

进入 21 世纪以来，我国初级农产品产量总体上呈逐年上升。如图 1-图 3[②] 所示，2000 年以来，我国粮食产量、渔业产品、畜牧业

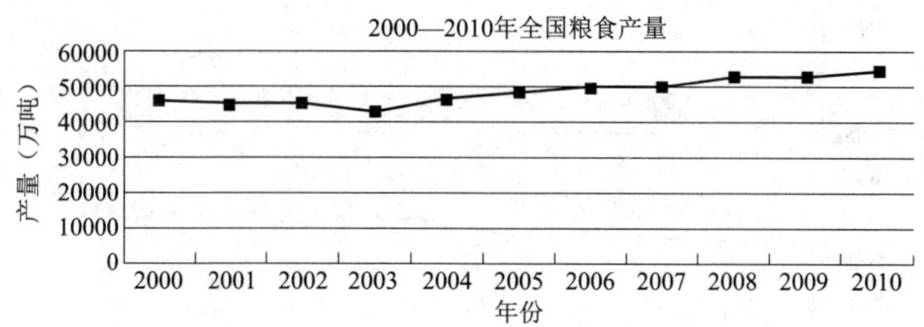

图 1　2000-2010 年全国粮食产量

① 革继胜：“周生贤称土地因重金属污染造成的经济损失每年超 200 亿元”，载 http://news.sohu.com/20060719/n244325443.shtml，2006 年 7 月 19 日访问。

② 中国国家统计局：“2013 中国统计年鉴”，载 http://www.stats.gov.cn/tjsj/ndsj/2013/indexch.htm，2014 年 2 月 13 日访问。

产品产量均有较快增长。我们尤需注意到河南、黑龙江、山东、江苏、四川、安徽、河北、吉林、湖南、湖北占到全国粮食产量近六成，山东、广东、福建、浙江、江苏等省份在水产品产量上位居全国前列，四川、河南、山东、湖南等省份在猪牛羊肉类产品产量上位居全国前列，比例分别可见于下图，粮食（图 4）、水产品（图 5）、猪牛羊肉（图 6）。

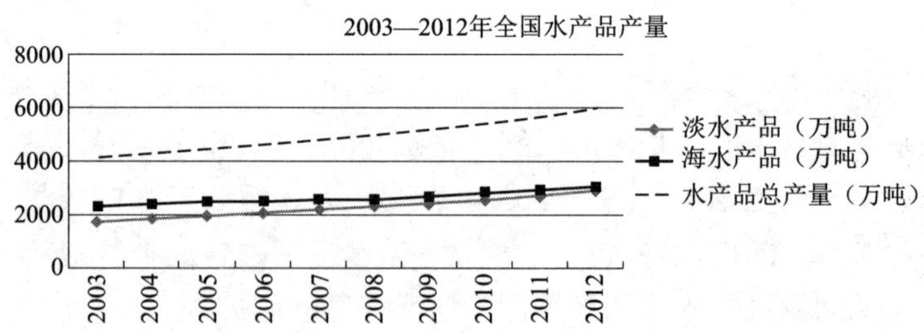

图 2　2003-2012 年全国水产品产量

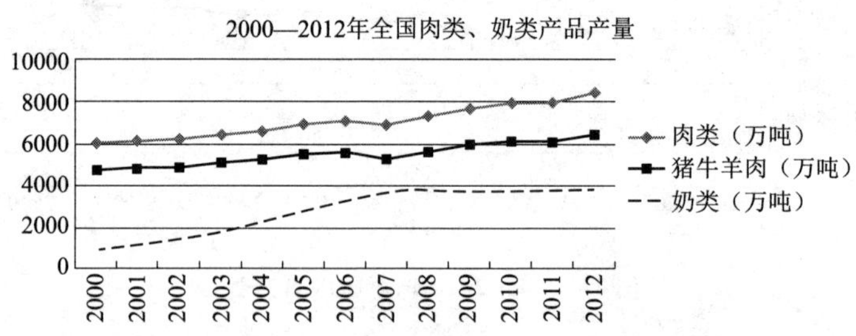

图 3　2000-2012 年全国肉类、奶类产品产量

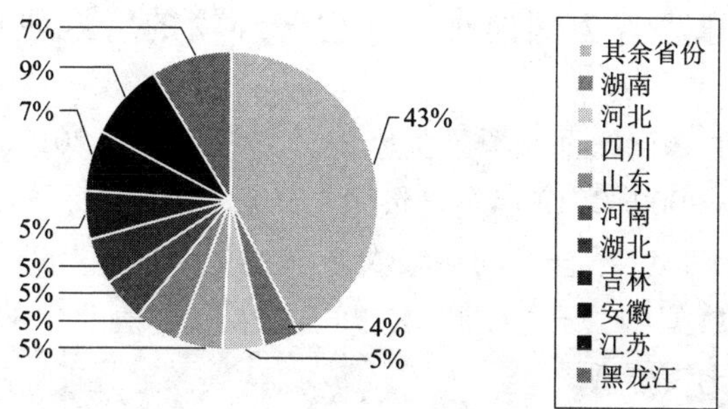

图 4　全国产粮食主要省份 2010-2012 年粮食年均产量分布图

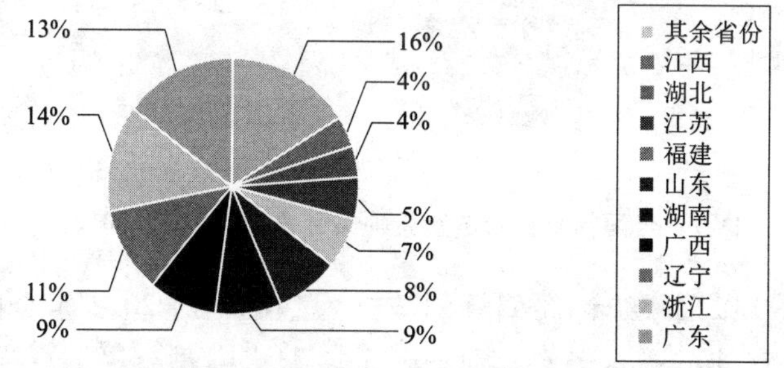

图 5　全国水产主要省份 2010-2012 年水产品年均产量分布图

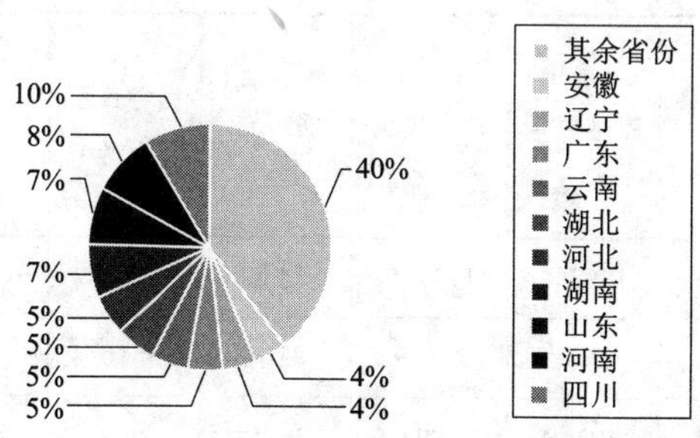

图 6　全国主要省份 2010-2012 年猪牛羊肉年均产量分布图

（三）以稻谷为例的种植业生产环境的污染现状

下图7的基础数据来源于国家统计局编纂的《2013中国统计年鉴》，显示了2000-2012年全国粮食总产量，其中以稻谷所占比例为最高，约占37%。结合我国初级农产品的生产与环境污染的关联性和相关原始数据的公开性，本文以下拟选取种植业中的稻谷为例，进行统计和比较分析。

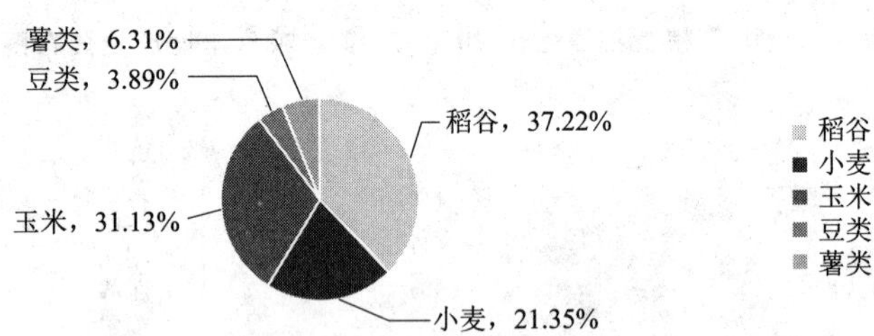

图7 全国粮食作物总产量种类分布图（2000-2012）

下表3以国家统计局编纂的数据为基础，对2012年全国各省、自治区、直辖市稻谷产量分别与各区域废水中重金属镉、铅两种污染物的排放量之间的关系进行比较。

表3 2012年中国各省（区市）稻谷产量与废水中镉、铅排放量

省份	稻谷产量（万吨）	废水中镉排放量（千克）	废水中铅排放量（千克）	省份	稻谷产量（万吨）	废水中镉排放量（千克）	废水中铅排放量（千克）
安徽	132.2	1393.5	1737.5	湖北	656.4	1651.4	3292.3
北京	17.9	0.1	215.9	湖南	13516.8	2631.6	38607.3
福建	347.7	503.8	3093	吉林	26.6	532	198.9
甘肃	1303.7	3.9	6792.7	江苏	38.7	1900.1	2322.9

续表

省份	稻谷产量（万吨）	废水中镉排放量（千克）	废水中铅排放量（千克）	省份	稻谷产量（万吨）	废水中镉排放量（千克）	废水中铅排放量（千克）
广东	794.9	1126.6	4855.1	江西	2219.5	1976	6750.4
广西	1405.5	1142	5418.4	辽宁	56.9	507.8	557.2
贵州	123.6	402.4	289	内蒙古	415.7	73.3	3050
海南	4.6	155.8	15.8	宁夏	24.2	71.3	92.1
河北	26.6	49.8	377.8	青海	120.1		724.8
河南	1318.3	492.6	4670.4	山东	1012.4	103.4	735.7
黑龙江	4.1	2171.2	31	山西	799	0.6	453.6
陕西	631.2	87.4	1692.9	新疆	210.1	59.4	906.7
上海	15.3	89.1	321.3	云南	1655.2	644.6	8916.2
四川	147.2	1536.1	1645.7	浙江	212.9	608.3	498.1
天津	9.6	11.2	1004.6	重庆	2.6	498	88.4
西藏	0.6	0.5	3.2				

如上表 3 所示，废水中主要污染物镉（Pb）排放量以湖南（13516.8 千克）、江西（2219.5 千克）、云南（1655.2 千克）、广西（1405.5 千克）、河南（1318.3 千克）、甘肃（1303.7 千克）、山东（1012.4 千克）诸省份污染尤其严重。铅（Pb）排放量则以湖南（38607.3 千克）、云南（8916.2 千克）、甘肃（6792.7 千克）、江西（6750 千克）、广西（5418.4 千克）、河南（4670.4 千克）诸省份污染尤其严重。而稻谷产量其中最高者为湖南，达 2631.6 万吨，次为黑龙江（2171.2 万吨）、江西（1976 万吨）、江苏（1900.1 万吨）诸省份。通过比较可以发现，2012 年，作为稻

谷主产区的湘、赣诸省同时也是重金属镉污染的严重省份；滇、鄂、豫等小麦生产大省的铅污染程度也十分严重。就全国范围而言，粮食主产区和镉污染严重地区出现了相当大程度的交叉重叠。

虽然，不同作物的不同部位对于不同类型污染物的吸附能力不同，而不同的人群即便对于同样的污染食物进行同样的摄入，其作用效果也会不同，所以单纯的产地污染总量与粮食产量关联分析并不能直接建构起关于食品安全问题的定量精确表达，但受无法获取足够量的公开发表的较为全面的实证研究数据的支撑，本文暂时忽略上述因素的影响。不过，镉、铅对于粮食，特别是稻谷的影响已经引起了学界和实务界的关注，而目前已公开的极少量有关重金属污染与稻米的区域实证性研究也恰好印证了湖南作为稻米主产区，其稻米中重金属污染的情况较为严重，对食品安全威胁巨大。例如，湖南农业大学雷鸣和中科院生态环境研究中心孙国新等的研究结论认为："为了更好地了解和评价湖南大米中 As、Pb 和 Cd 含量及其对人体的健康影响，在对湖南矿区和冶炼区水稻土壤重金属污染调查的基础上，分别以湖南各地市场大米和污染区当地生产的稻谷样品为例，对其进行重金属含量分析及对人体的健康风险评价，结果表明，湖南各地市场大米样品中 As、Pb 和 Cd 的平均含量分别是 0.20、0.20 和 0.28mg · kg^{-1}，其中，衡阳市场大米中的 As、Pb 和 Cd 含量最高，其次是株洲和湘潭市场的大米。污染区稻谷中 As、Pb 和 Cd 含量分布均为：谷壳>糙米>精米，污染区精米中 As、Pb 和 Cd 的含量分别是 0.24、0.21 和 0.65mg · kg^{-1}，其中，来自衡阳常宁市水口山铅/锌矿区的稻谷样品中的 As、Pb 和 Cd 含量最高，其次是株洲清水塘冶炼区和湘潭锰矿区的稻谷。与市场大米样品相比，污染区精米中 As、Pb 和 Cd 的平均含量比市场大米样品高。无论是市场大米样品，还是从污染区稻田采集的稻米，均以衡阳地区稻米中的 As、Pb 和 Cd 污染最为严重，其次为株洲和湘潭地区。在 As、Pb 和 Cd 的健康风险评价中，Cd 是湖南各地稻米中影响人体健康的

主要因子，株洲和湘潭的 Cd 污染区达到 90%以上，其次是 As 和 Pb。”（表 4）[1]

表 4 近年来我国稻米重金属污染状况调查结果

年份	稻作区	调查地点	样本数	重金属污染状况
1999	华中	湖南全省	152	铅、镉、汞检出率分别为 85.4%、92.1%和 85.4%
2000	华中	江苏宜兴	12	铅检出率为 54.5%
2001	东北	辽宁沈阳	35	铅镉汞超标率分别为 40%，20%和 10%
2002	华南	福建全省	38	铅、汞、镉、铜超标率分别为 100%、79.0%、50.0%和 2.6%
2004	华中	四川全省	28	镉、汞和铅的超标率为 25%
2002-2004	华南	广东粤北	44	镉超标率为 13.6%
2006	华中	湖南		污染严重地区镉含量分别为 5.33mg/kg（早稻）和 9.36mg/kg（晚稻），超过日本“镉米”标准（镉>1.0mg/kg）
2007	华中	江苏南京	38	铅超标率为 10.5%
2009	华中	湖北黄石	75	铅重度污染水平为 62%

（四）水产品受环境污染影响的区域个案

此外，在水产领域，由于现有数据之不足，缺乏对于全国水产

① 雷鸣、曾敏、王利红：“湖南市场和污染区稻米中 As、Pb、Cd 污染及其健康风险评价”，载《环境科学学报》2010 年第 30 卷第 11 期。

品质量的全面报告，只能获取部分地区的研究结果。如下表5所示，2009年的一项旨在了解深圳市水产品重金属污染状况的调查显示，深圳市水产品重金属超标率为24.1%，海水贝类的超标率最高达58.8%，重金属污染以镉为主，总超标率为19.0%，其中海水贝类中镉的超标率为53.9%，铅和无机砷在水产品中的超标率均小于5%。深圳市水产品中重金属主要污染为镉污染，主要集中在海水贝类。①

表5　深圳市水产品重金属污染超标情况

水产种类	检测数	总超标情况		无机砷		镉		铅	
		超标数	超标率（%）	超标数	超标率（%）	超标数	超标率（%）	超标数	超标率（%）
淡水螺	39	9	23.1	0	0.0	7	17.9	3	7.7
淡水蟹	37	3	8.1	1	2.7	1	2.7	1	2.7
淡水鱼	98	7	7.1	0	0.0	0	0.0	7	7.1
海水鱼	151	24	15.9	0	0.0	18	11.9	7	4.6
海水贝类	102	60	58.8	5	4.8	55	53.9	0	0.0
合计	427	104	24.1	6	1.4	81	19.0	18	4.2

而关于盐城地区的一项调查则显示盐城地区海水与淡水水产品均受到一定程度的重金属污染，其中Cd、Pb、Cr超标，超标率分别为31.8%、31.8%、40.9%。Cd、Pb、Cr含量均超过轻污染水平，部分样品达到重污染水平，Cu、Zn含量尚处于正常的背景值范围内，重金属污染程度为贝类>甲壳类>淡水鱼类>头足类>海水鱼类。

① 刘奋、戴京晶、丘汾："深圳市水产品重金属污染状况调查"，载《实用预防医学》2009年第16卷第5期。

总体而言盐城地区海水与淡水水产品重金属食用安全性和健康风险均在可接受范围内，但贝类和头足类 Cr 成人每周实际重金属摄入量占 PTWI 的比例以及健康危害年风险均已接近限量，值得高度重视。[①]

三、中国初级农产品生产安全相关的环保科研投入现状

近年来，我国将生态文明纳入五位一体的发展战略，高度重视环境保护事业，陆续投入大量资金用于环境保护事业，包括对环境保护科研项目予以相应支持。以 2012 年为例，根据《2012 年度环境保护部部门决算》，仅环保部用于科学技术之年度支出达 144941.85 万元，其中社会公益研究支出 66345.70 万元，科技重大专项支出 50046.48 万元。[②] 前述数据还不包括科技部诸多科研项目在环境保护方面的大量投资。

但是，当前国家有关部门的科研导向未能将环保科研力量优先引入与食品安全紧密相关的环境治理问题上，也未能引导科研资源优先配置于初级农产品生产环境安全这类重要并且急迫的重大交叉学科的民生问题。以目前中央财政投入较大的环保公益性行业科研专项为例，根据对环保部网站公布的 2007-2012 年度立项项目的验收结果或中期检查结果进行统计分析，该 6 年总立项数 348 项，其中直接涉及食品安全问题的立项科研项目共 6 项，约占 1.75%，与食品安全有部分内容交叉的立项科研项目共 12 项，约占 3.45%（表

① 刘洋、高军、付强等："江苏盐城地区水产品重金属含量与安全评价"，载《环境科学》2013 年第 34 卷第 10 期。

② 环境保护部："2012 部门预算公开"，载 http://gcs.mep.gov.cn/zhxx/201307/P020130718375658118425.pdf，2013 年 7 月。

6、图8)。①

表6 2007-2012年与食品安全相关的环保公益项目

年度	与食品安全直接相关项目	与食品安全有部分交叉项目
2007		土壤环境质量标准制定方法研究；土壤环境质量石油烃污染物指导限值预研究；残留农药分析环境标准样品研究；污染土壤的健康风险评估技术研究
2008	基于农产品质量的灌溉安全指标体系及限值研究	干旱区绿洲土壤重金属污染生态风险评估与管理技术规范
2009	养殖业中特征内分泌干扰物的筛选及污染风险控制措施	长株潭重金属矿区污染控制与生态修复技术研究
2010	重金属污染耕地农业利用风险控制技术研究	我国土壤环境管理支撑技术体系的预研究；松花江流域重金属污染源污染影响与风险评估技术及东北受污染黑土修复技术研究

---

① 环境保护部："关于通报2007年度环保公益性行业科研专项项目验收结果的函"，载 http://www.mep.gov.cn/gkml/hbb/bgth/201209/t20120925_236765.htm，2012年9月25日访问；环境保护部："关于通报2008年度环保公益性行业科研专项项目验收结果的函"，载 http://www.mep.gov.cn/gkml/hbb/bgth/201312/t20131224_265461.htm，2013年4月26日访问；环境保护部："关于通报2009年度环保公益性行业科研专项项目验收结果的函"，载 http://www.mep.gov.cn/gkml/hbb/bgth/201209/t20120925_236766.htm，2013年12月18日访问；环境保护部："关于通报2010年度环保公益性行业科研专项项目验收结果的函"，载 http://www.mep.gov.cn/gkml/2012-09-25hbb/bgth/201212/t20121224_244163.htm，2012年9月25日访问；环境保护部："关于通报2011年度环保公益性行业科研专项项目验收结果的函"，载 http://www.mep.gov.cn/gkml/hbb/bgth/201312/t20131226_265678.htm，2012年12月24日访问；环境保护部："关于通报2012年度环保公益性行业科研专项项目验收结果的函"，载 http://www.mep.gov.cn/gkml/hbb/bgth/201203/t20120320_224909.htm，2013年12月29日访问。

续表

年度	与食品安全直接相关项目	与食品安全有部分交叉项目
2011	农业土壤重金属污染源解释新技术及食物链安全诊断指标研究；设施农业土壤环境质量变化规律、环境风险与关键控制技术	化工区重金属土壤生态安全阈值及识别技术研究；湘江流域金属矿冶区土壤重金属污染突发事件应急预案体系构建研究；重金属污染场地诊断评价与修复支撑技术研究；长株潭地区大气重金属污染特征及控制研究
2012	坝上地区有机食品开发与生物多样性保护研究	

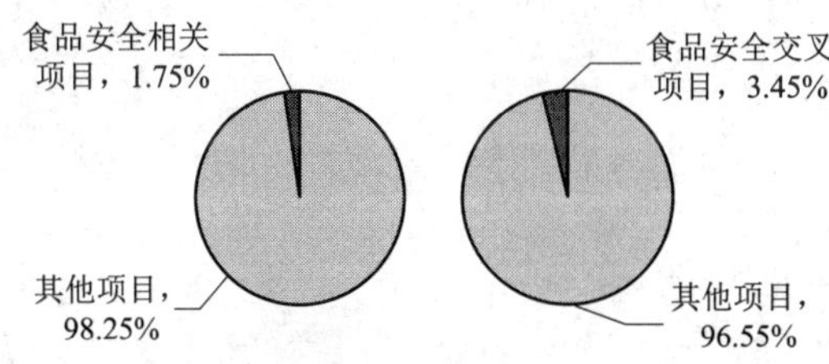

图 8　2007-2012 年度环保公益性行业科研专项立项情况

从行业公益项目的版块分类来分析，涉及初级农产品与环境污染的交叉选题，除了可能列入前述环保公益性行业科研专项外，农业部开展实施的公益性行业（农业）科研专项也存在较大涵盖性。统计分析近年来公益性行业（农业）科研专项已立项的项目发现，其中，2010 年度 80 个项目中仅有一个《主要农区农业面源污染监测预警与氮磷投入阈值研究》涉及环境污染与食品安全，仅占 1.25%；2011 年度 38 个项目中并未涉及；[①] 2012 年度数据缺失；而 2013 年 123 个项目中，有两个项目《典型流域主要农业源污染物入湖负荷

① 农业部："2010 年度和 2011 年度公益性行业（农业）科研专项申报指南"，载 http://www.moa.gov.cn/zwllm/tzgg/tz/201005/t20100521_1490700.htm，2010 年 5 月 21 日访问。

及防控技术研究与示范》《农产品产地重金属污染安全评估技术与设备开发研究》与食品安全有涉，占1.63%，可喜的变化是，除了前述两个项目从农业生产的角度关注了环境污染与食品安全外，该年度在农产品加工与质量安全领域有20个项目被列入计划，如《水产加工过程中危害因素分析及控制技术研究与示范》《农产品产供安全过程管控技术研究与示范》等项目，但究竟在多大程度上关注了环境因素却难以评判;[①] 2014年83个项目中，《我国农田土壤酸化防治》《农产品产地重金属污染安全评估技术与设备研制》《阻控作物重金属积累的遗传改良》《大气污染对农业生产的影响及应对》等项目明确关注了环境污染，占4.82%，其中《农产品产地重金属污染安全评估技术与设备研制》项目直接将农产安全与环境污染联系在了一起，此外该年度仍然专门单列了11个与农产品加工与农产品质量安全的项目，其中《粮油作物产品中危害因子风险评估、检验监测与预警》《水产品中危害因子风险评估、检验监测与预警技术》《畜禽产品中危害因子风险评估、检验监测与预警》《果蔬产品中危害因子风险评估、检验监测与预警》《生鲜乳质量安全评价技术与生产规程》更加注重食品安全[②]（图9）。

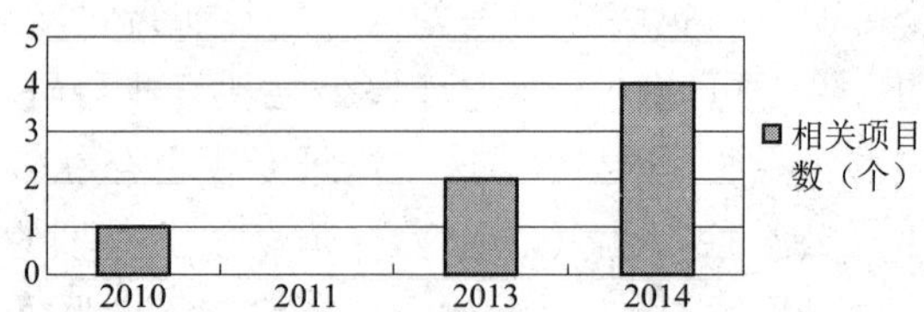

图9　2010-2014年公益性行业（农业）科研专项与环境污染相关项目统计

① 农业部："2013年度公益性行业（农业）科研专项申报指南"，载 http://www.moa.gov.cn/zwllm/tzgg/tz/201204/t20120413_2602633.htm，2012年4月13日访问。

② 农业部："2014年度公益性行业（农业）科研专项申报指南"，载 http://www.agri.gov.cn/V20/ZX/zxfb/201304/t20130416_3435700.htm，2013年4月16日访问。

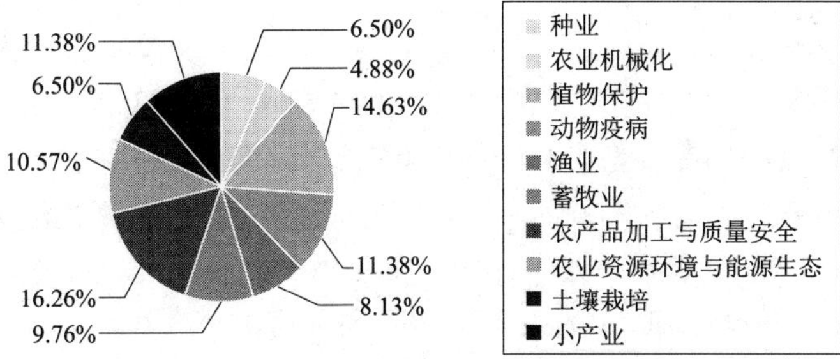

图 10　2013 年度公益性行业（农业）科研专项项目分布图

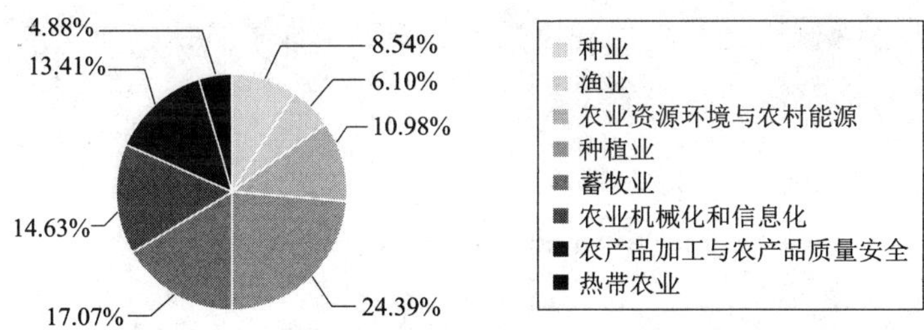

图 11　2014 年度公益性行业（农业）科研专项项目分布图

分析上图 10-图 11 还可发现，这两年来，农业公益性行业科研专项项目对于环境污染与食品安全的重视程度确实在上升，但问题依然存在，即未能将环境污染与食品安全两大问题联系起来协同治理，具体表现为，在整体加大环境保护投入的同时未能足够重视足以影响食品安全（尤其是初级农产品生产）的环境污染问题的科研投入，在加大农业投入的同时未能将影响初级农产品生产的环境污染因素的跨学科、跨行业协同攻关列为重点科研投入目标。

与初级农产品生产环境污染治理相关的两大上位领域的科研投入和引导的匮乏，迫使笔者寄希望于国家自然科学基金这类综合性的国家级公共科研平台。通过对科学基金共享服务网（http://

npd. nsfc. gov. cn/）的模糊检索分析发现，在国家自然科学基金项目生命科学部16753项结题项目中，搜索项目名含“食品”者仅有10项，其中关注食品安全者仅有2项，即批准号为30920003的《关注转基因植物与食品安全》与30371103《饲料中镉及其有机化合物对养殖对虾食品安全性影响的研究》，唯有后者关注到了环境污染与初级农产品安全之联系，究其比例，不足万分之一；而在自然科学基金项目生命科学部正在资助的309789项项目中，检索名称含“食品安全”者仅1842项，占比不足0.6%，而名称含“污染”者仅1580项，约占0.5%，二者均含者暂无。[①] 分析上述立项的国家自然科学基金科研项目选题可见，关注环境污染对于生物体之影响或环境污染对于人体健康之影响的项目并不缺乏，但能够具体探究环境保护与食品安全之联系者非常鲜见。

四、结论与建议

由上文分析可见，中国稻谷等种植业受到重金属等环境污染影响的形势非常之严峻，水产品养殖等初级农产品的生产环境也不容乐观，环境污染问题已经成为威胁初级农产品安全生产乃至食品安全的源头因素。从环境要素角度进行分析，系统完整的生态文明建设应该涵盖大气、水、土壤、海洋、生物多样性等各个环境要素，而治理土壤污染、保护清洁安全的农业灌溉和养殖用水、大气污染综合防治、有效控制化肥农药等化学品污染农产品等措施，是确保初级农产品生产安全的基础，是系统完整的生态文明建设的必要组成部分，更是食品安全治理系统工程的源头所在。因此，解决我国的食品安全治理问题，需要跳出食品安全监管本身，必须结合与初级农产品安全生产密切相关的环境治理问题予以彻底解决。环境治

① 国家自然科学基金委员会：国家自然科学基金项目，载 http://npd. nsfc. gov. cn/funding Project Search Action! search. action，2014年2月16日访问。

理与食品安全治理应相互结合，齐头并进，相互融入。

环境污染治理与初级农产品安全生产相交叉的科研已经成为当下中国的一种急切重大需求，然而，无论农业还是环保这两类行业的公益性科研项目的现有科研资源配置，甚至国家自然科学基金，近年来均未能将科研力量和科研经费优先引入与食品安全紧密相关的环境污染治理课题上。建议政府今后加强统筹与协调环保、农业、食品等行政管理部门，并在中央财政支持的科研项目中逐步加大与食品安全密切关联的环境污染防治科研资金投入和引导。具体而言：（1）农业和环保两类行业公益性科研项目应加强协调，并明确划分食品安全与环境污染交叉领域科研板块的主要归属，宜将影响食品安全的环境污染领域科研划入环保公益性行业科研专项涵盖范围，并相应调整或增加环保公益项目的财政经费投入；（2）应将科研资源优先引入威胁食品安全的环境污染领域，作为该公益行业专项未来的工作重点之一，鼓励跨学科协同研究；（3）环保公益性行业科研专项也可考虑设立食品安全与环境污染交叉学科专门板块，农业部应参与该板块的科研管理与支撑；（4）国家自然科学基金应逐步加大与食品安全密切关联的更广泛意义上的跨学科、跨行业协同，以促进作为食品安全源头因素的环境污染防治问题的科技、管理领域的研究资金投入和科研配置引导。

食品安全标准

私人主体与食品安全标准制定

——基于合作规制的法理*

高秦伟**

一、问题意识

由于食品安全事件频繁发生，因此中国《食品安全法》在立法取向上采取了强化“命令与控制型”（command-and-control）规制①甚至实施排他性的规制，前者如废除了食品免检制度（第60条），后者如该法第三章对“食品安全标准”作出了专章规定，在立法技术上突出了食品安全标准制定（standard setting）的基本制度与制定程序。但是根据规定，食品安全标准由国家标准、地方标准与企业标准三部分组成，其中国家标准与地方标准均属于政府制定的标准，而企业标准是在缺失相应的国家标准或者地方标准或者有能力制定高于国家标准或地方标准的前提下由企业自行制定并报送省级卫生行政部门备案的食品安全标准（第25条）。之所以称为排他性规制，

---

* 本文系国家社科基金青年项目“行政法视野下的自我规制研究”（项目编号：11CFX045）的阶段性研究成果。感谢美国密歇根州立大学食品法与规制研究中心主任Neal Fortin教授、耶鲁大学法学院中国法中心John Balzano先生、南开大学法学院宋华琳博士提供的具有建设性的意见。本文原载《中外法学》2012年第4期。

** 高秦伟，中央财经大学法学院教授。

① Jason M. Solomon, Law and Governance in the 21st Century Regulatory State, 86 Tex. L. Rev. 819, 821-22 (2008); Jody Freeman, Collaborative Governance in the Administrative State, 45 UCLA L. Rev. 1, 3 (1997).

是因为该法仅仅强调了政府制定标准的强制力，在法条中并没有规定“行业标准”;[①] 同时也对具有自我规制特点的企业标准几乎没有规定任何的支持性措施，显示出立法者对食品行业自治、企业自治的不信任。排除、弱化行业组织与企业作用的原因，显然要归咎于“三聚氰胺”等事件中所体现的市场失灵及其负面影响。不可否认，行业利益确实是目前中国食品安全标准运作不力的重要原因之一，但值得反思的是，排他性规制与当前世界范围内规制改革的主要思路是否一致，是否对规制中的不同角色进行了合理的功能定位与权力配置，是否有利于最大化降低食品安全风险，是否有利于培育食品行业与企业的自律，[②] 均需要我们作深入且进一步的探讨。本文首先对规制改革中兴起的合作规制现象进行介绍，进而分析私人主体[③]标准制定的经验，包括标准制定的原因、程序，与政府合作规制的实践、不足以及控制因素等，论述中结合中国私人主体标准制定的现状进行分析并指出存在的课题，以期能够为中国食品安全规制及行政法学发展提供相应的智力支持。

二、政府规制抑或合作规制

现代社会之下，行政事务纷繁复杂，于是作为行政活动的重要方式之一，“标准”应运而生。1990年7月23日国家技术监督局发布的《标准化法条文解释》将“标准”定义为：“对重复性事物和概念所作的统一规定。它以科学、技术和实践经验的综合成果为基础，经有关方面协商一致，由主管机构批准，以特定形式发布，作为共同遵守的准则和依据。”学理上一般将标准分为技术标准和管理

---

① 中国《标准化法》第6条规定了中国的“标准”界分为国家标准、行业标准、企业标准与地方标准四种，显然《食品安全法》与《标准化法》的规定有所不同。

② 参见《食品安全法》第7、8条。

③ 私人主体包括专业协会、企业、非政府组织等，本文将其称为私人主体，是便于与“政府”相对比。

标准两类，管理规则、费率标准等属于后者。而本文则主要探讨作为技术标准的规制标准，虽然标准（特别是国家标准）并不具有“法”的外形，但是，从功能的视角来看，其影响涉及不特定的群体，既是法律规范的具体化与适用，又为具体的行政决定设置参照与准则。[①]

根据中国《标准化法》的规定，标准依据不同的制定主体可以分为国家标准、行业标准、地方标准与企业标准四类，国家标准、行业标准可以分为强制性标准和推荐性标准两类。其中保障人体健康，人身、财产安全的标准和法律、行政法规规定强制执行的标准是强制性标准，其他标准是推荐性标准。由于《标准化法》制定时间较早（1988 年），因此分类明显带有较为浓重的计划经济色彩，与中国当代问题结合并不十分紧密。以行业标准为例，在计划经济时代，工业主管部门相当于一个大型国有公司，部门标准或行业标准主要用于部属国营企业组织生产使用。改革开放后，随着企业所有权和经营权的分离，工业主管部门不再完全是企业的所有者与管理者，组织生产的任务是企业自己的事情，过去的行业标准体制也就不再合适了。这似乎也是《食品安全法》取消“行业标准”的原因之一，但问题在于中国的“行业标准”是否是普适意义上的行业标准？如果取消行业标准，仅仅由政府实施食品安全规制，淡化行业组织在食品安全规制中的角色与功能，那么政府规制是否能够切实发挥作用，2010 年再次发生的“三聚氰胺”事件[②]否定式地回答了我们。同时，进一步的追问是：政府规制失灵之时，是否还存在有其他的替代或者弥补方式呢?

综观国外，合作治理（collaborative governance）或者合作规制（co-regulation）正是当前规制改革的主要思路之一，特别是针对职

---

① 宋华琳：“论技术标准的法律性质——从行政法规范体系角度的定位”，载《行政法学研究》2008 年第 3 期。

② 黄杰：“毒奶粉复活路径再拷问：勾兑奶粉还是勾兑暴利”，载 http://news.ifeng.com/society/2/detail_2010_11/27/3248620_0.shtml，2010 年 11 月 27 日访问。

业健康、食品安全、环境风险方面的规制领域之时。[①] 分析者认为虽然政府最终对这些风险规制承担责任，但是合作规制、自我规制[②]也会发挥重要的作用。私人主体之所以要自我规制、合作规制，原因首先在于现代经济社会发展遭遇到高度的风险，政府无法全面防范风险，私人主体愿意通过自律的方式规制风险；其次私人主体为了获得更好的声誉，赢得公众信任，从而自愿制定标准并予以公布、实施；再次，私人主体从成本的角度认为自我规制与参与政府规制，可以降低遵从（compliance）成本，提高效率。同样的，政府因面对高度科学技术化的问题，无力回应，因此会更多地依赖于私人主体。技术标准变化较快，政府的制定程序较为冗长复杂，因此政府倾向于利用私人主体的快速反应。[③] 合作治理或者合作规制是对传统命令与控制型规制的补充与替代，用以制定、实施与执行政策，与使用新型的政策工具、民营化、分权以及责任分担等现象相关联。如在标准制定方面，美国学者于 20 世纪 70 年代末的估计约有 2 万至 6 万多项，私人主体特别是生产企业通过这些标准规制自己，实现与政府在治理层面的合作与互动。如今这种情况更多，如 2006 年全美健康下一代联盟与克林顿总统基金会、全美心脏健康协会以及全美饮料协会一起公布了《学校饮料指南》。[④] 同时参与指南制定的还有美国三大饮料公司，目的在于促进饮料产业限制饮料的生产规模，并

---

① Ronen Avraham, Private Regulation, 34 Harv. J. of L. & Pub. Pol'y 543 (2011); Margaret N. Maxey & Robert Lawrence Kuhn, eds., Regulatory Reform: New Vision or Old Curse?, Praeger Publishers, 1985, pp. 3-4.

② 合作规制与自我规制是两个并不是很好区分的概念，因为它们之间的关联极为紧密。一般认为合作规制可以发挥政府规制与自我规制的优势，而自我规制则是私人主体自愿制定规则并在内部自愿实施，其内容、方式的选择以及内部监督激励机制的设计均由内部成员决定。参见詹镇荣："德国法中'社会自我管制'机制初探"，见詹镇荣：《民营化法与管制革新》，中国台湾元照出版有限公司 2005 年，第 148-149 页。

③ Matthew C. Stephenson, Public Regulation of Private Enforcement: The Case for Expanding the Role of Administrative Agencies, 91 Va. L. Rev. 93 (2005).

④ American Beverage Association, School beverage guidelines, http://www.schoolbeverages.com/index.aspx, last visited Oct. 6, 2010.

为出售于学校的饮料中的热量与营养成份确定标准。在英国以及许多的 OECD 国家，合作型的食品安全规制也体现于标准制定层面。[①]

反观中国，长期以来的情形是政府出资金、官员定标准，企业被动接受标准，制定技术标准呈现出技术监督等部门的“单兵作战”，缺乏与行业、企业之间的有效沟通，国家标准数量虽多，由于官员掌握信息有限，实效性并不大。[②] 虽然《标准化法》中规定了“行业标准”，但其并非真正意义上的行业（即由某个非政府、私人性质的行业协会所制定），而是“由国务院有关行政主管部门制定，并报国务院标准化行政主管部门备案，在公布国家标准之后，该项行业标准即行废止。”[③] 本质上仍为政府制定的标准。即使目前许多的专业部委改旗易帜，更名为“公司”或者“协会”，但由于中国行业组织正处于“新老交替、功能转换、资源整合、重新定位”的转型过程之中，[④] 政府如何放权于行业组织，如何与之合作，如何加以规制，均缺乏科学应对。于是当行业组织的标准出现问题时，政府便采取“一刀切”的作法，放弃行业标准、强化政府规制的“排他性”，应该讲这样的思路并不可取。因为在国外，私人主体制定的标准也存在失灵的现象，也表现为在制定之时参与主体不够广泛与充分，制定的标准较低进而导致有害甚至有毒产品大肆生产、销售流通等现象发生。[⑤] 但他们并没有轻言放弃或者否定行业标准，而是不断修正与改进行业标准的制定程序，从而实现合作规制。

当然，应该注意的是中国标准体系的演进与西方发达国家标准

① Linda Fulponi, Private Voluntary Standards in the Food System: The Perspective of Major Food Retailers in OECD Countries, Food Policy, Vol. 31, Issue 1 (Feb. 2006).

② 王忠敏：《标准化新论——新时期标准化工作的思考与探索》，中国标准出版社 2004 年版，第 70 页。

③ 参见中国《标准化法》第 6 条。

④ 谢思全、丁鲲华：“我国行业组织现状及发展态势分析”，载《江西社会科学》2006 年第 12 期。

⑤ Lisa L. Sharma, Stephen P. Teret & Kelly D. Brownell, The Food Industry and Self-Regulation: Standards to Promote Success and to Avoid Public Health Failures, American Journal of Public Health, Vol. 100, No. 2 (Feb. 2010).

的生成、发展趋势正好相反，在西方国家，技术标准首先是由私人主体制定并实施，是通过市场竞争机制而非国家强制力来实现的；之后随着社会性规制的增强，由行政机关逐渐通过在法律条文中明确援引、相互间的协议或者间接认可的形式，来采纳私人主体制定的健康、安全和产品标准。① 而在中国，几乎所有的标准首先都是由政府制定并推动，那么在这种思维惯性之下，政府统一标准无疑是有其历史原因的，但是如何看待日渐发展的行业组织，如何发挥私人主体标准制定的作用以及克服其不足，似乎只有在合作规制的模式下才能更好地实现政府的规制目标、才能更好地保障公众身体健康与生命安全。

三、标准制定：私人主体与政府之间的关系

（一）概述

在美国，私人主体标准制定的现象出现于19世纪末，目前有大量的标准制定组织活跃于美国，如美国国家标准协会（the American National Standard Institute，ANSI）、美国律师协会、美国公共会计师资格认证协会、美国建筑设计师协会、健康鉴定联合委员会、全国质量保证委员会、美国消防协会等，它们制定了成千上万的标准，许多条款均被照搬进了美国联邦、州或地方的法律规范，联邦最高法院甚至说我们生活于私人标准之中。② 虽然这些由私人主体制定的标准并无强制性，但是在多数情况下，自愿遵从率为百分之百。③

---

① Jody Freeman, The Private Role in Public Governance, 75 N. Y. U. L. Rev. 543, 551-556 (2000).

② Allied Tube & Conduit Corp. v. Indian Head, Inc., 486 U.S. 492, 514 (1988).

③ Robert W. Hamilton, Prospects for the Nongovernmental Development of Regulatory Standards, 32 Am. U. L. Rev. 455, 460 (1982-1983).

标准的来源主要有三个：政府、产业协会以及竞争市场中的企业，后两者是本文所指的由私人主体制定的标准，它们数量众多，如美国国家标准协会约有270个附属组织制定、发展标准。针对某个单项行业的协会也很多，如高科技产业，美国目前就有43个标准制定组织。[①] 学理上一般将私人主体制定的标准分为三类：（1）单个企业为了自己的产品或者原料而形成的标准，称为专有标准（proprietary standard），企业发展的标准属于单边性的标准，适用于企业自身，但是容易形成自然垄断。（2）行业协会为其成员加工、生产所提供的标准，称为产业或专业标准（industry or professional standard）。（3）由一部分人达成共识所形成的标准，称为合意标准（consensus standard）。[②] 不过，后两类差异并不太大，有时统一被称为自愿性标准（voluntary standard）、自愿性合意标准、自愿性产业标准等。[③] 自愿性合意标准多来源于专有标准与专业标准，许多的协会为了形成合意标准，首先会颁布专业标准，随着使用者增多，专业标准与合意标准的界线就会逐渐消失。

（二）私人主体标准制定的优缺点

私人主体标准制定最为突出的优点在于制定过程中专家会发挥较大的作用、政治影响较小，而行政机关的工作人员不可能完全都是技术专家。虽然行政机关会建立咨询委员会从外部邀请专家，但这种程序通常成本昂贵，并不完全具有可操作性，而且也不符合行

---

① Mark A. Lemley, Intellectual Property Rights and Standards Setting Organizations, 90 Cal. L. Rev. 1889, 1903, 1973-1980 (2002).

② Michael S. Baram, Alternatives to Regulation: Managing Risks to Health, Safety and the Environment, LexingtonBooks, 1982, p. 54. Also see ABA Section of Antitrust Law, Handbook on the Antitrust Aspects of Standard Setting, 2d ed., ABA Publishing, 2011, pp. 1-10.

③ Robert W. Hamilton, The Role of Nongovernmental Standards in the Development of Mandatory Federal Standards Affecting Safety or Health, 56 Tex. L. Rev. 1329, 1338 (1977-1978).

政机关减少对咨询委员会依赖的趋势。[①] 行政机关的工作人员难以理解拟议中的标准是如何影响真实世界的，而私人主体标准制定所提供的达成合意的程序能够让标准更加符合现实的需要，每一种利益群体均可以陈述自己的意见。当然，合意程序最为明显的益处在于，私人主体熟悉现代工业技术不断发展变化的趋势，因而能够保持与工业发展同步并及时修正相关的标准，行政机关所制定的标准的回应速度则相对缓慢，无疑会造成一定的规制延迟现象。以美国材料与试验协会为例，虽然它的标准是非官方学术团体制定的标准，但由于质量高、适应性好，从而赢得了美国工业界的官方信赖，不仅被美国各工业界纷纷采用，而且被美国国防部和其他联邦政府部门采用。食品与药品管理局则长期采用美国材料与试验协会、美国公共健康协会、美国化学分析师协会等私人主体制定的标准。

私人主体标准制定也存在一定不足：（1）一些影响健康与安全的自愿性标准并没有得到全面的评估就得以颁布，比如美国材料与试验协会颁布的汽油标准仅强调效能，很少关注对环境的污染。产生这种现象的原因在于相关利益集团的意见并没有得到充分体现与考量，尽管私人主体努力让所有的利益集团都能表达自己的意见，但是对于小型企业而言，它们规模较小很难影响到标准的制定问题。对此，美国材料与试验协会作出了一些调整，如在会费方面对小型企业进行减免，与全国小企业协会一起鼓励小型企业参与标准制定，当然全国小企业协会本身参与标准制定可能更为有效。（2）缺乏劳工组织的参与。据学者于20世纪70年代末的调研发现，当时在私人主体标准制定的合意性程序中，并无劳工组织参与，而劳工组织的参与可以为相关组织与代表提供有关工作场所安全与健康的意见。（3）消费者的意见在合意程序中没有得到高度重视更是产生问题的重要原因。许多的消费者组织说自己代表了消费者，但是

---

① 有关美国咨询委员会存在的问题，参见王锡锌：“我国公共决策专家咨询制度的悖论及其克服——以美国《联邦咨询委员会法》为借鉴”，载《法商研究》2007年第2期。

很难作出如此简单的定性，因为消费者的意见总是极为分散且基于自我利益的考量，而消费者又是标准制定过程中重要的外部参与者，他们会关注一些非经济性的因素，会关注社会成本。对此有四种解决方案：第一，建立消费者沟通会议，如美国国家标准协会、美国材料与试验协会等主要的私人主体均建立了“消费者沟通会议”，从而为消费者群体与制造商、行业协会等探讨、沟通标准制定问题提供平台。但这些会议类似于非正式会谈，对标准制定并不构成强制性的影响。第二，允许技术性的消费者代表直接参与相关的技术会议。第三，任命非技术性的消费者参加相关的技术会议。大多数消费者均不具有相应的技术知识，但是他们却是技术性产品的使用者，因此有必要在技术会议中包括一些消费者代表。第四，由美国国家标准协会下设的消费者委员会审查拟颁布的标准。美国国家标准协会于 1967 年建立了消费者委员会，用以审查所有的涉及消费者利益的标准。这种审查由作为常设委员会的标准监督与审查委员会来提供辅助，消费者委员会的成员包括个体消费者代表，标准制定组织的代表、企业与行政机关的代表。代表们必须从消费者的层面提出意见，对这些意见，相关组织必须加以回应甚至修正。

当然还有一些因素影响到私人主体无法制定出更佳的标准，如反竞争问题，私人主体认为如果建立过高的标准可能会造成垄断经营，进而又会受到反垄断法的规制，因此宁愿制定较低的标准；① 以及在标准制定中引入成本收益分析（cost-benefit analysis）的问题，②

---

① 很有必要从竞争法、反垄断法、知识产权法的视角去探讨私人主体的标准制定，这从实体方面更能够拘束私人主体所制定的标准，对此美国的研究颇丰，中文文献可参见鲁篱：“标准化与反垄断问题研究”，载《中国法学》2003 年第 1 期；李素华：“标准制定之竞争法规范之调和”，载《东吴大学法律学报》第 15 卷第 1 期；张平等：“强制性国家技术标准与专利权关系”，载 http://www.docin.com/p-391206.html，2010 年 11 月 9 日访问。

② Lisa Heinzerling & Mark V. Tushnet, The Regulatory and Administrative State, Oxford University Press, 2006, pp. 613-643.

但是本文限于篇幅将不予探讨。总体而言，私人主体制定标准优劣点并存，美国行政机关在私人主体标准制定产生问题之后，并没有轻易地否定其存在的必要，而是去分析其存在的价值，协助解决相关的问题。当然，这也与美国行政机关对自身不足有清醒的认识相关，这一点对于倡行合作规制至关重要。他们认识到与企业、行业协会等私人主体相比，行政机关并非是标准的最终使用者，也不具备、掌握相应的技术与信息，如此不仅会影响标准制定的优先次序、科学性，更重要的是究竟如何反映公众、消费者、企业等各种不同群体的利益并形成合意，似乎更为不易。

（三）互动关系

长期以来，美国政府与私人主体之间就标准制定形成了良性互动的关系。标准对于市场、政府、企业的益处显而易见，[①] 联邦政府经常会采纳私人主体制定的标准（典型以援引的方式将自愿性标准采纳进法律之中），如国防部一年就采纳了 5000 项私人主体制定的自愿、合意性标准。国会也鼓励行政机关使用私人主体制定的标准，《国家技术转换与进步法》要求联邦行政机关执行政策与实现目标时可以使用“技术标准”以及“发展或者采纳自愿性的合意性标准。”1998 年白宫预算与管理办公室发布第 A-119 号行政通告，作为《国家技术转换与进步法》的实施细则，是政府部门从事标准化相关活动的政策指导文件。[②] 而美国国家标准协会颁布的《美国国家标准

---

① Joseph Farrell & Garth Saloner, Standardization, Compatibility, and Innovation, 16 Rand J. Econ. 70 (1985); Michael Katz & Carl Shapiro, Network Externalities, Competition, and Compatibility, 75 Am. Econ. Rev. 424 (1985).

② OMB, Circular No. A－119 Revised, http://www.whitehouse.gov/omb/circulars_a119/, last visited Nov. 11, 2010. 主要内容为鼓励联邦机关参与合意标准的发展与利用，并参与一致性评估活动。通告还指出发展自愿合意性标准，可以降低政府发展标准的成本、降低企业遵从的成本；可以促进企业、协会通过一致性的标准充分竞争；可以提升私人主体向政府提供货物与服务的能力，加强合作规制。

战略》以及修正版本《美国标准战略》中均突出与强调了标准制定过程中的公私合作。[①] 2004 年的《标准发展组织改进法》，国会减轻了标准制定组织的反垄断责任，鼓励私人主体的标准制定工作。[②] 其他的法律如《消费者产品安全法》，要求消费者产品安全委员会要依赖私人主体制定的标准来消除风险，提高遵从度。[③] 同时，一些法律还要求联邦行政机关向“一些自愿性的、私人机构、标准制定协会进行咨询，参与这些机构形成标准”。[④] 这种立法态度促进了自愿性合意标准的发展。实践之中，美国联邦政府会鼓励私人主体从事标准制定，并要求联邦行政机关充分运用这些标准。法院对于私人主体制定的标准也持支持的态度。[⑤] 州与地方行政机关也会在立法中就某个具体的标准适用美国机械工程师协会或者美国消防协会的标准。但是总体来说，这种互动关系也是经历了一段时间的发展，才逐渐形成的。

标准化的需求来自于工业化，[⑥] 如最早对螺丝钉的标准化，就是为了确保各种工业组件之间的互换性。一些私人主体性质的标准制定机构相继产生，一开始，私人主体制定的标准并不一致，且制定出的标准明显是为了反竞争的目标，许多标准明显存在着不足。1918 年，许多的专业与技术协会以及三个政府部门，包括美国电气工程师协会、美国采矿与冶金工程师协会、美国机械工程师协会、美国材料与试验协会，以及商务部、陆军部与空军联合召开了第一届产品与技术标准交易会，标志着“美国工程标准委员会”的诞生，

---

① ANSI, United States Standards Strategy, http://www.ansi.org/standards_activities/nss/usss.aspx, last visited Oct. 10, 2010.

② 15 U.S.C.A. § § 4301-4305 (West 1998 & Supp. 2006).

③ 15 U.S.C. § 2056 (b) (1) (2000).

④ Jonathan L. Rubin, Patents, Antitrust, and Rivalry in Standard Setting, 38 Rutgers L. J. 509, 515 (2006-2007).

⑤ Harry S. Gerla, Federal Antitrust Law and Trade and Professional Association Standards and Certifcation, 19 Dayton L. Rev. 471, 503 (1994).

⑥ Samuel Krislov, How Nations Choose Standards and Standards Change Nations, University of Pittsburgh Press, 1997.

后来经过多次变化，于1969年更名为美国国家标准协会。标准化的进程于20世纪20年代加速，当时商务部部长Herbert Hoover建立了一个专门的机构即美国国家标准局[①]用以实现减少浪费、鼓励标准化的目标，该局自己提供了一些自愿性的标准，并扶持与帮助私人主体发展、形成类似的标准，尽管国家标准局与私人主体之间的关系起伏不定，但是国家标准局一直在促进私人主体标准形成方面发挥着重要的作用。二战前，私人主体特别是企业一直主导着自愿性标准的制定领域，甚至排除其他企业以及相关人士的参与，这种制定程序是完全秘密进行的，并没有任何公开的要求。当然，这个时期也出现了针对私人主体标准制定的反垄断审查诉讼。如此的标准运行不久，在二战期间，持续的争论关注于联邦政府与私人主体各自在标准制定中的角色，经过反思，私人主体在标准制定时扩大了利益代表的参与程度，开放与民主化制定过程。消费者团体也开始积极地参与到私人主体的标准制定过程，直至20世纪60年代末70年代初，标准制定程序完全对消费者公开。1960年对标准制定程序研究最为有名的是一份向商务部部长提交的名为“Kelly报告”的研究资料，报告指出美国并无国家标准体系，应该充分发挥私人主体的重要作用。1965年公布的“LaQue报告”建议国会应该重新定位美国国家标准协会的前身，使其成为联邦财政支持的自愿性标准的协调机构，建议民主化标准制定的程序，政府机关如反垄断机构、商务部等应加强协调工作。国会采纳了报告中的多项建议，但是并没有批准ANSI“国有化”的建议。关于这一问题，主要的原因在于不断增长的消费者保护运动以及产品强制性标准的发展超越了自愿性标准的重要性，所以国会并没有采纳该报告的此项建议。这个时期美国制定了大量的法律用以保护消费者的安全（如the National Traffic and Motor Vehicle Safety Act of 1966; the Natural Gas PipelineSafety Act of 1968），国会还于1967年建立国家产品安全委员

---

① 15 U.S.C. § 271（1976），于1988年之后改名为美国国家标准与技术研究院（The National Institute of Standards and Technology，NIST）。

会，该委员会对适用于保护消费者产品安全的1000多项工业标准进行了审查后，总结道：

> 不幸的是这些标准长期处于极为不充分的状态，无论是范围还是实用性方面均存在一定的风险。它们无法解决许多明显可以预见的危害，对于风险承担、青少年行为、培训教育不足、经验不足等因素没有加以充分地考量……在我们的知识判断之中，安全标准应该排除市场产品的因素，但现在它们总是不具有理性且存在风险。美国国家标准协会过去所批准的标准虽然达成了“合意”，但是并没有确保对这些不良因素的排除。①

自1970年开始，国会通过一系列的立法或多或少地限制了联邦行政机关对自愿性标准的使用。那些立法史表明议员们对于产业主导的标准制定呈现出的不公正与不公开的状态表示担忧，这样的观点也受到了消费者运动中一部分公众的支持。被称为美国现代消费者运动之父的Ralph Nader在众议院司法委员会举行的听证会上表达了类似的观点：

> 协会的产品标准经常伤害消费者的利益。标准的发展史充斥了滥用的情况：标准在本质上均是由大企业排除市场上其他竞争者而制定的，标准将有害的产品视为安全的产品，标准提升了销量仅仅有益于生产商，标准设计用以阻止政府安全要求的规定，而不是为了保护公众。②

Nader等人为此提及了许多的“悲惨事件”（horror story）来论

---

① National Commission of Product Safety, Final Report of the National Commission of Product Safety 48, 52 (June 1970).

② Voluntary Standards Accreditation Act: Hearings on S. 825 Before the Subcomm. on Antitrust and Monopoly of the Senate Comm. on the Judiciary, 95th Cong., 1st Sess. 357, 358 (1977) (statement of Ralph Nader).

证他们的观点，众议院垄断与反垄断委员会说他们也收到了大量的投诉，但是由于人手不足无法对标准运行展开调查。对此，美国国家标准协会与美国材料与试验协会也没有否定，特别是20世纪70年代以前，但自此之后相关的私人主体业已开始修正自己的标准制定程序。而对于较为具体的问题，他们的回应是：美国材料与试验协会是一个高度分权化的组织，各个委员会具有高度的自治权，有时有可能并未及时告知相对人参加标准制定，但可能并非是滥用程序，而是可能由于工作上的疏忽所导致。每年他们都会制定大量的标准，听证会上所听取的只是一小部分问题，不过，他们会争取加以改正。以食品与药品管理局为例，从建立初期便很少制定强制性标准，而是持续地鼓励与发展自愿性标准，认为自愿性标准可以作为非正式标准发挥作用，可以弥补强制标准的不足，呈现出公私合作的态势。食品与药品管理局还授权雇员参与自愿性标准制定组织的各项活动。如今，食品与药品管理局的职员们以及食品产业在该局制定的《合意标准的认知与使用手册》之下共同促进标准的发展。[①]

总之，虽然行政机关开始之时对私人主体的标准制定持有大量的批评意见，但是经过互相交流与合作，行政机关发现私人主体制定的标准具有相当有效的作用，如消费者产品安全委员会指出自愿性标准组织自20世纪70年代以来作出了巨大的贡献，它们确实提升了产品安全。[②] 但同时，关于私人主体标准制定法治化的问题，美国也一直在探讨。如有人提出要制定《自愿标准与认证法》，用以拘束私人主体在制定标准时所产生的一些问题；联邦预算与管理办公室也提出了相关的建议，主张应提升私人主体的责任，进而增加会议的透明度，鼓励消费者与小型企业积极参与标准制定等内容。虽然由于种种原因这些建议并没有得到采纳，但其中的积极成分却在

① FDA, Guidance for Industry and FDA Recognition and Use of Consensus Standards, http://www.fda.gov/MedicalDevices/DeviceRegulationandGuidance/GuidanceDocuments/ucm077274.htm, last visited on Nov. 12, 2010.

② 42 Fed. Reg. 58726 (1977).

实践中得以实现。另外，最近数年由于各种风险逐渐增多，美国政府也开始积极地介入到标准制定的领域，特别是信息技术、国家安全、公共健康等领域，由此引发了较大的争议。[①] 学界与业界认为政府在介入标准制定领域之前，应该思考：（1）这一产业的成熟程度，相关的行业协会是否有能力发展标准，它们制定标准的结构是否完善。（2）市场经济中政府的作用应该是有限的，是否应该尊重市场的选择。（3）贸易政策促使美国政府基于市场要求发展标准，如此才不至于形成贸易壁垒。（4）“政府失灵”的风险问题，政府介入是为了解决市场失灵的问题，但是政府也同样不完善，同样会有失灵的情况。[②] 也有学者结合政府介入的程度，将标准制定的领域分为政府明确可以介入的领域、灰色领域以及不适合介入的领域。[③] 明确可以介入的领域主要是政府为了实现重要的公共利益目标而制定的标准，重要的公共利益包括了国家安全、国防、公共安全、健康或者福利。特别需要指出的是政府明确可以介入的领域，并不意味着可以完全排除市场的作用。灰色领域是指虽然不涉及重要的公共利益，但可能是新兴的领域而需要政府介入。不适合介入的领域是指可以通过市场来解决的标准。这些探讨的基本思路仍然是沿袭着合作规制的法理而加以展开的。

（四）中国问题

目前中国语境下“私人主体的标准制定”至少应该包括两大部分：一是企业自行制定的标准，无论是《标准化法》还是《食品安全法》均鼓励企业制定严于政府标准的企业标准。企业标准是专有

---

① Stacy Baird, The Government at the Standards Bazaar, 18 Stan. L. & Pol'y Rev. 35, 37 (2007).

② Sidney A. Shapiro, American Regulatory Policy: Have We Found the "Third Way"?, 48 U. Kan. L. Rev. 689, 698 (2000).

③ See Stacy Baird, The Government at the Standards Bazaar, 18 Stan. L. & Pol'y Rev. 35, 70 (2007).

标准，即由单个或者少数企业颁布的标准，为了消除企业无标生产与保障各级标准的统一，《食品安全法》第25条承继了《标准化法》确立的企业产品标准备案制度，不过这种仅向省级卫生行政部门备案的单备案制度与《标准化法》及相关规范确定的有关企业产品标准向标准化行政主管部门和有关行政主管部门备案的双备案制存在着不相一致的情况。二是行业标准或者协会标准。在西方，行业标准与协会标准并无区别，中国《标准化法》中规定了“行业标准”，但是从其先前的运作来看与国家标准并无差异。而如今，行业标准的结构发生了一定的变化，基本分为三类：一是由国家发改委管理的被撤销工业部、委的行业标准，包括机械、纺织、冶金、电力等。尽管国家对行业机构进行了重大调整，但是目前这几大行业的标准管理基本上仍然承继了原有的模式。唯一不同点就是国家发改委只负责管理这几个行业标准的计划、审批、发布，而将标准一般性的、事务性的管理工作授权委托给被撤销工业局后成立的联合会和产业协会。二是已由工业部、委分解为大的集团公司，如航空、航天、船舶、核工业、兵器等集团公司的行业标准。虽然这些工业部门被调整为集团公司，但是目前这些行业标准由工业和信息化部进行统一管理，管理方法基本上未变。三是国务院行政主管部门负责制定的行业标准。如国家林业局、国家烟草专卖局、国土资源部等。这部分行业标准基本上还是由原来的管理部门进行管理，管理方法基本上没有改变，它们均有行业标准的计划、审批、发布等管理权。

这样的行业标准结构适应于某些国有企业较多的行业，但对于所有的行业则未必适应，因为真正的行业标准应该是从企业、从协会、从市场中产生；也就是说行业标准的产生应该由企业、由协会、由市场来决定。而中国目前的行业标准则是自上而下展开的，标准的立项不是为了市场与产品的需要，因此，就产生了立项追求数量，重复制定标准的现象。由于目标不明确，导致有的行业标准的制定周期很长，甚至长达好几年；有的标准制定后的技术指标低下或不合理，而企业无法执行；有的标准制定后的技术内容不能及时反映市场需求的变化，给企业带来经济损失；有的标准制定以后很少有人用，或者根本就没有人用；有的标准标龄太长，标准不能进行及时修订；有的标准技术内容矛盾，与相关标准在技术内容上交叉；还有的由于标准信息不通，企业找不到新标准使用旧标准后，而给企业带来合同上的纠纷等现象。

而另一方面，“协会标准”的概念又出现于我们的视野。有学者之所以使用“协会标准”并欲以其替代行业标准，① 原因在于认为协会最了解本行业的发展方向，是中国“计划经济”转向为“市场经济”的配套工程。实践中，中国社会转型导致行业协会的结构确实发生了一定的变化，即在前述有官方背景的行业组织之外，又出现了一大批由企业自发组建的行业组织。虽然这些民间协会有一定的独立性，但是对政府的依附性依然较强，而长期的国家理念，导致政府对协会的作用并不清晰，在许多方面协会的实质性参与和监督功能并没有形成。但同时协会又存在着发展的动力，往往因无法定规则的限制，极力扩张自己所代表的利益，甚至会被大型企业所俘获。例如就奶业而言，就有着两个同级别、分属不同主管部门的行业协会：属于轻工部门主管的中国乳制品工业协会和属于农业部主管的中国奶业协会。在鲜奶标识标准问题上，市场上事实形成了以光明、三元为代表的鲜奶派和以伊利、蒙牛为代表的常温奶派的对峙。鲜奶派采用巴氏杀菌法，保质期一般定为 3 天左右；常温奶派采取 UHT 灭菌法，产品可以保存 6 至 7 个月。鲜奶派曾经依托中国奶业协会，拟议颁布“鲜奶标识标准”，从而强调自己产品之“鲜”，但是遭到了代表常温奶派利益的中国乳制品工业协会的强烈反对。②

---

① 也有人建议应该取消强制性行业标准，将推荐性行业标准过渡到自愿性行业标准，要强调标准制修订过程的公开、透明，坚持广泛参与、协商一致原则，保证标准的公正、合理。企业应成为行业标准制修订工作的主体，应是行业标准的最大参与者、投入者、受益者。见谭湘宁：“机械工业行业标准现状及发展趋势——兼论协会标准的发展空间”，《机械工业标准化与质量》2007 年第 2 期。

② “两协会口水战不休鲜奶标识年内仍难产”，载《新京报》2004 年 9 月 23 日；彭苏：“‘斗奶’变局”，载《时代人物周报》2005 年 1 月 12 日；“多家大型乳企均对乳业标准争议保持缄默”，载《新京报》2011 年 6 月 22 日。

有关行业标准与协会标准的名称与内涵之辩，有人认为狭义的行业标准是指由国务院有关行业主管部门批准发布的标准，广义的行业标准还应该包括由国家认可的行业协会（学会、联合会等）批准发布的标准，后者通常被称之为协会标准，主要包括产品标准及与产品相关的基础标准和方法标准。① 广义的行业标准发挥了弥补国家标准的作用，例如，一些食品中有毒有害物质检测方法国家标准至今尚未制定，为了满足中国食品安全检验检疫及进出口贸易的需要，相关行业协会补充了约184项食品中有毒有害物质检测方法商检行业标准；食品安全国家标准中共有82项食品安全控制技术规程，各行业根据自身的特点与需求，分别制定了336项食品安全控制技术规程。② 产品的规范与标准来源于产业实践，多数首先由企业形成，随着产品的完善与标准不断修正，可能转换为行业（协会等）标准，进而再成为国家标准与世界标准。在计划经济时代，重视国家标准、强化政府介入是有合理性的，但在市场经济条件下，先于国家标准而制定出行业标准可能更有利于推动有关行业产品的快速发展与进步，之前的“自上而下”模式颇有“本末倒置”之感，有时是在“装门面”，“因为，实际上并没有真正执行这些已经过时的国家级规范与标准”。③ 本文对行业标准的认识也基本采取广义说，且主张名称并不重要，重要的是如何认定它的作用④以及如何制定。

---

① 王霞、卢丽丽：“协会标准化研究初探”，载《标准科学》2010年第4期。

② “中国食品安全标准体系的现状与展望（一）”，载http://www.china12315.com.cn/html/spbz/2008/1127/n_2008112761042779.shtml，2010年11月10日访问。

③ 林金堵：“CPCA行业标准的希望与未来”，载《印制电路信息》2006年第1期。

④ 有关行业标准的作用及其与国家标准之间的关系，有研究指出中国标准发展战略的主要指导思想是“以市场为主导、政府宏观管理；以企业为主体、社会广泛参与”，未来的标准制定主体应当明确政府、行业协会、企业及中介组织间的关系，国家标准、行业标准可以由相对分散管理转为统一管理，而协会标准最初可由国家标准化机构统一认可管理，逐渐转为最终的民间管理。参见“中国技术标准发展战略研究总报告”，载http://www.docin.com/p-8049022.html，2010年3月8日访问。当然，就标准体系的问题，更为深入的课题是中国如何与WTO相关规定接轨，是否要对技术法规与标准进行界分与协作，本文限于篇幅的关系对此并不作探讨。

事实上，有关探讨私人主体标准制定的程序也会对国家标准的制定程序有一定的借鉴意义，如“三聚氰胺”事件之后，国家颁布了《杀菌乳安全标准》《灭菌乳安全标准》《生鲜乳安全标准》等强制性国家标准，但令人不解的是，本该发生于标准公布前的质疑与讨论，却在标准实施之后出现（不仅仅是牛奶，酱油、食用盐、大米等安全问题均发生于食品添加剂标准公布之后）。食品安全标准为何公布之后又遭到“炮轰”，相关的报道分析认为在制定过程中，仅仅只有部分代表参与制定，奶农、消费者的利益并没有很好地得到体现，虽然标准草案曾公布于卫生部网站、专家组对国内外反馈的2000余条意见逐条研究处理，但多数意见并未被采纳。① 国家标准的制定可能会被某些大企业、某个行业所垄断，行业标准的制定中更可能会被某些大企业、某个行业所垄断，由此可见存在的问题是相同的，解决的方案也许在于提高标准制定的透明度与公众参与性，以有利于制定出科学的食品安全标准。因此，有必要进入到私人主体标准制定的程序讨论中来，在此过程中，我也会对比中国国家标准制定程序并予以分析。

四、私人主体标准制定的程序

在美国，国会可以授权行政机关制定相应的标准，同时它也要求行政机关使用私人主体制定的自愿性合意标准进行规制。但是在起初的时候，当行政机关采纳合意标准时，很少对私人主体标准制定的内部程序予以关注与限制，这导致20世纪60年代以及70年代初，私人主体在平衡参与标准制定的代表利益以及为相关方提供

① “乳业国家标准引发行业争论”，载 http://discover. news. 163. com/09/0811/10/5GE7E4LQ000125LI. html，2010年4月2日访问；“王丁棉访谈：中国乳业新国标之‘南北战争’”，载人民网，http://www. people. cn/news. jsp? id=2930，2011年7月18日访问。

“正当程序”方面极为欠缺。[①] 大企业试图对标准制定形成不适当的影响，从而有利于他们的产品生产。[②] 而对外部人员来讲，标准制定的程序也极为封闭，由相关的产业所操纵，充斥着反竞争的潜在因素。特定的利益集团经常会获益于歧视性的标准。因此有必要对私人主体的标准制定加以某种程度的制约，从而消除标准中的歧视条款，促进竞争。于是，联邦最高法院建议私人主体在标准制定时应该遵从正当程序的要求。[③] 然而一开始，私人主体并没有遵从正当程序的意愿，行政机关也没有要求它们必须这样做，只是最高法院认为自己有义务基于联邦反垄断法来确保私人主体在标准制定时负有责任性。[④] 不过，自20世纪80年代起，私人主体开始在标准制定的过程中更多地遵从正当程序的要求，向公众开放他们的会议并接受评议。当然，不可否认的是虽然有了充足的消费者、小企业以及劳工集团的参加，但是技术性的问题仍然是由相关的专业人士以及大型企业所推动，不过这已经标志着私人主体标准制定的程序正在朝着公开以及代表具有均衡性的方向发展了。[⑤]

（一）国家标准协会的作用

标准制定不仅仅涉及技术问题，还关系到社会与政治的问题，

---

① Andrew F. Popper, The Antitrust System: An Impediment to the Development of Negotiation Models, 32 Am. U. L. Rev. 283, 284 (1983).

② James W. Singer, Who Will Set the Standards for Groups That Set Industry Product Standards?, 12 Nat'l J. 721, 721 (1980).

③ Silver v. New York Stock Exchange, 373 U. S. 341, 364-66 (1963); Howe & Badger, The Antitrust Challenge to Non-Profit Certification Organizations: Conflicts of Interest and a Practical Rule of Reason Approach to Certification Programs and Industry-Wide Builders of Competition and Efficiency, 60 Wash. U. L. Q. 357 (1982).

④ American Soc'y of Mechanical Eng'rs v. Hydrolevel Corp., 456 U. S. 556 (1982); National Soc'y of Professional Eng'rs v. United States, 435 U. S. 679 (1978); Radiant Burners v. People's Gas Light & Coke Co., 364 U. S. 656 (1961), rev'g 273 F. 2d 196 (7th Cir. 1959).

⑤ Opala, The Anatomy of Private Standards-Making Process: The Operating Procedures of the USA Standard Institute, 22 Okla. L. Rev. 45, 51-53 (1969).

特别是对于风险性规制而言。行政机关制定标准是一种特别的立法，程序类似于行政立法的程序，由于受到多重限制，因此，美国于20世纪70年代开始重点探讨与使用由私人主体所制定的标准。在这个过程中，必须提及美国国家标准协会的作用。

美国国家标准协会（以下简称ANSI）成立于1918年10月19日，是一个非政府组织性质的行业协会，成员包括了如美国材料与试验协会、美国消防协会等约200多个专业学会、协会、消费者组织，也包括了数量众多的企业成员（以及外国公司）。它作为自愿性标准的协调机构，积极参与美国国家标准的批准与制定。在国际标准化活动中，美国国家标准协会代表美国参与活动，在国内作为标准制定的私人主体的唯一代表与国会、联邦行政机关打交道。参与美国国家标准协会的成员共有六大类：组织、政府、企业、教育机构、国际机构与个人。[①] 为了整合他们各自的利益，ANSI内部还设立了相应的论坛，包括组织成员的论坛、政府成员的论坛、企业成员的论坛以及消费者成员的论坛，进而有组织、网络化地代表各种不同的利益与声音。ANSI下设董事会、标准审查委员会、教育委员会、一致性评估政策委员会等。ANSI虽然并非美国国内唯一的标准制定者，但是在美国国内标准领域具有垄断性的地位，各界标准化活动都围绕着它进行。ANSI的职责大致有以下内容：认可美国标准制定组织和美国技术顾问小组；批准美国国家标准；保护公众参与标准化活动；保证美国自愿合意标准体系的完整性；提供区域和国际合作；提供中立的政策论坛；提供标准、资格认证及相关活动的信息资源和培训。最重要的职责当属对美国国家标准的批准，ANSI批准美国国家标准有以下三种方式：（1）私人主体将自己的标准推荐给ANSI或者受到ANSI的委托提供标准，ANSI会要求该私人主体必须遵循其制定的程序与准则，并与有关各方协商。经ANSI批准生成的标准编号上即冠以ANSI字样，这种方法最为常见。（2）如无

① American National Standards Institute Constitution and By-Laws, section 2.01, approved January 2009.

特定的行业协会，ANSI会成立国家标准委员会来制定标准。（3）一家私人主体或者其他有关方面希望将一项现有的标准或标准草案经审议后批准为美国国家标准时，可向有关团体征求意见或征集通信投票（通常称为游说模式，the canvass method），然后将该标准连同征求意见的结果一起提交ANSI审议，ANSI由标准管理委员会审查，看意见是否遗漏，反对意见是否解决，再决定是否批准为美国国家标准，当然再征求意见时，还须提交公众，向公众征求意见。这里最为核心的问题是要成为美国国家标准的各项标准均必须满足ANSI的基本程序规定。事实上，也正是通过这样的要求，各个企业、非政府组织等私人主体也实现了标准制定中的正当程序要求。另外，特别值得指出的还有美国国家标准协会的综合协调功能，[①] 由于行业协会众多，标准之间经常发生交叉重叠，例如，美国机械工程师协会制定了天然气管道的标准，而美国消防协会后来又制定了液化天然气管道的标准；美国材料与试验协会与美国给水工程协会就地方与市政供水系统设定不同的标准，等等。那么此时，美国国家标准协会就会承担起协调的责任，具体的做法是它建立了多个“标准管理委员会”，负责不同领域的标准管理与协调工作。委员会的成员既有ANSI的成员，也有其他一些关注标准发展的人员，如政府官员、协会中的企业代表以及专家学者。[②] 以下分别简要介绍相关规则的要求。

1. 正当程序的要求

ANSI颁布了《美国国家标准的正当程序要求》，目前为2010年版。[③] 所谓正当程序是指任何人（组织、企业、政府机关、个人等）均有直接且实质性的权利，包括表达自己的观点与意见、有权让相关

---

① Robert W. Hamilton, The Role of Nongovernmental Standards in the Development of Mandatory Federal Standards Affecting Safety or Health, 56 Tex. L. Rev. 1329, 1340 (1977-1978).

② ANSI, ANSI Procedures for Management and Coordination of American National Standards § I. 4. 2. 具体成员的选择由ANSI的标准执行委员会来实施。

③ ANSI, ANSI Essential Requirements: Due process requirements for American National Standards, http://publicaa. ansi. org/sites/apdl/Documents, last visited Sep. 13, 2010.

部门考量自己的意见、有权申诉。正当程序意味着公正与公平。以下内容构成了达成合意的正当程序的最低要求：（1）公开。任何人均有权参与标准制定的过程，及时、充分的告知以及制定的目标、依据等内容均成为公开的主要要求与内容。（2）不得有主导性的优势。在标准制定与形成的过程中不得有任何一种利益占据主导性的优势。所谓主导性优势是指运用市场占有或者其他手段排除其他意见。（3）平衡。所谓平衡是指标准发展的过程中各种利益要均衡，不能有一种利益在合意程序中占有三分之一的力量或者多数。（4）利益类别。在形成合意之时，应该对不同的利益类别予以考量，可能包括（但不限于）生产商、批发商、零售商、消费者者、工人、专业协会、使用者、规制机构、测试实验室、商业协会以及整体性的利益。（5）书面程序。这样便于形成标准以及任何人获取。（6）申诉。用于处理对任何行为或者不行为的事件实施申诉救济。（7）向公众告知标准发展事项。告知必须公布于适当的媒体，便于公众知晓。（8）对各种建议与反对意见予以考量。另外还包括了对记录的保存等内容。

2. 协调程序的要求

ANSI 于 1974 年 12 月 5 日颁布了《美国国家标准管理与协调程序》，后于 1977 年 3 月 31 日进行了修订，对私人主体标准制定提供了相应的要求、指南，也为 ANSI 协调各种主体制定的标准、发展与形成标准之间的合意提供了技术支持。在此基础之上，ANSI 又于 1982 年 4 月 30 日颁布了《美国国家标准发展与协调程序》，后经多次修正（1983、1993、1995、1997、1998、2001、2002 年），共包括五部分主要的内容，即美国国家标准批准、撤销的正当程序与规则；美国国家标准发展者的认证规则；美国国家标准的计划与协调规则；美国国家标准的名称、公布、修正以及解释规则；审查规则；修正条款等。这些要求与规则适用于美国国家标准的制定、修改、批准以及形成合意。[①] ANSI（具体事务由董事会下设的标准执行委员会负

---

① ANSI, ANSI Procedures for the Development and Coordination of American National Standards, http://publicaa.ansi.org/sites/apdl/Documents, last visited Sep. 13, 2010.

责）会积极地规划标准制定工作，协调各种标准发展计划，根据社会发展需要设定优先性，减少重复，避免美国国家标准之间的冲突。

（二）中国问题

中国现有的行业协会中，只有其中一少部分设有专职负责标准化工作的部门，程序也略显简单。这些协会制定标准的程序包括以下几个环节：①

第一个环节是制订计划，其中包括立项申请，拟制定行业协会标准的单位，应向行业协会标准负责机构提交填写好并已加盖公章的《协会标准制定、修订申请书》；立项论证，协会标准负责机构收到立项申请后，进行初审，对合格者予以受理，组织立项论证，并将论证结论通知申请立项单位；编制立项计划，通过立项论证后，下达标准制定、修订计划，成立起草工作组，组织起草标准。同时，协会标准负责机构给出标准编号，并发布相应的公告。在这一环节，还需要做的是申请立项的单位要与协会签订标准制定、修订协议，但签订协议的时间每个协会有所不同。有在申请立项时就需要签协议的，也有在通过立项论证后签署协议的。第二个环节是标准起草，在完成征求意见稿、征求意见、意见汇总后，协会标准负责机构组织专家初审或召开初审会议，提出标准送审稿。第三个环节是听取意见，所谓听取意见就是将起草的标准，向社会公布，征求社会各界的意见，听取意见可以采取书面征求意见、座谈会、论证会、听证会等多种形式。第四个环节是标准审查，其中包括发放审查资料，组织专家终审或召开终审会议，形成标准报批稿。第五个环节是批准发布，协会标准技术负责人审批标准报批稿并通过后，协会标准负责机构给标准编号，同时发布标准公告，并负责出版、实行、实

---

① 王霞、卢丽丽："协会标准化研究初探"，载《标准科学》2010年第4期。也可参见《行业标准管理办法》《中国商业联合会协会标准管理办法（试行）》《电力行业标准化管理办法》。

施标准。

本文行文过程中，笔者一再强调美国与中国的国情不同，[①] 虽然美国的标准也划分为国家标准、协会标准与企业标准三类，但均是自愿性标准，美国的标准制定多是由私人主体制定，遵循了市场化的原则，基本上形成了政府规制、授权机构负责、专业机构起草、全社会征求意见的标准化工作运行机制。以美国国家标准为例，美国国家标准的制定是从市场需要出发的自愿行为，行业协会、学会、制造商与个人都可以提出市场需要的标准草案；在标准制定的过程中，政府、制造商与用户均参与其中，最大限度的满足标准各方的利益和要求，而后由相应的专设机构承担标准草案的审查和批准工作，最后公开、普遍征求公众对草案的意见。而对应于中国强制性国家标准的美国技术法规，内容也仅限于卫生、安全、环境保护领域，但是即使如此，美国政府部门也极少自行制定标准，而是更多地引用私人主体制定的自愿性标准，并鼓励政府官员参加这些私人主体的标准制定与修改工作，避免重复劳动。之所以如此，是因为美国有着发达的私人主体，这些机构积极参与标准的制定活动，而作为美国国家标准协会的 ANSI 从中协调，更是促进了私人主体标准制定的健康发展。

而根据中国《标准化法》第 6 条规定："对需要在全国范围内统一的技术要求，应当制定国家标准。国家标准由国务院标准化行政主管部门制定"。又根据《国家标准管理办法》《全国专业标准化技术委员会章程》《关于调整国家标准计划项目编制方式的通知》《关于国家标准修订计划项目管理的实施意见》《关于国家标准复审管理

① 目前采用与中国相同的标准划分体系的只有几个少数国家，而大多数国家与地区实行的都是自愿性标准，在这个体系下再进一步划分为国家标准、协会标准与企业标准。而中国的"强制性国家标准"概念相对应的国外概念一般是"技术法规"。（参见李颖：《美国标准管理体制》，中国标准出版社 2004 年版，第 11 页。）在欧美等国，并没有采用如中国的直接明确规定强制性国家标准的模式，而是采取了合作规制的模式，原则上以产业界自我规制为主，但是在个别关系到重大公众利益和公共资源的领域，政府也会颁布相关的技术法规，而这些技术法规又常常引用相关标准，使得标准成为法律法规的组成部分。

的实施意见》《关于加强强制性标准管理的若干规定》《关于强制性国家标准通报工作的若干规定（试行）》等规定，不论是强制性标准还是推荐性标准，其制定均是由国务院标准化行政主管部门按照国家的政策及法律，提供经费，组织人员按照一定的程序进行制订、审批，以有关行政主管部门名义发布实施。在国家标准发布实施以后，有关行政主管部门还要对国家标准的实施情况进行监督检查。可见中国的标准化工作属于政府管理职能之中，国家标准化委员会在国家质检总局的统一管理之下开展工作，事实上从另一个层面也限制了中国标准协会自身的发展。如今《食品安全法》虽然将食品安全标准的制定主体归为卫生行政部门，目的在于统一原来多元混杂的食品安全标准体系。该法颁布之前多元混杂的状况显然不利于食品安全的整体保障与统一执法，[①] 但问题的关键并不是要通过统一制定主体而是整合、统一标准。该法第22条提到的卫生部整合、统一标准的问题，之前许多实体性的问题都没有协调好，现在仍然赋予卫生部这样的权力，也不能够保障实现不同行政机关之间的合作与协调。问题的关键应该是通过程序去整合、统一标准，确切地讲是通过正当程序形成所有利益相关者之间的合意。要通过正当程序，规范标准制定的过程，比如究竟哪些专家参与了讨论？他们的核心观点是什么？在标准的讨论中，专家之间有没有争论？对于征求的意见，是否给予了企业、行业协会满意的回复？标准制定过程中公众是否参与，是否咨询未被邀请的专家？

（三）正当程序中的考量因素

在北美、欧洲、大洋洲等国家，[②] 行政机关的正当程序要求影响

① “国家发布的乳制品和婴幼儿食品标准竟多达40个，仅生产婴幼儿配方奶粉的标准就有5个”，见苏方宁：“我国食品安全监管标准体系研究（一）——我国食品安全监管标准体系的状况分析”，载《大众标准化》2007年第5期。

② Harm Schepel, The Constitution of Private Governance: Product Standards in the Regulation, Hart Publishing, 2005.

了私人主体的标准制定程序，并形成了所谓的“私人行政程序法”（Private Administrative Procedure）理论。[①] 虽然与行政机关相比，私人主体对正当程序的要求程度并不高，但是一些因素（如告知、评论、申诉、定期审查等）仍然需要加以考量。[②] 中国目前尚无统一的行政程序法，尽管湖南等地颁布了相关的行政程序规定，[③] 各级行政机关对行政程序也较为关注，但是一些重要的问题依然没有得到解决，如行政立法如何对公众的意见进行回应与处理，如何平衡各种不同的利益等。《食品安全国家标准管理办法》《重庆市食品安全地方标准管理办法（试行）》等法律规范规定了一些程序性的要求，但略显粗疏，关键性的问题仍未得到解决。行政机关的做法影响了私人主体，从中国乳制品工业协会、中国奶业协会等协会的网页来看，标准制定的程序基本没有。目前中国已经启动了《标准化法》的修订工作，[④] 如何对待行业标准尚存疑义，但是无论如何，行业标准的作用不可否认。综合前述分析来看，我认为未来中国行业协会在标准制定时应该重点考量正当程序的以下四项因素，方能在一程度上遏制标准落后的现象。

1. 公开

如前所述正当程序的基本要求之一就是赋予相关人士的表达权

---

① Ross E. Cheit, Setting Safety Standards: Regulation in the Public and Private Sectors, University of California Press, 1990, pp. 14-15.

② Harm Schepel, The Constitution of Private Governance: Product Standards in the Regulation of Integrating Markets, Hart Publishing, 2005, p. 17. 除了美国 ANSI 的规则要求外，还可参见 ISO/IEC Guide 59 and ISO/IEC Directives Part1: Procedures; Standards Council of Canada, CAN - P - 2E, Criteria and Procedures for the Preparation and Approval of National Standards of Canada; the European Standardisation Committee, CEN/Cenelec Internal Regulations Part 2: Common Rules for Standards Work; DIN 820 and BS 0, the ‘standardisation standards’ of the German and British Standards bodies respectively, and the standardization Guides of Standards Australia and Standards New Zealand.

③ 参见《湖南省行政程序规定》《山东省行政程序规定》《广东省汕头市行政程序规定》《四川省凉山州行政程序规定》。

④ 《中华人民共和国标准化管理法（草案）》（征求意见稿），载 http://www.foodmate.net/law/qita/164799.html，2011 年 2 月 9 日访问。

利，而公开正是对这一权利的重要保障方式。在中国，国家发展和改革委员会制定的《行业标准管理办法》第7条规定：“任何政府机构、行业社团组织、企事业单位和个人均可提出制定行业标准立项申请，并填写《行业标准项目任务》。”而《食品安全国家标准管理办法》第9条规定“任何公民、法人和其他组织都可以提出食品安全国家标准立项建议。”有些行业还使用了网络技术，鼓励企业与个人在标准立项中发挥更大的作用，但即使如此，中国行业标准更多的还是由标准化技术委员会、主管部门、科研院所等单位提出而不是由真正的标准需求方提出，企业、协会、消费者、公众等均被排斥于标准立项之外，从一开始就存在着制定出来的标准可能不适应市场与社会需要的潜在原因。在制定过程中，虽然人们已经意识到消费者应该参与标准制定，应增加标准制定的透明度，提高公众的科学素养以及预防、鉴别的能力，消除政府与企业的合谋等规定；但是目前中国的听取意见一般是经负责起草单位的负责人审查后，将标准的征求意见稿等文件，印发给各有关部门的主要生产、经销、使用、科研、检验等单位及科研院所征求意见，被征求意见的单位应在一至两月之间以书面的形式回复意见。在这个过程中，公众的意见难以得到反映。更为重要的是对公众意见是否考量，相关的制度运行并不尽如人意。

2. 平衡

在标准制定过程中，强势利益集团容易控制标准的制定权，它们往往倾向于制定有利于其自身商业利益的标准，对此利益平衡问题极为重要。同时，标准制定离不开科学与专业知识，专家论证必不可少，如《食品安全法》中专门设置了食品安全国家标准审评委员会，其中包括医学、农业、食品、营养等主要方面的专家以及政府部门代表，但是我们能否完全相信这些专家？事实上单靠政府指定的科学家并不能全面解决健康和环境等风险规制领域的标准制定问题。[①] 除此之外，还应该邀请国内知名研究机构、专家甚至是国际

---

① 对此问题的深入分析，可参见沈岿：“风险评估的行政法治问题——以食品安全监管领域为例”，载《浙江学刊》2011年第3期。

相关研究机构、协会、专家提供独立意见，如此才能够平衡政府“聘用”专家与独立专家之间的作用。同时，重视专家并不意味着可以忽略公众的利益，因为标准制定的过程并不仅仅是一个有关安全的技术性问题，更可能是一个利益博弈的过程。对此，美国的做法是通过规则平衡各种利益代表，绝不允许单一集团控制标准制定的过程，并建立相应的机制来保障各种利益群体可以充分表达意见与观点。而在中国，根据相关规定，制定行业标准时应当组织由用户、生产单位、行业协会、科研院所、学术团体及有关部门的专家参与起草，但是这一环节中，由于没有平衡机制，往往会形成大企业的垄断地位。

3. 合意

私人主体的标准制定过程容易为大企业所操作，平衡各种利益至关重要，但在最终如何摆脱“俘获”、形成“合意”层面，也关系到标准本身的质量。[①]《食品安全国家标准管理办法》第 18 条规定：“标准起草单位和起草负责人在起草过程中，应当深入调查研究，保证标准起草工作的科学性、真实性。标准起草完成后，应当书面征求标准使用单位、科研院校、行业和企业、消费者、专家、监管部门等各方面意见。征求意见时，应当提供标准编制说明。”对其他意见特别是相反的意见如何回应，如何解决分歧，缺乏程序规定。但是美国国家标准协会、美国材料与试验协会等私人主体对此却有详细的规定，如对于否定票，委员会与分委员会均需要认真考量。投否定票的原因很多，包括对拟议中标准有反对意见，除非否定意见是“无法说服”的，否则委员会与分委员会均应该对否定意见予以澄清、说明。[②] 当然，合意很难达成，美国也面临着程序改革的难题，如是否要在私人主体的标准制定过程中引入成本收益分析、是否要进一步扩大公众参与均需进一步探讨。

---

① Ross E. Cheit, Setting Safety Standards: Regulation in the Public and Private Sectors, University of California Press, 1990, p. 11.

② ASTM Bylaws (Oct., 2003).

4. 协调

所谓协调是指作为私人主体的标准制定协调组织，ANSI 会审查与整合各种标准之间的差异，这一点极为重要。但在中国，虽然国家标准化管理委员会统一管理全国标准化工作，也负有协调国家标准，协调和指导行业、地方标准化工作；负责行业标准和地方标准的备案工作等职责，但似乎其一直并未行使这样的权力。而 ANSI 会审查以下内容，从而将一项自愿性的标准批准成为美国国家标准：(1) 所有受到标准实质影响的人应该有机会表达自己的观点，对于不同的意见进行了相应的解决处理；(2) 有证据表明国家打算使用拟议中的美国国家标准；(3) 拟议中的美国国家标准在批准前，必须解决其与其他美国国家标准之间的冲突问题；(4) 还应该考虑这个领域中现存的国家标准或者国际标准；(5) 没有证明表明拟议中的标准违反了公共利益；(6) 没有证据表明拟议中的标准包括不公平的条款；(7) 没有证据表明拟议中的标准并无技术性的缺陷。就协调职能而言，ANSI 平时还会拟定协调计划，发布相关的标准整合信息；如果它认为必要，有时还会设立特别的小组调查与展开协调活动，切实促进标准制定的和谐一致。

私人主体的标准制定及其作用引发了人们对规制与公共政策的重新思考，除了要从正当程序上进行拘束之外，行政机关可能还需要考虑以下几个重要的问题：第一，行政机关如何将私人主体制定的标准融入进法律、法规之中。第二，行政机关要决定自己何时以及如何参与私人主体的标准制定，在标准制定委员会中行政机关是否有权投票？第三，行政机关必须要考虑如何提升私人主体的标准制定水准。第四，行政机关包括其他的公共机关要考虑如何进一步拘束私人主体的标准制定，如何适用反垄断法、知识产权法、侵权法等。事实上这也是合作规制法理的内在要求，并不是说让私人主体制定标准，行政机关就放手不管，正确的思路应该是互相沟通、合作参与、共同治理的模式。

五、结　　论

事实上公与私的规制很难界定清楚，两者总是相互缠绕在一起，[①] 一方面私人的规制与标准可以很好地执行政府规制的要求；另一方面政府规制也可以参考私人的标准并转换成为正式的规制。自我规制与政府规制共同存在，实现合作规制。本文以中国《食品安全法》中有关标准制定问题为背景材料，试图提出对政府规制的补充模式——合作规制，目的在于阐释政府、行业以及各类私人主体在实现食品安全规制中应该发挥的功能。但是在现实中，由于频繁发生的食品安全事件导致政府甚至公民对食品行业、食品企业产生了极大的不信任，在此情形之下，固然可以强化政府规制，但是如果"因噎废食"，由政府独自承担食品安全规制的责任，那么不仅仅政府无法承受其重，而且长此以往，行业、企业也无法形成积极的自律模式。因此，从长远来看，食品安全的有效规制依然离不开行业标准与行业自治，未来修法应该意识到这一问题并增加行业标准，在实践中应注重对行业自治进行辅导与培育。食品安全不仅仅需要政府特别是中央政府的规制，还需要其他力量的参与（如地方政府），特别是行业协会、企业以及消费者的参与。食品企业以及行业协会应该是制定食品安全标准的"主角"，国内现行的食品安全标准，是遵循着"国家标准—行业标准—企业标准"递减的原则设计的，现有的思路是国家标准"越全面越好""越权威越好"，但事实是国家这么大、食品种类繁多，政府如何能够及时制定出相应的标准？[②] 标准制定应该与生产、制造联系紧密，企业与协会最为明白自己需要制定什么样的标准，在这些基础之上，政府可以选择涉及人

---

① Harm Schepel, The Constitution of Private Governance: Product Standards in the Regulation of Integrating Markets, Hart Publishing, 2005, p. 3.

② 顾泳："食品安全标准制订应缩短'时差'"，载《解放日报》2010年11月26日。

身安全的标准上升为国家标准。

行业协会在标准制定过程中发挥着重要的作用，也许正是这种需求以及中国行业标准在体系架构、制定实施以及监督上的诸多问题，让我们不得不重新审视行业标准。中国政府曾经于加入 WTO 之后，强调实行开放式的标准制定模式，让行业协会与学术团体在标准制定中发挥更大的作用，并更多的通过市场化的而非命令控制式的手段来保证技术标准的实施，从而适应全球化和信息化浪潮的挑战，通过对标准组织架构、制定程序，以及相应信息和技术支持方面的全方位变革，来重塑和优化中国的技术标准体系。那么，我们也更希望《食品安全法》的颁行以及《标准化法》的修正不要给我们带来相反的信号。当然，更为中国化的问题是现实中还存在着大量的具有自然人性质的个体工商户、食品小作坊以及流动的摊贩，国家统一性的食品安全标准可否对他们发挥作用呢？《食品安全法》第 29 条规定："食品生产加工小作坊和食品摊贩从事食品生产经营活动，应当符合本法规定的与其生产经营规模、条件相适应的食品安全要求，保证所生产经营的食品卫生、无毒、无害，有关部门应当对其加强监督管理，具体管理办法由省、自治区、直辖市人民代表大会常务委员会依照本法制定。"这里的"卫生、无毒、无害"与国家标准、地方标准以及企业标准之间的关系如何？而同时，食品安全标准的立法预设对象是现代化的工商企业，是西方现代化大生产的结果，但对于中国食品而言，似乎更加依赖于传统的技巧，那么，如何能够在食品安全、标准化作业、保留传统、保障小商贩的生存权等之间寻求平衡更为迫切，可能更需要政府与行业、企业、个人等各种私人主体之间的合作。

这是一个持续变化的时代，科学技术日新月异，作为规范科学技术发展的标准，不仅提高了信息沟通的程度、减少了交易成本、加强了企业之间的互助协作与市场竞争，[①] 而且还方便了消费者

① Patrick D. Curran, Standard-Setting Organizations: Patents, Price Fixing, and Per Se Legality, 70 U. Chi. L. Rev. 983, 984-91 (2003).

（增强消费者的购买决心），切实提高了人们的生活质量。[①] 但是在某些情况下，私人主体的标准制定可能也会成为创新的阻碍、也可能形成一些企业之间的共谋。在单一企业制定标准的案件中，[②] 或者集体制定的标准案件中，[③] 均涉及程序不民主、反竞争等问题。因此可以说标准事实上具有积极与消极作用两个层面，更为重要的是无论由谁制定的标准，均会产生这两个层面的功能。私人主体标准制定固有的弱点在于其产生于私人、企业控制的系统，有时某个标准颁布需要很长的时间，这会导致无法满足现实的需要。再者，由于无法切实解决代表性不足的问题，私人主体制定的标准可能总会被某些商业利益集团所操控。虽然经过“合意”程序，但其目的多为商业目标而非规制目标。多数决式的投票机制可能面临虽然有消费者或者其他利益反对，而标准依然获得通过。对此，行政机关应该有清醒的认识，同时也是未来中国行政法学应该关注的重点课题。

---

① Robert M. Webb, There is A Better Way: It's Time to Overhaul the Model for Participation in Private Standard-Setting, 12 J. Intell. Prop. L. 163, 168 (2004-2005).

② United States v. Microsoft Corp., 253 F. 3d 34 (D. C. Cir. 2001).

③ Dell Computer Corp., 121 F. T. C. 616 (1996).

中国食品安全标准问题与对策研究*

周永刚　王志刚**

二战以来，世界格局正在由军事、政治等相互对立、斗争、封闭的焦灼态势向以经济、能源、金融安全等相互合作、互利共赢的模式演进，更加关切人类整体的生存与发展。全球化背景下，彼此往来日益密切，共享改革发展的红利。与此同时，物质、能量的不断涌入致使不可控风险被成倍放大，非传统安全问题愈演愈烈。从个体生命的迁徙，到食材的运输流转，人和食物的匆匆脚步从来不曾停歇。古语有云“民以食为天”，食品作为维持个体生命特征、提供机体能量支持的唯一来源，重要性不言而喻。然而，食品质量安全问题的多发，致使民众的食品恐慌情绪不断蔓延。从1999年比利时“二噁英鸡污染事件”到2008年美国“沙门氏菌病”，再到2013年欧盟“马肉风波”，食品安全问题依附于贸易全球化的春风，迅速扩散到每一个角落，成为人类挥之不去的苦痛。如何破解食品安全难题，已成为检验一国政府执政能力的重要参考。俗话说，“不以规矩，不成方圆”，构筑食品安全的大厦，必须构建起一套科学可行的筛选机制，以量化食品质量的优劣，将食品安全风险杜绝在制度的高墙之外，由此食品安全标准便孕育而生。改革开放以来，我国经济、社会迅速发展，人民生活水平普遍提高，食品消费量逐年攀升。在内外因的扰动下，近年来我国食品安全事故频发，严重挫伤了民众对食

* 本文原载《食品安全治理》2014年第3期。

** 周永刚，中国人民大学农业农村发展学院博士研究生。王志刚，博士、中国人民大学农业与农村发展学院教授、博士研究生导师，主要从事产业经济学和食品经济学研究。

品安全的信心，食品安全标准体系自然地成为人们诟病的对象。

为此，本文以我国的食品安全标准为研究对象，系统地探究了我国食品安全标准体系的发展历程、发展现状、存在问题，以求客观真实地反映其全貌，并在借鉴发达国家有益经验的基础上，给出了相关政策建议，以期能为改善人们生活质量，提升我国的食品安全水平提供参考。

一、我国食品安全标准的历史沿革

食品准公共物品的特性对政府监管提出了更高的要求，为了有效应对潜在的食品安全风险，我国政府相继制定了国家标准、部门标准、地方标准、行业标准四位一体的食品安全标准体系，内容涵盖食品生产、销售、流通、储运、检测等多个方面，对于保障食品安全，维护人民生命财产权益发挥了不可替代的作用。回顾我国食品安全标准发展的历程，大致可分为四个阶段，具体如下：

第一阶段：食品标准体系起步期（1950–1969）（参见表 1）。该阶段相关食品安全标准的制定多借鉴了苏联等社会主义国家的经验，具有鲜明的政治色彩。当时我国各项事业百废待兴，人们的生产生活均处在较低的水平，因此该时期的食品安全标准更多地关注于必需品的安全方面，多集中在因食品不卫生而导致的食品中毒问题层面。1953 年《清凉饮食物管理暂行办法》的出台，正式拉开了我国食品标准制度化的序幕。随后，1955 年《食堂卫生管理暂行办法》正式实施，1960 年《食用合成燃料管理办法》颁布，1964 年《食品卫生管理试行条例》开始生效。据不完全统计，该时期卫生部等相关部委先后颁布食品卫生单项法规和标准共计 30 余部，主要着眼于单一的食品（物）的清洁性和安全性，重点关注食品中毒和肠道传染病等食品安全群体性事件，各标准间的关联性不强，存在着人为的割裂。[①]

① 杜梦瑶：“我国食品安全标准管理中的政府职责研究”，南京理工大学，2013 年。

表 1　20 世纪 50-60 年代我国主要食品安全标准法律法规

时间	发布机构	名称	主要内容
1953	卫生部	清凉饮食物管理暂行办法	清凉饮食品生产条件、卫生要求等给出界定，以解决因冷饮食品不卫生可能导致的食品中毒和肠道疾病
1955	卫生部、中华全国总工会	食堂卫生管理暂行办法	食堂及食堂从业人员卫生要求、操作规范、炊具清洗与消毒等，以提高炊事员食品安全意识，改善食堂卫生状况
1957	卫生部	关于酱油中使用防腐剂问题	对酱油中防腐剂种类、含量等进行了列示
1959	农业、卫生、外贸、商业等四部委	肉品卫生检验试行规程	在全国范围内把肉品检验纳入统一规程
1960	卫生部、国家科委、轻工部	食用合成燃料管理办法	仅允许使用 5 种（苋菜红、胭脂红、柠檬黄、苏丹黄、靛等）合成色素
1964	国务院	食品卫生管理试行条例	卫生部门对食品卫生进行监督、食品生产经营企业的职责与卫生要求。该条例标志着食品卫生管理由单项管理过渡到全面管理阶段

第二阶段：食品标准体系发展期（1970-1989）（参见表 2）。该时期食品安全监管的重点逐步由单一的预防肠道性传染性疾病向一切食源性疾病转变，从而对食品安全标准的可操作性与有效性提出了更高的要求。为此，卫生部等相关机构专门修订了食品添加剂、调味品以及黄曲霉素等食品卫生标准，并制定了微生物、理化等检疫检测标准，食品包装材料标准和食品容器标准等。[①] 20 世纪 70 年

① “慧聪网特别报道：我国《食品卫生法》10 周年”，载 http://info.food.hc360.com/2005/11/02075762858.shtml.

代初，卫生部就食品卫生标准问题，在全国范围内开展了大规模的调查研究，通过对所得数据的整理分析，相继制定了涵盖粮食、乳制品、肉类、食用油等 14 类共计 54 个食品卫生标准，并于 1977 年作为统一的国内标准予以试行。[①] 改革开放之后，商品经济迅速发展，为了更好地应对内外环境变化所带来的冲击，增强食品安全风险的可控性，1979 年国务院颁布实施了《中华人民共和国食品卫生管理条例》，并就食品的卫生标准、卫生要求以及进口食品经营管理进行了细化。进一步地，为了增强食品卫生标准的约束力，1983 年全国人大颁布了第一部食品安全法律法规《中华人民共和国食品卫生法（试行）》，至此我国食品安全管理正式纳入法制化轨道，食品安全标准体系初步形成。

表 2　20 世纪 70–80 年代我国主要食品安全标准法律法规

时间	发布机构	名称	主要内容
1979	国务院	中华人民共和国食品卫生管理条例	食品卫生标准、食品卫生要求、食品卫生管理以及进出口食品卫生管理
1979	卫生部、全国工商行政管理局	农村集市贸易食品卫生管理试行办法	允许上市出售和经营的各类食品、饮料及其它原料的卫生标准及管理办法
1980	卫生、粮食、外贸等六部委	进口食品卫生管理试行办法	进口食品及其原料、添加剂和食品包装材料的卫生标准、要求及管理办法
1983	全国人大常委会	中华人民共和国食品卫生法（试行）	食品添加剂、食品容器、包装材料、食品用工器具、食品生产经营场所、设施和环境

第三阶段：食品标准体系完善期（1990–2005）（参见表 3）。市场化进程的不断加快使得国内食品产业迅速崛起，企业生产经营效率大为提升，在利益的驱使下，不少生产者不惜铤而走险，导致人

① 杜梦瑶："我国食品安全标准管理中的政府职责研究"，南京理工大学，2013 年。

为引致型食品安全事件不断增加。反观消费者，随着生活水平的提高，其对于食品消费具有明显的“一升一降”（对食品质量的关注不断提升和对食品安全问题忍耐力的持续走低）的特点，从而食品供需双方矛盾激化在所难免。为此，1993 年全国人大常委会出台了《中华人民共和国产品质量法》，并将质量管理标准纳入产品质量监督范畴。进一步地，1995 年《中华人民共和国食品卫生法》正式实施，该法详细列示了食品卫生标准及管理办法，并赋予县级以上食品卫生防疫及监督检验部门以食品卫生监督职能。2004 年国务院发布《关于进一步加强食品安全工作的决定》的议案，确立了分段监管的食品安全整体治理思路。上述法律法规的实施，有效匡正了我国食品产业发展的方向，提高了食品质量卫生安全水平，在该阶段我国食源性疾病发病率大幅下降，食品安全事件数量显著减少，人均预期寿命不断升高。

表 3　1990-2005 年我国主要食品安全标准法律法规

时间	发布机构	名称	主要内容
1993	全国人大常委会	中华人民共和国产品质量法	产品质量监督，生产者、销售者的产品质量责任与义务
1995	全国人大常委会	中华人民共和国食品卫生法	食品卫生标准及管理办法，并赋予县级以上食品卫生防疫及监督检验部门以食品卫生监督职能
2000	国家出入境检验检疫局	进出口食品标签管理办法	进出口食品标签管理、审核、检验
2004	国务院	关于进一步加强食品安全工作的决定	确立食品安全分段监管整体思路，食品安全信用体系和信息化建设，构建部门间信息沟通平台，实现互联互通和资源共享
2005	国务院	中华人民共和国进出口商品检验法实施条例	进出口食品药品的检验，分类管理，技术规范及标准

第四阶段：食品安全全球共治时期（2006-至今）（参见表 4）。世界食品贸易往来的不断深入，一方面使参与各方收益颇丰，共享

经济全球化带来的成果；另一方面，交通、信息以及生物技术的发展，也使各国深陷食品安全泥沼而难以自拔。为此，各国纷纷给出了应对之策。从日本的肯定列表制度，到欧盟的食品安全标准，再到美国的食品安全现代化法案，无一例外地表明食品贸易已告别传统的以价取胜阶段，转而进入以质为先的全新时代。为了应对发达国家不断抬高的技术壁垒，我国也相继进行了相应的调整。2009 年 2 月修订后的《中华人民共和国食品安全法》正式颁布实施，内容涉及食品安全标准、食品生产经营、食品检验等多个方面，并特别增加了食品安全风险监测和评估等内容。然而，各国彼此间相互隔离的食品安全治理政策究竟效果如何呢？或许我们可以从肆虐欧洲的“马肉风波”、媒体热议的“恒天然事件”、泛滥成灾的转基因食品以及不断升级的食品贸易争端中找到答案。食品安全已全然超越一国界限，唯有携起手来才能共同抵御食品安全的外部风险。①

表 4　2006-2013 年我国主要食品安全标准法律法规

时间	发布机构	名称	主要内容
2006	全国人大常委会	中华人民共和国农产品食品安全法	食品卫生标准、食品卫生要求、食品卫生管理以及进出口食品卫生管理
2009	国务院	中华人民共和国食品安全法实施条例	食品添加剂、食品容器、包装材料、食品用工器具、食品生产经营场所、设施和环境
2009	全国人大常委会	中华人民共和国食品安全法	机构食品监管权属，地方政府总负责制，食品安全风险评估和监测制度，统一食品安全标准，食品添加剂管理
2010	国家食品质量检验检疫总局	食品生产许可管理办法	申请生产许可企业应满足的食品安全标准及其他条件

① “胡颖廉：迎接食品安全全球治理新时代”，载 http://epaper.dfdaily.com/dfzb/html/2013-08/13/content_804173.htm.

续表

时间	发布机构	名称	主要内容
2011	卫生部	食品添加剂使用标准	食品添加剂的使用原则，允许使用的食品添加剂品种、使用范围及使用阈值
2012	卫生部	食品安全国家标准“十二五”规划	清理整合现行食品标准；制定、修订食品安全国家标准；完善食品安全国家标准管理机制；强化标准宣传贯彻和实施
2012	卫生部	食品营养标签管理规范	营养标签所涉及的内容、标示原则、标签的格式及其他
2012	国务院	国务院关于食品安全工作的决定	健全食品安全监管体系，加大监管力度，加强食品安全监管能力和技术支撑体系建设
2013	国家食品与药品监督总局	婴幼儿配方乳粉生产许可审查细则（2013版）	婴幼儿奶粉生产企业生产条件及技术要求，生产许可条件审查，生产许可产品检验

二、我国食品安全标准的现状特点

自新中国成立以来，我国的食品安全事业已走过了60年的发展历程，食品生产标准日臻完善，食品检测技术日趋多样，食品监管力量配比更加合理，基本建立了以食品安全国家标准为核心，地方标准和行业标准为支撑，企业标准为补充的食品安全标准体系。

据不完全统计，截至2012年初，我国有关于食品、食品添加剂以及食品相关产品等国家标准2000余项，地方标准1200余项，行业标准2900余项。[①] 2012年6月，卫生部等8部委共同出台《食品

① 民进中央参政议政部：“尽快构建具有中国特色的食品安全标准体系”，载《民主》2012年第3期。

安全国家标准“十二五”规划》，明确提出到2015年基本完成对于食品卫生标准、食品质量标准、农产品质量安全标准以及食品行业标准的清理与整合工作，构建较为完整的食品安全国家标准体系的阶段性目标。同年9月，卫生部确立了269项新的食品安全国家标准，分别公布了301种和107种食品包装材料用添加剂名单和树脂名单，明确了2314种食品添加剂使用范围、用量。[①] 2014年1月，卫计委已累计完成了对近5000条食品安全标准的清理工作，基本摸清了我国食品安全标准的底数，初步拟定我国的食品安全标准体系框架，并确立了涵盖近1000项标准的食品安全国家标准目录。同年2月，该机构发布《食品中致病菌限量》国家标准，遵照控制食品中微生物污染的根本理念，对肉制品、粮食制品、即食果蔬制品等11大类预包装食品分别制定了相关致病菌限量规定。

在食品安全风险防控方面，为贯彻食品安全风险治理的整体要求，卫计委开展了全国食品安全风险监测工作，目前已得到样本304万个。《食品安全法》实施之后，针对于民众反映突出的农药残留问题，农业部开展了新一轮的农药残留限量标准修订工作。2013年3月1日新的《食品中农药最大残留限量》正式生效。据悉，原有的农残限量标准，仅涉及201种农药，114种农产品中的873个残留限量，新标准则将农药范围扩大到322种，涵盖10大类农产品和食品，残留限量达到2293个。其中，蔬菜农残限量915个，水果664个，茶叶25个，食用菌17个，并进一步细化了同类农产品组的限量标准。[②]

食品需求量的不断增长致使从事食品加工与生产的企业数量陡增，已达45万家，而其中小微型企业（雇员低于10人）占比约

① 王薇：“食品安全标准修订、风险监测进展迅速”，载《中国食品报》2012年9月21日第1版。

② 冯华：“标准增加千余个食品安全添保障”，载《共产党员》2013年第1期。

80%，良莠不齐的生产水平和条件，给食品安全埋下了巨大的隐患，也给食品检测带来了不小的挑战。为了有效缓解监管对象与监管者力量失衡的情势，政府分别从检测技术选择、检测机构配置以及检测人员等方面入手，进行了一系列改革创新。

首先，在检测技术选择方面，国内常用的检测技术主要有气相色谱（CC）技术，高效液相色谱（HPLC）技术、超临界流体色谱（SFC）技术、有毒有害元素检测及其价态分析技术等。为了进一步提升食品检测的效率，食品快速检测技术已经逐步推广开来，主要包括免疫分析方法、生物芯片及萎缩芯片技术、分光光度法速测技术以及生物传感器等。以农产品农残检测为例，检测机构多采用可选择性的检验器以检测色谱农药残留情况，采用的设备主要有荧光检测器、火焰光度检测器（FPD）、色谱检测器（MSD）、电子捕获检测器（ECD）以及免疫分析检测等。多样化、多层性的食品检测技术储备，有效提升了食品检测效率和科学性，成为保障食品安全的重要屏障。

其次，在检测机构配置方面，基于分段监管为主、品种监管为辅的监管理念，我国的食品检测机构主要隶属于农业部门、质检部门、食药部门以及工商行政部门。其中，农业部分负责初级农产品检测，质监部门主要针对加工食品，食药部门则负责加工食品，药品及部分餐饮产品的检测。自2009年《食品安全法》实施伊始，为配合调整后的食品检验机构资质认定要求，国家认监委详细列示了食品检验机构名单，共计4971家；[①] 2010年末，《食品检验机构资质认定管理办法》出台，此举标志着食品检验机构资质认定制度正式实施，截至次年10月底，共有195家机构获得认证；[②] 为了更好地对保健品市场进行监管，2013年国家食药总局将国家食品安全风

① “国家认监委公布4971家食品检验机构名单”，载中国质量新闻网，http://www.cqn.com.cn/news/zjpd/rzrk/rzrk/262457.html.

② 蔡岩红：“我国全面实施食品检验机构资质认定制度”，载法制网，http://www.cs.com.cn/xwzx/05/201201/t20120112_3207264.html.

险评估中心等22家单位纳入保健食品注册检验机构。在食品安全风险检测方面，目前，食品有害因素及污染物的检测网点已延伸至2100余个县级行政区域，预计2014年底将覆盖全国2500个县(区)，覆盖率达80%。与此同时，食源性疾病监测哨点医院已突破1600家，较2012年增长60%，一个全新的食品安全风险检测网络正在形成。

最后，在食品检测人员方面，2010年，国内食品安全从业人员约15.6万人，其中检测人员4.2万人。① 考虑到国内食品检测人员理论基础缺乏的问题，2002年国内高校首次开设了“食品安全检测专业”，2003年经教育部备案具有“食品质量与安全”招生资质的高校就已达24所。近年来，随着社会各界对食品安全重视程度的不断提升，食品相关专业的招生规模在不断扩大，目前已形成主要以食品质量与安全、食品科学与工程等一级学科为支撑，涵盖食品科学、食品安全与监测、果蔬加工、发酵工程、轻化工程与技术等多个专业的完整培养体系，上述被培养人群正在成为我国食品安全监测与检验领域的中坚力量。

三、我国食品安全标准体系存在的问题

(一) 标准失范，标准泛滥与无标可依共存

近年来，虽然人们对于食品安全的关注度日渐升温，监管部门也先后制定了相关标准，但受经济发展水平、食品检测技术及认知水平的制约，相较于发达国家，我国食品标准仍存在着标的界定不清、覆盖面少，标准间相互矛盾、重复、交叉，标准更新滞

① “国家认监委王大宁谈中国食品安全检测与质量需求”，载仪器信息网，http://www.instrument.com.cn/news/20101111/050754.shtml.

后等问题。2013年国务院机构改革前，多头监管的制度安排赋予了各部门独自制定食品安全标准的权利，但由于沟通与约束机制的缺失，彼此间画地为牢现象严重，千方百计为自身找寻到一块权利的自留地。标准制定方面人为的割裂给下游的监督检测带来的不小的难题，突出表现在食品添加剂和农药残留检测方面。据悉，在2200余种食品添加剂中，有标可循的仅占四成，其余的则基本处于无法检测状态。[①] 以农药残留标准为例，国内《农药残留限量》《无公害蔬菜安全要求》《无公害水果安全要求》等主要的农残标准中，尽管对300多种农药最大残留量给出了标示，但与1200余种农药实现完全匹配还有较大差距。相比于其他地区，国际食品法典委员会（CAC）公布的个数为3820个，是我国的1.6倍；美国则是1.1万个，而于我国毗邻的日本，其新实施的肯定列表制度中仅涉及农药残留的标准就多达5万余个。[②] 后金融危机时代，发达国家越发重视技术壁垒的作用，蓄意提高食品检测标准，力图极大化其在食品标准方面的收益，致使我国食品出口贸易频频受阻，损失巨大。

（二）技术失灵，检测结果绑架现实真相

科技给人类提供了重新认识世界的另一种可能，但由此带来的伪真实问题却成为新的困扰。食品安全检测已超越传统的物理检测阶段，进入化学性状探析的全新模式，仪器设备便成为一种必须。在检测人员缺乏必要的专业知识的条件下，很容易形成一种被仪器锁定的态势。在一些常规的检测中，检测人员往往丧失了基本的职业判断，很容易形成唯标准是从、唯仪器结果是从的惯性思维，导致对仪器设备的过度依赖，带来人、财、物的浪费，降低食品检测的

---

① 孙乾："卫生部：中国2200种食品添加剂中有六成无法检测"，载《京华时报》2011年6月16日第A4版。

② 王薇："食品安全标准修订、风险监测进展迅速"，载《中国食品报》2012年9月21日第1版。

效率，增大食品安全的风险。退一步讲，即使检测方法准确可靠，但也难以改变食品的质量状况和安全性，最终还是会引致资源的巨大浪费。此外，检测样本是否具有代表性也存在诸多疑问。以农产品为例，众所周知，当前我国的农产品生产多以家庭经营为主，大规模、批量化生产尚处于起步阶段，倘若仍采用简单的随机抽样的方式进行，必然引致样本的代表性被主观夸大，致使食品安全真相被人为掩盖，食品安全风险在所谓的科学检测中随风飘散，造成一种信任假象。

（三）标准制定流程不合理，监管主体与监管对象失衡

食品安全标准的制定、落实、推广都离不开人的参与，在所有可能的因素中，人是永远的中心。但诚如一枚硬币的正反面，人也在同时扮演着天使与魔鬼的角色。首先，在标准的制定方面，通常情况下标准制定工作多以专家咨询讨论会的形式展开，与会专家依据其过往的从业经验，给出自身对于标准规格的理解，而后政府工作人员通过细化整理出所谓的标准框架，并进行进一步扩充，最后相关标准（规范）呼之欲出，付诸实施。但食品安全问题的频现使得这一模式受到越来越多的诟病。首先是这些专家是否拥有足够的专业素养和职业判断，其能否代表广大人民群众的诉求，是否存在为大型食品企业利益代言的情形。其次是政府作为公众利益的代理人，其有责任和义务就该问题向公民进行说明，供全体民众监督，而政府上述做法恰恰是对公民知情权和监督权的蔑视，极大地违背了食品安全全民共治的理念。最后，在检测方面，专业人才的匮乏更是成一种整体性的态势。以国家食品安全风险评估中心为例，该中心专门负责标准制定的人员仅 20 人。除此之外，他们还同时负责 8 大类食品标准的制定和对国际标准的跟踪研判等工作，工作量之大可见一斑。[①] 从地方上看，以发达地区江苏省为例，据该省对 46 个

---

① 王竹天："科学构建我国食品安全标准体系"，载《中国卫生标准管理》2012 年第 3 卷第 6 期。

县级检测机构的调查数据显示，检测机构中从事食品检验的人数总和为877人，检测人员总数大于20人的仅1家，10~20人的有22家，10人以下的有23家，分别占比2.17%、47.83%和50.00%。其中，有4家检测机构食品检验人员不足5人。在食品检测人员职称方面，有17家检测机构拥有高级职称检测人员，有25家机构高级检测人员为零，有4家检测机构甚至没有中级职称检测人员。[①] 基层食品检验人员配比在数量和质量上的双重失衡的现实，给基层食品安全水平提升蒙上了一层阴影。

（四）全球风险交流不足，标准规范与发达国家尚存差距

食品贸易的全球性要求食品标准的制定必须建立起全球化的视角，加强风险交流，实现中国标准与国际标准的有效对接，形成互利互惠的良性态势。但目前看来，国内标准与国际标准间无效沟通问题还普遍存在。据悉，在我国食品安全标准中采纳国际标准和发达国家先进标准的比例仅占比60%左右，而早在20世纪80年代，德国、法国等发达国家这一比例就达到了80%，日本甚至突破了90%。面对如此巨大的差距，也就不难理解国内企业为何在食品贸易争端中频频受制于人的原因了。[②] 此外，由于一些检测标准中的技术指标，诸如卫生指标偏低和检测方法落后等原因的存在，也给国外先进设备、检验工艺等引进带来了不小的挑战。[③] 以2010年调整后的牛奶制品国家标准为例，其一经颁布就广受诟病，被戏称为全球最差标准。在该标准中，蛋白质含量由原来的100克制品中含2.95克，调整为2.8克（发达国家3.0克以上），而菌落总数标准却

---

① 郭金川、方卫星："我国基层食品检测机构存在的问题及发展思路"，载《技术与市场》2012年第19卷第9期。

② 宋苗："论我国食品安全标准的完善"，载《标准科学》2012年第4期。

③ 曹娟："从食品安全现状谈食品安全标准化体系的建设"，载《管理科学》2012年第15卷第7期。

从50万个每毫升，飙升至200万个每毫升，整整比欧美10万个每毫升的标准高出20倍，巨大的标准落差给我国乳制品的出口带来了沉重的打击。在后金融危机时代，发达国家意图通过设置食品安全标准壁垒以遏制发展中国家经济发展势头，为自身寻求喘息机会的动机愈发明显，如何提高我国食品安全标准的国际参与水平，自然也就成为解决国际贸易及全球性参与问题的一项重要子课题。

四、完善我国食品安全标准的政策建议

（一）明确食品标准制定主体，合理化食品安全标准体系

长期以来，食品标准“标”出多“门”所带来的监管混乱、相互推诿、效率低下等问题已成为制约国内食品产业健康发展的重大阻碍，因而“勒紧”标准制定权限迫在眉睫。为此，新的《食品安全法》中明确规定，国务院卫生行政部门负责制定、公布食品安全国家标准，农业部负责食品中农药、兽药残留限量规定及检验方法，且产品中涉及食品内容的应当与食品安全国家标准一致。具体来看，食品标准的制定，其一应契合当前分段监管的制度安排，明确标准制定者的职责权属，确保标准制定的独立性、科学性，杜绝个人利益绑架标准现象的发生。其二应加强部门间的沟通与交流，密切彼此间的横向和纵向联系，利用现代化的科技信息技术手段，以现实为依据，增强标准覆盖的全面性与可行性。其三应加快推进对已有标准的清理与调整工作，弱化因标准自身缺陷所带来的不利影响。特别地，对于民众反映突出的食品添加剂与农残标准等问题给予重点关注。

（二）合理化检测技术手段，增强检测结果的指导性

仪器设备的介入致使食品检测的效率大为提升，其检测结果更是成为辨别食品是否安全可靠的重要依据。在此背景下，如何避免对检测技术的过分依赖便成为检测机构的新难题。首先，检测人员应增强自身的专业认知和敏感度，在实践中不断总结与提升自我的职业判断能力，形成以检测人员为主导，检测技术为补充的食品检测理念，提高检测的自主性和针对性，最大限度地增进技术的正向效应。其次，培养检测结果仅对检测样本负责的科学态度，不断优化样本抽样方法，提高样本选取的代表性，降低人为选择偏误对检测结果的不利影响。特别地，针对于农产品市场小、散、多、乱，样本代表性欠佳的特点，逐步推行产地检验制度，对农产品安全实施源头控制。食品安全往往具有突发性，是新情况、新问题的外化，因而对已有标准的过分苛责自然就有失公允。食品安全问题的解决需要借助于多重技术手段，考虑到食品标准的实效性，可尝试引入食品安全技术鉴定机制，实现技术法规与标准间的良性互动机制，形成以法律一技术法规一标准一合格评定为基本架构的制度安排，更好地增强标准的强制执行力。①

（三）重塑标准制定流程，实现监管主体与监管对象的匹配

食品标准制定流程的公开化、透明化已成为一种趋势，它以其公正、全面、科学的特点正在被各国所采纳。同时，国内纷繁复杂的食品安全形势也要求我们具有食品标准制定共同参与的新思维。首先，应逐步改革单一的精英参与模式，借助于公开、透明的制度

---

① 郭金川、方卫星："我国基层食品检测机构存在的问题及发展思路"，载《技术与市场》2012年第19卷第9期。

性安排，列示受邀专家名单及其观点，接受全民监督，通过公民的自监督机制，有效过滤掉标准中的“杂质”，使标准正真契合现实需求，确保其“纯净无污”。其次，扩大标准制定参与主体，尝试将非营利组织、消费者纳入其中，倾听百姓的心声，真正地实现开门立“标”。再次，政府应切实履行为人民服务的职责，明确自身的权力边界，摒弃传统的上游政府部门标准制定，下游消费者被动接受的“权利倾倒型”单行模式，逐步转变为政府组织协调、民众广泛参与、政府日常监管、社会全员监督的良性互动型闭合模式。最后，夯实检测机构的人才储备，提升基层检测机构检测水平。主要从以下三个方面着手：(1) 加大对食品检测人员的培训，通过内部交流、外部学习等形式，深化检测人员的理论认知，提升其实践操作技能，做到与时俱进。(2) 加快推进食品检测人员的引进与培养工作，综合运用单位自培、委托培养、公开招聘、人才引进等多种手段，着力解决检测人才短缺难题。(3) 突出基层检测机构对于保障食品安全的基础性作用，加大对其在人、才、物投入方面的政策性倾斜力度，引入人才双向流动机制，逐步抹平城乡检测机构间的技术鸿沟，扭转基层食品安全水平堪忧的现状。

（四）加强国际交流与合作，提升标准的国际化水平

经济一体化进程的不断加快，致使每一位参与者都难以独善其身，食品贸易的“意大利面碗”效应越发明显。就发展中国家而言，唯有不断提升食品标准的水平与层次，才能在激烈的竞争中脱颖而出，拥有一席之地。其一，密切彼此往来，推行食品标准国际化战略。一方面，依托现有资源积极开展多种形式的交流活动，掌握食品标准的国际动态，并做好分析与研判工作，提高国内食品产业的技术水准，使食品厂商形成良好的操作规范，增强本土企业的竞争力，攻克食品贸易的第一道堡垒。另一方面，全面参与国际食品法典委员会各项活动，以担任国际食品添加剂和农药残留法典委员会主持国为契机，开展与本国食品贸易利益紧密相关的国际食品标准

制定与修订工作，增强国际及地区影响力。其二，转变食品标准及检测理念，充分借鉴发达国家的有益经验。一方面将国际标准置于优先施用的地位，要么直接转化为国家标准，要么稍加改动后予以采用，最终形成国际标准、国家标准、行业标准、地方标准、企业标准五位一体的食品标准体系。[①] 另一方面，改进现有的事后监管模式，将风险评估、风险管理和风险交流的事前监管模式融入到食品标准及检测过程中，推广 HACCP 及 GMP 技术，以重新界定国内食品安全标准与国际标准的差距，实现二者间的真正融合。

① 涂永前、张庆庆："食品安全国际标准在我国食品安全立法中的地位及其立法完善"，载《社会科学研究》2013 年第 3 期。

食品安全风险治理

国家食品安全风险监测评估与预警体系建设及其问题思考*

唐晓纯**

在2013年3月14日第十二届全国人大第一次会议表决通过的《关于国务院机构改革和职能转变方案的决定》① 中，食品安全监管体制改革和职能转变的最大特点是组建国家食品药品监督管理总局，将国务院食品安全委员会办公室的职责，国家食药监管局、国家质检总局、国家工商总局相关的食品安全监管职责进行整合。此外，进一步明确新组建的国家卫生和计划生育委员会（以下简称卫计委）负责食品安全风险评估和食品安全标准制定，以及由农业部继续负责初级农产品质量安全监督管理。值得关注的是，国家食品安全风险评估和农产品质量安全风险评估依然保持了卫计委和农业部主管的格局，使得风险监测评估与预警体系建设在稳步推进基础上，正在成为食品安全监管的重要支撑。

然而，我国食品安全风险监测体系建设和风险评估工作依然处于基础阶段，人力资源依然匮乏，县域农村和城市社区基层技术支撑薄弱，食品安全新的潜在的风险不断出现，使我国面临的风险监测评估与预警的难度增加，加之风险交流尚处于刚起步状态，提高

---

* 本文系国家社会科学基金一般项目（10BGL089）成果。本文原载《食品科学》2013年第15期。

** 唐晓纯，硕士、教授，研究方向：食品科学与安全预警。

① “关于国务院机构改革和职能转变方案的决定”，载新华社，http://www.gov.cn/2013lh/content_2354397.htm，2013年6月6日访问。

国家风险管理能力和预警水平依然面临诸多问题和难题。因此，文章在着重梳理国家层面的风险监测评估预警体系建设的沿革基础上，对目前存在的问题进行思考，并对此提出对策建议。

一、政策与法规基础

根据《中华人民共和国食品安全法》（以下简称《食品安全法》）第11条、第13条规定，国家建立食品安全风险监测制度和风险评估制度，由卫计委（原卫生部，以下类同）会同有关部门制定、实施国家食品安全风险监测计划，负责组建食品安全风险评估专家委员会，进行食品安全风险评估工作。第17条规定卫计委会对可能具有较高程度安全风险的食品及时提出食品安全风险警示，并予以公布。基于此，国家层面食品安全风险监测评估与预警信息的发布主要由卫计委负责。

由《中华人民共和国农产品质量安全法》（以下简称《农产品质量安全法》）总则的第6条中明确提出，由农业行政主管部门设立“农产品质量安全风险评估专家委员会”，负责对可能影响农产品质量安全的潜在危害进行风险分析和评估，并根据农产品质量安全风险评估结果，采取相应管理措施，将农产品质量安全风险评估结果及时通报国务院有关部门。

国务院依据《食品安全法》出台的《中华人民共和国食品安全法实施条例》第14条要求，省级以上人民政府卫生行政、农业行政部门应当及时相互通报食品和食用农产品的风险监测评估等相关信息，在第63条中规定，食用农产品质量安全风险监测评估由县农业行政部门进行。

在《食品安全法》《农产品质量安全法》等法律法规的要求，国家卫计委先后会同有关部门共同制定并实施了《食品安全风险评估管理规定（试行）》《食品安全风险监测管理规定（试行）》等系列管理制度，对风险评估相关内容进行了详细的规定，明确了食品安全风险监测的范围、国家食品安全风险评估专家委员会的职责、预警管理机制、自身能力建设等相关问题，国家食品安全风险监测与评估工作的法制建设进入到一个快速发展的阶段，法律法规体系框架已初步构建。表1是2006年以来我国颁布实施的相关政策与法律法规。

表1　国家食品安全风险监测评估的相关法律法规与政策①

法律法规与政策名称	颁布主体	颁布时间	实施时间
《中华人民共和国农产品质量安全法》中华人民共和国主席令第九号	全国人大常委会	2006-04-29	2006-11-01
《中华人民共和国食品安全法》中华人民共和国主席令第九号	全国人大常委会	2009-02-28	2009-06-01
《中华人民共和国食品安全法实施条例》国务院令第557号	国务院	2009-07-20	2009-07-20
《食品安全风险评估管理规定（试行）》卫监督发（2010）8号	卫计委等	2010-01-21	2010-01-21
《食品安全风险监测管理规定（试行）》卫监督发（2010）17号	同上	2010-01-25	2010-01-25
《关于印发2010年国家食品安全风险监测计划的通知》卫办监督发（2010）20号）	同上	2010-02-04	2010-02-04
《2011年国家食品安全风险监测计划》卫办监督发（2010）164号	同上	2010-09-05	2010-09-05
《关于严厉打击食品非法添加行为切实加强食品添加剂监管的通知》国办发（2011）20号	国务院办公厅	2011-04-21	2011-04-21
《关于做好严厉打击食品非法添加行为切实加强食品添加剂监管工作的通知》卫监督发（2011）34号	卫计委等	2011-04-25	2011-04-25

① 唐晓纯："国家食品安全风险监测评估与预警体系的建设进展"，见吴林海、钱和：《中国食品安全发展报告2012》，北京大学出版社2012年版，第276-300页。

二、风险监测评估与预警体系建设概况

（一）体制与机制建设

依据《食品安全法》《农产品质量安全法》的要求，卫计委、农业部加大了国家食品和农产品的风险监测评估体制与机制建设。

1. 组建风险评估专家委员会

依据食品和初级农产品的风险评估工作需要，国家先后成立了国家农产品风险评估专家委员会和国家食品安全风险评估专家委员会。

2007年5月17日，农业部依据《农产品质量安全法》的要求成立了第一届国家农产品质量安全风险评估专家委员会。委员会涵盖了农业、卫生、商务、工商、质检、环保和食品药品等部门，汇集了农学、兽医学、毒理学、流行病学、微生物学、经济学等学科领域的专家，建立了国家农产品质量安全风险评估工作的最高学术和咨询机构。2008年农业部办公厅印发了《国家农产品质量安全风险评估专家委员会章程》，对农产品质量安全风险评估的工作程序和相关要求作出明确规定。为加强农产品质量安全风险评估、科学研究、技术咨询、决策参谋等工作需要，充分发挥专家的"智库"作用。2011年9月30日农业部成立农产品质量安全专家组，首批聘任66位农产品质量安全专家，初步建立了农产品质量安全风险评估的专家队伍。2012年国家农产品质量安全风险评估专家委员会举行了换届工作，聘请了76名专家委员。①

---

① 农业部农产品质量安全监管："农业部关于成立第二届国家农产品质量安全风险评估专家委员会的通知"，2013年4月6日访问。

2009年12月8日，卫计委成立了第一届国家食品安全风险评估专家委员会，明确专家委员会的主要职责为：承担国家食品安全风险评估工作，参与制订食品安全风险评估相关的监测评估计划，拟定国家食品安全风险评估的技术规则，解释食品安全风险评估结果，开展食品安全风险评估交流。首届国家食品安全风险评估专家委员会由42名委员组成。2010—2012年国家食品安全风险评估专家委员会在组织开展优先和应急风险评估、风险监测与风险交流，以及加强能力建设等方面做了大量卓有成效的工作，充分发挥了专家的学术和咨询作用。

2. 成立国家食品安全风险评估中心

2011年10月13日，卫计委成立国家食品安全风险评估中心，作为食品安全风险评估的国家级技术机构，采用理事会决策监督管理模式，负责承担国家食品安全风险的监测、评估、预警、交流和食品安全标准等技术支持工作。食品安全风险评估中心是我国第一家国家级食品安全风险评估专业技术机构，在增强我国食品安全研究和科学监管能力，提高食品安全水平，保护公众健康，加强国际合作交流等方面发挥着重要作用。同时，筹建省级食品安全风险评估分中心工作也在积极开展之中，2012年广西、甘肃已建成省级食品安全风险评估中心，① 目前，上海也正筹建独立的食品安全风险评估中心②、云南、陕西等地正在积极筹建之中。③

---

① “甘肃省食品安全风险评估中心成立”，载《甘肃经济日报》2012年5月22日，http://gsjjb.gansudaily.com.cn/system/2012/05/22/012494610.shtml，2013年3月19日访问；中国质量新闻网“广西成立食安风险监测评估中心”，载中国质量新闻网，http://www.cqn.com.cn/news/zgzlb/disan/485780.html，2013年3月19日访问。

② 吴洁瑾：“上海筹建全国首家食品安全风险评估中心”，载 http://www.dfdaily.com/html/3/2013/1/19/932211.shtml，2013年3月19日访问。

③ “云南预建食品安全风险评估中心”，载 http://www.foods1.com/content/1966168/，2013年3月19日访问；赵蕾：“陕西将成立国家食品安全风险评估中心陕西分中心”，载 http://district.ce.cn/newarea/roll/201305/29/t20130529_24430498.shtml，2013年6月19日访问。

3. 认证农产品质量安全风险评估实验室

2011年，为推进农产品质量安全风险评估工作，农业部启动了农产品质量安全风险评估体系建设规划，拟构建由国家农产品质量安全风险评估机构、风险评估实验室和主产区风险评估实验站共同组成的国家农产品质量安全风险评估体系。2011年底，农业部在全国范围内遴选了65家“首批农产品质量安全风险评估实验室”，包括36家专业性风险评估实验室和29家区域性风险评估实验室，2012年初步完成了对65家国家级农产品风险评估实验室的认证工作。①

（二）已初步形成国家食品安全风险监测体系

食品安全风险监测是通过系统和持续地收集食源性疾病、食品污染物以及食品中有害因素的监测数据及相关信息，并进行综合分析和及时通报的活动。国家食品安全风险监测体系有两个核心部分，一是技术数据基础，即全国食品污染物监测网络和全国食源性疾病监测网络（以下简称两网），从2000年开始至2011年底，大体经历了两个重要的建设和发展阶段。另一个重要的工作是按《食品安全法》的要求，制定国家食品安全风险监测年度计划，实施按项目开展风险监测工作。

1. 国家风险监测网络的建设历程

（1）“两网”建设阶段。2000年伊始，原卫生部开始启动“两网”建设试点工作，首次选择了北京、广东等9个省、直辖市参加，参照全球环境监测规划/食品污染监测与评估计划（GEMS/FOOD），选择监测项目和品种，建立两网的监测点，针对消费量大的食品以及常见的化学污染物和食品致病菌进行常规监测。2000—2001年间，原卫生部将食品污染物监测试点工作逐步扩大至12个省、直辖市，

---

① “第二届国家农产品质量安全风险评估专委会成立”，载人民网，http://www.jike.com/shipin/article/content/docId_2764348345245047864.html，2013年3月19日访问。

12个省级卫生技术机构纳入监测网，开展了食品中重金属、农药残留、单核细胞增生李斯特菌等致病菌的监测工作，基本摸清了试点地区部分食品的污染状况。

在试点工作基础上，为进一步完善全国食品污染物监测网，2002年食品污染物监测点扩大到北京、广东、河南、湖北、吉林、江苏、山东、陕西、浙江、重庆、广西、上海、云南、内蒙等15个省市。2003年8月14日《食品安全行动计划》颁布，以5年时间的建设，监测数据由每年5万增加到每年15万，初步实现对我国食品中主要污染物和主要化学污染物的污染状况趋势分析，建立和完善食品污染物监测与信息系统、食源性疾病的预警与控制系统，至2006年3月，我国“两网”建设取得重大进展，已初步查清消费量较大食品中重要污染物和食源性疾病发病状况及原因。2007年7月的公开信息表明，我国已基本掌握消费量较大食品中常见污染物和重要致病菌的含量水平及动态变化趋势。截至2009年初，全国已有22个省（直辖市）参加了食源性疾病监测网，食品污染物监测网扩大到17个省（直辖市），覆盖全国约80%以上的人口。

（2）初步形成国家风险监测体系。为加快推动食品安全风险监测工作，2009年2月19日，原卫生部在武汉召开的“两网”工作会议上提出，经过两年时间建设覆盖全国的食品安全风险监测网络。2010年底我国首次实现在全国31个省（自治区、直辖市）和新疆生产建设兵团开展了食源性疾病及食品污染和有害因素监测工作，主动开展对高风险食品原料、配料和食品添加剂的动态监测，扩大检测范围逐步覆盖到食品生产、流通和消费各个环节，312个县级医疗技术机构开展了疑似食源性疾病异常病例和异常健康事件的主动监测试点工作，初步形成了国家食品安全风险监测网络。

2011年国家继续启动食品安全风险监测能力建设试点项目，建设了食品中非法添加物、真菌毒素、农药残留、兽药残留、有害元素、重金属、有机污染物及二恶英等8个食品安全风险监测国家参比实验室，进一步保证食品安全风险监测质量。[①] 在全国共设置化学污染物和食品中非法添加物以及食源性致病微生物县级监测点1196个，覆盖了31个省、244个市和716个县，承担监测任务的技术机构发展至405个，同比增幅17.73%；监测的样品扩大至15.55万份，同比增幅25.81%。在全国范围内全面启动食源性疾病主动监测系统建设，主动监测疑似食源性疾病异常病例或异常健康事件监测点发展至465家医疗技术机构，同比增幅49.04%，从中央到地方的2854个疾控机构实施食源性疾病（包括食物中毒）报告工作，初步形成了国家食品安全风险监测网络体系。

2012年基层监测点的覆盖进一步扩大，2012年国家食品安全风险监测网络的基层覆盖范围进一步扩大，31个省（自治区、直辖市）的市级监测点覆盖率达到90%，县级覆盖率达到47%，分别较2011年上升了17个点和22个点，监测点数量较2011年增加了约17.06%，获得监测数据97万余个，食源性疾病监测哨点医院数量较2011年增加了约22.58%。[②] 我国国家食品安全风险监测网络建设进展概况如图1所示。

初步形成的国家食品安全风险监测网络体系具有3个突出的特点。一是监测网络的技术支撑覆盖全国，并形成国家、省、市并延伸到县的四级层次架构；二是监测点布局体现了全程控制理念，检测范围逐步覆盖食品生产、流通和消费等各个环节；三是在常规监测基础上加强了主动监测，充分利用医疗机构主动监测食源性疾病，以及主动开展对高风险食品的动态监测。

---

① “第二届国家农产品质量安全风险评估专委会成立”，载 http://www.jike.com/shipin/article/content/docId_2764348345245047864.html，2013年3月19日访问。

② “卫生部要求：近5000项食品安全标准年内清完”，载 http://finance.china.com.cn/roll/20130131/1267117.shtml，2013年3月19日访问。

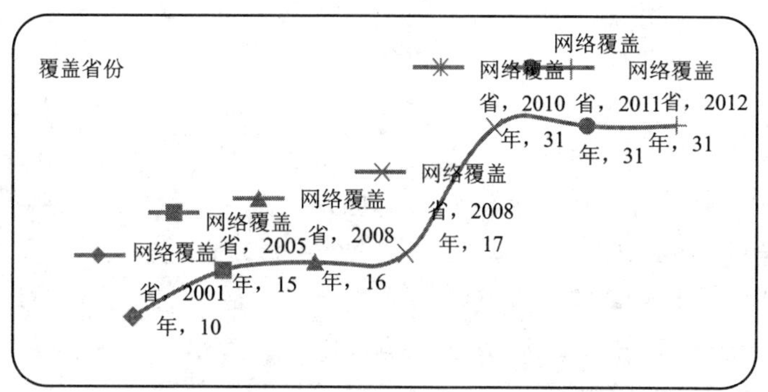

图 1　国家食品安全风险监测网络建设进展

2. 制定年度风险监测计划

从 2010 年开始，国家实施食品安全风险监测年度计划，截至 2013 年 6 月，已实施了三年。食品安全风险监测计划主要包含了五部分内容：年度监测目的、主要监测内容、监测方法、监测报告和质量控制。监测的项目和数据为风险评估预警和食品安全标准制（修）定提供重要的科学依据。食品安全风险监测包括食品中化学污染物和有害因素、食源性致病菌、放射性物质、食源性疾病的主动监测以及疑似食源性异常病例或异常健康事件报告和食源性疾病（包括食物中毒）的报告。

（三）风险评估的最新进展

国家食品安全风险监测网络的建设和监测计划的实施结果，不仅有利于准确了解我国的食品安全基本状况，也为食品安全风险评估和风险预警提供了科学依据，国家食品安全风险评估进行了一系列的基础性建设工作。

我国的食品安全风险评估工作最早起步于 20 世纪 70 年代，原国家卫生部先后组织开展了食品中污染物和部分塑料食品包装材料树脂及成型品浸出物等的危险性评估。加入 WTO 后，我国进一步加强了食品中微生物、化学污染物、食品添加剂、食品强化剂等专题评估工作，开展了一系列应急和常规食品安全风险评估项目。基于食品安全风险监测工作的不断深入，先后完成食品中苏丹红、油炸食品中丙烯酰胺、酱油中的氯丙醇、面粉中溴酸钾、婴幼儿配方粉中碘和三聚氰胺、PVC 保鲜膜中的加工助剂、红豆杉、二恶英污染等风险评估的基础性工作。

国家食品安全风险评估专家委员会成立后，加强了针对国内外食品安全热点问题的风险评估。2010 年在开展膳食中铝、镉的评估基础上，2011 年将双酚 A 对人体的健康影响评估列入国家食品安全风险评估优先项目，并开展了对膳食中二噁英、反式脂肪酸等 5 项风险评估工作，2012 年新增邻苯二甲酸酯、鸡肉空弯菌等 5 项优先评估项目。一系列风险评估工作的深入展开和评估结果，为政府部门制定措施提供了科学依据，也对保障消费者健康起到了重要作用。

截至 2013 年 7 月 15 日，国家已经公布《丙烯酰胺危险性评估报告》《苏丹红危险性评估报告》和《中国居民反式脂肪酸膳食摄入水平及其风险评估》报告,① 完成膳食中铝的暴露评估和膳食中镉的暴露评估（依据 2012 上海“中国国际食品安全与质量控制会议”资料整理）。

（四）预警信息的发布

近年来国家卫生系统先后发布蓖麻子、霉变甘蔗、河豚鱼、生食水产品、毒蘑菇等十余项食品安全预警信息。2010 年 7 月 21 日专门就食品中毒等发布预警公告。这是《食品安全法》颁布以来原卫

---

① 国家食品安全风险评估中心：“风险评估报告”，载 http://www.chinafoodsafety.net/newslist/newslist.jsp? anniu=Denger_Cri_1，2013 年 3 月 19 日访问；国家食品安全风险评估中心：“中国居民反式脂肪酸膳食摄入水平及其风险评估（技术报告 NO.2012002）”，载 http://www.chinafoodsafety.net/ewebeditor/uploadfile/20130710104109688.pdf，2013 年 7 月 11 日访问。

生部发布的首个食品安全预警公告。2011 年 9 月 6 日再次发出关于防控食物中毒的预警公告，就防止集体食堂发生食物中毒、严防亚硝酸盐和防止微生物污染引发食物中毒、严防误食农药污染食品及有毒植物等进行提示性警示。2012 年 7 月针对浙江等地发生多起食用织纹螺引起中毒事件发出预警通告。①

2011 年 3 月日本核电站核泄漏事故发生后，为回应舆论关切，针对食品和饮用水放射性污染展开了专项监测，并及时公布监测情况。针对违法添加非食用物质和易滥用的食品添加剂问题，国家建立了“黑名单”制度。自 2008 年以来，先后公布了 6 批共 64 种可能违法添加的非食用物质和 22 种易被滥用的食品添加剂“黑名单”，其中，2011 年 6 月发布的第六批“黑名单”，公布了邻苯二甲酸酯类物质的 17 种添加物，使公众及时准确了解到违法添加物质的风险状况。

建立食品安全风险预警体系，及时发布食品安全风险预警信息，有利于及时引导消费与保护消费者健康，促进食品行业和企业的自律，有助于国际社会理解我国的食品安全管理政策。随着我国食品安全风险监测评估体系的建设，科学开展预警分析，依据监测与评估发布预警信息正在逐步成为常态。

（五）开始启动风险交流活动

随着食品安全风险监测评估的基础性支撑的形成，2012 年国家风险交流活动开始启动，在加强政策法规建设的同时，开展了一系列面对消费者和媒体的沟通交流活动。

1. 建立新闻发言人制度

为规范食品安全风险交流的舆情处置和新闻宣传工作，2012 年国家建立新闻发言人制度，并开展了食品安全风险交流新闻发言人的专门培训，以提高国家机关在食品安全的舆情应对、新闻传播

① 卫计委：“关于预防织纹螺食物中毒的公告（卫生部公告 2012 年第 13 号）”，载 http://www.moh.gov.cn/mohwsjdj/s7891/201207/55458.shtml，2013 年 4 月 19 日访问。

特点和规律、回应社会关注热点问题，以及政府危机管理与媒体策略等方面的能力。截至2013年7月15日，已举办了3期的人员培训。同时，初步形成约20期的“食品安全舆情周报”，收录舆情信息228条，在分析舆情的基础上，为开展风险交流活动以回应和解读提供了参考依据，在客观正确的引导舆情方面取得了初步的成效。[①]

2. 开展多样的风险交流活动

2012年食品安全风险交流活动在继续保持新闻发布会、12315投诉举报电话、12320全国公共卫生公益热线和微博等方式的同时，主动积极回应社会关注的食品安全热点问题，举办了多期的主题开放日活动，形成了新的风险交流通道。

（1）建立风险交流响应机制。2012年针对社会关注的食品安全问题，风险交流专家利用国家风险交流平台和新闻传媒传播平台，主动积极与公众互动，实现了初步的风险响应机制。

2012年2月，针对不锈钢炊具中锰析出并导致帕金森氏疾病等公众特别关注的问题，国家风险评估工作在立刻组织开展风险评估工作的同时，及时将初步的风险评估结果与30余家媒体记者展开风险交流；3月针对媒体关于婴幼儿羊奶粉“暗添加”现象的有关报道，国家食品安全风险评估专家主动回应，给予专业性的分析解读，及时化解了公众对婴幼儿食品的安全信任危机。2013年1月国家卫计委发布GB2762—2012《食品中污染物限量》标准，风险评估专家积极参与媒体通气会、接受记者采访、做客新浪微访谈等一系列活动，解读标准，回应提问；[②] 7月又对“奶粉检出反式脂肪酸”问题

① 国家食品安全风险评估中心：“工作简讯2012年第5期”，载http://www.chinafoodsafety.net/ewebeditor/uploadfile/20130521152153889.pdf，2013年5月30日访问。

② 国家食品安全风险评估中心：“我中心专家围绕《食品中污染物限量》（GB2762—2012）开展系统性风险交流活动”，载http://www.chinafoodsafety.net/newslist/newslist.jsp?actType=NewsList&anniu=Denger_exc_6，2013年7月11日访问。

再次做客新浪微访谈，进行互动交流。[①] 国家风险交流的主动响应效果正在不断积累和发挥正向引导作用。

（2）举办主题开放日活动。2012 年国家食品安全风险交流工作创办了主题开放日活动。主题开放日以邀请公众报名参与方式，先后就食品安全标准，风险评估知识、食品营养与健康等进行了公众交流和宣传活动，并采用宣传册、展板、实验室参观。专家讲课、现场互动等多种形式，进行互动和交流。截至 2013 年至 7 月 15 日，国家食品安全风险交流开放日活动约有近 500 人参加，90% 以上反映收获很大。[②]

三、问题与思考

随着我国食品安全风险监测评估体系建设的不断完善，对化学污染物、有害因素和致病菌导致的食品污染和人体健康影响的监控水平有了较大提高，常规预警能力得到快速提高，例如对“三聚氰胺”“地沟油”所采取的专项行动，有效地控制了事态的发展。但整体而言，我国食品安全风险监测评估与预警水平仍然处于初级阶段，在不断完善的进程中，目前存在三个方面的突出问题。

（一）基层监测能力依然不高

自 2010 年底食品安全风险监测网络覆盖了全国各省以来，截至 2013 年初依然有 10% 的市和 53% 的县没有监测点，不仅存在基层范

---

① 国家食品安全风险评估中心：“我中心专家就‘奶粉检出反脂’事件做客新浪微访谈”，载 http://www.chinafoodsafety.net/newslist/newslist.jsp? actType = NewsList&anniu = Denger_exc_6，2013 年 7 月 11 日访问。

② “国家食品安全风险评估中心举办‘反式脂肪酸的功过是非’开放日活动”，载 http://www.chinafoodsafety.net/newslist/newslist.jsp? actType = NewsList&anniu = Denger_exc_6，2013 年 7 月 11 日访问。

围覆盖的建设问题，而且已经覆盖的地区依然存在监测能力有待提高的问题。尤其是基层风险监测机构，依然缺乏监测计划的项目所需要的实验仪器与设备，或者难以达到监测项目的检测精度，专业技术人员明显不足。即使是省级的风险监测机构，也有实验室仪器配备不达标和承担监测技术的操作人员水平不合格问题。①

由于我国农产品质量安全主要受农药兽药残留和重金属污染且风险难以尽快减弱，产业化演进过程的博弈和食品工业化管理程度的差异性，导致食品安全新的潜在的风险不断出现，这些都将进一步加剧我国的食品安全风险。尤为值得关注的是，近年来我国的食品安全风险呈现出从城市向城乡结合部和广大农村蔓延态势，农村成为近年重大食品安全事件易发高风险区域。2011—2012年通过山西省蒲县、山东省郓城县、五莲县、肥城、江西省鄱阳县的农户入户调查获知，371户有效问卷的统计表明，近年在农村发生的食物中毒、假冒伪劣、过期食品和假酒等多种食品安全问题中，尤以假冒品牌、过期食品、以次充好发生率高，农村的食品安全问题形势严峻，因此，针对这些区域和场所的风险监测存在较大难度。农户近三年常见的食品安全问题如图2所示（指标可多选，户数有重复计算）。

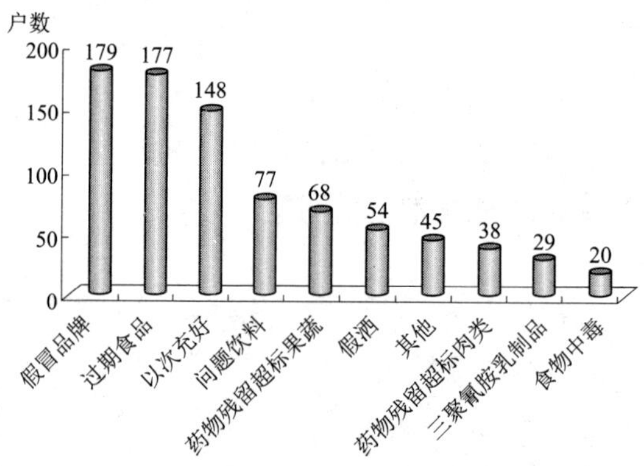

图2　近3年农村常见的食品安全问题

① 褚遵华、周景洋、康殿民等：“食品安全风险监测制度探讨”，载《预防医学论坛》2011年第17卷第4期。

同时，国家初级农产品的风险监测评估体系尚处于规划阶段，尽管已经认证了65个国家级实验室，但是农产品的风险监测评估工作从机构到体系的建设刚刚开始，农产品的风险监测评估与食品安全的监测评估之间，如何配合，诸多课题有待求解。

（二）风险交流工作任重而道远

国家的风险评估和警示信息对于保护消费者健康非常重要，然而现今的县域农村居民的食品安全认知水平普遍不高，风险防范能力较低。被调查农户近一年有231户购买过不安全食品，占比62.26%。在农户对《食品安全法》相关政策法规的认知选项中，调查结果有268户表示不知道2009年我国颁布实施的《食品安全法》，占比72.24%；有175户，占比47.17%，虽然知道消费者协会，但是并不清楚协会与个人的哪些权益相关，也不知道如何利用这一组织来合法进行权益保障。另外，中国是WHO规定报告H5N1禽流感事件的15国之一，自2005年以来每年都发生H5N1禽流感疫情，确诊病例位于15国的第4位，然而调查发现，不知道疫苗可以预防H5N1禽流感疫情的仍然占到了32.84%。2012年爆发的H7N9疫情，更是导致家禽业经济损失超400亿。农民作为生产者同时又是消费者，对风险的认知状况堪忧，而农村居民对政策了解相对较少，自我保护能力弱，在食品安全信息的传播影响中迫切需要正确的风险交流知识，当前针对县域农村居民的风险教育基本还处于零状态。

实际上，相对于13亿人口大国，目前消费者主动参与食品安全风险交流实属个例，风险交流在城市校园、社区和乡镇农村如何开展，依然是不可回避的现实问题之一。另外，政府进行食品安全风险危害评判等决策工作时，政府与公众的信息交流有时缺少科学的预见性，限于被动回应状况。例如，对于新的国家食品安全标准中某些指标调整后的安全性分析，因为缺乏有效的风险交流和及时沟通，也导致相关利益方的不同释义，形成了目前的非官方媒体的影响日益增大，政府的舆情导向作用逐步减弱的格局。这一情况发展的结果完全可能导致严重的政府和企业信用危机。同时负有食品安全监管职责的政府部门之间信息交流和资源共享机制也需进一步增强可操作性，目前跨部门、跨区域的信息交流和资源共享虽有制度但机制不健全，总体状况并不理想。

（三）风险预警整体建设缓慢

食品安全预警的理念是预防为主，是对可识别风险的提前预防，是对可能产生的危害实施有效控制，以防止风险的转移、蔓延和发展，而应急处置针对突发事件，因此最突出的特点是应对快速有效。由于我国食品安全风险监测体系尚不完善，风险评估尚且主要在基础研究层面，对食品安全风险的规律、特点的把握还不够，对新的风险的警示能力也有限，风险预警的整体技术支撑依然薄弱。例如，目前对“地沟油”的风险依然很难实现警情预报，而对“非法添加”的风险也很难准确预防。

与此同时，虽然近年来对食品安全事件的应急处置能力已经有很大提高，但是不同地区、不同部门针对不同食品安全事件的应急响应速度和处置能力仍需进一步加强。食品安全事故的警兆复杂，警情往往具有隐蔽性，警源不清晰、难判断，因此，食品安全事故的应急处置虽有时滞，但时滞的控制非常重要。“三聚氰胺”突发事件的应急响应显然时滞太长，给受害儿童的身体健康造成极大的影响，不仅造成了巨大的经济损失，而且影响了国家形象。“金浩茶油苯并芘超标”事件的召回响应滞后，致使消费者不满和社会舆论关注。[①]

---

① 唐晓纯、张吟、齐思媛等：“国内外食品召回数据分析与比较研究”，载《食品科学》2011年第32卷第17期。

四、提升国家风险监测评估与预警能力的建议

国家风险监测评估与预警体系建设是提升我国食品安全监管水平的重要制度建设之一，可以从四方面加强风险监测评估和预警工作。

（一）积极引进和优化人才队伍

提高食品安全风险监测评估和预警的专业素养和业务水平，人是第一要素，迫在眉睫的问题是加强人才队伍建设。由于国家食品安全风险监测评估实施只有 2 年多时间，现有人员基本属于疾控系统，而国家食品安全风险监测评估工作涉及更宽泛的研究领域，需要积极引进相关专业背景的所需人才，在人员总量和结构上加快优化组合。因此，建立公开公平公正的选聘机制，设置合理的风险监测机构准入条件和岗位标准，构建和组成一支适合国家需要、具有风险监测评估和预警工作能力、专业领域宽泛、爱岗敬业的人才梯队。

由于风险监测和预警工作业务性强，需要整个系统统一制定业务能力训练计划，定期进行培训和考核，使人员的知识水平和队伍的业务能力与国际科技发展水平同步，甚至具有国际领先水平。为此，在国际化视野和现代化科技信息交流和共享背景下，应努力开展国际交流项目，拓宽和强化专业技术人才的国际交流与合作，积累和探索我国的食品安全风险特征和食源性疾病特性，及时关注、交流和研究发达国家的风险监测项目变化及技术水平，拓展我国食品安全风险监测评估和预警队伍的视野，加强队伍与公众的风险交流水平，提高食品安全风险管理能力和水平。

（二）完善资源共享机制

《食品安全法》规定食品安全的监督管理由地方政府负总责，而食品安全问题的发生往往原因复杂，风险特征难以准确界定监管属域，因此，需要更有效的协调性的管理模式，实现真正意义上的资源和数据的共享，以利于节约资源、减少耗散和提高效力。发挥国家级食品安全风险监测评估的平台作用，协调省级实验室，以及协同食品与农产品的风险监测、评估、技术仲裁、预警等工作，以提高对常规风险的排查和新的潜在风险的跟踪检测、评估和防控能力。

另外，现有的相关监管行政机构和各级地方政府分别拥有可承担风险监测的实验室资源，在监测点的设置、监测检验实验室能力建设等方面，可通过协商机制和一定的资金支持，开展局部的共建共享工作，乃至逐渐实现全国的资源共建共享，使有限的资金发挥更大的作用。尤其是县域乡村的基层监测资源，只有协商性的共建共享，才是推动工作的有效方法，要在现有认知达成共识的层面基础上，尽快出台推动协商机制的实质性政策和措施，实现真正的资源共享。

（三）创新项目管理模式下的资金扶持方式

食品安全风险监测评估和预警体系，需要加强风险监测评估机构的软硬件建设，提高食品安全风险监测评估的技术支撑能力。由于我国人口众多，监测点覆盖面广，监测机构设置和实验室建设是重要的技术支撑基础，因此，需要解决目前存在的整体基础薄弱、地区配置不平衡、基层配置缺乏条件的现状。

整体技术基础薄弱需要国家财政进一步加大投入。食品安全风险监测评估是完善食品安全标准的基础，是提高预警和监管水平的科学依据，针对风险监测评估的项目管理模式，国家财政预算投入依然需要加大倾斜力度，增加经费投入比例，进一步完善和提高项目运行效率，在总体预算管理机制下，使经费向优先需要项目投放，向加强基层建设项目投放，向系统性强的资源节约型项目投放。在食品安全财政预算模块中明确清晰风险监测评估和预警子模块的总预算和项目评估。例如优化资源配备提高检验检测能力的项目可以侧重两个方面：一是用于日常监督抽检的快速检测装备，应该属于提高技术水平和加强基础配置方面；二是专业检验检测机构的设置，以检验检测资源共享和信息共享，避免重复建设。在完善检验检测资源配备的基础上，确保食品安全信息收集准确、传递迅速、评估科学、预警及时。①

同时，针对基础条件差而难以承担国家和省级风险监测计划和规划要求的基层区域，中央和地方需共同加强对这一群体的支持，创新激励机制，鼓励民间资本或多种渠道的资金引入方式，加快基层技术支撑条件的改善。

（四）花大力气开展风险交流工作

风险交流涉及到风险评估者、风险管理者、食品企业、消费者、媒体以及其他利益相关方，是对风险评估结果的解释和风险管理决策依据进行的互动式沟通。目前，各国一些共用的风险交流方法主要是对交流对象的风险接受、风险感知水平进行调查研究，制定风险交流战略和风险交流计划②。由于我国的食品安全风险交流工作刚刚开始，交流对象尤其是消费者的风险感知分析尚处于研究空白，与媒体的沟通交流对于其准确客观报道，起着非常重要的作用。因此，以政府为主导的、有第三方社会团体或组织参加的、多群体的

---

① 北京市公共卫生信息中心：“解读人大执法检查食品安全法实施情况报告”，载 http://210.75.199.100：8080/pub/phic _ org _ cn/hangyexinxi/quanguoweisheng/201111/t20111104 _ 42334.htm，2012 年 6 月 2 日访问；彭亚拉、郑风田、齐思媛：“关于我国食品安全财政投入的思考及对策”，载《中国软科学》2012 年第 10 期。

② 李强、刘文、初侨等：“食品安全风险交流工作进展及对策”，载《食品与发酵工业》2012 年第 38 卷第 2 期。

风险交流活动，会加快提高民众整体的风险认知能力，减少风险信息的不对称性。而开展风险交流进学校、进社区、进军营、到农村的活动，将使更多的人享受到国家食品安全风险交流的机会。

论食品安全的风险交流与合法规范运营[*]

杨建顺[**]

引言——问题所在

“食品安全不是监管出来的，而是生产出来的。”这似乎成为部分人围绕食品安全达成的一种共识；[①] 然而，论者忽视了一个极其浅显的道理——如果这一判断是正确的，那么，食品安全监管也就没有任何存在的必要，故而食品安全监管机构也就失去了设置意义。我相信，人们并不是要否定监管对于食品安全的意义和作用，而是为了强调生产经营者承担食品安全第一责任的地位，才无意中使用了这种非此即彼、二者择一的判断方法。这一点可以从论者所主张的相关内容得以证实。

正确的理解应当是二者皆重要：安心的食品或者说食品安全是

---

* 本文原载《法学家》2014 年第 1 期，本书收录时有修改。

** 杨建顺，法学博士、中国人民大学法学院教授。

① 付子昂：“记者手记安全的食品是生产出来的”，载《中国医药报》2013 年 8 月 12 日；“食品安全不是监管出来的，而是企业生产出来的”，载《南方都市报》2012 年 9 月 27 日；“食品安全是企业生产出来的，不是监管出来的，企业要敬畏法律”，载《东方早报》2012 年 5 月 29 日；“安全的食品，不是监管出来的?”，载新华网，http://news.xinhuanet.com/mrdx/2005-08/22/content_3387298.htm，2013 年 9 月 25 日访问；“大学教授：好食品是生产出来的不是监管出来的”，载中财网，http://www.cfi.net.cn/p20130314000653.html，2013 年 9 月 25 日访问。

生产出来的，亦是监管出来的，而且还需要所有食品安全责任人和利益相关者积极参与协治[①]，来为食品的生产经营和安全监管提供保障和支撑。换言之，确保食品的安全性，正如“从农田到餐桌”这句话所揭示的那样，必须在各个阶段注重建立由生产经营者、行政监管部门、消费者和社会各界的协治体系，完善各方参与的风险交流机制，取得各方主体的理解和协力，使各方面在各自的立场上作出努力，诚信做食品，理性看安全[②]，基于科学性的根据，切实采取必要的对策措施。

基于这样的基本确信，本文试图提出3个基本论点：其一，《食品安全法》的主要任务，在于确立食品生产经营者的合法规范运营机制；其二，确保食品生产经营者合法规范运营的实效性保障，在于全过程中各方主体的协治；其三，各方主体的协治，重在进行信息和意见交换，完善风险交流机制。

---

① 我国对与英文 governance 相对应的汉语翻译有不同理解，如《简明英汉词典》解释为“统治、管理、统辖”，而在我国公共管理等专业领域，较为普遍的用法是“公共治理”或者“共治”，以此区别于与 government 相对应的“管理、统治、支配”。近来，伴随着在食品药品监管领域展开的制度机制创新，提出了“食品药品安全社会共治”的理念，例如，“国家食药监总局：推动食品药品安全社会共治”，载中国食品科技网，http://www.tech-food.com/news/2013-11-16/n1046332.htm，2013年12月5日访问；“专家建言修订〈食品安全法〉构建食品药品安全社会共治格局”，载中国有机农业网，http://www.cnoa360.com/news/21019174.html，2013年12月5日访问；等。本文没有采用“共治”，而是坚持使用“协治”，目的在于突出“协同治理”中的主次责任关系。“协治”所强调的是，政府在整个治理过程中居于主导地位，由各利益相关者参与，形成行政参与型的治理模式。这与不一定分主次的“共同治理”模式有所不同。“协治”是“共治”的主要形态之一。

② “诚信做食品理性看安全——我省首次大型食品安全知识展览活动6月14日-16日举行”，载浙江在线，http://zwnews.zjol.com.cn/vcenter/system/2013/06/14/019403781.shtml，2013年9月25日访问。

一、《食品安全法》的修改与合法规范运营

（一）机构改革与修改《食品安全法》的主要任务

现行《食品安全法》可谓“五年磨一剑”，承载着国人厚望与政府期待，是在“三鹿事件”发生近半年后获得全国人大常委会高票通过的。[①] 数年来，基于该法及《食品安全法实施条例》对食品安全管理体制和制度等所作的调整，相关实施性法规范和机制不断得以完善，各种食品安全标准得以制定，为保障公众身体健康和生命安全提供了一系列制度、措施和标准，发挥了法规范和制度支撑的重要作用。然而，现实中食品安全问题事件依然频发且形势严峻，损害了消费者的利益，影响了公众对食品企业保障食品安全能力的信心，制约了食品产业的可持续发展，也不断摧毁着政府食品安全监管的公信力。

为解决这种困局，根据《国务院机构改革和职能转变方案》，整合相关食品安全监管职能和机构，组建国家食品药品监督管理总局，对生产、流通、消费环节的食品安全集中统一实施监管，明晰食品安全的责任，要求地方政府对食品安全负总责，有关部门各司其职各负其责，强调能力建设，尤其是充实基层一线监管人员队伍，[②] 这将有助于提高监管效率，降低监管成本。但是，这样改革与现行《食品安全法》中的职责划分显然不符。可以说，修改《食品安全法》主要是为适应食品安全监管体制改革的需要，构建以国家食品药品监督管理总局为主要监管责任主体的食品安全监管体系。

---

① 《食品安全法》以158票赞成、3票反对、4票弃权获高票通过。参见“十一届全国人大常委会第七次会议高票通过食品安全法”，载《中国医药报》2009年3月2日。

② “食品安全监管体系改革年底前完成”，载中国食品安全网，http://www.prcfood.com/html/2013/zhongguoshipinanquanzhengcefag_0917/31767.html，2013年9月24日访问。

（二）修改《食品安全法》的方法与价值取向

国务院决定将《食品安全法》修订工作列入2013年立法计划[①]后，国家食品药品监管总局法制司发出通知，面向社会开展修改该法的征集意见活动。[②] 这种“法随机构走”的做法，即先实行机构改革，后修改相关法律规范，让法律规范来适应改革后的职能整合的做法，虽然不能说是理想的法治主义原理所要求的法治思维和法治方式，但是，在转轨期的特定发展阶段，这种做法一定程度上也可以说是法治行政原理的要求。不过，在对食品安全的诸多问题尚未达成共识的情况下，强调“年内完成修订”[③]，其可行性和科学性难免令人质疑。例如，是否应当以基本法形式推进?[④] 是否应当“大修”？治理食品安全问题是否应当以及哪些情形应当“加大对违法的惩处”[⑤]，甚至适用“严刑重典”[⑥]“重典治乱”[⑦]的

---

① “《食品安全法》将启动修订已列入国务院法制办2013年立法计划”，载http://news. hbtv. com. cn/2013/0617/386061. shtml，2013年9月20日最后访问。同时在网络上未找到该立法计划。这说明相关立法计划等政府信息公开的工作有待依照《政府信息公开条例》进一步推进。

② 国家食品药品监管总局法制司：“国家食品药品监管总局法制司关于征求〈食品安全法〉修订意见和建议的通知”，载http://www. sda. gov. cn/WS01/CL0783/81456. html。其后，国务院法制办于2013年10月31日至11月29日就《食品安全法》修订向社会征求意见。“国务院法制办：《食品安全法》修订征求意见”，载http://news. 163. com/13/1031/12/9CH1FJK000014Q4P. html，2013年12月8日访问。相关征求意见的后续反馈机制或许需要进一步完善。

③ “《食品安全法》或年内完成修订认真执行更关键”，载中国日报网，http://www. chinadaily. com. cn/hqgj/jryw/2013-06-17/content_9331936. html，2013年9月25日访问。

④ “修订《食品安全法》应以基本法形式推动”，载中国经济新闻网，http://www. cet. com. cn/ycpd/xwk/982006. shtml，2013年9月25日访问。

⑤ “食品安全法修订将加大惩违力度”，载《新京报》2013年6月18日。

⑥ “严刑重典是零容忍监管的起点”，载《华西都市报》2013年6月18日。

⑦ “食品重典治乱重在执法常态化”，载《京华时报》2013年6月18日；“《食品安全法》将启动修订如何重点治乱成焦点”，载《新京报》2013年6月17日。

选择？什么是“最严食品安全法”？[①] “年内完成修订”是否能够实现本来的立法目的？[②] 如何才能真正确保修订的内容乃至修订工作本身是科学而有实效的？这些问题都是值得关注、认真思考和深入探讨的。[③]

食品安全成为社会关注的热点问题，使某些惯性思维特别受到关注和强调，例如，要求提高违法成本，甚至是“严刑重典”、“重典治乱”[④] 等，这些皆可谓“亡羊补牢未为晚矣”。[⑤] 诚然，修改《食品安全法》，推进安全食品供给和保障体系建设，不排除对违法行为者进行严厉惩处甚至“严刑重典”、“重典治乱”。[⑥] 正如李克强总理曾经指出：“食品安全事关每个家庭每个人，必须重典治乱、重拳出击，让不法分子付出高昂代价。”[⑦] 针对群众反映强烈的食品安全突出犯罪问题，全国公安机关依法履行职责，充分发挥作用，积极会同食安办等有关部门坚持重拳出击、“重点治乱”，持续不断地组织开展“打四黑除四害”专项行动，集中侦破了一大批危及人民

---

① “食品安全法近期修订专家倡设最严格监管问责制”，载《经济参考报》2013 年 6 月 14 日。

② 国务院《全面推进依法行政实施纲要》曾提出 2014 年基本实现建设法治政府的目标，这曾能给人以极大的期待和希望，可是，后来鉴于实际情况而不得不含糊其辞。该法的修订工作在 2014 年将依然延续，反证了相关立法计划在日程安排方面的不可行性。值得深思。

③ 杨建顺著：“食品安全法修改应兼顾两种功能”，载《检察日报》2013 年 7 月 31 日。

④ “广州四局座谈食品安全监管：‘食品安全问题就要重典治乱’”，载《南方都市报》2012 年 3 月 14 日。

⑤ 商旸：“民生观：让婴儿奶粉成为食品安全突破口”，载《人民日报》2013 年 6 月 18 日。

⑥ 刘俊海：“以重典治乱理念打造〈食品安全法〉升级版”，载《法学家》2013 年第 6 期；“新食品安全法初稿近期出炉新法有望加大违法成本”，载《京华时报》2013 年 6 月 18 日；“公安部：让食品安全犯罪分子如过街老鼠无处藏身”，载 http://news.workercn.cn/c/2013/06/17/130617174718843247701.html，2013 年 8 月 25 日访问。

⑦ “‘万事民为先’——记中共中央政治局常委李克强”，载中国政府网，http://www.gov.cn/ldhd/2012-12/25/content_2298339.htm。

群众生命健康安全的重大案件，有效遏制了食品安全犯罪高发势头。[①] 这些都是必要的，应当予以充分肯定。

要解决食品安全问题，应当“坚持重典治乱，始终保持严厉打击食品安全违法犯罪的高压态势，使严惩重处成为食品安全治理常态。”[②] 在这里，国务院强调了两个价值——重典治乱和食品安全治理常态。然而，面对日益严峻的食品安全局势，人们往往容易关注并特别强调前一个价值即重典治乱，却忽视了后一个价值即食品安全治理常态——既包括“严惩重处”机制，亦包括而且更重要的是合法规范运营机制。一般说来，与呼吁建立日常合法规范运营机制相比，以特定事件为契机，不定期地呼吁或者实践重典治乱，更容易得到行政机关和社会公众的关注和呼应。[③] 所以，如何“重典治乱”成为《食品安全法》修订过程中政府和社会各界共同关注、讨论也会最激烈的焦点。[④]

对于食品安全立法来说，预防与严惩同样重要。[⑤] 伴随着人类进入风险社会，多数发达国家已完成了或者正在致力于完成从对确定损害的管理转向对潜在风险的规制，“从以在有害性得到证明之前该物质的使用不受限制为内容的自由主义的法治主义原则，转向以至安全性得以证明为止限制使用潜在性的危害物质为内容的预防原则。”[⑥] 在以国家食品药品监督管理总局为主要监管责任主体的食品

---

① 黄明：“切实用足用好法律武器保障食品安全”，载中国食品安全网，http://www.prcfood.com/html/2013/zhongguoshipinanquanshendubaod_0617/29472.html，2013年9月24日访问。

② “《国务院关于加强食品安全工作的决定》（国发［2012］20号）”，2012年6月23日。

③ ［日］原田久：“不基于证据的政策形成？——以食品安全行政为素材”，载《立教法学》第87号，2013年3月第223卷。

④ “《食品安全法》将启动修订已列入国务院法制办2013年立法计划”，载http://news.hbtv.com.cn/2013/0617/386061.shtml，2013年9月20日访问。

⑤ 洪丹：“食品安全立法，预防与严惩同样重要”，载《南方日报》2013年6月18日。

⑥ ［日］黑川哲志：《环境行政的法理与手法》，成文堂2004年版，第21页－22页。

安全监管体系下，应当建构日常预防机制，推进合法规范运营，克服行政机关之间的沟通和协作不够，各部门资源不能共有共享，各自为政，互相推诿等弊端。应当在立法和执法的全过程中强调“食品安全既是生产出来的，亦是监管出来的，两者皆不可偏废”。[①] 从立法层面切实建构起资源整合、监管协治、确保实效的食品安全领域合法规范运营机制。

（三）《食品安全法》的功能和价值定位

一方面，《食品安全法》应当进一步保障行政管理职能的合法、有效实现，尤其是明确相关授权和委托规定，为基层监管部门实现相关行政目的提供相应手段，做到目的和手段均衡，强调源头管理和全过程控制。“必须重拳出击、综合治理，紧紧围绕与群众生活密切相关的重点品种、重点领域，加强食品安全执法监督，深入开展专项整治，严惩重处违法犯罪活动。”[②]

另一方面，《食品安全法》应当确立并不断推进食品生产经营者合法规范运营机制，为食品生产经营者提供充分的法律和制度保障，规范和约束食品等的生产、经营、流通、消费等各个环节的行为，“要强化过程控制，建立覆盖生产加工到流通消费的全程监管制度，严把从‘农田到餐桌’的每一道防线”。[③] 唯有如此，才能确保食品的安全性，切实保障消费者的生命安全和身体健康，维护食品生产经营者的合法权益，维护社会公共利益。

《食品安全法》的核心价值应当体现为合法规范运营机制的建

---

① 杨建顺：“食品安全法修改应兼顾两种功能”，载《检察日报》2013 年 7 月 31 日；“食品安全押宝检测远远不够生产过程可提前预警”，载《新民晚报》2013 年 6 月 17 日；“评论称食品安全最缺监管地方被指搞‘双重标准’”，载《沈阳日报》2013 年 6 月 17 日。

② “张高丽谈食品安全：严把从农田到餐桌每一道防线”，载新华网，http://politics.gmw.cn/2013-09/11/content_8877277.htm，2013 年 9 月 14 日访问。

③ 同上。

构和完善，致力于行政主体对食品生产经营者以及食品生产经营者自身的日常监管和监管的日常化，致力于所有食品安全责任人和利益相关者共同参与的食品安全风险交流机制的完善。例如，在食品和消费品生产企业中实行产品质量状况主动报告制度，建立联通全系统、覆盖全业务的信息化网络，建立产品伤害监测数据直报系统，定期分析并发布产品伤害预警信息，推行首席质量官制度，以及完善许可证发放制度，并对生产许可获证企业分级监管。① 应当设立由行政监管者、生产经营者、消费者、专家学者以及媒体等组成的协议机构，致力于建构和完善合法规范运营机制，切实推进食品安全的协治，构筑“食以安为先”的长效保障机制。

（四）食品安全的过程监管与协治

解决食品安全问题，既应当致力于法规范完善，又应当强调切实执行，需要从“农田到餐桌”的全过程监管等制度创新，这是一个相互配套的系统工程。所以，一定程度上单兵突进式的严查严管，效果或许并不明显；互动而周密的保证体系，才是至关重要的。② 食品安全保障的系统工程，需要政府各相关部门、食品生产经营者等食品从业者不断的努力，需要用科学的方法、科学的引导，因此这又是一个教育问题和文化问题，③ 而参与协治机制的完善，是确保法

---

① “食品企业将实行‘质量状况主动报告制度’”，载中国食品安全网，http://www.prcfood.com/html/2013/zhongguoshipinanquanzhengcefag_0220/24310.html，2013年9月24日访问。

② “燕农：原来我们可以保证食品安全”，载天涯论坛，http://bbs.tianya.cn/post-develop-876344-1.shtml，2013年9月14日访问。

③ 马云：“食品安全问题需要全民参与齐心协力”，载中国食品安全网，http://www.prcfood.com/html/2013/zhongguoshipinanquanshendubaod_0617/29473.html，2013年9月24日访问。

规范科学、可行和实效的基础支撑。①

建构食品安全责任人和利益相关各方主体的协治，需要各方主体依法承担相应的任务：政府依法监管，创造良好的发展环境；科学家和研究者加深对说明责任的认识，积极地参与到关于食品安全的风险交流之中，就食品安全的风险交流进行实际性的调查研究和科学实验，提供坚实可靠的技术服务和论证支持，或者召集风险交流研讨会，通俗易懂地提供关于确保食品安全的科学信息；生产经营者遵守合法规范运营机制，及时如实地提供食品安全信息；行业协会精心指导，促进自律与融合；相关学会及学术团体为一般消费者提供通俗易懂的说明，组织专家进行研讨，并对专家的不同见解提供充分的背景及根据说明，努力促进各方主体的正确理解；媒体及时报道，曝光违法违规从业者，传递正确、客观而有用的食品安全信息；消费者关注、参与，不断提高对食品和食品安全问题的认识。

二、食品安全风险交流机制的完善

在食品安全领域，为使消费者的健康保护成为最优先考虑的事项，应当导入风险分析方法，彻底扭转行政机关之间的交流不足，行政机关与专家之间的交流不足，行政机关的信息公开度及透明性不充分，及时、准确且全面的报道不足，消费者的理解不足等局面，营造生产、流通、消费、行政、专家、媒体等各方主体充分参与、有效交流的食品安全风险交流机制。

（一）风险交流的作用

导入风险分析方法，需要建构和完善其 3 个构成要素——风险

① “食品安全相关部委首次集体发声多次提‘社会共治’”，载 http://news.eastday.com/c/20130617/u1a7460509.html，2013 年 9 月 25 日访问。

交流、风险评价和风险管理。

风险评价，或称风险评估，是指由专门机构明确指出通过食用食品会产生怎样的危害，吃到什么程度会产生危害，以及如何减轻损害并增加收益的活动。风险评价提供了一种应对各类不确定性的制度性手段。“因为它提供了辨别非理性焦虑、虚假信息或者不完整知识的方法，表明在不确定性情况下可能采取理性决策。”① 为了获得其他相关方面的信赖，风险评价机构应当保持独立性、公平性和透明性，同时，有必要和风险管理机关进行信息交换。

风险管理，是指对人们的担心程度、费用与效果的关系、食品所带来的健康影响和社会性影响等进行综合考虑，以采取降低风险措施的活动。

风险交流，是指以任何食品都会因其使用方法及食用量而具有或多或少的风险为前提，基于科学，并在考虑费用及效果的基础上，围绕风险评价的妥当性、风险管理的方法和科学应对方法等而进行信息共享、交换意见、相互理解和协作的活动。

风险交流一般可以分为两种类型：其一是平时的风险交流，即始终应当进行的信息共享、意见交换；其二是紧急时的风险交流，也称危机交流（crisis communication），是指为将损害及社会性损害保持在较少水平，而作为危机管理的一环来进行信息提供和指导的活动。无论是哪种情形下，做好风险交流，对于预防、减少损害，具有重要作用。例如，在应对SARS的过程中，对问题的发现、安全性的科学评价、安全管理方法的选择和实行等所有方面，关系人都承担着重要的作用和责任，如果发现问题的人没有直接地指出该问题，没有理解应对方法而不协作的话，便有可能会招致无法挽回的损害。

---

① Alexia Herwig, “Whither science in WTO dispute settlement?”, 21 Leiden Journal of International Law (2008), pp. 823-846.

（二）风险交流的目标和手段

食品安全的风险交流，其目标是在风险评价和风险管理的过程中，遵循“不逃避、不隐瞒、不撒谎”的原则，通过各方主体共有共享必要的信息，将关系人的意见适切地反映出来。作为实施风险交流的前提，应当认识到专家和专家以外的人们之间存在对风险认识的差异，人们在直面风险时的本能与理性之间存在差异，因而有必要构筑起了解对方、听取对方要求的机制。

风险并不表明损害的实际发生，而是存在不确定性。为避免通过媒体传递给消费者不准确、不一致的信息，给消费者的风险意识和行动带来负面影响，应当使相关媒体报道尽量做到提供出处明确且进行了整合的信息。更为重要的是，在风险发生时，应当由政府监管部门组织风险评价专家等科学家迅速地作出反应，提供准确可信的信息。一般情况下，行政机关具有对是否发动行政权作出裁量判断的权力，而行政裁量权的行使是否适当，要根据具体情况进行相对的判断。但是，在某些“特殊的例外场合”，行政裁量权有必要根据具体情况缩小，甚至收缩至零，即有必要从法律上强制行政机关作出一定结论或者采取一定行为（裁量权的零收缩）。[①] 应当让监管部门充分认识到自己的监管职责，该作为时不作为，有可能构成违法不作为，要依法承担责任。[②]

通过互联网进行交流，可以确保双方向性的信息、意见的交换。各级政府及其相关部门应当重视在其主页上发布食品安全的相关信息，注重各相关部门之间的链接，努力推进信息共享。同时，应当

① 杨建顺：《日本行政法通论》，中国法制出版社 1998 年版，第 205 页–206 页，第 723 页–724 页。

② 例如，在所谓“农夫山泉标准门”过程中，监管部门保持沉默，既反映了该领域相关标准机制的不完善，也反映了相关部门的法定职责不完善。参见“农夫山泉董事长：民间组织无权决定某一产品的下架”，载 http://news.ifeng.com/mainland/detail_2013_05/07/25001219_0.shtml。

充分利用政府刊行的各类印刷物，及时、准确而充分地发布食品安全的相关信息。为确保信息的准确性，在发表之前应当由相关专家或者部门进行确认核实，并由相关专家或者部门负责对网上提出的各种问题进行答疑。为有效推进食品安全的风险交流，政府和食品生产经营者都应当培养能够顺利推进风险交流，切实与媒体、消费者和其他各相关方面有效沟通的管理人员，并且，应当切实建立和完善信息公开和发布机制，及时、客观、准确地公布必要事项，公布食品的规格、基准及监视指导计划等，并定期公布食品安全对策及其实施状况。

实现食品危害信息、食品健康评价以及管理措施等相关信息共享，是食品安全风险交流的第一步。但是，由于公开相关信息有可能涉及企业的知识产权或者个人隐私等信息，因而需要建构相应的利益均衡机制，建立健全政府信息公开发布机制，建构和完善客观、健全的媒体报道制度，尽量做到在尊重和保护知识产权和隐私权的同时，为进行食品安全的风险交流提供充分信息。

此外，由于各自的立场、经验及知识等不同，各方主体对食品风险的把握方法也会有很大不同，其接受方式上也会存在相当的差异性，并且，能够用于风险预防和减少对策的费用及人手是有限度的，因而有关措施和对策的结果往往是不切实的，即所投入的费用与所获得的效果之间并不一定存在正比例的关系。如果没有发生“危机”，则有关措施和对策可能会被视为浪费。① 为减少误读误判从而减少浪费，在尽量增加风险分析投入的同时，还应当提高以消费者为代表的各相关方面之间的风险交流，加深对确保食品安全性的理解。通过风险交流的积累，就可以期待关系者间达成合意，由此而减少甚至避免由于欠缺相互理解所产生的弊端。

此外，在全球化时代，只有食品安全链条的各个环节都被一直

---

① 杨建顺：“论危机管理中的权力配置与责任机制”，载《法学家》2003年第4期。

重视，才能妥善解决各国人民都可能遇到的食品安全问题。[①] 所以，应对食品安全问题，应当加强与其他国家和地区的协作和对话，让相关国家和地区的食品安全责任人和利益相关者共享关于食品安全性的信息。

三、生产经营者的协治与合法规范运营机制

食品生产经营者对确保食品的安全性负有第一位的责任，应当建立并逐步完善生产经营上的协治体制及合法规范运营机制。

（一）生产经营上的协治体制

生产经营上的协治体制，是指食品企业之间能够以开放的心态、更高的境界，共同构建食品安全管理系统，确保食品安全管控系统化、科学化、标准化，共同把行业做大做强的协同治理体制。充分认识到这个责任的重要性，要真正把食品安全作为企业的生命线、核心竞争力，作为品牌不可逾越的红线，作为企业承担社会责任的根基所在。唯有如此，才能赢得消费者信任。[②]

（二）生产经营者合法规范运营机制

生产经营者合法规范运营机制，是指在生产经营过程中，支撑食品生产经营者自觉遵守法律规范、社会规范和内部规则，公平、公正地推行业务的机制。可见这里所说的合法规范运营中的“法规

① 付子昂：“全世界携手捍卫‘地球村’食品安全”，载《中国医药报》，2013年8月12日。

② 宁高宁：“食品安全管理需要一个系统”，载中国食品安全网，http://www.prcfood.com/html/2013/zhongguoshipinanquanshendubaod_0617/29470.html，2013年9月24日访问。

范”，并非仅限于狭义上的“法律”或者“法”，而是包括法律、法规、规章和规范性文件等法规范，还包括社会通常观念所认知的基本法则、条理等社会规范，以及相关领域、行业和企业自己制定的工作标准、规则和流程等，具有复合性、过程性、常规性和扩展性，也包括了处理应急性、偶然性和必然性事件所应遵循的规程。总之，这里强调的是在一定的秩序下，按照一定的标准、规则、步骤和程序，认真负责地从事食品生产经营。

建构合法规范运营机制，包括列明禁止事项，让生产经营者清楚哪些事情是不能做、不应做的；也包括列明允许事项，让生产经营者明白哪些事情可以做、应当做；还包括列明生产经营的“规定”流程，让生产经营者知道经过哪些流程、如何做、如何运营，才能确保所生产经营的食品安全。如此，便可在很大程度上避免或者减少影响食品卫生、食品安全和食品品质管理的事项。一旦出现风险，应对的基本方针就是“不逃避、不隐瞒、不撒谎”，并能够基于科学的根据来使用数据，承担说明责任，迅速地实施受害人救济，防止损害扩散，查明原因并采取相应的措施。只要平日的风险交流做得好，获得了社会和消费者的信赖，那么，在突发事件等紧急时刻，企业所提供的信息也就更容易发挥作用。需要确认的是，强调“不知情”并不能成为其推卸责任的理由，因为相关企业本身负有对原材料监管的责任。①

（三）标准制度的健全与协治

企业应当在遵守国家标准、地方标准和行业标准的基础上，致力于自身企业标准制度的建立和完善，并将其纳入食品安全合法规范运营机制。一方面，卫生管理、品质管理不能仅依存于经验和感觉，需要建立在以客观数据和严密程序为担保的内部体制基础之上；

---

① “台湾食品安全事件启示：添加剂应为监管重点（转载）”，载天涯网，http://bbs.tianya.cn/post-develop-1335294-1.shtml，2013年9月14日访问。

另一方面，对于具有文化传承的小作坊等的“祖传秘方”之类食品的生产经营，应当有相应的技术基准作为支撑。除了食品经营生产者建立合法规范运营机制之外，其他主体对其基准的信赖尤为重要。为此，应当在所有生产经营者之间推进确保食品安全有效信息的交换和协治，并努力接受来自消费者等的咨询、意见，确保透明性和风险的有效交流。

四、食品安全领域中的政府作用

（一）政府食品安全监管机制的过程论视角

首先是制定和完善食品安全相关法规范，制定科学合理的政策，确立切实可行的程序、标准和规则；其次是指导食品生产经营者切实建构与之相适应的合法规范运营机制，为消费者等提供必要的食品安全信息；再次是依职权或者依申请、定期或者不定期、正式或者非正式地进行监督检查，收集、整理和分析信息，及时矫正非合法规范运营情形，依法惩处违法、违规情形；最后是基于监督检查所得信息、证据，反观既有法规范和相关政策，作出科学、准确的评价，并有针对性地加以完善，确立 PDS（Plan，Do，See）乃至 PDCA（Plan，Do，Check，Action）循环系统，从战略上实行活用信息的交流型行政管理。①

（二）政府监管过程中的协作、协调和队伍建设

在政府监管的整个过程中，尤其应当强调分析评价机构和风险

① 杨建顺：“论科学、民主的行政立法”，载《法学杂志》2011 年第 8 期。

管理机关之间的协作，保持中央和地方各级政府之间的协作，保持食品安全各相关企业之间以及与消费者之间的意思疏通。在各相关方面的立场和观点存在差异的情况下，政府应当在充分保持透明性的同时，设置便于各方参与的意见交换平台，展开充分的风险交流，综合协调各种观点，基于必要的数据和概率等，以科学的立场作出风险评价，提出风险管理措施方案等，并认真介绍和说明成为风险评价之前提的科学知识和数据信息。

其中政府相关部门的监管职责也包括事后监督和惩处，但是，其作用应当更多地体现在事前监管、防患于未然。政府相关监管部门的积极作为，是确保食品安全的重要保障条件之一。例如，香港媒体团探访广东输港生活必需品供应及粤港澳合作项目活动发现：为确保供港物资的质量和安全，广东各级检验检疫部门和生产基地在各个环节严格把关，实行标准化生产，供港食品连续16年没有出现严重的食品安全事件，合格率一直保持在99.98%以上。[①] “要做到这一点，除了要做好风险交流以外，最重要的是培训，包括对政府官员和监督员、对食品生产经营者及其行业协会、对实验室的检测人员、乃至于对媒体分别进行培训。”[②]

（三）食品安全法体系的层次性与许可合理化

完善政府食品安全监管机制，应当建立和完善食品安全法体系。应当充分认识法体系的层次性、协调性和系统性，在基本法或者龙头法的基础上，应当注重实施条例、授权规定等下层级规范的跟进。唯有如此，才能够完成“进一步保障行政管理职能的合法、有效实现”之立法目的。

---

① 参见《南方日报》2011年10月23日。

② 陈君石：“食品安全关键在利益各方取得根本性共识”，载中国食品安全网，http://www.prcfood.com/html/2013/zhongguoshipinanquanshendubaod_0617/29474.html，2013年9月24日访问。

在食品生产经营领域设置相应的许可制度，其存在的必要性可以肯定。但是，关键在于把握适度，并且要有相应的举措来确保其实效性。这是在修改《食品安全法》的过程中增设许可制度所应当认真考虑和应对的课题。在这方面，WTO《卫生与动植物检疫措施适用协定》（简称 SPS 协定）要求成员方在卫生与环境领域应遵循的若干原则，对于完善食品生产经营的许可制度，具有重要的借鉴意义。这些原则包括："依据科学准则""基于风险评估""国内规章一致性""最小限制贸易""依据国际标准""同等对待""程序合法性""禁止各国间任意的或不合理的歧视""透明度"等原则。这些原则是现代国家实行政府规制的合理化支撑，也是食品生产经营领域采取风险规制措施、实行许可制度的合理化支撑。

（四）食品安全标准制度的完善

完善政府食品安全监管机制，便不能不强调食品的国家标准、地方标准和企业标准。但是，鉴于"无相关标准"也成为国内诸多食品安全事件涉事主体的庇护伞这种事实，须回归标准本身的特殊性，基于合法规范运营机制，理顺国家、地方、行业和企业各个层面的标准之间的关系。相关标准缺失的情况广泛存在于食品行业中，其也成为食品安全事件屡屡发生的一大原因。因此相关部门应紧跟食品行业的发展态势积极主动地更新行业标准，从相关标准上对不法商贩作出限制，从而从源头处消除食品安全隐患。①

---

① "台湾食品安全事件启示：添加剂应为监管重点（转载）"，载天涯网，http://bbs.tianya.cn/post-develop-1335294-1.shtml，2013 年 9 月 14 日访问。

五、消费者和媒体的定位

（一）消费者的“食育”[①]

为确保消费者安心、放心，应当努力完善信息披露机制，推进消费者的“食育”，提高消费者正确读解和取舍各种信息的能力，使其能够正确识别真假信息，并能够冷静地应对各类食品安全事件而采取相应措施。掌握关于食品的知识和关于食品安全的知识，具备选择食品和判断食品安全性的能力，将有助于消费者享受健全的饮食生活。应当在教育领域导入消费者“食育”课程，让学生了解食品安全风险交流的知识；应当在社区广泛进行“食育”讲座，让“食育”成为社区生涯教育的重要内容。应当让消费者参与到风险管理之中，陈述意见，表达诉求，并通过参加风险交流，不断增强对风险评价及风险管理的理解，提高判断食品安全性的科学认知能力。[②]

在许多场合下，人们往往习惯于以是否在基准值以下或者是否

---

① 即关于正确的饮食生活和食品安全性的教育。在日本，2003年5月23日制定《食品安全基本法》（法律第48号），对“消费者的作用”作出明确规定，揭示了“食育”的基本内涵。该法第9条规定：“消费者应当努力深化关于确保食品安全性的知识和理解，并对关于确保食品安全性的措施表明意见，以发挥其对确保食品安全性的积极作用。”而且，如后所述，日本还专门制定了《食育基本法》和《食育推进基本计划》等。

② 例如，日本于2005年7月施行《食育基本法》，2006年3月制定《食育推进基本计划》，将提供确保关于食品安全性的信息作为食育推进的重要支柱之一来定位，认为充实风险交流，将有助于国民关于食品安全性的基础知识的丰富。参见食品安全委员会：“面向关于食的安全的风险交流的改善”，载 http://www.fsc.go.jp/senmon/risk/riskcom_kaizen.pdf。

在保质期内这种判断基准来判断食品是安全的还是危险的二分法。[①]可是，以风险的观点来看，即使是对我们的健康本无害处的食品，如果其处理方式及用量不适当的话，也会具有给健康带来不良影响的可能性；即使其毒性很低，由于处理方式及用量达到一定程度，也可能带来深刻的影响，风险增大；即使是毒性很高的物品，身体摄入的量极少的话，也可能不会出现不良影响，风险很小。要让消费者充分认识到，“食品安全没有零风险，安全的食品是生产出来的，食品安全是有成本的，监管是将风险控制在可接受的范围内。毒物须讲剂量，风险即是概率。诚信社会需要全民行动，不能仅靠食品行业独善其身。”[②] 风险即是概率，也就是说，风险并不表明损害的实际发生，而是存在不确定性。因而，不应当对食品的安全性作非此即彼的二分法判断，而应当考虑毒性的强度和性质以及食用时可能产生危害的量之间的关系，科学地预测有害性的程度及其发生的可能性，基于这种“风险评价”的结果来进行“风险管理”，并采取必要的应对措施。

消费者和零售业者等为了保护自己不受侵害而采取行动，比如说听到关于某种食品的不良传闻，就不分青红皂白将该商品下架，这本身或许是理所当然、无可非议的事情，但是，如果不能及时提供正确信息，就会使这种本不应该发生的损害进一步扩大；[③] 相反，若对不良传闻不管不顾，继续销售或许并不安全的食品，那就有可能将风险（概率）转化为实际损害，也将会给信用带来重大损害。所以，应当确立紧急时的风险交流机制，尽量使相关方面能够快速获得科学且正确的信息。虽然实际中该损害在多大程度上是由于传

---

① “超市买到过期食品法院判‘假’一赔十”，载《南昌晚报》2013 年 9 月 18 日。

② 罗云波：“食品安全亟待建立高效的信息披露机制”，载中国食品安全网，http://www.prcfood.com/html/2013/zhongguoshipinanquanshendubaod_0617/29475.html，2013 年 9 月 24 日访问。

③ “农夫山泉董事长：民间组织无权决定某一产品的下架”，载 http://news.ifeng.com/mainland/detail_2013_05/07/25001219_0.shtml，2013 年 12 月 8 日访问。

闻信息而造成的往往难以特定，但是，有些时候，只要充分地使风险交流发挥作用，就可能防止或者减轻该类损害。

“当前我国的食品安全形势进一步好转，然而公众对于食品安全的信心依然不足，一个重要的原因就是公众对于食品安全缺乏足够的科学认知，迫切需要掌握和了解相关的食品安全科学知识，从而建立在食品安全方面独立的、科学的判断能力。”① 由于食品安全知识的匮乏，公众对食品安全事件往往过度反应。为改变消费者对食品和食品行政的不安和不信任，亟待建立高效、可信的食品安全信息披露机制。虽然现实中依然存在并未充分了解的事项，并不是总能够正确地预测风险，但是，只要各相关方面通力协作，汇聚既有的技术和知识，充分运用预防性的风险管理，就能够最大限度地减少损害。政府和食品相关企业应当基于坚实的数据和论证材料进行耐心的说明，确保关于食品安全的信息能够顺利发送和接收，构筑起并不断完善各级政府与食品相关企业、消费者、专家和媒体等相关方面的信息共享和协治体系，努力提高相关方面信息发送和接收的能力。“只有所有食品安全责任人和利益相关者掌握一定的食品安全基本科学知识，并对现状有共同认识，才能同心携手维护食品安全。”②

“正因为大众消费心理驱使了食品安全事件的发生……商人为了满足市场需求，当然会顺应消费者的口味而采用极端手段改造食物。”“消费心理是食品安全事件爆发的原罪。”③ 正如论者所指出，食品安全是一个关乎国计民生的重大问题，要杜绝或者减少恶性食

---

① 程东红：“公众对食品安全缺乏足够的科学认知”，载中国食品安全网，http://www.prcfood.com/html/2013/zhongguoshipinanquanshendubaod_0617/29477.html，2013 年 9 月 24 日访问。

② 陈君石：“食品安全关键在利益各方取得根本性共识”，载中国食品安全网，http://www.prcfood.com/html/2013/zhongguoshipinanquanshendubaod_0617/29474.html，2013 年 9 月 24 日访问。

③ “消费心理是食品安全事件爆发的导火线（转载）”，载天涯网，http://bbs.tianya.cn/post-develop-605393-1.shtml，2013 年 9 月 14 日访问。

品安全事件的发生，需要多方面努力，既需要政府、社会和企业的协治，也需要消费者改变不科学的消费观念，调整不合理的消费心理。唯有如此，才能确保吃得健康、吃得放心。而消费者的科学消费观念和合理的消费心理，皆可在坚持不懈的“食育”过程中逐步实现。

（二）风险交流中的媒体作用

理解风险评价的消费者毕竟是少数，其关于食品安全的信息主要来自各类媒体。在媒体多样化背景下，如何确保各类媒体所传递的信息是客观、全面、准确且是有用的，成为解决食品安全问题的重要课题之一。特别是伴随着互联网的发达而进入自媒体时代，媒体能够迅速且广泛地向全体关系者提供信息，其作用更是无可估量的。可以说，媒体的作用发挥得好不好，事关食品安全工作全局。[①] 媒体报道基于科学性的数据和洞察力，便会为食品安全风险交流提供重要支撑；媒体报道失真，则可能会误导消费者，阻碍食品安全风险交流，甚至造成不应有的损害。例如，随着食品安全事件的频频曝光，人们对添加剂恐慌至极，持一律排斥之态度，毫不分工业与食品之用。事实上，食品添加剂为食品工业的发展壮大贡献了诸多力量，在食品安全事件中，食品添加剂并没有罪，原罪在于利益熏心的生产者，或使用过量或用廉价的工业添加剂替代食品添加剂，进而对消费者的饮食安全和身体健康构成威胁。[②] 针对某些媒体为了吸引眼球而不惜以偏概全、不负责任地炒作个别食品安全事件，或者个别协会、机构和企业为了一己私利而大肆发布未经科学验证的所谓食品安全报告，通过网络和社交媒体散布流言，传播耸人听闻的食品安全问题的信息等情形，有必要进一步健全相关惩处机制。

---

① 徐如俊：“食品安全舆论环境趋复杂媒体应传播正能量”，载中国食品安全网，http://www.prcfood.com/html/2013/zhongguoshipinanquanshendubaod_0617/29476.html，2013年9月24日访问。

② “台湾食品安全事件启示：添加剂应为监管重点（转载）”，载天涯网，http://bbs.tianya.cn/post-develop-1335294-1.shtml，2013年9月14日访问。

同时，更为重要的是采取必要的措施，建构从源头上确保媒体在风险交流中发挥正面作用的实效性机制。媒体应当基于事实，适时地、正确地传递有关食品的效能及风险的信息，并且，还应当为消费者等信息的受众选择食品等提供客观、准确的判断信息。因此，从事食品安全方面报道的媒体工作者，应当努力掌握关于食品安全的专业知识，提高对食品安全问题的理解能力。在这种意义上，媒体工作者与相关政府部门、相关领域的专家学者加强联系和沟通，切实展开相应的风险交流，具有极其重要的意义。

结　　语

《食品安全法》及其实施条例等相关法规范已经相当完善，许多食品安全问题事件依然频发，恰恰是因为该法及相关法规范没有得以贯彻落实。该法的某些规定相对原则，恰好是作为食品安全领域的基本法或曰“龙头法”之科学性的印证。此次修改《食品安全法》，应当维持其原则性、概括性和抽象性，以确保其普适性，因而也就确保了其可持续性；同时，将相关配套法规范和制度、机制的建构予以明确授权，并辅以义务性规定，便可期待其实操性和实效性。[①] 要确保该法能够得以有效执行，就应当完善风险交流机制，建构合法规范运营机制，努力获得各方主体的理解和协力。

安心的食品或者说食品安全是生产出来的，亦是监管出来的。为让企业尽到责任，让民生得到改善，确保食品的安全性，应当建立由政府部门、新闻媒体及民众等所有食品安全责任人和利益相关者积极参与的，全方位、全过程、多元主体的监督体系，完善各方参与的风险交流机制，坚持合法规范运营。在整个监管、交流及建构合法规范运营机制的过程中，政府应当发挥主导性的作用。

① 杨建顺：“食品安全法修改应兼顾两种功能”，载《检察日报》，2013年7月31日。

主要参考文献：

1. 杨建顺："论危机管理中的权力配置与责任机制"，载《法学家》2003 年第 4 期。

2. ［日］内阁府食品安全委员会："关于食的安全的风险交流的现状和课题"，2004 年 7 月，http：//www. fsc. go. jp/iinkai/riskcom_genjou. pdf。

3. ［日］内阁府食品安全委员会："面向关于食的安全的风险交流的改善"，2006 年 11 月，http：//www. fsc. go. jp/senmon/risk/riskcom_kaizen. pdf。

4. 杨建顺："论科学、民主的行政立法"，载《法学杂志》2011 年第 8 期。

5. ［日］原田久："不基于证据的政策形成？——以食品安全行政为素材"，载《立教法学》第 87 号，2013 年 3 月。

6. 杨建顺："食品安全法修改应兼顾两种功能"，载《检察日报》2013 年 7 月 31 日。

7. 刘俊海："以重典治乱理念打造〈食品安全法〉升级版"，载《法学家》，2013 年第 6 期。

食品安全国际治理

食品安全的国际规制与法律保障*

涂永前**

一、引　言

一国的食品安全监管制度再严格，也无法确保其所有进出口食品都是安全的，因为与食品相关的风险具有全球关联性。在当前经济全球化的背景下，食品安全已经成为一个国际性的课题，受到全人类的共同关注。尤其是近年来，全球各地食品污染事件此起彼伏，在中国①，以及一直被认为食品安全法治严格

---

* 本文原载《中国法学》2013 年第 4 期，本书收录时有修改。

** 涂永前，法学博士、博士后、博士研究生导师，辽宁大学法学院特聘教授。

① 2008 年 7 月在我国发生的奶制品污染事件，起因是很多食用三鹿集团生产的奶粉的婴儿被发现患有肾结石，随后该品牌奶粉被发现含有化工原料三聚氰胺。根据公布数字，截至 2008 年 9 月 21 日，因使用婴幼儿奶粉而接受门诊治疗咨询且已康复的婴幼儿累计 39965 人，正在住院的有 12892 人，此前已治愈出院 1579 人，死亡 6 人。后来中国国家质量监督检验检疫总局对全国婴幼儿奶粉三聚氰胺含量进行检查，结果显示，有 22 家婴幼儿奶粉生产企业的 69 批次产品检出了含量不同的三聚氰胺，除了河北三鹿外，还包括广东雅士利、内蒙古伊利、蒙牛集团、青岛圣元、上海熊猫、山西古城、江西光明英雄乳业、宝鸡惠民、多加多乳业、湖南南山等厂家，相应产品也被要求立即下架。正因如此世界上很多国家禁止中国奶制品入境，世界卫生组织将这一危机列为近年来影响范围最大的食品安全事件，载 http://www.who.int/foodsafety/fs_management/infosan_events/en/index.html。

的美国[①]、加拿大[②]以及意大利[③]、德国[④]等国发生了多起食品安全事故。接二连三的重大食品安全事故戳穿了美欧的食品安全神话，美欧的食品安全法律制度也受到多方质疑。

在过去的20多年里，食品安全已成为诸多科技和法律著述的核心议题，其中主要涉及消费者保护、生物科技与转基因食品的安全性、预防原则的适用、产品的可追溯性、质量标准设置、生态恐怖主义威胁的应对、自由贸易与限制措施的合法性、公共卫生风险的国际合作与治理，等等[⑤]。

---

① 根据美国食品与药品监督管理局（FDA）及疾病控制中心（CDC）的报道，2008年6月大范围爆发的花生酱中的圣保罗沙门氏菌感染牵涉44个州，650人感染，至少导致9人死亡，始作俑者为美利坚花生公司在乔治亚州的一个加工厂生产的花生酱。事后，为防止损害范围继续扩大，该花生酱的生产商紧急召回所有花生产品，并建议消费者在购买花生产品时注意生产厂家，以免购买到可能被污染的花生食品。参见 http://www.fda.gov/oc/opacom/hottopics/Salmonellatyph.html。2010年8月，美国再次发生沙门氏菌病例，这次导致该病菌的罪魁祸首是被污染的鸡蛋，所涉5亿枚鸡蛋最后都被召回销毁。参见：Egg Contamination and Recalls, New York Times, February 9, 2012.

② 2008年8月，加拿大食品检验署报道了一起正在大范围传播的单核细胞增生李斯特氏菌，这种病菌与多伦多一家名叫枫叶食品厂的肉类熟食店所生产的食品有关。该食品污染事故导致20人死亡，尽管生产商在事故公开后紧急召回所有相关产品。载 http://www.inspection.gc.ca/english/corpaffr/recarapp/recal2e.shtml。

③ 2008年3月，意大利坎帕尼亚区的部分区域曾发生奶粉和水牛芝士样品检测呈二噁英阳性，后来意大利卫生部检测发现83家农业公司提供给25家奶酪工厂的食品原料存在污染，为此意大利卫生部迅速采取措施对这些被污染食品进行封存、隔离及召回措施。载 http://www.fas.usda.gov/gainfiles/200804/146294161.pdf。

④ 截至2011年5月31日，疑似由受污染蔬果传播的肠道出血性大肠杆菌疫情，自德国扩大至欧洲各国，导致德国和瑞典的死亡人数增至16人。一度导致欧洲蔬果市场陷于恐慌。由于污染源至今无法确认，蔬果恐慌蔓延欧洲，多国禁止从德国和西班牙进口蔬果，据称西班牙农民可能因此蒙受高达2亿欧元的损失。

⑤ 涉及食品安全及相关问题的法律著述自20世纪80年代以来逐渐多见，首先关注这些问题的是世界卫生组织（WHO）及联合国粮农组织（FAO），可参见：WHO, The Role of Food Safety in Health and Development (Geneva: WHO Technical Report Series 1984); WHO-FAO, Biotechnology and Food Safety (Rome: FAO Food and Nutrition Papers 1996); WHO-FAO, Risk Management and Food Safety (Rome: FAO Food and Nutrition Papers 1997); Shirley A. Coffield, Biotechnology, Food, and Agriculture Disputes or Food Safety and International Trade, Canada United States Law Journal 26, 2000, pp. 233-251; Donna Roberts and Laurian Unnevehr, Resolving Trade Disputes Arising From Trends in Food Safety Regulation. The Role of the Multilateral Governance Framework, World Trade Review 4, No. 3, 2005, pp. 469-497; Obijiofor Aginam, Food Safety, South-North Asymmetries, and the Clash of Regulatory Regimes, Vanderbilt Journal of Transnational Law 40, No. 4, 2006/07, pp. 1099-1126; Emilie H. Leibovitch, Food Safety Regulation in the European Union: Toward an Unavoidable Centralization of Regulatory Powers, Texas International Law Journal 43, No. 3, 2008, pp. 429-452。

近年来，科技界和法律界对食源性疾病表现出极大关注，因为食源性疾病涵括的疾病范围甚广[①]，从世界范围看，其发病率和死亡率以及对健康所造成的实际影响依旧是个未知数。与此同时，贸易全球化使得食品在全球流通的速度越来越快、范围越来越广，因而对“从农田到餐桌”的整个食物链进行最严格的安全控制尤为必要。当食品生产和流通缺乏国内或者国际安全规则及标准时，食品安全监管就会失灵，其结果必定导致跨境食品安全事故增加，食品流通所及国家的国民健康因此面临巨大风险。正基于此，世界卫生组织（WHO）将食源性疾病（foodborne disease）[②] 列为全球公共健康的一大挑战。在此背景下，需要有前瞻性地加强国与国之间以及国际社会在食品安全领域的集体行动[③]。为了使全球食品安全政策与措施更加有效，2007 年 11 月 26 日-27 日通过的《关于食品安全的北京宣言》（Beijing Declaration on Food Safety）[④] 呼吁国际社会关注所有利

---

① 根据世界卫生组织的定义，食源性疾病是指通过设施进入人体内的各种致病因子引起的、通常具有感染性质或中毒性质的一类疾病。参见：WHO Fact Sheet No. 237, Reviewed on March 2007. 由微生物导致的食源性疾病主要有：布鲁菌病、沙门氏菌病、李斯特菌病、霍乱、弧菌病等；还有一些会导致严重健康问题的物质是食物当中存在的毒素，如真菌毒素和海洋生物毒素；有些被污染的食物是通过污染空气、水及土壤中的媒介，如像二噁英一样的持久性有机污染物以及诸如铅、镉及水银等重金属导致的。还有一些非常见的有毒媒介，如炭疽及作为克雅氏病变种的疯牛病。

② 1984 年世界卫生组织将“食源性疾病”（foodborne diseases）一词作为正式的专业术语，以代替历史上使用的“食物中毒”（food poisoning）一词，并将食源性疾病定义为“通过摄食方式进入人体内的各种致病因子引起的通常具有感染或中毒性质的一类疾病。”致病因子通常指有毒有害物质（包括生物性病原体）等。一般可分为感染性和中毒性，包括常见的食物中毒、肠道传染病、人畜共患传染病、寄生虫病以及化学性有毒有害物质所引起的疾病。食源性疾患的发病率居各类疾病总发病率的前列。中国《食品安全法》“附则”就“食源性疾病”所做的定义为：食品中致病因素进入人体引起的感染性、中毒性等疾病。

③ Lawrence O. Gostin, Public Health Law in a New Century: Part I: Law as a Tool to Advance the Community's Health, 283 JAMA 2837, 2838 (2000).

④ 该宣言提出，“相互协调的食品安全体系最适于应对从生产到消费整个食品链条当中所存在的潜在风险”，以及“对食品安全进行监管是保护消费者免受健康风险威胁的最基本公共卫生职能”。该宣言敦促各国采取一系列行动，包括：设立适当的食品安全监管机构以确保食品安全法律制度得到实施；制定出透明的规则来保证并提高食品安全标准；保证运用以基于风险的方法来合理并有效实施食品安全立法；建立、健全包括与食品产业有关的追溯和召回制度；迅速确认、调查并控制食品安全事故，同时根据已经修订过的《国际卫生条例》（International Health Regulation, IHR）将这些食品安全事故向世界卫生组织汇报并提请注意。参见：http://www.who.int/foodsafety/fs_management/meetings/Beijing_decl.pdf。

益相关者（stakeholder），采取国际合作和一致行动加强涉及食品安全的各个不同部门之间的联系。该宣言的价值在于，明确指出保障食品安全既是一个国家的义务，也是一项国际义务。

国际社会对保障食品安全的关注度不断高涨。在这一背景下，我们有必要强调法律在保障全球食品安全问题上的极端重要性，我们有必要思考，国际社会如何在法律框架下对食品安全进行国际监管与治理。基于这种思考，第一，本文通过人权保护路径探讨食品安全问题，旨在证明“食品安全权”是一种人权，目前这种人权将逐渐以一种“衍生性”的权利形式出现，最终这种权利将演变成一种自足的权利；第二，探讨致力于全球公共健康保护的国际食品安全监管的有效途径；第三，系统梳理有关食品安全领域的国际法律现状，探讨食品安全规制与消费者保护优先于“贸易自由”理念之间的协调；第四，国际法律规范的实施，有赖于国内法的接受和转化，基于“食品安全权”理念的提出，对中国食品安全治理现状、食品国际贸易，以及中国与国际食品安全组织及其他国家的食品安全国际合作机制进行反思并提出改进意见。

食品安全问题涉及政治、经济、社会及伦理道德等诸多领域，本文仅从法律角度展开探讨，即以现有的与食品安全有关的国际法律及规范性文件为研究起点，通过对这些文本的分析，证明食品安全权乃人权的题中应有之义，并以此为中心对食品安全的国际监管进行深入研究，探讨目前国际食品安全规制领域所存在的问题及其解决路径，旨在促进食品安全国际规制的革新和发展，为保护人类食品安全甚或说全球公共卫生与健康提供法律知识参考。

二、食品安全权：食品安全国际规制的法理基础

（一）食品安全权在国际人权公约中的体现

人类的健康状况是衡量一个国家或地区发展水平和文明程度的重要标志，而安全的食品是人类获得健康的一个基本保证。关于何为食品安全，权威国际公共卫生学者认为它是指“确保所有的人获得充足、有营养、安全、合理栽培的食品”，而食品不安全，是指“因为经济或者自然原因，在数量上或质量上长期不能获得食品供应的状况……而且，这个概念可以扩展到整个人群或社区”。[①]

至于人类享有的食品安全利益，能否上升为食品安全权，关系到食品安全的国际监管与治理是否具有正当性依据。从目前情形看，尽管国际社会日益重视食品安全问题及食品安全的概念，但在国际法律文本中却罕见“食品安全权或获取安全食品权”（human right to safe food/right to safe food）之类的表述。[②] 这表明，在国际法律规范中获取安全食品的权利还没有上升到人权层次。[③] 在国际人权法中，

---

① ［美］米歇尔·默森、罗伯特·布莱克、安妮·米尔：《国际公共卫生：疾病，计划，系统与政策》（原著第二版），郭新彪主译，化学工业出版社2009年版，第185-186页。

② 对于食品安全概念的演进，可参见：Francis Snyder, Toward an International Law for Adequate Food, in La sécurité alimentaire, 79-163, pp. 117-121. 在该文中，施耐德教授指出，“风险理念、风险分析技术以及预防原则形成了现代食品安全概念的核心，目前的问题是如何将其付诸于法律”。参见前引书第119页。

③ Francis Snyder, Toward an International Law for Adequate Food, in La sécurité alimentaire, pp. 148-159; Zhao Rongguang and George Kent, Human Rights and the Governance of Food Quality and Safety in China, Asia Pacific Journal of Clinical Nutrition 13, No. 2 (2004), pp. 178-183.

“食品安全权”应该是内涵于已经得到国际法律认可的“健康权”（right to health）[①] 和“食物权”（right to food）[②] 之间的一种权利。之所以这么说，是因为食品安全权与这两种基本权利存在密切的联系，该项权利既是它们的整体构成要件之一，又是它们得以独立实现的一个要素；该概念的提出与广泛接受的所有人权都是普遍的、不可分割的、相互影响的、相互依赖以及相互增益的理念极为契合。[③]

《国际人权宪章》（International Bill of Human Rights）[④] 为获取安全食品权的解释提供了基本的法律框架，联合国经济、社会与文化权利委员会（UN Committee on Economic, Social and Culture Rights）就该宪章所做出的一般性意见可以为该项权利的具体解释提供权威指引。例如，作为《国际人权宪章》组成部分的《世界人权宣言》（Universal Declaration of Human Rights）第25条第1段明确指出："人人有权享受为维持他本人和家属的健康和福利所需的生活水准，包括食物、衣著、住房、医疗和必要的社会服务"；[⑤]《经济、社会与文化权利国际公约》（International Covenant on Economic, Social and

---

① Réné-Jean Dupuy, ed., The Right to Health as a Human Right, Alphen aan den Rijn: The Hague Academy of International Law and the United Nations University, 1979; Virginia A. Leary, The Right to Health in International Human Rights Law, Health and Human Rights: An International Journal 1, No. 1 (1994), pp. 24-56.

② Philip Alston, ed., The Right to Food, The Hague: Martinus Nijhoff Publishers, 1984; Ian Brownlie, The Human Right to Food, London: Commonwealth Secretariat, 1987; Kerstin Mechlem, Food Security and the Right to Food in the Discourse of the United Nations, European Law Journal 10, No. 5 (2004), pp. 631-648.

③ 在秉承《世界人权宣言》理念的基础上，1993年6月25日维也纳世界人权大会通过的《维也纳宣言及行动计划》第5段对该理念作了进一步阐发。此后，该理念得到联合国大会及其他一些国际人权团体的支持。2008年12月10日联合国大会第63/116号决议通过的《〈世界人权宣言〉六十周年纪念宣言》再次重申该理念。

④ 《国际人权宪章》有以下几个组成部分：《世界人权宣言》《经济、社会与文化权利国际公约》《公民权利与政治权利国际公约》及其两个可选择议定书。

⑤ 1948年12月10日，联合国大会通过第217A（III）号决议并颁布《世界人权宣言》。

Cultural Rights）第 12 条第 1 段明确指出："本公约缔约各国承认人人有权享有能达到的最高的体质和心理健康的标准"。[①] 在针对第 12 条的国内实施所发表的一般性意见中，联合国经济、社会与文化权利委员会作了如下解释："关于该公约第 12 条第 1 段有关健康权的解释，将其界定为一种包容性权利，不仅可延伸至及时和合理的卫生保健，而且还可延伸至包含以下一些涉及卫生或健康的核心决定要素，诸如获得安全和适于饮用的水……获得足够的安全食品"。[②] 关于各成员国的法律义务，该委员会明确指出，各成员国有义务制定国内法来确保"公民健康的根本要素，诸如有营养的安全食品以及可饮用的水"，并且还要为这些立法的具体实施提供条件。[③] 该委员会还进一步提请要求各成员国有义务在其管辖范围内保障任何个体免受来自第三方行为（尤其是一些私的个体、组织和企业）所导致的健康威胁，明确提出各成员国有义务保护消费者免于食品生产者危险生产方式的损害[④]。可见，这两个人权公约所规定的"食物权"和"健康权"，不应该孤立地被解释为"有食物"和"有健康"，而应被解释为一种具有互相"包容性的权利"，即食物应该是"质量上安全的"食物，而健康应该是通过"足够质量上安全的食物"等为核心的健康，基于这种解释，我们可以发现食品安全权的内核就体现在食物权与健康权之中了。

此外，联合国经济、社会与文化权利委员会在《第 12 号一般性意见》[⑤] 中重申，各成员国要保证"所有个体能获得的最少限度内

---

① 1966 年 12 月 16 日，联合国大会第 2200A（XXI）号决议通过该公约，该公约于 1967 年 1 月 3 日生效。

② 联合国文件 UN Doc. E/C. 12/2000/4 第 11 段，该文件是 2000 年 8 月 11 日联合国经济、社会及文化权利委员会发布的第 14 号一般性意见，主要涉及人人有权享有能达到的最高健康标准。

③ 同上注第 36 段。

④ 同上注第 51 段。

⑤ 联合国经济、社会与文化权利委员会《第 12 号一般性意见》主要是关于"足够食物权"，具体参见联合国文件 UN Doc. E/C. 12/1999/5 第 14 段。

的基本食物在营养方面足够并且安全，以保证每个个体不挨饿”①，这是保证个体健康的最基本需求，是成员国责无旁贷的核心义务之一。根据该一般性意见，获得适足食物的权利包括以下四个要素：“1. 所获得的食物应当在数量上和质量上足以满足个人的饮食需求，包括满足身心发展和生理活动所必需的营养需求。2. 食物应不含有害物质，为此需要在诸如食物安全、卫生和环境保护等领域采取某些措施。3. 食物应当为某一特定文化所接受。4. 应有以长期可持续的方式获取食物的机会和条件……”② 该委员会在后面部分的表述尤其意味深长，因为其中将获取安全食品的权利涵括在健康权最基本的核心内容当中，并且要求成员国履行该项立即生效的不可克减的义务（non-derogable obligations），禁止以不能提供充足的资源为由拒绝履行该项义务及延迟履行该项义务。据此可以断定，成员国立即履行此项义务包含以下几项内容：确保所有成员国国民享有平等获得安全和营养食品权利的义务；实施安全食品、消费者保护立法及其责任追究措施的义务；采取一切必要步骤执行国际规则及标准的义务。在此，联合国经济、社会与文化权利委员会显然采用了扩大解释的方法。本来这个意见是关于“足够食物权”的解释，从字面意义理解，这个概念强调两点：一是有食物，二是食物的数量要达到充足、满足国民基本生活需要的程度。但是，该委员会并没有限于字面意义的解释，而是在此之外强调四点权利的内容：一是食物的质量；二是食物的安全；三是食物的文化；四是食物的保障，并相应地确立了成员国应当履行的义务。暂且不考虑这种解释的效力与解释背后的政治、经济因素，单纯从解释论来看，可以从现有人权条约中推导出与食物权和健康权密切相关的“食品安全权”，尽管严格地说，食品安全权并不能依靠这种路径单独生成，因为联合

① 联合国经济、社会与文化权利委员会《第12号一般性意见》，第43段（b）；还可参见1990年12月14日发布的联合国文件UN Doc. E/1991/23，其中的《第3号一般性意见》第10段关于成员国义务实质问题的探讨。

② 白桂梅主编：《人权法学》，北京大学出版社2011年版，第156页。

国经济、社会与文化权利委员会的解释意见的效力，并不能等同于国际条约。

接下来的疑问是，经过扩大解释的“足够的食物权”，在食物短缺的情况下，立法者会接受低于安全标准的食物来保障“足够的食物”吗？在许多欠发达国家及发展中国家面临粮食短缺问题的情况下，这一疑问实属空穴来风。因此，这种解释方法面临着严峻现实的拷问。[①] 对此，结合人权条约中关于“人的尊严”的条款，就可以得到很好的解释。“足够的食物权”源于《世界人权宣言》第25条第1款的规定，[②] 但在《经济、社会与文化国际公约》第11条第2款得到了进一步的阐发，该条指出人人都享有免于饥饿的权利，以及各成员国有义务无论是从自立的途径还是通过国际合作的途径采取必要的措施来实施该项权利，致力于改进食品生产、存储及销售的路径。在对获得足够食物权进行一般性评述时，联合国经济、社会与文化权利委员会强调：“该项权利……与人的内在尊严是密不可分的，也是《国际人权宪章》中所载其他权利得以实现必不可少的”。[③] 该委员会认为获取足够食物权利是享受所有其他权利的根本所在，因此其认为该项权利的核心内容是“获得有质量保证的食物才足以满足个体的温饱需求，免受不安全物质的威胁”。[④] 使民众“免受不安全食物威胁”可以解释为：“要求获得的食物必须安全，要通过各种公共以及私人预防措施来阻止食物因为掺假和/或在食物链的各个阶段因为恶劣的卫生环境或不适当的操作而导致食物被污染；同时还必须在识别及避免自然产生的有毒物质”。[⑤] 健康权的内

① 2009年2月在迪拜召开的食品安全会议上，曾有一位演讲者这样说：“当食物短缺的时候，政策制定者会接受低于安全标准的食物来保障粮食安全吗?”参见埃泽丁·布特利弗（Ezzedine Boutrif）：Balancing Food Safety and Security—FAO Perspective，at http://www.dubaifoodsafety.com。

② 第25条第1款的相关表述为：人人有权享受为维持他本人和家属的健康和福利所需的生活水准，包括食物、衣着、住房、医疗和必要的社会服务……

③ 联合国经济、社会与文化权利委员会《第12号一般性意见》第4段。

④ 联合国经济、社会与文化权利委员会《第12号一般性意见》第8段。

⑤ 联合国经济、社会与文化权利委员会《第12号一般性意见》第10段。

容包括安全的食物，食物权与健康权的结合，使得食物权具备了安全的内涵；人的内在尊严是人权的底线，与人的尊严相结合，食物权或者充足的食物权便有了安全的保障。可以假设，将受到污染的、使用有毒有害原料制作的不安全食物提供给处于饥饿中的人，尽管可能会使其拥有数量上足够的食物，但却损害了其健康，贬损了其尊严。

进而言之，联合国经济、社会与文化委员会在强调对该国际公约第11条的具体国内相应政策实施时指出，“在涉及食物体系的方方面面，诸如安全食品的生产、加工、流通、营销及消费等方面可能出现的问题及应对措施都应该得到充分重视”，并且要求“各成员国及国际组织在国际食品贸易或食品援助项目中提供的产品……必须确保安全方面承担连带的以及个体的责任”。① 由此可以看出，该委员会及公约对成员国国内及在国际层面上食品安全之于食物权实现的关切程度之深。

联合国大会一直支持经济、社会与文化权利委员会的工作，其在2008年12月18日的《第63/187号决议》中专门探讨了食物权问题。其实，自从2001年开始，联合国大会都非常重视食物权问题，多次重申“人人都有权享有安全、充足以及有营养的食物，该权利与充足食物权及最基本的不挨饿的权利是一致的”。② 联合国人权理事会也曾多次以同样方式进行过表述。③

（二）食品安全权在国际软法中的体现

有关国际组织制定的“无法律约束力但会产生实际影响的行

---

① 联合国经济、社会与文化权利委员会《第12号一般性意见》第25和39段。

② 该决议草案以184：1（美国反对）获得通过，参见联合国大会官方档案A/63/PV.70（2008年12月18日），第24页；还可参见联合国大会2001年12月19日第56/155号决议、2002年12月18日第57/226号决议、2003年12月22日第58/186号决议、2004年12月20日第59/202号决议、2005年12月16日第60/165号决议、2006年12月19日第61/163号决议、2007年12月18日第62/164号决议。

③ 联合国人权委员会《第7/14号决议》，该决议获得一致通过。

为规则"① 的国际软法，是食品安全国际合作法律机制的重要组成部分。这些组织大致可分为三类：一是专业性国际组织，包括国际食品法典委员会（Codex Alimentarius Commission，CAC）②、世界动物卫生组织（World Organization for Animal Health）③、联合国粮农组织以及世界卫生组织；二是区域性国际组织，如欧盟、东盟、亚太经合组织等④；三是国际非政府组织，如国际标准化组织、消费者权益倡议组织等。这些国际组织制定的国际软法形式不拘一格，其内容

① Francis Snyder, The Effectiveness of European Community Law: Institutions, Process, Tools and Techniques, Modern Law Review, vol. 56, 1993, p. 32.

② 国际食品法典委员会（CAC）是由联合国粮农组织（FAO）和世界卫生组织（WHO）共同建立，以保障消费者的健康和确保食品贸易公平为宗旨的一个制定国际食品标准的政府间组织。自1961年第11届粮农组织大会和1963年第16届世界卫生大会分别通过创建CAC的决议以来，已有184个成员国和1个成员国组织（欧盟）加入该组织，观察员208个，覆盖全球99%的人口。CAC下设秘书处、执行委员会、6个地区协调委员会，21个专业委员会（包括10个综合主题委员会、11个商品委员会）和1个政府间特别工作组。该委员会还出版供各国在禁止出口不安全食品方面作参考指引的《国际食品贸易伦理法则》（Code of Ethics for International Trade in Food）。其制定的《国际食品安全法典》得到世界各国广泛认可，所有《国际食品法典》中的标准都主要在其各下属委员会中讨论和制定，然后经CAC大会审议后通过。CAC标准都是以科学为基础，并在获得所有成员国的一致同意的基础上制定出来的。CAC成员国参照和遵循这些标准，既可以避免重复性工作又可以节省大量人力和财力，而且有效地减少国际食品贸易摩擦，促进贸易的公平和公正。近年来，为了适应新形势，该法典也在酝酿修改、完善。

③ 动物卫生组织，法文表述为Office International Des Epizooties，简称OIE，又称为国际兽疫局（International Office of Epizootics，IOE），是一个政府间的兽医卫生技术组织，它由28个国家于1924年签署的一项国际协议产生。总部设在法国巴黎，目前有172个成员。OIE工作范围涉及兽医管理体制、动物疫病防控、兽医公共卫生、动物产品安全和动物福利等多个领域。

④ 欧盟制定的软法具有自身特点。其软法的形式既有欧盟基础性条约明文规定的recommendation（建议）和opinions（意见），又有在实践中逐步形成的communications（通报）、conclusions（结论）、declarations（宣言）、action programs（行动计划）、communiqués（公报），inter-institutional agreements（机构间协议）以及准则（guidelines）。近年来，特别是自《欧盟条约》引入从属性原则以来，欧盟似乎比过去更多地采用软法而有意识地限制适用诸如条例和指令之类的硬法。在食品安全规制方面更是大量发布此类软法。参见韩永红："论食品安全国际法律规制中的软法"，载《河北法学》2010年第8期。

大致可分为指导建议、行动计划、原则宣言和标准四类。[①]

这些软法性文件多次重申，人人享有“充分及安全的食物权”。1992年12月，在世界粮农组织召开的营养问题国际大会上通过的《世界营养问题宣言》（World Declaration on Nutrition）第1段明确提出，“享有营养充足并且安全的食物是每个个体的权利”；1996年《关于世界粮食安全的罗马宣言》（Rome Declaration on World Food Security）指出，“所有国家都有义务实施旨在消除贫困和不平等，以及改善所有人的身体状况及经济条件的政策，实现人人享有充足的、营养丰富的安全食物”，在该宣言的相关行动计划中还进一步要求各成员国“采取措施，根据《实施卫生和动植物检疫措施的协议》（Agreement on the Application of Sanitary and Phytosanitary Measures）[②]及其他相关国际协议的要求，确保食物供应的质量及安全性，尤其是通过加强涉及人、动物及植物卫生及安全方面的规范及控制活动”。[③] 1994年5月16日签署的《人权与环境基本原则草案》（Draft Principles on Human Rights and the Environment）第8段指出，“为了其福利，所有人都有权享受安全和健康的食物和水”；2002年6月世界粮农组织在世界粮食峰会上通过的宣言“序言”中宣

---

① 韩永红：“论食品安全国际法律规制中的软法”，载《河北法学》2010年第8期。

② 《实施卫生和动植物检疫措施的协议》（简称SPS协议。对于该协议的中文表述，我国官方的译名《实施动植物卫生检疫措施的协议》，学术界的译名大致有《卫生与动植物检疫措施》《动植物卫生检疫措施的协议》等，在我国台湾地区官方和学术界称之为《食品卫生检验与动植物检疫措施协定》，参照该协议的主旨及中文表述习惯，笔者个人认为我国台湾地区的译名更加准确一些。）是世界贸易组织WTO在长达8年之久的乌拉圭回合谈判的一个重要的国际多边协议。由于《关贸总协定》和《技术性贸易壁垒协定》（Agreement on Technical Barriers to Trade，简称TBT协议）对动植物卫生检疫措施约束力不够，要求不具体，为此，在乌拉圭回合谈判中，许多国家提议为了保护人类、动植物的生命或健康，特别制定SPS协议，对国际贸易中的动植物卫生检疫措施提出了具体的严格要求，其目的旨在规范决定和影响人类、动植物生命或健康的科学风险评估程序，该协议是WTO协议原则渗透到动植物进出口卫生检疫领域的产物。

③ 1996年11月13日FAO全球食品安全问题罗马峰会通过的《世界食品安全罗马宣言》及《世界食品峰会行动方案》，第21（b）段。

称“人人都有权享受安全和营养食物的权利”；2007年《食品安全北京宣言》重申了1992年世界粮农组织及世界卫生组织罗马国际营养大会通过的《世界营养宣言》（World Declaration on Nutrition）中的主张。更为甚者，“食品安全与保障不可分割”的理念，作为《泛美卫生组织和世界卫生组织食品安全技术合作行动计划》（PAHO/WHO Plan of Action for Technical Cooperation in Food Safety）的基础，在该行动计划中明确指出食品安全和保障此二者可“共同致力于推动《联合国千年发展目标》（UN Millennium Development Goals）的实现，尤其是可以在消除饥饿和贫困方面发挥其作用”。[①] 与此类似，世界粮农组织在《粮食与农业中的伦理问题》（Ethical Issues in Food and Agriculture）的报告中明确指出，“实现食物安全需要：第一，要有足够的食物；第二，保证每个人都能得到食物；第三，食物要有足够的营养；第四，食物必须对人是安全无害的”。[②]

基于上述软法框架，我们可以从人权的视角推导出人人有权享有安全及优质食物的权利，因为安全的食物对人来说具有两大基本功能：使人们免受饥饿威胁并使其身体达到健康状态。因此，食品安全对生命和人的尊严来说是极其重要的。至于这种权利是否已经形成一种独立的权利，与足够食物权及健康权相区分，以及是否可以将其视为一种基本人权，不仅需要法学家从技术上深入研究，也需要决策者在政策上进行创新。正如世界粮农组织总干事雅克·迪乌夫（Jacques Diouf）所认为的那样，食品安全应被界定为“每个个体所不可或缺的一项权利”，[③] 世界卫生组织也已明确提出，“安全

① FAO/WHO Regional Conference on Food Safety for the Americans and the Caribbean (San Josè, December 6-9, 2005).

② http://www.fao.org/docrep/003/X9601E/x9601e00.HTM。

③ 2002年1月28-30日联合国粮农组织总干事雅克·迪乌夫在联合国粮农组织及世界卫生组马拉喀什召开的食品安全监管者全球论坛上的开幕式讲话，载 http://www.fao.org/docrep/MEETING/004/Y3680E/Y3680E04.htm。

的食物是改善人体健康状况所必不可少的，是一项基本人权”。[①]

（三）食品安全权的生长与证成

其实，当初在起草人权文件的时候，食品安全的概念还不明朗，尚处于获取安全食物权与获取足够食物权和健康权之间的一项权利类型。不过，从此开始，“食品安全权”（human right to safe food）就已经进入权利生成的路径，逐渐向一种独立的权利类型发展。从这个角度看，食品安全权的演进过程与安全饮水权（right to safe drinking water）有几分相似，安全饮水权已经成为健康权的一项重要构成要素，而健康权已经随着时间的推移发展为一项独立的基础性人权。

通过创设食品安全权这种路径，可以使食品安全的保护更加有效、责任性更为明确。当然，要将其设置为一种权利，需要明确界定其设定的特定法律义务，以及其权利救济手段和方式。为实现这种权利设置目标，联合国经济、社会和文化权利委员会认为可以通过两种途径进行，一是通过全盘接受相关一般性意见以对该项权利进行诠释，二是根据《经济、社会、文化权利国际公约任择议定书》履行其新的职能。[②] 该项议定书一旦生效，即可授权联合国经济、社会和文化权利委员会接受并审查违反议定书约定，侵犯个体所享有的此项权利的成员国的公民提出的申诉。由此可以弥补目前国际法在涉及公民经济、社会和文化权利被侵犯时可诉性差的缺陷，因为目前公民经济、社会和文化权利的有效实施和完全实现，受到来自

---

① WHO, WHO Global Strategy for Food Safety: Safer Food for Better Health (Geneva: WHO2002), 5.

② 该任择议定书被2008年6月18日联合国人权理事会第8/2号决议及2008年12月10日联合国大会第63/117号决议分别一致通过；相关文献可参见：Claire Mahon, Progress at the Front: The Draft Optional Protocol to the International Covenant on Economic, Social and Cultural Rights, Human Rights Law Review 8, No. 4 (2008), pp. 617-646.

国际层面、区域层面以及国家层面司法救济阙如的阻碍。[①]

虽然可以在与食品安全相关的国际性法律文件中找到食品安全权的踪迹，但是在国内法层面，目前还没有哪个国家明确规定公民享有食品安全权。以中国为例，《宪法》第 21 条、33 条和 45 条分别规定了国家保护人民健康、尊重和保障人权、公民在特殊情况下享有从国家获得物质帮助的权利，这些条文间接涉及食品安全，但都未将食品安全权作为一项独立的权利加以规定。食品安全是人类身体健康和生命安全的根本，是促进经济发展和社会可持续发展的基础。从国内法层面明确食品安全权并提供系统的制度保障，对法学界来说将是一个具有重大意义且颇具挑战性的新课题。

食品安全权的证成，更多地是遵循权利生成的法理，具有一定的拟制性和前沿性。这是一项至关重要的权利，它为政府规制食品安全风险、保障人类食品安全利益提供了主观的依据。在客观上，国际法实际上已经形成一些规制食品安全风险、保障人类食品安全利益的规则和机制。现有的这些规则和机制，尽管不是围绕食品安全权构建的，不具有体系性和针对性，但是，它们在现阶段发挥了

---

① 截至目前，还不存在一个全球层次各国广泛参与的相应论坛。在区域层面，因为没有公约明确规定公民的健康权（《欧洲社会宪章》第 11 条规定了健康权；《美洲人权公约附加议定书（圣萨尔瓦多议定书）》第 11-13 条分别规定了健康权，健康环境权，食物权；《非洲人民和民族权宪章》第 16 条规定了健康权。这三个公约的文本见《国际人权法教程·第二卷》，官方文本可见相关区域组织的网站），所以按照国际法属地原则建立起来的欧洲人权法院（European Court of Human Rights）及美洲国家间人权委员会（Inter-American Commission of Human Rights）和人权法院在审理相关申诉时是拒绝受理的，参见：Fiorenza v. Italy（dec.），No. 44393/98，November 28，2000；Pastorino and Others v. Italy（dec.），No. 17640/02，July 11，2006. 在美洲国家间人权机制中，虽然《美洲人权公约附加议定书（圣萨尔瓦多议定书）》也涉及公民经济、社会和文化权利，也在该议定书第 10 条规定了健康权条款，但是其第 21 条仅仅将其限定在工会权利（第 8 条）、罢工权利（第 9 条）和教育自由权利（第 15 条）被侵犯时可以提出申诉，而对与健康权有关的个体诉请则是一概不予受理，参见：Articles 10，8 and 13 of Additional Protocol to the American Convention on Human Rights in the Area of Economic，Social and Culture Right，November 17，1988，O. A. S. Treaty Series No. 69（1988）. 有关国内法层面给予公民经济、社会与文化权利进行救济的状况，可参见：Alphonsus P. M. Coomans，ed.，Justiciability of Economic and Social Rights：Experiences from Domestic SystemsAntwerpen-Oxford：Intersentia 2006.

实际的规制和保障作用。其中，世界卫生组织框架下的规则和治理机制，目的是在国际范围内规制食品安全风险；国际贸易法所确立的公共卫生和消费者保护优先的理念和规则，目的是最大限度地保障食品安全。

三、食品安全风险的国际卫生法规制

根据世界卫生组织的说法，食源性疾病是全球所面对的一个公共卫生挑战。[①] 艾滋病、非典型肺炎、禽流感以及甲型流感等公共卫生紧急状况，要求卫生治理跨越国家的界限。卫生治理与食品安全密切相关，食源性疾病，不管是由微生物毒物引发还是由化学毒物导致，都对分布在世界各地人们的健康产生不良影响。国际社会已经充分意识到，必须有效预防、及时控制食源性疾病，并在这些疾病爆发时进行应对。世界卫生组织《国际卫生条例》的制定与实施，在一定范围和程度上实现了对国际范围内食品安全风险的规制。

（一）《国际卫生条例》的制度创新

以往制定的《国际卫生条例》（International Sanitary Regulations, 1951）存在一些不适当的原则。例如，在公共健康和卫生监管问题上，该条例提出贸易优先于健康利益；对成员国在某些传染病的公共健康应对措施方面设置限制；[②] 等等[③]。为修正这些不当做法，面对新出现的各种流行病、人畜共生传染病及食源性危害的威胁，世

---

① WHO, Foodborne disease outbreaks: Guidelines for investigation and control (2008), v.

② David P. Fidler, From International Sanitary Conventions to Global Health Security: The New International Health Regulations, 4 Chinese Journal of International Law 325, 329 (2005). 费德勒对两个国际性文件中的 Sanitary 和 Health 进行了严格区分，可资参考。

③ 例如，在该1951年《国际卫生条例》的第5章专门就国际货物、包裹及邮件的运输方面各国可能采取的卫生措施进行了限制。

界卫生组织于2005年修订了《国际卫生条例》，该条例于2007年6月15日起生效。[①] 2005年《国际卫生条例》是世界卫生组织授权其会员大会履行准立法权的产物，它已经成为一个国际法律文件，对国际社会的所有成员都具有实质约束力。[②] 根据《世界卫生组织宪章》第21、22条的规定，该条例将对所有没有明确表示"选择退出"该条例的成员国产生强制效力，也没有给它们预留一定时间内批准该条例。因此，2005年《国际卫生条例》是真正意义上世界卫生组织所有成员国一致同意并通过的国际法律文件。

为了给国际社会成员应对不断出现的、严重威胁到所有人的公共卫生风险提供法律支持，新修订的《国际卫生条例》尽力在主权、人权、贸易自由及维护全球公共卫生的共同承诺方面寻求平衡点。[③] 在这方面，该条例涵括了一系列制度创新：应用范围更广泛，不限定于特定疾病；成员国有义务展示一定最小范围的核心公共卫生应对能力；成员国有义务通知世界卫生组织根据既定的标准可能会形成引发全球关注的公共卫生事件；授权世界卫生组织对一些非官方的公共卫生事件报告进行考量并授权其向成员国核实；认定"引发国际关注的公共卫生事件"的程序由世界卫生组织总干事来确定启动，并由其发出相应的临时建议；保护并充分尊重人的尊严、人权及人的基本自由；[④] 在成员国与世界卫生组织之间建立国家国际卫生

---

① 2005年5月23日召开的世界卫生大会第58次全体通过了该决议，即 Resolution WHA58.3, Revision of the International Health Regulations.

② 到目前为止，《国际卫生条例》在194个国家和地区生效，其中包括世界卫生组织的全体成员，其中只有美国和印度对该条例第62条提出保留意见。

③ 根据2005年《国际卫生条例》第2条的规定，"本条例的目的和范围是以针对公共卫生风险，同时又避免对国际交通和贸易造成不必要干扰的适当方式，预防、抵御和控制疾病的国际传播，并提供公共卫生应对措施。"

④ 该条例第3（1）条规定："本条例的执行应充分尊重人的尊严、人权和基本自由。"对此问题的深入思考，可参见：Stefania Negri, Emergenze sanitarie e diritto internazionale: il paradigma salute - diritti umani e la strategia globale di lotta alle pandemie ed al bioterrorismo, in Scritti inonore di Vincenzo Starace 1, Napoli: Editoriale Scientifica 2008, pp. 571-605.

条例关注点及世界卫生组织国际卫生条例联系点。[①]《国际卫生条例》还对成员国的权利和义务进行界定，并且为创建相应的管理体系设置了适当程序，该管理体系在国家与国际卫生管理机构、条例的成员国与非成员国的互动、决策和运行中处于中心位置，为了合作他们应共担责任和义务。

该条例确立的最重要的制度创新就是其适用范围拓展到类型更广泛的传染病，[②] 当一些不常见的或无法预见的国际卫生事件发生时，要求各成员国持续流行病学监控，并负有向世界卫生组织报告动态信息的义务。该条例还将其行动范围拓展至一些“新型的”疾病，旨在对全球化中出现的新型健康挑战作出有效的回应。诚如戴维·费德勒（David Fidler）教授在起草该条例的早期评述中所言，将任何可能会严重导致公共卫生于危机状态疾病纳入“开放类型的”的疾病当中，这是一种具有创新性的路径，体现了2005年《国际卫生条例》的新特征及其真正意义上的革命性元素，因为，为了更好地应对各种可能发生的新型健康风险，该条例允许更灵活地应用其中的创新制度，[③] 这是以前相关国际卫生条约所从来没有载明过的。从这个新视角可以看出，该条例已经成为保障全球卫生的基础性工具，并且已然成为国际卫生法的真实支柱。

有一些具有国际影响的食品安全事故，尤其是由微生物引发的

---

① 参见该条例第2-12条的相关条文。

② 1969年版《国际卫生条例》仅关注几个比较严重的疾病，例如，霍乱、疟疾、黄热病、天花及斑疹伤寒症。在2005年版本中，除这些疾病外，还适用于所有新型的以及“突发的”传染病，例如，非典型肺炎，由新的亚型病毒所造成的感冒、病毒性出血热及其他类型的发热症状，诸如：埃博拉出血热、马尔堡热、西尼罗热，登革热及裂谷热，以及其他一些可能会快速传播给公共卫生造成严重威胁的疾病（包括那些病因或来源尚不明确的）都属于该条例所要应对的范围。

③ David P. Fidler, Comments on WHO's Interim Draft of the Revised International Health Regulations, in Lawrence O. Gostin, ed., Public Health Law and Ethics: A Reader (Berkeley: University of California Press 2002); Revision of the World Health Organization's International Health Regulations, ASIL Insights, April 2004, available at http://www.asil.org/insights/insigh132.htm.

食品细菌污染及食源性疾病，都属于2005年《国际卫生条例》所涵括的更广泛范围里的全球卫生监管对象，如何控制这些影响全球人类健康的食品安全问题，需要在该条例的法律规定范围内采取协调行动。当有关食品安全事故发生时，成员国有义务通知世界卫生组织在其国内所监测到的事件信息，并且要达到该条例附件二所规定的条件：事件的罕见性、具有潜在动物传染性特征的突发新型疾病、死亡率或发病率高、存在跨界扩散可能，以及可能会影响到国际旅行或贸易。①

（二）《国际卫生条例》的实施与食品安全国际治理机制

除在2005年《国际卫生条例》引入制度创新外，世界卫生组织还在其食品安全监管网络中发起一些新的倡议，旨在加强监督、早期预警以及该条例所搭建的应急体系。

首先，2004年，世界卫生组织为了进一步开展与联合国粮农组织的合作关系，与其共同建立了国际食品安全网络（International Food Safety Authorities Network，INFOSAN）②。该联合网络的任务，是推动食品安全信息的交换以及加强各国与国际层面食品安全机构之间的合作，尤其是世界卫生组织与国际食品安全网络国家中心点之间（INFOSAN National Food Focal Point）③ 的合作。国际食品安全网络应急中心（INFOSAN Emergency）作为一个食品安全应急网络，是国际食品安全网络整体的一部分，其设立旨在根据2005年《国际食品安全条例》的规定有利于对食品安全事件进行认定、评估及管理，配合并支持现存世界卫生组织全球疫情警报与反应网络（WHO

---

① 参见该条例附件二：《评估和通报可能构成国际关注的突发公共卫生事件的决策文件》。

② 更多相关机构的信息，可浏览：http://www.who.int/foodsafety/fs_management/infosan/en/index.html.

③ 成员国在“从农田到餐桌”的食物链中，其监管行为会在其国内食品立法、风险评估、食品控制与管理、食品检查服务等中得到充分体现。

Global Outbreak Alert and Response Network，GOARN）。[①]

其次，为了控制食源性疾病的爆发与持续传播，意识到对食源性风险进行彻底调查的重要性，世界卫生组织最近推出了《食源性疾病调查与控制指南》。[②] 该指南克服了以往经常会遇到的一些问题，如一些疾病无法识别，之前又没有报道或者没有适当调查过，但这些疾病已经对人的健康产生重大影响并且已经导致经济损害，对于这些类型的疾病都涵括在指南当中。该指南秉承了一个非常基础的理念：对食源性疾病的成功认定、调查及控制有赖于相关国家或者地区与涉及疾控专业团体（包括政府卫生机构、动植物检疫机构的官员、实验室、食品科学家及消费者）之间的良好沟通，有赖于对已生效的程序及议定书的及时和有效的回应。

再次，世界卫生组织已经注意到疾病的早期警戒以及对阻止扩散方面的早期反映，这些都是遏制并控制那些可以间接通过被污染的食物传播到人畜的疾病的基本前提条件。在这方面，世界卫生组织、联合国粮农组织及世界动物卫生组织在2006年就发起一份倡议——《全球跨界动物疾病预警系统》（Global Early Warning System for Major Animal Diseases，including Zoonoses，GLEWS），该预警系统是建立在三大机构预警机制之间的一种协调与合作。全球跨界动物疾病预警系统的任务，是根据2005年《国际卫生条例》所规

① 为妥善对流行病爆发作出适当预警与反应，WHO在2000年4月带领全世界创设了全球疾病爆发流行警戒与响应网络，即GOARN，此网络及时串连了世界上为数众多的既存网络，合力掌控数量庞大的数据、专业知识及必要技术，使国际社会能随时保持在警戒状态，且能随时作出反应。通过监测全球的新闻通讯和网站等，收集和发布诸如疾病暴发、传染病、食品和水污染、生物恐怖主义、化学和放射源及自然灾害等方面的信息。其用户包括世界卫生组织、各国进行公共卫生监测的政府部门及与公共卫生事务相关的非政府部门。利用这一方式已经判断出很多重大的疾病暴发情况。自2000年以来，WHO和GOARN通过制定国际疫情警报和反应指导原则以及流行病学、实验室、临床管理、研究、通信、后勤支持、安全、疏散和联络系统标准化工作的实施规则，为国际流行病应对工作提供经商定的标准，同时对超过50起全球范围内的疫情作出了响应。GOARN虽创设于2000年，但早在1997年即开始运作发展。

② WHO，Foodborne Disease Outbreaks：Guidelines for Investigation and Control（2008），available at http://www.who.int/foodsafety/publications/foodborne_disease/fdbmanual/en/.

定的风险评估标准对那些具有潜在全球意义的食品安全事件进行监测、分析和评估。加上国际食品安全网络的配合作用，全球跨界动物疾病预警系统可以保证“从农田到餐桌”整个食物链的国际延伸监管和回应。同时，这两个应急网络可以共享以下两个方面的信息：与由动物引发的食品安全事故有关的信息，以及非动物食品被污染的有关信息。全球跨界动物疾病预警系统会通知国际食品安全网络应急中心极可能会通过食物传染疾病的事件，并且相关事件反过来也会通知世界卫生组织的国际卫生条例系统（IHR）当中。

最后，世界卫生组织需要进一步展开创造性工作的领域是努力克服食源性疾病统计数据漏报的难题，这种情况既阻碍了多大比例的疾病可以归因于被污染食品的精确确定，也阻碍了真实估测全球在卫生、发展以及贸易方面的实际承担。为了填补这方面的数据空白，世界卫生组织 2006 年发起了《食源性疾病全球负担评估的倡议》(Initiative to Estimate the Global Burden of Foodborne Disease)，这次同样也是与其常规合作伙伴联合国粮农组织以及国际兽疫局展开合作。该倡议得益于食源性疾病负担流行病学参考组（Foodborne Disease Burden Epidemiology Reference Group，FERG）提供的支持和专业帮助，作为一个咨询平台，该机构对食源性疾病方面的数据进行收集、分析和报告，设计出此类疾病的整体负担评估模型，并将这些模型提交给相关成员国供其展开国别研究。①

（三）《国际卫生条例》的软法困境及其突破

在前述倡议出台之前，世界卫生组织就已在《国际卫生条例》这个大框架之下创建了一个致力于高质高效的国际合作网络。尽管如此，2005 年《国际卫生条例》没有包含任何针对不遵守该条例规

① 前述倡议和食源性疾病负担流行病学参考组的任务和活动，及其与相关成员国合作的详细信息可参见：http://www.who.int/foodsafety/foodborne_disease/ferg/en/index.html.

则的成员国的强制实施机制，此外，该条例也不适用于私人机构。[①]因此，《国际卫生条例》的实施从根本上说是各国卫生部门及其他相关国家机构的责任，世界卫生组织所能做的就是为各成员国提供指导，根据各国国情指出其适合优先展开工作的领域及预期结果。[②]在这方面，世界卫生组织建议各国的立法实施应考虑2005年《国际卫生条例》在各相关成员国方面得到具体实施的情况。为了充分、有效地实施该条例，有必要对现在的立法、规则及其他相关规范性文件进行持续评估，看是否有必要对该条例进行修订或者适时推出新的版本。

但是，2005年《国际卫生条例》在加强公共健康制度方面所规定的义务是非常模糊的。艾琳·泰勒教授（Allyn Taylor）曾指出，因为世界卫生组织主要由一些公共卫生和医学方面的专家组成，极少有法律专家参与，因此其组织行为更多凸显的是全球健康问题，甚或说是医疗技术问题，相比较而言法律问题则极少关注。[③]因此，在立法层面，法律规范及其具体架构方面明显被忽视；在法的适用层面，不遵守条例义务不仅没有任何制裁措施进行惩戒，也不存在实际的执行机制。在此，世界贸易组织法律制度的强行性为其提供了参考和借鉴。

1998年的《国际卫生条例临时草案》（Provisional Draft of the IHR）曾设置一个强制性的仲裁议题，但是该理念在最后磋商阶段没有通过。后来，该议题演变为2005年《国际卫生条例》第56条关于纯粹自愿性的仲裁规定。该条例第3条只是指出，本条例的执

---

① 但是，从美国提交的2005年《国际卫生条例》谅解备忘当中暗示该条例没有创设可实施的私人权利，参见WHO的2006年12月13日外交召会记录，http://www.who.int/csr/ihr/states_parties/en/index.html.

② WHO, International Health Regulations (2005): Areas of work for implementation (2007), WHO/CDS/EPR/IHR/2007.1, http://www.who.int/ihr/area_of_work/en/index.html.

③ Allyn L. Taylor, Making the World Health Organization Work: A Legal Framework for Universal Access to the Conditions for Health, 18 Am. J. L. & Med. (1992), p. 336.

行应该遵循《联合国宪章》和《世界卫生组织宪章》的指引，没有规定惩戒性内容。而《世界卫生组织宪章》的“前言”部分援引的也是《联合国宪章》，宣称遵守“所有人的健康是实现和平与安全的根本、有赖于所有个体及国家的通力合作”的原则，而前述原则是“实现所有人都幸福、关系和谐及安全的根本原则”中最基础的原则之一。那些违反2005年《国际卫生条例》的合作义务者，其行为后果势必会阻碍对国际公共健康风险的及时和适当管理，从而导致全球健康面临严重挑战。假如遭遇这种极端情形，可以该行为威胁国际和平与安全为由向联合国安理会报告，并提请安理会对该行为进行谴责，呼吁安理会依照《联合国宪章》第41条立即采取行动。通过这种路径，我们或许可以找到应对全球卫生安全领域的思路和理论，因为“健康是全球安全的核心要素”。[①]

为了使《国际卫生条例》在食品安全等诸多公共卫生领域突破其软法困境，世界卫生组织既有的“因为医药卫生资源或技术的运用问题从根本上讲是国内法或一国内部的事务，在公共卫生领域各成员国自愿遵循远胜于国际法律强制手段”[②] 的传统理念需要突破，尽管近些年来世界卫生组织在修改《国际卫生条例》以及通过《烟草控制框架公约》方面已经有所改观，但是总体上还不是很令人满意。为了人类的共同福利，要通过制度创新使其软法功能强硬起来。

四、食品安全权的国际贸易法保障

国际贸易使得一国的食品安全风险得以跨越国家的界限。因而，保障食品安全权、治理食品安全风险，国际贸易法必须有所作为。

---

① 相关观点的提出及论述可参见伊洛娜·奇科布希（Ilona Kickbusch）的研究成果，http://www.ilonakickbusch.com/kickbusch/index.php..

② David Fidler, The Future of the World Health Organization: What Role for International Law?, 31 Vand. J Transnat'l L. (1998), pp. 1102-1103.

有学者认为，全球化的不断发展使得全球公共卫生领域的活动重点发生改变，国际卫生合作更关注全球层面的规制状况，食品贸易所涉的公共卫生问题也包括在内，但是绝大多数与公共卫生管理有关的行动都是以世界贸易组织而不是以世界卫生组织为中心的。① 从国际层面来考察目前普遍存在的食品安全问题，食品加工方法及食品产业或者食品供应的全球化被认为是引发食品安全问题的主要原因。② 随着国际食品贸易的快速发展，不加强食品安全领域的监管，必然会加剧不安全食品扩散的风险，从而导致严重的公共健康问题，食源性疾病在全球范围内急剧扩散。有鉴于此，在国际食品贸易中或者说在世界贸易组织框架内实现食品安全目标，亟需树立公共卫生优先于贸易自由的理念。然而，要在国际人权法框架之外实现食品安全权，需要将消费者保护优先理念置于“不惜一切代价的自由贸易”理念之上。目前，国际社会面临的挑战是如何把握贸易与卫生之间盘根错节的关系。③

在国内法层面，保护消费者合法权益通常放在突出位置。当一国出现重大环境及与食品有关的安全事故时，食品安全问题就会牵一发而动其他国家或地区，此时的消费者保护问题就需要在区域以及国际层面进行解决了。

从国内法层面看，消费者保护主要是私法问题或者经济法问题，其基础通常是消费者所享有的四大基本权利：安全保障权、知情权、自由选择权及批评建议权。④ 为了公共卫生，很多国家还设立国家公共机构承担公共卫生保障工作，在食品安全及消费者保护方面通常

---

① ［美］米歇尔·默森、罗伯特·布莱克，安妮·米尔：《国际公共卫生：疾病，计划，系统与政策》（原著第二版），郭新彪主译，化学工业出版社2009年版，第646页。

② 石阶平主编：《食品安全风险评估》，中国农业大学出版社2010年版，第10-11页。

③ Catherine Button, The Power to Protect: Trade, Health and Uncertainty in the WTO Oxford-Portland: Hart Publishing 2004, p. 227.

④ 1962年3月15日美国总统约翰·F·肯尼迪在美国国会发表了《关于保护消费者利益的总统特别咨文》，首次提出消费者应享有的这四项基本权利。

会专门设立特定的专业机构，如美国在20世纪前期设立食品与药品监督管理局（FDA），此后很多国家都设立了食品与药品安全监督机构和专门的消费者权益保护机构。一国国内法中的消费者保护法及食品安全监管与国际法观点是否相关，主要看该国国内法是否与一些国际法定义务（尽管可能不是太多）及国际标准相一致。

（一）区域层面的考察：以欧盟实践为中心

在欧盟，自1992年《马斯特里赫特条约》第129a条[①]导入消费者保护条款后，消费保护法日益得到各成员国的重视。在该条款施行后，欧洲消费者保护立法以及欧洲法院的相关判决，很多已经被各成员国转化为国内法了。

1. 欧盟法律文本中的食品安全规制基本原则

欧盟与食品安全风险有关的特定消费者保护领域由《欧盟第178/2002号条例》进行专门规制，该条例规定了食物法的基本原则和要求，专门设立了欧洲食品安全管理局（European Food Safety Authority），制定了一些在食品安全方面具有重大意义的程序规范。到目前为止，该条例已经成为欧洲食品安全立法的主要渊源，对各成员国均具有法律约束力。[②] 该条例第5-10条重申的重大基本原则包括：（1）食物法的基本目标是：确保人的生命和健康，保护消费

① 现在该条的理念已经整合进了《欧洲理事会条约》第153条，该条第1段明确规定：为了消费者利益及确保高水平的消费者保护，各成员国应该切实保护消费者的健康、安全及经济利益，同时要切实保护消费者的知情权、受教育权及为了其利益建立相关组织，http://eur-lex. europa. eu/collection/eu-law/tteaties. html.

② 该条例后来经过欧洲议会及欧盟理事会的多次修订，分别为：2003年7月22日《第1642/2003号条例》，2006年4月7日《第575/2006号条例》，以及2008年3月4日《第202/2008号条例》。2004年欧洲理事会《第2230/2004号条例》专门就实施《第178/2002号条例》有关欧洲食品安全管理局责任领域的组织运作网络进行了详细规定。其实，在《第178/2002号条例》出台之前，早在1997年4月30日欧洲理事会就已通过《欧盟食物法一般原则：欧盟理事会绿皮书》，2001月12日还专门通过《食品安全白皮书》。有关欧盟食品政策及立法可参见http://europa. eu/scadplus/leg/en/s80000. htm.

者的利益，包括在食物贸易中要遵循公平的商业惯例；（2）在食物法中要求采用风险分析方法，运用科学证据来对食物可能存在的风险进行评估，并且要通过独立、客观以及透明的方式来进行相应的风险评估；（3）针对已认定会给消费者健康可能产生损害，但科学上尚不确定的情形，适用预警原则；（4）保护消费者利益，禁止采用欺诈或者欺骗手段、禁止食物掺假以及其他误导消费者的做法；（5）通过公开咨询或者公开信息实现透明化。该条例还规定了欧盟成员国在食物贸易方面的义务、成员国在食物法及可追溯性方面的常见安全要求，条例第 14 条第 1 段明确提出以下基本规则："不安全食品不得在市场上销售"。此外，该条例第 17 ~ 21 条还就责任追究问题进行了规定，具体可参照各成员国的商业经营者责任承担标准。该条例的规定不仅可以使欧洲公民在欧洲法院以成员国为被告而寻求消费者权利保护，而且还可以令其在本国法庭上针对其他自然人或法人提起诉讼。

此外，该条例还涉及食品安全规制的另一个重大内容：在欧盟成员国及可能会涉及的非欧盟成员国之间有必要强调消费者保护与自由贸易保持公正、平衡。在这方面，该条例首先注意到安全问题的根本性以及消费者的信心问题，欧盟本身作为全球食品贸易的一个重要伙伴，一直积极支持食品安全方面的自由贸易以及各种公平的、符合道德规范的贸易惯例。该条例还提到一些成员国已通过食品安全方面的一致立法，要求食品经营者必须确保上市销售的食品是安全的。尽管如此，该条例着重指出，由于各国食品安全标准不同，再加上缺乏其他成员国的相关立法信息，食品贸易方面的壁垒肯定会不断出现，因此有必要建立起食品安全一般要求以确保欧盟内部市场的有效运行。该条例最后注意到与非欧盟成员国的食品贸易关系，指出要确保从欧盟出口或者再出口的食品必须符合欧盟法律要求，对人体健康存在损害的食品一律不得出口或者再出口，即便该食品进口国与欧盟成员国另有协议。基于这些考虑，该条例第 5 条及第 7 条还分别明确指出："食物法的目标旨在实现欧盟区域内依本条例所规定的基本原则和要求生产或销售的食物及饲料的自由流通”，“应用于预防原则中的风险管理措施应适当，并且不会因为实现欧盟区域内高层次的健康保护目标而限制相关贸易”，“风险管理措施要在合理的时间内进行审核，此项工作要依据已经确定会对生命或健康造成风险的情形，以及在科学上尚存在不确定性的情形进行澄清所必须的及更广泛风险评估所必须的相关科学信息来展开”。

在欧盟法律中，食品安全监管中涉及健康和贸易有关的问题，还可以通过欧共体条约的一些相关条款折射出来。如《欧共体条约》第30条规定：“基于保护人类健康和生命之理由……可对进口、出口或正在货运途中的食物进行禁止或限制”，当然，这些禁止或限制措施“不会对成员国之间的贸易形成一种武断的歧视手段或隐性的限制”；第95条第3款规定，根据委员会的建议各国在相关立法方面保持接近，这样各国在“保护健康、安全及环境和消费者方面”采取协调一致的措施，“确保这些利益保护方面处于高水准，与此同时也要尤其重视最新科技在这方面的应用”；[①] 涉及公众健康的第152条在其第1段中要求，“在人类健康保护方面要保持高水平……要确保所有欧共体的政策和活动都得到贯彻和执行”，并且“欧共体的行动……旨在提高公众健康水准，控制疾病的发生，抑制各种危险源对人类健康造成威胁”；[②] 第174条指出，欧洲理事会在环境方面的政策必须加强人类健康保护。

2. 欧洲法院在裁决中对欧盟食品安全法律文本的适用及阐释

除了以上法律明文规定之外，欧洲法院的判例法对这些条约文本起到了很好的阐释作用，并且阐明了一些重要的法律原则。在判例中，欧洲法院多次阐明了风险预防原则的适用，从环境问题一直拓展到一般农业政策问题都可以适用该原则，只要欧盟机构认为为

① 该条约第30条及第95条的适用，可参见：Commission of the European Communities v. Kingdom of Spain, Case C-88/07, Judgment of March 5, 2009, Reports 2009.

② 对于这一目标，还可参见《欧盟基本人权宪章》（Charter of Fundamental Rights of the European Union）第35条。

保护公共健康安全必须采取风险预防原则，可以说，这后一目标是共同体整体政策的一部分。[①] 法院指出，欧洲理事会只要预见到公共健康存在危险，在该危险的严重性得到证实之前，只要这种危险非纯粹假设而是得到充分科学证据支持，则理事会可以在任何合适的时候合法地采取限制措施。不过，欧洲法院还明确指出，在存在风险不确定情形以及该种情形可能会对健康造成风险时，则需要进行相关科学评估，其目的是确保理事会所作决策程序的客观性和正确性。[②] 这种对监管程序的关注路径，可以说是欧盟在实施风险预防原则方面的一种替代方式，可以保证该监管程序不至于对各成员国的决策构成干涉。[③]

根据《欧洲理事会条约》第30条的规定，在欧盟内部市场采取贸易限制措施需经欧洲法院审核，法院主要审核该贸易限制措施是否符合欧洲理事会的法律规定及欧洲法院以往的判例。[④] 从这个角度看，欧盟的价值取向明显是以公众健康利益优先于经营者及其他利益相关者的经济利益为导向的。

---

① ECJ, United Kingdom of Great Britain and Northern Ireland v. Commission of the European Communities, Case C-180/96, Judgment of May 5, 1998, Report 1998, I-2265, para. 100; The Queen v. Ministry of Agriculture, Fisheries and Food, Commissioners of Customs & Excise, ex parte National Farmers' Union, Case C-157/96, Judgment of May 5, 1998, Report 1998, I-2211 ss., para. 63.

② CFI, Pfizer Animal Health SA v. Council of the European Union, Case T-13/99, Judgment of September 11, 2002, Reports 2002, II-3305, paras. 146-172; Alpharma Inc. v. the Councilof the European Union, Case T-70/99, Judgment of September 11, 2002, Reports 2002, II-3495, paras. 159-183.

③ Catherine Button, The Power to Protect: Trade, Health and Uncertainty in the WTO Oxford-Portland: Hart Publishing 2004, pp. 232-233. 在该部分，作者对在WTO语境中适用程序审查模式的可能性提出了批评。

④ ECJ, NV United Foods E Pvba Aug. Van den Abeele v. Belgian State, Case 132/80, Judgment of April 7, 1981, Reports 1981, 995, para. 22; Verband Sozialer Wettbewerb Ev v. Clinique Laboratoires SNC and Estée Lauder Cosmetics GmbH, Case C-315/92, Judgment of February 2, 1994, Reports 1994, I-317, para. 15.

（二）国际层面的考察：以《国际食品法典》为中心

从全球层面看，联合国早在1985年就在消费者保护和食品安全监管方面采取了重大步骤，一致通过了一个国际社会广泛认可的最低保护目标的一般性指导意见，这个指导意见也潜在地对发展中国家起到了帮助作用。[①]《消费者保护指南》旨在保护消费者在健康和安全方面不受威胁的需求。为了达到这个目标，主要通过有关食源性疾病及食物掺假方面的信息披露和安全教育，以及通过完善各国的相关政策，优先保障攸关消费者健康的领域（食物、水及药品）的安全，维护、发展并提升食品安全措施（产品质量控制、适当且又安全的销售设施、标准化的国际标签及信息，等等）。尽管该指南对各成员国不具有法律约束力，但其重要性不可小觑。该指南通过加强各国在消费者政策方面的共识，明确指出消费者保护及食品安全问题已经不是某个地方或者某个区域的问题，而是必须在国际语境中进行全面考虑、权衡及面对的问题。

2004年，朝这一方向的国际努力又有了进一步的发展，联合国粮农组织世界粮食安全委员会（FAO Committee on World Food Security）精心制作了《支持在国家粮食安全范围内逐步实现充足食物权的自愿准则》（Voluntary Guidelines to Support the Progressive Realization of the Right to Adequate Food in the Context of National Food Security）。[②] 其中一些准则反映了各国及国际层面在食品安全规制领域的多维度渐进整合趋势。例如，其中的准则4规定，各成员国应向消费者提供适当保护，避免受欺诈性市场做法、误导和不安全食品的影响。还规定各成员国为了实现这项目标所采取的措施不应该

---

① 1985年4月9日联合国大会第39/248号决议及其附件《消费者保护指南》(Guidelines for Consumer Protection)。

② 2004年9月20-23日，世界食物安全委员会第30次会议报告及其附件《支持在国家粮食安全范围内逐步实现充足食物权的自愿规则》。

构成不公正的国际贸易壁垒，而应与世贸组织协议保持一致。准则9特别就食品安全及消费者保护进行了规定，该条敦促并鼓励成员国：（1）采取措施确保使所有食品，无论是当地生产还是外来的食品，无论是免费供应的还是在市场上销售的食品，都要求既安全又符合国家食品安全标准。（2）应建立全面合理的食品管制制度，利用风险分析方法和监督机制降低食源性疾病的风险，以确保整个食物链包括动物饲料的安全。（3）采用有科学依据的食品安全标准，包括添加剂、污染物、兽药和农药残留以及微生物危害标准，并制定食品包装、标签和广告标准。这些标准应考虑到符合世贸组织《卫生和植物检疫协定》的国际上接受的食品标准，如《国际食品法典》（Codex Alimentarius）上载明的食品安全标准；采取适当行动，防止食品生产、加工、储藏、运输、分销、搬运和销售过程中被工业和其他污染物污染。（4）应采用保护消费者的措施，避免消费者在食品包装、标签、广告和销售方面被欺骗或被误导，确保获得有关销售食品的适当信息，便利消费者进行选择，并要求因受到不安全或掺假食品包括街头小贩提供的食品的受伤害者提供追索权。此类措施不得构成不合理的贸易壁垒，应符合世贸组织各项协定，尤其是《实施卫生和动植物检疫措施协定》（SPS）及《技术性贸易壁垒协定》（TBT）。（5）鼓励与所有利益相关者，包括处理食品安全问题的区域性或国际性消费者组织合作，考虑参加就食品生产、加工、配送、储存和销售产生影响的政策展开讨论的国家和国际论坛。

根据这些准则可知，涉及消费者保护及对国际食品贸易可能产生的影响必须参考《国际食品法典》和《世界贸易组织协议》。实际上，在食品安全监管方面的国际合作自从1960年开始就得到国际食品法典委员会及其特别下属机构不断推动，并已非常制度化了，例如，《国际食品法典》首先言明其主旨在于“保护消费者健康，确保食品贸易中的公平贸易做法，推动国际社会、政府及非政府组织在所有食品标准工作方面的协调行动”[①]，并制定了很多相应的具

① FAO/WHO, Understanding the Codex Alimentarius 27 (3d ed. 2006).

体规定。因为该食品法典标准的主旨之一是促进国际间公平的食品贸易，世界贸易组织为其提供规范框架并为缔约国因贸易争端提供了法律解决的平台，将该食品法典作为解决贸易争端的依据。对此，后文有详细探讨。

《国际食品法典》涉及所有食品的安全及质量标准和准则，包括食品添加剂、兽药、杀虫剂、食品污染物、分析方法及抽样、标识、认证以及卫生规范或准则。例如，2012 年 7 月 2 日，国际食品法典委员会（CAC）专门就尚没有统一安全标准的牲畜饲料添加剂——瘦肉精及重组牛生长激素（rBST）——在动物兽药中的安全含量进行了规范；7 月 4 日，该机构还专门就婴幼儿液态牛奶中的三聚氰胺最大含量进行了规范。① 这些规范或准则由国际食品法典委员、世界动物卫生组织（OIE）② 及联合国粮农组织③相关专业委员会提出草案范本，然后以这些国际公认的机构之名提交其成员国大会讨论、投票表决并公布。虽然这类规范或准则本身不具有法律约束力，但

① 相关具体标准信息及动态报道，可参见：http://www.who.int/mediacentre/news/releases/2012/codex_20120704/en/index.html.

② 世界动物卫生组织（World Organization for Animal Health），又称国际兽医局（OIE），是除了国际食品法典委员会之外又一个极其重要的、涉及食品安全标准设置的国际组织。该机构的标准体现在《陆生动物卫生法典》（Terrestrial Animal Health Code）、《陆生动物诊断测试及注射疫苗手册》（Manual of Diagnostic Tests and Vaccines for Terrestrial Animals）及《水生动物卫生法典及其诊断测试手册》（Aquatic Animal Health Code and the Manual of Diagnostic Tests for Aquatic Animals）等。《陆生动物法典》第 6 章还专门规定了动物公共卫生问题；在第 6.1 章节还就涉及食品安全的兽医服务的作用进行了专门规定；此外，该章还就以风险为基础的管理体系、农场层次的兽医服务的重要作用、国际贸易中的动物产品检测和认证等作出规定；《水生动物卫生法典》中也有相关规定，参见 http://www.oie.int.

③ 例如，涉及食品安全的另一个国际文件——《国际植物保护公约》（International Plant Protection Convention，IPPC）其目的是“确保全球农业安全，并采取有效措施防止有害生物随植物和植物产品传播和扩散，促进有害生物控制措施”，该公约是 1951 年联合国粮农组织通过的一个有关植物保护的多边国际协议，1952 年生效。该公约由设在粮农组织植物保护处的 IPPC 秘书处负责执行和管理，为区域和国家植物保护组织提供了一个国际合作、协调一致和技术交流的框架和论坛，https://www.ippc.int/ippctypo3_test/index.php?id=1110596&L=0. 中国于 2009 年 7 月 1 日起严格执行 IPPC 制定的国际植物检疫措施标准。

其得到国际社会成员的一般性认可，在国际贸易中成为广为接受的规范，同时也意味着只要这个领域没有国内立法约束，为了保护世界食品安全及与食物有关的援助之安全，该组织的标准就可以直接适用。实际上，《国际食品法典》制定的标准已被视为食品安全领域最基本的参考标准。

得到全球认可的食品安全标准，给消费者带来的益处是不言而喻的，对于食品贸易来说更是一个利器，这一点已得到世界贸易组织两个重要协议——《实施卫生与动植物检疫措施协议》（SPS 协议）及《技术性贸易壁垒协议》（TBT 协议）——的认可。这两个协议认为，国际标准及技术规定既可以给生产者也可以给消费者带来好处，其目标就是为了方便安全食品因为符合卫生规定不至于给食品贸易形成不必要的障碍，从而使这些符合标准的食品能便捷地进入市场。总体来讲，《实施卫生与动植物检疫措施协议》是一个多边框架规则，这些规则适用于可能会对国际贸易自由产生负面影响的所有措施，尤其与保护人的生命健康有关的贸易措施有关，其目的是使人类免受添加物、污染物、兽药及杀虫剂残留及食物或饮料中其他可导致疾病的有毒有害物质的威胁。以《关贸总协定》第 XX（b）条及该协定开始部分（chapeau）有关预防原则的表述为基础，《实施卫生与动植物检疫措施协议》[①] 将风险预防元素融入其中，规定政府出于公共健康目的拥有对贸易进行限制的权力，但相关限制措施必须是基于科学证据、适当风险分析以及非歧视原则和比例原则作出的。事实上，根据该协议第 2.1、2.2 条的规定及随后第 5 条有关风险评估原则所支撑的科学合理性是该协议对卫生和贸易之间

① 《关贸总协定》和《实施卫生与动植物检疫措施的协议》都不是国际卫生协议，它们是贸易协议。在这个意义上讲，在涉及争端解决时，引用《实施卫生与动植物检疫措施的协议》的世界贸易组织成员国通常会举证其在出口动植物卫生方面的要求与《关贸总协定》第 XX（b）条提出的严格科学要求相吻合；要求成员国在采取《实施卫生与动植物检疫措施的协议》措施时“必须确保人类、动物或者植物的健康和卫生”，不要以此为幌子给国际贸易设置限制。参见《实施卫生与动植物检疫措施的协议》的《前言》及第 2.1 条、2.2 条、5.5 条。

交叉的管理或控制。[①] 因此，《关贸总协定》第 XX 条中的限制措施是个例外，在《实施卫生与动植物检疫措施协议》中，“根据第 5.7 条的规定，有权力根据第 5.1 条、5.5 条及 5.6 条就风险评估要求作出的规定采取有关临时性措施”。[②] 因此，该协议一直在努力平衡两种相互冲突的利益：一方面，成员国在其认为合理的健康保护水平方面所享有的自主权；另一方面，需要确保卫生和检疫要求不会对国际贸易造成一种不必要的、武断的、歧视性的、科学上不合理的或隐蔽性的限制。为了达到该目的，使各国在标准问题取得一致，《实施卫生与动植物检疫措施的协议》的《前言》及《附件 A》“术语定义”部分的第 3 条明确指出其中推荐适用的“国际标准、指南和建议”是指：（1）对于粮食安全，指国际食品法典委员会（CAC）制定的有关标准、指南和建议；该条款明确推荐各国参照《国际食品法典》的标准，承认该食品法典的权威性，并以此作为国际一致规范的优先根据。（2）对于动物健康和寄生虫病，是指世界动物卫生组织（OIE）所主持制定的标准、指南和建议。（3）对于植物健康，则是指《国际植物保护公约》（IPPC）秘书处主持下与在《国际植物保护公约》范围内运作的区域合作组织制定的国际标准、指南和建议；其中明确指出 IPPC 组织为影响贸易的植物卫生国际标准（植物检疫措施国际标准，ISPMs）的制定机构，向世界贸易组织的成员国推广该组织制定的植物卫生标准。对于前述三类标准尚未涵盖的事项，规定（4）经由委员会确认、由其成员资格向所有 WTO 成员

① Catherine Button, The Power to Protect: Trade, Health and Uncertainty in the WTO, Oxford-Portland: Hart Publishing 2004, p. 228.

② Sabrina Shaw and Risa Schwartz, Trading Precaution: The Precautionary Principle and the WTO, UNU-IAS, Report (2005), at http://www.ias.unu.edu/binaries2/Precautionary%20Principle%20and%20WTO.pdf, at p. 6. 其实，世界贸易组织专家组在 1995 年澳大利亚以从加拿大进口新鲜或冰冻鲑鱼可能会导致本国公众或环境健康风险而停止进口发生的争端裁决当中，以澳的制裁措施违反《实施卫生与动植物检疫措施的协议》第 5.1 条、5.5 条有关“卫生与植物检疫措施应以风险评估为依据”“各成员方应当尽量避免保护程度方面的任意的和不合理的差异”等理由最终裁定澳大利亚败诉。WTO, DS 18: Australia — Measures Affecting Importation of Salmon.

开放的其他有关国际组织公布的有关标准、指南和建议。而在《技术性贸易壁垒协定》第4.1、4.2条以及第5.4、5.5条也同样就标准的制定、采用和实施进行了具体的规定。①

《国际食品法典》标准的重要性后来得到世界贸易组织上诉机构判例的进一步支持，世界贸易组织上诉机构将该标准视为国际标准，以应对各国根据《世界贸易组织协议》规定的法律标准对成员国内的食品措施及监管进行低于该国际标准的评估。尤为重要的是，在涉及欧共体沙丁鱼（EC-Sardines）② 及欧共体-荷尔蒙（EC-Hormones）③ 两个争议案件当中，上诉机构报告指出将《国际食品法典》的标准视为是“相关国际标准”（relevant international standards），得到各成员国的适用，并暗示其中的标准可能会被各成员国一直接受。④ 在认定了这种可能性之后，据说上诉机构的此举明显推动了《国际食品法典》决策过程及标准设定程序的泛政治化，因为采纳该标准时要是没有一致同意就意味着存在这种可能，即成员国会被要求去遵守其当初没有投票支持的所谓标准。

《国际食品法典》还得到了世界贸易组织贸易裁判的支持，因为不遵守《国际食品法典》的国家将会自动输掉与那些遵守《国际食品法典》的国家的食品贸易争端，除非这些不遵守法典的国家有合理理由证明他们针对相关食品所采取的制裁措施是在得到了充分的科学证

---

① 在前述两协议中，可能还涉及其他一些国际标准机构所制定的标准，如国际标准组织（ISO）、国际电工委员会（IEC）、经济合作发展组织（OECD）、国际通讯联盟（ITU）、以及世界卫生组织（WHO）等国际组织制定的标准，这些国际组织中，有些中国是成员国，有些则不是；另外，这些国际组织制定的标准，大多数是自愿而非强制性的。参见石俊敏、吴子平、陈志钢、王秀清：《食品安全、绿色壁垒与农产品贸易争端》，中国农业出版社2005年版，第72-74页。

② WTO Appellate Body, European Communities-Trade Description of Sardines, WT/DS231/AB/R, Report of the Appellate Body, September 26, 2002.

③ WTO Appellate Body, European Communities - Measures Concerning Meat and Meat Products (Hormones), WT/DS26/AB/R - WT/DS48/AB/R, Report of the Appellate Body, January 16, 1998.

④ 前引WTO上诉机构文献：EC-Hormones, 1998, para. 166; EC-Sardines, 2002, para. 227.

据支持后进行严格的风险评估基础上作出的。这种处理路径在欧共体-石棉案（EC-Asbestos）[①] 及欧共体-荷尔蒙两案中都有体现，在这两个案件中，上诉机构专门为那些可能会对人类健康造成威胁的产品创设了相关贸易限制基本原则，其中最为重要的是：第一，其认为公众健康利益必须任何时候都置于优先位置，除非单边风险预防措施隐藏了保护主义者的利益，并且这些风险预防措施没有得到国际标准或者风险评估所提供的保护措施的支持；第二，该判例认定让各国保护措施处于较高层次的合理性，源于其可以得到相关科学信息的支撑，这就意味着在保护措施和风险评估之间存在一种合理的关系；第三，该判例还强调，成员国基于风险预防原则所采取的保护措施必须延续其科学研究及对风险预防措施继续进行严肃的审核，并得提交显示其诚信的证据。[②] 通过该路径，上诉机构表示“世界贸易组织不可能为了自由贸易而不惜一切代价”；并且还进一步强调指出“从重视人类健康和安全考量的同时，充分重视国际标准的重要性，维护以规则为基础的多边贸易体制，从而确保市场准入安全并且可预测”。[③]

尽管如此，有必要强调一点，很多全球性的食品安全问题在国际贸易协议中仍旧存在。[④] 因为食品安全问题具有焦点性等特征，将

---

① WTO Appellate Body, European Communities-Measures Affecting Asbestos and Asbestos-Containing Products, WT/DS135/AB/R, Report of the Appellate Body, March 12, 2001.

② 对这些报告当中有关 WTO 上诉机构裁决的深度考察，可参见：Sabrina Shaw and Risa Schwartz, Trading Precaution: The Precautionary Principle and the WTO, UNU-IAS, Report (2005), at http://www.ias.unu.edu/binaries2/Precautionary%20Principle%20and%20WTO.pdf, at pp. 7-8; Catherine Button, The Power to Protect: Trade, Health and Uncertainty in the WTO, Oxford-Portland: Hart Publishing 2004.

③ 前引 Sabrina Shaw and Risa Schwartz, Trading Precaution: The Precautionary Principle and the WTO, UNU-IAS, Report (2005), p. 11.

④ 例如，就转基因食品贸易所引发的争议问题，可参见：Catherine Button, The Power to Protect: Trade, Health and Uncertainty in the WTO, Oxford-Portland: Hart Publishing 2004, pp. 228-229, 230-232; Estelle Brosset, Le cadre juridique international en matière de produits alimentaires génétiquement modifiés: entre pénurie et sur-alimentation, in La sécurité alimentaire, pp. 265-321；田风辉：“转基因农产品的国际贸易问题研究”，对外经济贸易大学 2011 年硕士论文；孟雨：“转基因食品引发的国际贸易法律问题及对策”，载《华中农业大学学报（社会科学版）》2011 年第 6 期。

涉及食品安全的卫生监管等问题仅仅纳入《实施卫生与动植物检疫措施的协议》《贸易技术壁垒协定》或《关贸总协定》的某个协定当中，这种碎片化的路径安排实际上没有任何优势可言，尤其在面对“贸易与卫生关系对抗加剧的现实面前”，其中所提出的各种挑战都需要逐一破解。这就是为什么许多重要国际组织，诸如世界卫生组织、世界贸易组织及联合国粮农组织，在卫生和贸易问题方面不断加强协调、取长补短，希望借此更好地解决卫生与贸易问题的主要原因所在。由于各种原因，食品安全给全球带来的威胁使得各国政府为了保护消费者的利益不得不深入加强合作。

至于在卫生与贸易两方面的国际合作，世界卫生组织和世界贸易组织秘书处作出的联合解释非常到位：“此二者相联系的益处在于其清晰地展示出了两个组织明显不同的角色，一方面世界卫生组织的科学工作具有实证特质，而另一个方面在世界贸易组织当中更多涉及的是与贸易有关的义务……更为甚者，《国际食品法典》的标准制定工作与世界卫生组织的科学支持二者之间联系非常重要，因为它们之间的这种联系会给贸易规则的完善增加一些动力。在世界贸易组织当中，各国就贸易规则展开磋商，但世界贸易组织不是一个科学机构，并且其缺陷在于无法推动标准的完善。而世界卫生组织在动植物检疫会议上的积极活动能够让世界卫生组织的职员就涉及贸易有关的卫生问题提出意见。例如，在疯牛病（BSE）给人类健康所带来的风险问题上，以及转基因食品对人类健康的影响问题上，世界卫生组织的参与就起到了很大作用。此外，世界卫生组织的代表还曾为世界贸易组织争端解决机构的专家组提供专家意见，如世界卫生组织在欧共体-荷尔蒙案中的参与。”①

《国际食品法典》目前已成为全球消费者、食品生产和加工者、各国食品管理机构以及国际食品贸易最重要的基本参照标准，法典

---

① WHO/WTO, WTO Agreements and Public Health. A joint study by the WHO and the WTO Secretariat (Geneva: WHO/WTO 2002), 142 - 143, paras. 296 - 297, at http://www.wto.org/english/res_e/booksp_e/who_wto_e.pdf.

对食品生产、加工者的观念以及消费者的意识已产生了巨大影响。尤其在前述涉及《实施卫生与动植物检疫措施的协议》案件的裁决书中认定了该法典委员会的“准立法机关”（quasi-legislative body）地位,[①] 实际上已经使得其推出的标准具备了“实际上的约束力”（de facto binding）。[②] 但是，在食品法典委员会的国际标准制定会议及活动当中往往会是存在重大争议的。[③] 事实上，尽管 CAC 标准是全球性的，但其主要是由少数发达国家制定出来的，更多反映的是一些发达国家之间的博弈和妥协。CAC 标准草案最初是由其秘书处来发布，但是这些草案往往由个别国家来起草。因此，无论是否存在故意排除异议，其结果往往是由少数国家，确切说主要是北美、欧盟、澳新等这些能够为 CAC 草案制定投入相当人财物的国家来主导标准的制定，因此这些国家也往往成为提高 CAC 标准的最大推手。而那些欠发达国家和贸易重要性较低的国家，因为国力的原因，基本上很少介入相关标准的制定，因此在标准的制定方面很难听到一些欠发达国家的声音和回应。虽然 CAC 标准从某种意义上的确有利于食品安全和人类健康，但是相关标准的不断提高被用于贸易保

① Joel P. Trachtman, The World Trading System, the International Legal System and Multilevel Choice, 12 EUR. L. J. （2006）, pp. 469, 480.

② Steve Charnovitz, Triangulating the World Trade Organization, 96 Am. J. Int'L. 28, 51 （2002）; Sol Picciotto, Rights, Respinsiblities and Regulation of International Business, 42 Colum. J. Transnat'l L. （2003） pp. 131, 146.

③ 例如，2012 年 7 月 2 日国际食品药典委员会就瘦肉精的最大残留限量设置了标准。该标准制定是因为国际食品法典委员会授权食品添加剂联合专家委员会对瘦肉精残留限量开展科学评估，评估发现一定限量的瘦肉精不会对人体健康造成危害。但在对最后标准进行投票表决时以 69 票赞成、67 票反对及 7 票弃权获得通过，其中明显存在分歧。因为美国允许在牛肉和其他肉类中使用莱克多巴胺，而在欧盟和中国等国家则禁止使用此物质，http://www.fao.org/news/story/en/item/150953/icode/. 由于缺乏技术支持，大多数发展中国家在严格执行食品安全标准和要求方面缺乏充分的实力。从这个角度来讲，由于缺乏发达国家的技术支持，也使得《国际食品法典》的标准、指南、建议等效力大打折扣，因为大多数发展中国家在食品安全标准上通常都无法达到如此高的国际标准。参见 Bruce A. Silverglade, The WTO Agreement on Sanitary and Phytosanitary Measures: Weakening Food Safety Regulation to Facilitate Trade?, 55 Food & Drug L. J. （2000）, p. 521.

护主义，作为一种技术性壁垒给新进入高价值食品贸易行业的国家提出了难以逾越的障碍。①

五、中国食品安全控制的国际路径：问题与对策

从中国商务部及中国食品土畜进出口商会网站公布的信息看，尽管受到国际和国内一些食品安全事故的影响，但是中国的食品进出口贸易在近十年来总体呈逐年上升之势。

（一）食品贸易中的“内忧外患”

尽管在食品外贸领域成绩突出，但中国食品出口遭遇信任危机由来已久。尤其是2008年9月的“毒奶粉事件”及随后的三聚氰胺鸡蛋事件重创了中国食品行业形象。一些国外客户纷纷取消或减少订单，国外食品采购商也趁机压低中国出口食品的价格，令企业的盈利能力难以提升。与此同时，在食品、化妆品进口领域，根据国家质量监督检验检疫局发布的通报情况统计，2008年有3781批次的不合格入关食品、化妆品被拒于国门之外，2009年前10个月这个数字为1366批次。这些不合格产品既有来自发展中国家的产品，也有来自美国、欧盟等食品安全标准较为严格地区的产品，其中不乏一些为人所熟知和信赖的国际知名品牌食品。存在安全隐患的进口食品大量涌入，已经逐渐成为我国消费者健康风险的来源。这个情况要求我们在关注国内食品安全“内忧”的同时，必须同等程度地关

① 龚向前：“食品安全国际标准的法律地位及我国的应对”，载《暨南学报》2012年第5期；World Bank, Food Safety Food Safety and Agricultural Health Standards: Challenges and Opportunities for Developing CountryExports, Report No. 31207, January, 10, 2005; David Jukes The Codex Alimentarius Commission: Current Status, Food Law Pages, Food Science and Technology Today, December 1998.

注进口食品的“外患”。而在进口食品大量涌入的背后，可能蕴藏着一个更严重的危机：部分关系国计民生的食品已然形成较高的进口依存度，对国家经济安全构成较大威胁。[①] 此外，威胁还来自尚无食品安全国家标准的进口食品，根据我国《食品安全法》第62条的规定，进口食品应当符合我国的食品安全国家标准，且只有经过出入境检验检疫机构检验合格后才能入境销售。但该条还规定，进口商在满足一定条件的情况下，可以进口该种食品。对于这种尚不存在国家标准的食品，其可能会存在较大的安全隐患和健康风险，并且当风险出现时，在确定民、刑事责任方面都存在法律执法困境。[②]

相比较而言，国内食品安全问题相较于中国食品出口领域的问题要严峻得多，因为出口食品要遵守的是他国或地区的食品安全标准，食品生产者和经营者在这方面不敢超标，例如，报道显示“……大陆供港食品的安全率达到了99.999%；而根据此前澳门方面检测，内地供澳食品合格率达100%——这样的安全率，在全世界范围内都很难得。”[③] “2010年中国出口美国的食品为12.7万批，合格率99.53%，出口欧盟的食品13.8万批，合格率99.78%。……2009年和2010年，经出入境检验检疫机构检验检疫的中国出口货物分别为1103.2万批和1305.4万批，不合格率分别为0.15%和0.14%。日本厚生省进口食品监控统计报告显示，2010年日本对自中国进口的食品以20%的高比例进行抽检，抽检合格率为99.74%，高于同期

---

① 吴鹏：“食品进出口：危机重重”，载《中国海关》2010年第3期。

② 根据最高人民法院和最高人民检察院2013年4月28日出台的《关于办理危害食品安全刑事案件适用法律若干问题的解释》在生产销售有毒、有害食品入罪方面规定，只有违反了食品安全标准，才构成生产、销售不符合安全标准的食品罪。那么，在没有食品安全标准的情况下，这就自然不存在违法问题，一旦发生安全问题，将面临无法可依的执法困境。

③ 刘洋硕、吴玉光：“供港食品安全率99.999%幕后”，载《南方人物周刊》2012年第22期；何海宁、袁端端：“中国食品安全为何也‘一国两制’？——食品安全监管特区揭秘”，载《南方周末》2012年4月7日第C13版。

对自美国和欧盟进口食品的抽检合格率。”[①] 从以上信息可知，中国在食品出口领域的安全标准及合格率明显要高于国内标准，出口食品监管体系明显较国内严格，评估标准也明显复杂得多。诸多事实，反映出中国食品进出口领域乱象丛生，亟待治理。

（二）中国参与食品安全国际合作存在的问题

多年来，中国政府一直在积极开展国际合作，与各国就全球共同面临的产品质量和食品安全问题探索解决方案。通过多领域、多层次的沟通，我国与世界上大多数国家在食品安全领域的合作进一步拓宽。但是，随着食品安全形势的发展，偶然的、应对突发事件的临时性合作已远远不能满足需要。世界各国之间有必要建立起稳定的、全面的长效合作机制。近些年，国家质检总局与美国、日本、韩国、欧盟及其成员国等在消费品安全领域内建立了良好的合作与沟通机制，并先后与美国的食品药品监督管理局，加拿大、巴西、阿根廷、智利、日本、韩国、蒙古、马来西亚、泰国、越南、欧盟及其消费者保护总局，以及多个欧盟成员国建立了食品安全合作机制。在食品安全国际合作方面，有关食品法律法规、食品安全信息的交流十分重要。近年来，中国质检总局积极参加了国际食品法典委员会每年的全会及各专业委员会的活动。在中国的倡议下很多相关的区域性国际组织专门设立了食品安全合作论坛。中国与食品安全国际组织以及各有关国家、地区每年都有大量的人员往来和信息交流，并呈逐年增加之势。[②]

在食品安全国际标准的采纳和更新方面，早在20世纪80年代初期，英国、法国、德国等发达国家采用国际标准已达80%，日本

---

① 文静：“《中国的对外贸易》白皮书显示中国出口欧美食品合格率近100%”，载《京华时报》，2011年12月8日第4版。

② 原国锋：“中国加强在食品安全领域国际合作”，载《人民日报》2007年8月6日。

国家标准 90% 以上采用国际标准，发达国家目前采用的国际标准更广，一些标准甚至明显高于现行的 CAC 标准。[①] 但是在食品安全国际合作中，中国在一些核心领域的参与度仍然非常有限。因为中国 1984 年才正式加入 CAC，虽然取得的成绩不少，但是目前为止，中国的国家标准只有 40% 左右等同采用或等效采用了国际标准，覆盖面远远不够。中国目前主要参与了食品法典委员会农药残留及食品添加剂两个委员会的工作，参与度还不是很高。对照中国的食品卫生标准，无论是框架体系还是标准的主要内容和指标都存在较大差距。中国的食品标准与国际食品标准相比，除了在整体格局上不一致外，在具体的技术要求上也存在差别。[②]

（三）国际食品安全问题的应对与国内法的改进

从中国进出口食品安全标准中国内产品合格率和质量标准明显低于输出食品的“人为剪刀差”局面，再到中国在食品安全国际合作参与度的有限，其中的核心问题是，中国对国际标准的采用和执行，以及在国际标准制定中的参与度问题。如果我们在国内食品产业中，大量采用并严格执行食品安全国际标准，尽管可能在食品生产成本上会有所增加，但是从保障消费者健康或者食品安全权的这个根本利益角度考量，金钱成本的付出远远无法与个体的健康相提并论——健康永远比金钱更重要，而且通过损害健康获取金钱永远是得不偿失的——这是一个基本的法理逻辑，更是一个基本的生活逻辑。在食品安全标准上设置并践行“内外差别”，不仅背离当今人

① 石阶平主编：《食品安全风险评估》，中国农业大学出版社 2010 年版，第 189 页。目前发达国家利用其科技优势不断提高国内 SPS 措施的水平，就美国而言，每年约有 300 多项新标准通过，这些新标准给发展中国家贸易伙伴带来了极大的遵从困难。从这个角度来看，发展中国家贸易伙伴在严格遵守国际标准的同时，有时还要特别关注发达国家的更高标准，否则将因为这种技术壁垒而丧失贸易机会。参见陈志刚、宋海英、董银果、王鑫鑫：《中国农产品贸易与 SPS 措施》，浙江大学出版社 2011 年版，第 125 页。

② 石阶平主编：《食品安全风险评估》，中国农业大学出版社 2010 年版，第 190 页。

民群众的基本要求，也危及中华民族自身的生存和尊严；从人权法的角度看，这种行为已经严重侵犯了民众的食品安全权。为此，笔者建议在中国《食品安全法》与相关的食品法律规范乃至相关根本大法的修改中，应率先提出“食品安全权”的概念，这不仅是中国的立法创新，也将是一个世界性的立法创新；它不仅是中国食品安全立法、食品安全治理的阶段性成果，也将成为进一步遏制食品安全事故、保障个体食品安全的理念基石。

党的十八大报告指出，“食品药品安全”问题是目前我们面临的社会问题之一。[①] 有调查显示，目前食品安全问题是民众最为关心的首要问题。[②] 为了更好地保障民众的食品安全，中国《食品安全法》将“食品安全风险监测和评估”放在第二章近乎首要的位置，明显突出了食品安全风险评估的地位和作用，并勾勒了相关制度，其宗旨与《国际食品法典》及世界贸易组织《实施卫生与动植物检疫措施的协议》等国际食品安全规范文本非常契合。但实际上，“目前，我国只有一部分食品卫生标准的制定是建立在风险评估基础上，而大部分的标准则没有进行风险评估。”[③] 这种局面必须改变，呼吁政府及决策者在这方面加大人财物的投入，按照国际认可的手段或者参照相关发达国家在此领域的新进展，加强对食品有关的化学、微生物及新的食品相关技术等危险因素的评估，使中国的食品安全标准达到国际标准，甚至超过相关国际标准。从战略角度看，还应当创新食品安全标准的制定，在未来更多参与或主导一些食品安全国际标准的制定。

关于国际标准的采用，我国《食品安全法》第23条规定，“制定食品安全国家标准，应当依据食品安全风险评估结果并充分考虑

① 胡锦涛：“坚定不移沿着中国特色社会主义道路前进为全面建成小康社会而奋斗”，2012年11月8日。报告还专门提及要“改革和完善食品药品安全监管体制机制”。

② 2012年12月2日上午，中共中央求是杂志社旗下《小康》杂志发布“2012中国综合小康指数”，结果显示，全面建成小康社会进程中，“食品安全”成为2012年最受公众关注的焦点问题，http://www.chxk.com.cn/xkzs/。

③ 同上。

食用农产品质量安全风险评估结果，参照相关的国际标准和国际食品安全风险评估结果，……”。“参照相关的国际标准和国际食品安全风险评估结果”这一规定已经是中国食品安全法治上的重大进步，但是笔者认为该规定尚待完善和细化。鉴于《国际食品法典》及CAC相关标准在世界贸易组织、世界卫生组织及联合国粮农组织等诸多国际组织和机构视为类似于“国际惯例”① 得到认可和采纳，考虑到中国在食品安全标准建设方面的落后局面，为了人民健康、食品产业的可持续发展以及国内经济稳定健康发展的需要，中国作为世界上负责任的大国，除了严格履行其国际条约义务，遵守那些具有刚性效力的具体国际法律规范外，还应不断通过修改完善国内法来贯彻那些国际软法所载的积极理念。为此，中国《食品安全法》及其实施条例可以规定：“食品尚未制定国家标准但有相关国际标准的，应当符合该食品的国际标准，并鼓励参照相关国家对该食品所设置的更高标准，除非这些标准不适合我国的食品安全要求。”这样规定，既可以弥补中国食品，尤其是在一些新资源食品监管领域出现的法律漏洞和技术真空，节约立法成本；还可以使中国的食品因为符合国际标准而更容易被贸易伙伴接受，不失为“两全其美”的上策。

六、结　　语

通常认为，食品安全问题通常会跨越一国范围并对人类健康产生潜在的扩散性影响，因此在该领域需要更加紧密的国际合作及全球治理。在对相关国际法律和实践进行梳理之后，我们现在可以清

① 尽管在国际法的国内适用问题上，《国际法院规约》第38条将国际条约、国际习惯法、一般法律原则及各国权威最高之公法学家学说等列为国际法律渊源，但是对于诸如一些得到广泛认同和参与的国际组织制定的标准是否可认定为国际法渊源问题尚没有言明。不过，从《国际食品法典》及CAC标准在大多数成员国、相关国际组织及相关国际判例中的广泛接受度来看，其被视为国际法渊源只是一个时间问题。

晰地发现一个食品安全的一般原则：在食品安全权不断得到认可之后，各国都应遵守相关国际标准、规范和指引，诚实地履行其法律义务，处于不同层次的所有利益相关者在应对食品安全问题方面都应发挥积极作用，加强国际社会在食品安全威胁问题方面的预防和应对能力。实际上，保护人类健康、免受食源性疾病及类似威胁已经成为各成员国与非成员国的共识，也是各国共同的强制义务及根本利益所在。这种共识暗含了食品安全有利于全球公共健康目标实现的理念；也就是说，如果我们在公共健康领域开展开拓性研究，对相关问题进行创造性的思考和理论梳理，提出更为有效可行的全球应对方案及实施指引，不啻是一种全球公共福祉。①

本文试图展示的是，从人权法和国际法的视角看，为了有效保护食品安全权、严格遵守一般接受的国际标准及指引，以及对国际食品安全规范中严格而又透明的国际义务的尊重，国际社会还要不断前行。到目前为止，国际社会还没有为国际食品安全规范创设实施机制，而涉及食品安全规范的国际法律本身仍存在诸多不足。诚如权威学者弗朗西斯·斯奈德教授所言："食物供应紧张以及食品不安全问题为当前的国际法所容忍、鼓励甚或说是积极倡导。如果我们期待在保障食物权方面的国际法制有所创新，相关领域的重大改革势在必行。"② 斯奈德教授所探索的食品安全法律框架及其所呼吁的改革对格斯汀教授在全球卫生法律治理问题的观点是进一步的重大支持，格斯汀教授认为，"国际法在适用、定义及实施方面存在严

---

① 相关研究文献有：Lincoln C. Chen, Tim G. Evans & Richard A. Cash, Health as a Global Public Good, in Inge Kaul, Isabelle Grunberg, Marc A. Stern, ed., Global Public Goods: International Cooperation in the 21st Century, New York: Oxford University Press, 1999; Inge Kaul (co-edited with Pedro Conçeição et al.), Providing Global Public Goods: Managing Globalization, New York: Oxford University Press, 2003; Ilona Kickbusch, Graham Lister, ed., European Perspectives on Global Health. A Policy Glossary, Brussels: European Foundation Centre, 2006.

② Francis Snyder, Toward an International Law for Adequate Food, in La sécurité alimentaire, p. 162.

重的结构问题”，并且“现存的法律解决路径存在深刻的结构缺陷”。[①]

要想改善目前国际社会在食品安全领域的状况，国际法可以从以下四个重要领域介入：第一，从国际人权法的视角看，应该将“食品安全权”（right to safe food）提升到国际人权法律的明确表述当中，如通过对《经济、社会与文化权利国际公约》进行权威性解释以及通过对违反该项权利的责任追究及救济措施等路径来强化这种权利。借此路径，使得食品安全权的理念逐步被内国法接受并得到实现。第二，从规制的视角看，在涉及食品安全与健康的贸易问题上，应该将保护消费者利益放在优先于贸易自由原则之上，借此缓解贸易伙伴之间的紧张关系。第三，从公共卫生的视角看，为了确保国际卫生，国际社会有必要对食源性疾病所带来的健康危险进行预防和应对，待时机成熟，应将世界卫生组织 2005 年新订的《国际卫生条例》的适用范围进一步拓宽；同时，在确保国际卫生安全的前提下，设计出一些相应的强制措施，从而使该国际卫生法律领域的典型“软法”能够产生更大影响力，使其中的诸多规范成为成员国国内立法的参照。为了更好地预防国际范围内食品领域发生公共卫生风险大规模扩散以及保障消费者健康，从目前的情况来看，在加强发展中国家在 CAC 标准制定中的参与度，增强 CAC 标准公正性的同时，应充分发挥《国际食品法典》在统一食品安全标准方面的作用和优势，认真参考、遵循并执行这些标准，将消费者保护及食品安全监管放在首要位置方能有效预防食品安全事故的发生，从而在国际食品贸易中取得公平的预期效果。第四，从食品安全国际治理角度考察，急需加强该领域的国际合作，具体涉及三个重要领域展开合作，即技术和经济援助、有效的信息共享机制及成员国及

① Lawrence O. Gostin, Global Health Law Governance, Emory International Law Review 22, 2008, pp. 35-47.

其他利益相关者的常规对话平台。[①] 同时，鉴于全球食品安全问题的复杂性，加强世界卫生组织在全球食品安全监管领域的权限，继续沿用该组织所采用的框架性公约议定书路径（framework convention protocol approach）可能是一个好的选择，因为这样可以避开在一些争议领域所存在的潜在政治"瓶颈"。在这种框架文件中，可以事先将一些得到国际社会普遍接受的原则及争议不大的要素进行整理、汇编，为未来这些规则的法律化打下良好基础。为了使国际食品安全合作和规制走向法制化，世界卫生组织应该发挥其在全球公共卫生及食品安全领域的凝聚力和资源优势，在全球食品安全规制领域发挥其领袖作用，先制定实际可行的目标，然后进一步设计出沿着该目标走下去的全球综合治理路径。一俟国际社会达成政治共识，或当科学不确定性逐渐降至最低限度，则世界卫生组织可以推广已经达成的科学共识，传播在该领域所积淀下来的基本知识，树立民众对科学共识的信任，进而在不断演进的立法框架中推动各国在食品安全领域的法律规范走向趋同。

我们寄希望于国际层面和区域层面的主要国际组织（世界卫生组织、联合国粮农组织、世界贸易组织及欧盟等）共同努力，致力于国际事务参与者、各国相关权力机构，以及包含消费者和专业团体在内的大量非政府组织（NGOs）和其他公民社会组织等利益相关者在未来改革沟通技术、加强深度沟通与合作，在食品安全治理领域成功地构建出更加完善的法律框架，从而使国际、国内机构都能从其承诺中获益。为了更好地应对全球公共健康面临风险，国际社会在对《国际卫生条例》等其他涉及国际公共卫生健康的法律文件进行完善时，应秉承务实的路线，努力使各成员国及其他国际组织达成政治上和科学上的共识，将"食品安全权"载入其中并设置相应的维护措施，对侵犯该项权利的个体、组织及其他国际社会的成员进行法律制裁，只有这样才会将公共健康的维护提升到保障全球

---

① Ching-Fu Lin, Global Food Safety: Exploring Key Elements for an International Regulatory Strategy, 51 Va. J. Int'l L. 637, pp. 660-663.

安全的层面。

在当今这样一个经历急剧变化和相互依存的国际环境当中，国际法与国内法的互动日益深刻。各国在食品安全领域的国内专门立法，对于食品安全权的实现、《国际食品法典》标准的接受、责任追究措施的引入以及加强食源性疾病的监控和预警体系都将会产生重大作用。在这方面，以中国2009年2月28日通过的《食品安全法》及2013年初启动的食品安全规制机构的大幅度整合，印度《食品安全与标准法案》（Food Safety and Standards Act 2006）[①] 2011年8月5日正式生效，以及美国国会2011年初通过的《FDA食品安全现代化法》（FDA Food Safety Modernization Act）[②] 最值得关注，这些国内立法无疑对于保护个体食品安全权及健康具有极大的促进作用。这三个国家都是世界上人口密集的大国，如果这些大国在食品安全监管领域做得更好，在实现人类健康方面无疑是个重大贡献。

① 在该法案的框架下该国将成立印度食品安全与标准局（Food Safety and Standards Authority of India，FSSAI），该局有权处理国内所有的食品安全问题。参见http://www.fssai.gov.in/.

② 2011年1月4日，美国总统奥巴马总统签署了《FDA食品安全现代化法》。该法对1938年通过的《联邦食品、药品及化妆品法》进行了大规模修订，可以说是过去七十多年来美国在食品安全监管体系领域改革力度最大的一次。该法涉及诸多食品安全监管方面的制度创新，可参见涂永前："美国食品安全法的制度创新"，载《法制日报》2011年3月2日第12版；FDA：《〈食品安全现代化法〉知识问答》，http://www.fda.gov/Food/FoodSafety/FSMA/ucm242977.htm。

论转基因食品标识的国际法规制

——以《卡塔赫纳生物安全议定书》为视角*

乔雄兵　连俊雅**

从20世纪50年代生物技术产生以来，生物技术的产业化进程逐步加快，转基因作物不仅数量猛增而且种类也日趋繁多。世界各国基于自身利益的考虑对转移基因食品的法律控制也呈现多元化，甚至是两极化趋势，[①] 这直接导致了各国在贸易等领域的冲突。例如，2003年5月，美国、加拿大和阿根廷三国正式启动了WTO争议解决机制，就欧盟限制转基因产品进口的做法向欧盟提出磋商请求，并在磋商未果后要求WTO成立专家小组进行裁决。而欧盟则毫不示弱，除了积极应诉外，于9月22日通过了两部新立法以加强对转基因产品的管制，从而使欧盟成为世界上管制转基因食品最为严格的地区。[②] 在转基因食品规制方面，美国制定了较为宽松和实用的法规，欧盟则采用了截然相反的做法，对转基因食品制定了非常严格和预防性的法律制度。而日本、新西兰等国在此方面的法律规制程

---

* 本文系湖北省法学会2013年度项目“食品安全的法律规制比较研究”（SFXH13304）的阶段性成果。本文原载《河北法学》2014年第1期，本文收录时有修改。

** 乔雄兵，法学博士、武汉大学法学院副教授，主要研究方向：国际私法、国际食品安全法。连俊雅，武汉大学法学院国际私法硕士研究生。

① Celina Ramjoué, “The Transatlantic Rift in Genetically Modified Food Policy”, 20 Journal of Agricultural and Environmental Ethics, 2007, pp. 419-436.

② 王迁：“欧盟转基因食品法律管制制度比较研究”，载《河北法学》2005第10期。

度介于两者之间。[①] 但是，这些国家均强调了转基因食品标识的重要性。转基因食品标识是指在食品说明书或标签中标注说明该食品是转基因食品或含转基因成分，或由转基因生物生产但不包含该生物的食品或食品成分，以便与传统食品区分开来供消费者选择的行为。[②] 鉴于目前全球粮食短缺和转基因技术的迅猛发展使得禁止转基因产品的生产和出口是几乎不可能的事实，因此，转基因食品标识作为对转基因食品立法规制的最后环节，其重要性不言而喻。

鉴于转基因食品标识极大地影响着消费者的消费行为，建立完善的转基因食品标识制度有利于保障食品安全和消费者的知情权。世界各国根据本国生物技术的发展状况、转基因作物的种植和转基因产品的进出口贸易量等综合因素确定了不同的标识制度，主要有以产品为基础的强制标识制度、以过程为基础的强制标识制度和自愿标识制度等，这些制度在标识的对象、范围、豁免和执行上存在着显著差异。[③] 确立对消费者更有利的标识制度以及使众多的转基因食品标识制度达成国际一致成为众多政府间和非政府间国际组织的主要工作目标。[④] 目前国际上关于转基因食品标识的国际法文件最重要的是依据《生物多样性公约》制定的《卡塔赫纳生物安全议定书》，其第 18 条第 2 款[⑤]对转基因食品的标识做了概括性的规定。此

---

① Richard E. Just, Julian M. Alston and David Zilberman. Regulating Agricultural Biotechnology: Economics and Policy, Springer, 2006, p. 459.

② 付文佚、王长林："转基因食品标识的核心法律概念解析"，载《法学杂志》2010 年第 11 期。

③ 付文佚：《转基因食品标识的比较法研究》，云南人民出版社 2011 年版，第 29 页。

④ Wuyang Hu, Michele M. Veeman, Wiktor L. Adamowicz, Labeling Genetically Modified Food: Heterogeneous Consumer Preferences and the Value of Information. 53 (1) Canadian Journal of Agricultural Economics/Revue Canadienne d'agroeconomie83 (2005).

⑤ 《议定书》第 18（2）条规定，每一缔约方应采取措施，至少以文件方式，1）明确说明该转基因生物是有意转移直接用作食物或饲料或加工，而不是有意引入环境，并标明其特征和任何特有标识；2）明确说明该转移的转基因生物是预定用作封闭性使用，并具体说明任何有关安全装卸、贮存、运输和使用的要求；3）明确说明其他转基因生物是有意引入进口国的环境中，并具体说明其特征和相关的特性和/或特点，以及任何有关安全装卸、贮存、运输和使用的要求。

后，该议定书又经过6次缔约方大会得到不断完善，形成了有关转基因食品标识的较系统和具体的规定。基于此，本文拟以《卡塔赫纳生物安全议定书》对转基因食品标识的发展为视角，探讨国际社会在转基因食品标识方面的冲突与调适，以期对完善我国现有转基因食品标识的法律制度有所裨益。

一、《卡塔赫纳生物安全议定书》对有关转基因食品标识的规定

（一）《卡塔赫纳生物安全议定书》的制定背景

在《卡塔赫纳生物安全议定书》制定之前，国际社会还没有专门规定转基因技术的公约，只有《生物多样性公约》里有简单的条款规定。《生物多样性公约》（Convention on Biological Diversity，以下简称CBD），是保护地球生物资源的国际性公约，于1992年6月5日在巴西里约热内卢举行的联合国环境与发展大会上签署，1993年12月29日正式生效。[①] 在该公约的谈判过程中，生物安全问题逐步受到各国重视，最后成为该公约的谈判焦点和核心内容。CBD保护地球上的生物多样性的目的决定了公约不是直接针对转基因食品的，因而公约对此问题规定显得过于简单宽泛，更不用说对转基因食品标识进行规制了。但公约也有对生物技术的专门规定，其第8条第7款规定：缔约方应制定或采取办法，以酌情管制、管理、控制因使用和释放改性活生物体[②]而对生物多样性的保护和可持续利用可能产

① 截至2014年10月24日，公约共有194个缔约国。中国于1992年6月11日签署该公约，1993年1月5日交存加入书，http://www.cbd.int/convention/parties/list，2014年10月24日访问。

② 指任何具有凭借现代生物技术获得的遗传材料新异组合的活生物体。简称LMOs，Living modified organisms；或称“转基因生物”，简称GMOs，Genetically modified organisms。

生有害环境的影响。

同时，公约第 19 条第 3 款规定，缔约方应该考虑是否需要一项议定书，规定适当程序，特别包括提前知情协议，适用于可能对生物多样性保护和可持续利用产生不利影响的生物技术改变的任何活生物体的安全转移、处理与使用，并考虑该协定书的形式。同时要求改性活生物体出口国将关于这类生物体的使用和安全条例的所有资料以及可能产生的不利影响提供给引进这些生物体的缔约国。这条规定是目前国际上最重要的有关转基因技术法律规则的制定依据。虽然公约的目标决定了其对转基因食品的影响是间接、指导性的，即没有提出明确法律条文规定，但公约为《卡塔赫纳生物安全议定书》的制定提供了法律依据。[①] 此外，《生物多样性公约》第 22 条第 1 款项是一个关于公约与其他协议冲突问题的规定，即公约规范的内容一旦与其他国际协定有所抵触时，《生物多样性公约》具有相对的优先性。[②]

根据公约第 19 条第 3 款关于制定改性活生物体议定书的规定，在联合国环境规划署的组织下，1996-1999 年国际社会先后召开了 6 次生物安全特设工作组会议和一次生物多样性公约缔约国大会特别会议。期间，由于各国生物技术发展水平差异较大，且在涉及生物技术产品贸易、生物多样性以及人类健康等重大问题上利益分歧大，对议定书的内容存在严重分歧，导致谈判艰巨而持久。谈判各方逐渐形成 5 类代表不同观点的国家利益集团：由 77 国集团和中国组成“意见一致集团”（the Like-Minded Group），坚持预防为主的原则并主张制定一项国际法规来规范和约束转基因生物的越境转移，以减少其对生物多样性和人体健康的负面影响；代表转基因作物种子和产品的 6 个主要出口国[③]的“迈阿密集团”（Miami Group），他们反

---

① 孟雨：“转基因食品引发的国际贸易法律问题及对策”，载《华中农业大学学报（社会科学版）》2011 年第 1 期。

② Barbara Eggers and Ruth Mackenzie, The Cartagena Protocol on Biosafety, Journal of InternationalEconomic Law, Oxford University Press, 2000, p. 541.

③ 指阿根廷、澳大利亚、加拿大、智利、美国和乌拉圭。

对过严的国际法规制以便其能从转基因生物贸易中获得巨大经济利益；欧盟（EU）成员国凭借自身在转基因食品贸易、管理和使用方面较为完善的区域一体化法令和国家法规，希望起草一份较为严格的议定书，并强调预防原则的重要性；主要由经合组织（OECD）成员国组成的“和事集团”（the Compromise Group）在谈判中充当对立意见集团之间的中间桥梁，并提出折衷提案；中欧和东欧的国家也基本是中间派，基本上支持议定书写入预防原则并将转基因食品和饲料包含在内，且注重各种建议的可操作性和实用性。[①] 经过多次谈判，终于在2000年1月24日-28日通过了《卡塔赫纳生物安全议定书》的最终文本。

（二）《卡塔赫纳生物安全议定书》对转基因食品标识的规定

《卡塔赫纳生物安全议定书》（The Cartagena Protocol on Biosafety，以下简称BSP）是国际法上最主要的规定转基因技术的法律文件。[②] BSP由40个条款和3个附件组成，议定书第4条规定：“本议定书应适用于可能对生物多样性的保护和可持续使用产生不利影响的所有改性活生物体的越境转移、过境、处理和使用，同时亦顾及对人类健康构成的风险。”可见，议定书适用范围是有限的，其针对的是改性活生物体。而大部分的转基因食品经过加工后，改性活生物体已经不再存活，因此不在议定书的范围之内。

议定书对拟直接作食物或饲料或加工之用的改性活生物体（Living modified organisms that are intended for direct use as food or feed, or for processing，简称LMO-FFPs）、封闭使用的改性活生物

① Aaron Cosbey and Stas Burgiel, The Cartagena Protocol on Biosafety: An analysis of results, available at http://iisd.ca, visited on Feb 28, 2013.

② 该议定书于2003年9月11日生效，截至2014年10月24日，共有168个成员国。中国于2005年9月6日正式成为议定书的第120个缔约方。

体、拟有意引入进口缔约方的环境改性活生物体做出了区分，涉及转基因食品主要是 LMO-FFPs。对于转基因食品和饲料的标识，议定书第 18 条第 2 款第 1 项规定："拟直接用作食物或饲料或加工之用的改性活生物体应附有单据，明确说明其中'可能含有'改性活生物体且不打算有意将其引入环境之中；并附上供进一步索取信息资料的联络点。作为本议定书缔约方会议的缔约方大会应在不迟于本议定书生效后两年就此方面的详细要求，包括对其名称和任何独特代码（unique identification）的具体说明作出决定"。该条款规定了转基因食品应当附有单据，说明其中可能含有转基因成分，并且没有意图将该转基因生物释放到环境中。该款说明了强制标识是缔约国的一般义务，但是缺乏对标识形式和内容、具体文件形式、阈值（Threshold）等的规定。因此，在议定书制定后，国际社会先后召开多次缔约方会议对有关内容进行了进一步完善。

二、《卡塔赫纳生物安全议定书》七次缔约方会议关于转基因食品标识规制的争论

（一）第一次缔约方会议只达成了一个 LMO-FFPs 附随文件的临时要求

本次会议于 2004 年 2 月在马来西亚吉隆坡举办。由于尚未批准本议定书，因而中国没有参加此次会议。关于项目处理、运输、包装和标识最重要的会议文件是执行秘书编写的说明。文件中描述了关于改性活生物体处理、运输、包装和标识的现行标准、做法和规则的情况，其中提到中国转基因农业生物体管理条例将于 2003 年 3 月开始实施，届时要求在条例中列出的所有转基因产品均带有明确

的标识，还有中国香港地区提议对转基因成分超过5%的食品进行标识等。[①] 最值得注意的是欧盟为执行第18条所提出的十分具有价值的立法建议，其第2001/18/EC号指令首次要求确保进入市场的转基因生物体在所有阶段均可跟踪[②]。具体而言就是，运营者建立制度和程序以识别产品的来源和去向，且传播具体信息保留5年，并在必要时将信息提供给主管部门。此外，还要求确保此类产品有如下字样的标识："本产品含有转基因生物体"或"本产品含有转基因××"。[③]

政府委员会在此次会议上主要对第18条第2款第1项中的如下问题作了讨论：（1）应伴随改性活生物体的单据类型。有观点认为使用现有的商业货单简便且费用低廉，而还有观点认为使用专为议定书目的而设计的新单据，将对用户和管理者更为方便。（2）所附单据中要求提供的信息类型和范围。有缔约方提议单据应提供更多的信息，包括独特标识、生物体主体和导入体等，而代表转基因出口大国的利益方认为应逐字逐句根据议定书的文字行事，除此之外的信息都不可接受。（3）"可能含有"措辞问题。有缔约方赞成在所附单据上使用这一措辞，还有代表对此措辞表示担心，认为没有提供清晰和有用的信息以识别LMO-FFPs。（4）独特标识。会议成员一致认为需要对LMO-FFPs采用独特标识，但是唯一的分歧是是否应将其包含在所附单据应提供的信息中。（5）偶然/无意出现的改性活生物体和阈值。鉴于欧盟和瑞士设定的阈值分别为0.9%和1%，国际谷物贸易联合会提议将95%非改性活生物体纯度水平作为临时

① UNEP/CBD/BS/COP-MOP/1/7, available at http://bch.cbd.int/protocol/cpb_mopmeetings.shtml, visited on May 1, 2013.

② 指根据转基因生物体和转基因生物体所生产的产品在进入市场的所有阶段传播和保留的相关信息，对这种转基因生物体和产品在生产和销售链中的移动进行回溯性跟踪。

③ European Commission, Directive 2001/18/EC of the European Parliament and of the Council of 12 March 2001 on the deliberate release into the environment of genetically modified organisms and repealing Council Directive 90/220/EEC, 106 Official Journal of the European Communities L. 1-38 (2001).

措施，也即，LMOs 含量低于 5% 的食品可以免受议定书对于标识要求的约束。(6) 保存标识。虽然欧盟已对 LMOs 的追踪和标识进行了规定，但工业界代表认为采用保存标识必将带来成本的显著增加。(7) 采样和检测技术。有观点指出有必要制定标准的采样和测试方法，且谷物贸易行业建议应让正在从事适当技术开发的国际机构制定测试方法原型。①

经过讨论，缔约方大会作出了关于第 18 条第 2 款第 1 项的第 BS-I/6 号决定，但同时指出本阶段对第一句的理解和执行所作出的任何决定将只是临时的。(1) 第 BS-I/6 号决定规定了 LMO-FFPs 进行标识所应附单据的形式，商业发货单或现行单据制度规定的其他单据，并指出之后将会在这个问题上作出详细规定，其中可能包括使用单独单据的问题。(2) 第 BS-I/6 号决定规定 LMO-FFPs 的标识是强制性义务。议定书要求缔约方并促请其他国家政府采取措施，确保所附拟直接用作食品、饲料或加工的改性活生物体的单据明确标示该货物可能含有拟直接用作食品、饲料或加工的改性活生物体，并申明不打算有意将其引入环境。此外，还鼓励议定书缔约方和其他国家政府规定拟在其管辖范围内的 LMO-FFPs 的出口者，申报其货物含有拟直接用作食品或饲料或加工的改性活生物体，并视情况申明改性活生物体的标记和任何独特标识。(3) 第 BS-I/6 号决定 LMO-FFPs 标识的内容，要求附随的单据应包括：通用名称、科学名称和现有商业名称，以及改性活生物体的转变活动编码或现有独特标识编码。(4) 第 BS-I/6 号决定要求议定书缔约方并促请其他国家政府采取措施，确保所附拟直接用作食品、饲料或加工的改性活生物体的单据提供一联络点的细节，以供有关当局获取进一步资料。还要求设立不限成员名额技术会议来达成第 18 条第 2 款第 1 项中提到的决定，包括：① 拟直接用作食品或饲料或加工的改性活生物体的所附单据；② 所附单据内提供的信息；③ 使用独特标识码的范围

① UNEP/CBD/BS/COP-MOP/1/7, available at http://bch.cbd.int/protocol/cpb_mopmeetings.shtml, visited on May 1, 2013.

和模式；④ 如果可能，对偶然或无意造成的改性活生物体含量的阈值进行规定；⑤ 审查现有的取样和检测方法，以便予以统一。①

此外，此次缔约方大会还针对 LMO-FFPs 标识对第二次和第三次会议分别设立了目标要求：对 LMO-FFPs 的详细标识作出规定，包括根据第 18 条第 2 款第 1 项对其名称和任何独特标识的具体说明作出决定；与其他相关国际机构协商（第 18 条第 3 款），考虑是否有必要以及以何种方式针对标识、处理、包装和运输诸方面的习惯做法制定标准。

总之，本次会议在 LMO-FFPs 应附有的单据上遇到了重大的困难，只达成了一个 LMO-FFPs 的附随文件的临时要求，并没有作出具体规定，但是为之后的缔约方会议在 LMO-FFPs 标识上取得突破性进展奠定了基础。

（二）第二次缔约方会议对转基因食品标识问题未取得实质性进展

第二次缔约方大会于 2005 年 5 月底在加拿大蒙特利尔举行。中国政府高度重视生物技术安全这一问题，于同年 4 月正式批准了《卡特赫纳生物安全议定书》（中国香港、澳门地区除外），但是据 CBD 规定，批准书在提交给公约和议定书交存处之日起 90 日后才能生效，因此我国以观察员身份参加会议，并作了一般性发言。尽管本次缔约方大会在转基因食品标识问题上取得了积极的进展，但两个非常重要的议题却没有取得进展，而其中之一就是拟直接作食品或饲料或加工之用的改性活生物体的运输标识问题。

2004 年 11 月在波恩举行了改性活生物体安全处理、运输、包装和标识问题能力建设和经验交流研讨会。之后，又于 2005 年 3 月举行了关于拟直接作食物或饲料或加工之用的改性活生物体标识规定

---

① UNEP/CBD/BS/COP-MOP/1/15, available at http://bch.cbd.int/protocol/cpb_mopmeetings.shtml, visited on May 1, 2013.

问题的不限成员名额技术专家组会议，促使各缔约方和其他有关利益方能够更好地了解主要问题并表达不同观点和立场。技术专家组讨论了关于第 18 条第 2 款第 1 项的五个问题：（1）改性活生物体的应附单据。提议包括了使用商业发货单、货单附件、单独的文件以及现有单据制度所规定或使用的其他文件、国内管制框架规定的单据等。（2）所附单据应提供的信息。有些专家认为，需要包括尽可能多的资料，而其他专家则强调需要包括独特的识别资料和关于改性活生物体的安全处理、储存、运输和使用的资料，但应避免作出过多和不必要的资料要求。（3）改性活生物体的独特标识和使用方法。有专家对独特识别资料的用途表示怀疑。还有专家建议将独特的识别资料与传统作物和改性作物的独特海关编码结合起来。（4）启动标识要求可能需要的偶然或无意造成的改性活生物体含量的阈值。备选方案众多，但与会专家指出，有必要区分阈值的必要性和阈值所应该确定的水平这两个问题，因为阈值越低，费用也会越高。（5）取样和检测方法的协调统一。若干专家表示应适当考虑到其他有关国际组织当前进行的工作，可由其他有关国际组织承担。①

然而，由于会议上少数国家与其他大多数国家在运输标识上的意见分歧大，专家组提交的转基因食品标识的决定草案最终未获通过。在这一议题下，大多数国家认为应当在 LMO-FFPs 的运输单据上明确标明是否含有改性活生物体成分，以使进口方和消费者得以行使知情权和选择权；而新西兰和巴西则坚持在运输单据上采用“可能含有”的表述。为了促使双方意见一致，大会还专门成立接触小组，但直至会议闭幕当天凌晨，也未就这一议题达成一致意见。在大会闭幕当天的全会上，瑞士提出了关于这一议题的“一揽子”提案，其中要求在确知有意含有改性活生物体成分的情况下明确标

① UNEP/CBD/BS/COP-MOP/2/10, available at http://bch.cbd.int/protocol/cpb_mopmeetings.shtml, visited on May 1, 2013.

明“含有”改性活生物体成分，其他情况下均标明“可能含有”。[①]这一提案得到了绝大多数国家的支持，但新西兰和巴西两国仍然坚持其原来的立场，结果使这一议题成为本次缔约方大会上唯一的一项无果而终的议题，成为一大憾事。[②] 欧洲联盟代表其成员国以及保加利亚和罗马尼亚在会议的第3次全体（最后一次）会议上就对LMO-FFPs处理、运输、包装和标识（第18条）进行发言时表示对这一结果深感失望和不安，并认为这一失败对于实现议定书的目标可能带来消极影响，并为没有满足发展中国家对单据的要求而感到遗憾。

然而，新西兰和巴西之所以坚决反对在运输单据上明确标明“含有转基因成分”字样，通过分析当时的国际背景即可得知。当时，全球对转基因作物的怀疑和反对情绪高涨，在运输单据上对含有转基因成分的货物明的出确标明“含有转基因成分”，将大大影响其转基因产品出口。[③] 尽管依照议定书要求，缔约方大会应当在2005年9月份之前就运输单据的详细内容作出明确的决定，但是此次缔约方大会未能完成在2年内对LMO-FFPs详细标识作出决定的任务，所以只能留待第三次缔约方大会上继续讨论。

（三）第三次缔约方会议对转基因食品标识取得重大进展

从《议定书》生效到本次会议已经超过两年，但仍未就第18条第2款第1项的具体要求作出决定。第三次缔约方大会于2006年3月在巴西库里提巴举行。我国已于2005年9月6日成为议定书缔约方，因此以缔约方身份参加这次大会。此次会议主要围绕实质性议题，特别是《议定书》第18条第2款第1项，举行了多次“接触小

---

① UNEP/CBD/BS/COP-MOP/2/15, available at http://bch. cbd. int/protocol/cpb_mopmeetings. shtml, visited on May 1, 2013.

② 于文轩：“进展与期待中的生物安全国际保护——《卡塔赫纳生物安全议定书》第二次缔约方大会评述”，载《科技与法律》2006年第12期。

③ 同上。

组”和“主席之友”磋商会议。最后本着合作的精神，各方通过了有关此条款的妥协方案，达成了一项决定 BS-III/10，使议定书在第三次缔约方大会上取得了阶段性进展。[①]

在前两次缔约方会议的基础上，本次会议终于作出这一关于 LMO-FFPs 标识的决定 BS-III/10，要求议定书各缔约方并促请其他国家政府采取措施，保证根据国内管理框架得到授权，拟直接作食物或饲料或加工之用的改性活生物体所附文件应符合进口国家的规定。对于标识问题，如果可以通过标识保存系统或其他措施了解所涉改性活生物体的标识，应清楚说明货物中包括拟直接作食物或饲料或加工之用的改性活生物体，否则应清楚说明货物中可能包括一种或多种拟直接作食物或饲料或加工之用的改性活生物体。对于标识的内容仍决定采用普通名称、科学名称以及可能有的商业名称，且包括所涉改性活生物体的转基因事件编码或独特识别编码。此外，还要求出口方应说明不意图将改性活生物体引入环境以及建立生物技术安全资料交换所的互联网网址。可喜的是，针对这一决定，新西兰表示了其对第 18 条第 2 款第 1 项决定草案的看法，认为这方面可能存在某些误解。新西兰支持在改性活生物体的越境转移方面作出得力的单据要求，以便让所有国家能够在决定是否允许改性活生物体的进口时对此有全面了解。此外，新西兰代表团还支持写有“可能含有”及“含有”字样的单据要求，改变了其之前坚决反对在运输单据上明确标明“含有转基因成分”字样的态度。[②]

总之，第三次缔约方会议对 LMO-FFPs 的标识有了实质性突破，终于完成了对 LMO-FFPs 详细标识作出决定的要求。但是值得注意的是，本次缔约方会议决定只适用于议定书缔约国之间，缔约方与非缔约方贸易时将免除对 LMO-FFPs 提供详细信息的义务。

---

① 张剑智：“妥协与合作：《卡塔赫纳生物安全议定书》第三次缔约方会议取得阶段性进展”，载《国际瞭望》2006 年 4B 期。

② UNEP/CBD/BS/COP-MOP/4/18, available at http://bch.cbd.int/protocol/cpb_mopmeetings.shtml, visited on May 1, 2013.

（四）第四、第五、第六和第七次缔约方会议对转基因食品标识问题均未取得突破

第四次缔约方会议于2008年5月在德国波恩举行。由于第三次缔约方会议在LMO-FFPs的标识上取得了一致意见，并取得实质性进展，且相关问题也留到第六次缔约方会议来解决，因而本次缔约方会议主要就风险评估和风险管理及赔偿责任和补救措施进行了讨论，但未取得实质性进展。①

第五次缔约方大会于2010年10月在日本名古屋举行。本次缔约方会议的主要成果在于通过了《卡塔赫纳生物技术安全议定书关于赔偿责任和补救的名古屋-吉隆坡补充议定书》，而在标识问题上虽作出了一项决定BS-V/8，但没有取得实质性突破。只要求各缔约方加快落实其生物安全管理框架，并向生物安全信息交换所提供任何涉及LMO-FFPs标识和单据的管理要求方面作出的变更。最后还决定推迟到第七次会议再考虑是否有必要编制一份单独的文件。②

第六次缔约方会议于2012年10月在印度海德拉巴举行。代表们同意在一个决定中解决以下两个问题：针对封闭使用或意图引入的改性活生物体在处理、运输、包装和标识问题，以及处理、运输、包装和标识标准，但讨论集中在决定范围和文件要求上。在范围上，代表们争论包含独特代码的指引在内将使会议决定的范围扩展至食物、饲料或加工的活生物体（第18条第2款第1项），而不是仅包含拟作封闭使用或意图引入的改性活生物体（第18条第2款第3项和第4项）。针对文件要求，代表们对是否包括单独文件的指引以及改性活生物体快速链接工具问题进行讨论，但最终决定两者均不予

① UNEP/CBD/BS/COP-MOP/4/18, available at http://bch.cbd.int/protocol/cpb_mopmeetings.shtml, visited on May 1, 2013.

② UNEP/CBD/BS/COP-MOP/5/8, available at http://bch.cbd.int/protocol/cpb_mopmeetings.shtml, visited on May 1, 2013.

以采纳。会议上，玻利维亚提议通过要求附随具体文件来确保执行，并倡议在第八次缔约方大会上重申此问题。而马来西亚、巴拉圭、古巴和墨西哥认为他们已经制定了法规，反对对现有的文件要求予以改变。代表们也讨论了是否采用商业发票或单独文件的形式，但最后在口头上同意两种形式均可。此外，代表们在针对标识的具体标准问题上讨论了以下一些议题：标识的指引；增添新的代码至世界海关组织现有的代码系统中；议定书参照世贸组织的卫生和植物检疫标准委员会指定的标准；使用生物资料安全交换所提供的 LMOs 数据库。最后，在分析新认定代码的必要性时，代表们同意删除有关 LMOs 代码的文字以及它们不同的意图用途，因为这将会超越现在的决定范围。此外，他们详细地讨论了是否应包括联合国对危险品运输标准规定的指引，古巴提议采用其他语言来强调目前的关涉 LMOs 运输工作的重要性，但是最终决定删除这一指引。①

第六次缔约方会议作出了第 BS-VI/8 号决定。要求缔约方和鼓励其他政府继续执行第 18 条第 2 款第 3 项和第 4 项的要求，通过使用商业发票或现存文件系统要求或使用的其他文件，或者国内立法或行政法规体系要求的文件；要求执行秘书在第三次国家报告中列入一项具体问题，了解各缔约方在现有类别的单据或单据中列入标识的信息的情况。最后，鼓励经济合作与发展组织继续努力根据第 BS-I/6 号决定附件 C 节第 3 段制定改性活微生物和动物的独特标识制度。也要求执行秘书处进一步审查处理运输、包装和标识标准中潜在的差距与不协调，为第七次缔约方大会提供建议。总之，本次缔约方会议在对改性活微生物和动物的独特标识制度上也鼓励采用标识制度，这是一个巨大的突破，扩展了改性转基因生物标识制度的范围，为后续的具体规定奠定了基础。但是遗憾的是，并没有完成根据第三次缔约方大会的要求在本次缔约方大会上产生一个决定，来确保改性活生物体运输中附随的文件能够清晰标注改性活生物体

① UNEP/CBD/BS/COP-MOP/6/18, available at http://bch.cbd.int/protocol/cpb_mopmeetings.shtml, visited on May 1, 2013.

以及其他信息的任务。

第七次缔约方会议于2014年9月29日至10月3日在韩国平昌举行。第三次缔约方会议在其第BS-III/10号决定的第7段以及第五次缔约方会议在其第BS-V/8号决定的第6段表示，由第七次缔约方会议审议是否需要一种独立的单据。并且，第六次缔约方会议在其第BS-VI/8号决定的第3段也提请执行秘书，在第三次国家报告格式中列入一个具体问题，了解各缔约方对越境转移拟直接用作食品或饲料或加工的改性活生物体是否规定在现有类别的单据或独立单据中或同时在二者中列入标识的信息。然而，执行秘书接收到的缔约方国家的来文中除了南非、韩国以及全球工业联盟以外，其他国家或组织很少发表关于此问题意见。① 南非、韩国和全球工业联盟都不赞成采用独立单据的形式。所以，第七次缔约方会议在建议决定草案时就提出，将参照第三次国家报告对相关问题的答复和对《议定书》有效性第三次评估和审查的相关结果，再进一步审查是否需要独立的单据。此外，第七次缔约方会议在审查了执行秘书关于审查处理、运输、包装和标识标准中潜在的差距与不协调的报告并且参考了第六次缔约方大会针对该报告的讨论后，认为在《卡塔赫纳议定书》第18条第3款范围内，对制定标识、处理、包装和运输惯例的具体标准的必要性和模式迄今未能达成共识。所以，第七次缔约方会议建议，根据第三次评估结果和议定书效力审查及战略计划中期审查的结果，在第九次会议上审查是否需要制定标准和考虑任何进一步措施。虽然第七次缔约方会议的最终决定尚未公布，但是根据上述分析可知，第七次缔约方会议也并未对转基因食品标识问题的规制取得突破性进展。②

① UNEP/CBD/BS/COP-MOP/7/8, . available at http://bch. cbd. int/protocol/cpb_mopmeetings. shtml, visited on October 23, 2014.

② UNEP/CBD/BS/COP-MOP/7/8/Add. 1, available athttp://bch. cbd. int/protocol/cpb_mopmeetings. shtml, visited on October 23, 2014.

三、对《卡塔赫纳生物安全议定书》七次缔约方会议有关转基因食品标识决定的评析

前文论述可见，对转基因食品标识的规制虽然是国际社会的共识，但是由于各国之间的利益冲突，决定了有关转基因食品的国际规制之路注定不会平坦，其只会在冲突与妥协中不断发展。《卡塔赫纳生物安全议定书》从制定到通过实施整整花费了8年时间，足以可见转基因食品标识的国际法规制过程的艰辛。而在《卡塔赫纳生物安全议定书》实施后，有关LMO-FFPs标识问题的决定也历经波折，经过三次缔约方会议才达成了关于LMO-FFPs标识的具体规定，即第BS-III/10号决定，但是之后的三次缔约方会议却一直没有突破性进展，因此，国际社会在转基因食品标识的统一规制方面还有很长的路要走。

不过，纵观有关《卡塔赫纳生物安全议定书》七次缔约方会议，国际社会在关于LMO-FFPs标识还是取得了一定的成果的，主要有如下几个方面：

（1）标识的形式多样化。根据决定，缔约方在其本国的法律框架内，既可以使用商业发货单、单独的文件，也可以使用现有单据制度所规定或使用的其他文件。这种根据本国情况选择的多样化标识方法有利于成员国之间利益的协调与统一。此外，由于一些缔约方在本国内部已制定实行独特的标识制度，议定书采用多样化的标识形式，既有利于议定书关于标识问题的规定在缔约方的执行，还有利于非缔约方的加入，尤其是像美国、加拿大等转基因生物大国，从而扩大议定书的适用范围，增强议定书的影响力。①

（2）标识的内容。有关LMO-FFPs标识的内容有以下五个方面：

① 付文佚：《转基因食品标识的比较法研究》，云南人民出版社2011年版，第161页。

① 关于跨境转移改性活生物体单据上标注“含有”和“可能含有”字样。虽然墨西哥和巴西在第二次缔约方会议上坚决反对在运输单据上明确标明“含有转基因成分”字样，但是在之后的会议上改变了这一立场。如果明确认定含有改性活生物体，则应当在运输单据上明确说明货物中“含有”改性活生物体；如果不能认定是否含有改性活生物体时，则标明“可能含有”。② 在单据中应说明改性活生物体不打算被有意引入环境，这是缔约方的义务。③ 改性活生物体的名称应是通用名称、学名或现有商业名称。④ 应标注改性活生物体在生物安全信息交换所登记的特有标识编码，或转变活动编码。⑤ 应设立为进一步获取信息资料的生物安全信息资料交换所的网络地址，这是议定书特有的规定。

四、对完善中国转基因食品标识规制的启示与建议

（一）我国现有转基因食品标识的法律规定

我国的转基因食品标识是由不同层次的立法来规定的。主要的立法是2009年6月1日起实施的《食品安全法》和2009年7月24日公布的《食品安全法实施条例》。主要的行政法规是2001年国务院发布的《农业转基因生物安全管理条例》。除此之外，在一些部门规章中存在部分关于转基因食品的规定。如农业部2002年制定的《农业转基因生物标识管理办法》以及《农业转基因生物标签标识管理办法》；卫生部2006年制定的《新资源食品管理办法》；国家质量监督检验检疫总局2007年制定的《食品标识管理规定》等。最后，还有有关食品标识的强制性国家标准《预包装食品标签通则》(GB7718-2011) 等。

《食品安全法》将我国对食品管理的标准由“卫生”提高到了

“安全”，同时提出食品安全风险评估、标准制定、信息披露、安全事故调查处理和检测规范等方面实行“五统一”的思路，在食品管理方面迈出了一大步。[①] 其第 48 条和第 49 条规定了食品包装和标识的一般性问题，要求对食品和食品添加剂应附有标签和说明书，以易于辨识。其第 101 条规定了转基因食品的安全管理规定应适用本法；法律、行政法规另有规定的，依照其规定。

除《食品安全法》以外，我国还有大量行政法规和部门规章涉及转基因食品的规制问题。2001 年的《农业转基因生物安全管理条例》第 8 条、第 28 条和第 29 条都涉及转基因标识的规定。其第 8 条规定，国家对农业转基因生物实行标识制度。实施标识管理的农业转基因生物目录，由国务院农业行政主管部门商国务院有关部门制定、调整并公布。第 28 条规定，在中华人民共和国境内销售列入农业转基因生物目录的农业转基因生物，应当有明显的标识。列入农业转基因生物目录的农业转基因生物，由生产、分装单位和个人负责标识；未标识的，不得销售。经营单位和个人在进货时，应当对货物和标识进行核对。经营单位和个人拆开原包装进行销售的，应当重新标识。第 29 条规定，农业转基因生物标识应当载明产品中含有转基因成份的主要原料名称；有特殊销售范围要求的，还应当载明销售范围，并在指定范围内销售。从规定来看，我国对转基因食品采取的是分类定性强制标识制度，凡是列入农业转基因生物目录的食品必须强制标识，否则不得在中国境内销售。除以上规定外，农业部发布的《农业转基因生物标识管理办法》第 6 条、第 7 条和第 11 条，也对转基因生物标识的标注方法进行了详细而全面的规定。对转基因动植物（含种子、种畜禽、水产苗种）和微生物等产品，直接标注“转基因××”，而对于转基因农产品的直接加工品，标注为“转基因××加工品（制成品）”或者“加工原料为转基因××”。但是对于用农业转基因生物或用含有农业转基因生物成分的产品加工制成

---

① 参见张莉、曾国真：“我国食品安全法律制度研析”，载《河北法学》2012 第 7 期。

的产品，且在最终销售产品中已不再含有或检测不出转基因成分的产品，标注为“本产品为转基因××加工制成，但本产品中已不再含有转基因成分”或者标注为“本产品加工原料中有转基因××，但本产品中已不再含有转基因成分”。此外，还要求农业转基因生物标识应当醒目，并应使用规范的中文汉字进行标注，而对于难以在原有包装、标签上标注农业转基因生物标识的，可采用在原有包装、标签的基础上附加转基因生物标识的办法进行标注。

卫生部《新资源食品管理办法》规制的对象是“因采用新工艺生产导致原有成分或者结构发生改变的食品原料”，即转基因食品原料。该办法将转基因食品和其他新资源食品一起进行规定，其标识问题也与其他新资源食品一致，因而没有对转基因食品标识作出专门、详细的规定。如其第21条只规定“新资源食品以及食品产品中含有新资源食品的，其产品标签应当符合国家有关规定，标签标示的新资源食品名称应当与卫生部公告的内容一致。”《预包装食品标签通则》（GB7718-2011）第4.1.11.2条专门规定转基因食品的标识应符合相关法律、法规的规定，同时还要求标出致敏性。

（二）现有法律规定存在的不足

从我国现有立法来看，尽管法规数量并不少，但是比起欧美发达国家，我国在转基因食品标识的规制方面依然存在很大的不足。

1. 立法层次不高

目前，我国还没有一部专门的转基因食品安全法，虽然2009年的《食品安全法》中有关于食品安全的总括性规定，但是其只规定了食品包装和标识的一般性问题，对转基因食品标识具体规则尚付阙如。遗憾的是，2013年10月国务院发布的《食品安全法》（修订草案送审稿）中也没有对转基因食品标识作出新的规定。① 尽管我

① 参见国务院法制办公室官网：http://www.chinalaw.gov.cn/article/cazjgg/201310/20131000392889.shtml，2014年10月20日访问。

国有关部门规章中有大量转基因食品的规则，但是由于其立法层次过低，不能满足实际适用的需要。

2. 现有规定对转基因食品标识的规定还很不完善

首先，虽然《农业转基因生物安全管理条例》和《农业转基因生物标识管理办法》等对转基因食品标识作出了较为详细规制，但是对阈值、致敏性等没有作出规定，直接影响了消费者的知情权和健康权。目前，我国法律尚未对转基因食品标识的阈值进行规制。然而，在生产销售过程中，转基因成分和非转基因成分混合的发生情况会比较频繁，但由于我国法律没有规定阈值，这意味着要求非转基因产品完全不含转基因成分，这种规定在全世界范围内都是独一无二的，这在执行过程中将非常困难。

其次，有关法律对转基因食品的规定过于简单。我国现有规定对哪些转基因食品进行强制性标识并无详细说明，而只规定对可检出转基因生物的食品进行标识，但对于高度加工的，最终产品检测不出转基因成分的转基因食品不予标识。不对转基因食品进行标识，相当于侵害了消费者的知情权与选择权，使消费者很可能在不知情的情况下食用了转基因食品。还有些消费者有特殊的宗教信仰，而食用转基因食品，很可能与其宗教信仰相冲突，这是不符合伦理道德的。

再次，卫生部 2006 年的《新资源食品管理办法》取代了 2002 年的《转基因食品卫生管理办法》，将重点放在对食品生产的源头管理上，即只侧重对转基因食品原料的管理，不同于旧办法所侧重的包括从转基因食品原料到最终产品在内的整个过程的管理，这可以说是一大退步。其原因可能在于新办法是针对整个食品工业的，而不是专门针对转基因食品的。此外，新办法也忽略了对转基因食品致敏性的规定（旧办法有规定，但已失效），成为我国有关转基因食品标识规定的一个漏洞。

最后，我国《食品标识管理规定》和《预包装食品标签通则》（GB7718-2011），主要是对食品标识标注的规范，没有将转基因食品标识与其他产品标识区别对待，对转基因食品标识采取的只是以产品为基础的强制标识制度。

（三）完善我国转基因食品标识立法的建议

综合《卡塔赫纳生物安全议定书》有关转基因食品标识的规制，笔者认为，我国应该修改《食品安全法》，从以下几方面入手，完善我国转基因食品标识的法律规定：

1. 我国《食品安全法》中应该对转基因食品实行普遍定量强制标识制度，并对阈值、致敏性和独特代码概念作出明确规定

尽管我国目前对转基因食品实行的就是强制标识制度，但是这种强制只是针对农业转基因生物目录内的食品，范围十分有限。笔者认为，我国对转基因食品的强制标识应该扩大到所有食品，而不仅仅只是农业转基因生物目录内的食品，对于产品中含转基因成分食品的都要有强制标识要求。例如，原料为转基因大豆的豆腐、豆浆等含蛋白成分的豆制品在销售时候都必须强制标识含有转基因成分。

同时，我国的强制性标识制度中亟需增加阈值、致敏性和独特代码概念和相关规定，因为这些概念的缺乏将不利于我国强制标识制度的贯彻执行。笔者认为，我国将转基因成分的容许量严格限制为零的绝对定性做法与国际上通行的不符。因为在食品生产过程中，通常会出现转基因成分与非转基因成分的混合，且国际上也普遍认为只要转基因成分对人体的有害性降低到可忽略的程度，即可认为是安全的。目前，世界各国都对转基因食品有阈值要求，超过阈值的才要求强制标识。例如，根据欧盟的立法规定，在规定产品中的转基因成分低于一定比例（0.9%）的，可以不贴标签，也即可视为不含转基因成分。日本规定转基因原材料的重量不在主要成分前三位，并低于总重量的食品不算转基因食品。韩国则规定转基因材料用量不在前位的食品不是转基因食品原材料。[①] 因此，与其说设置一

① 刘志陟、李慧：“试论我国转基因生物安全性法律体系的完善”，载《当代法学》2003年第10期。

个过分苛刻的要求去达到事实上不可能达到的标准，倒不如根据我国国情和现有生物技术水平，实事求是地规定一个能安全检测出转基因成分的百分比作为阈值，如在1%至5%之间作出一个明智的选择，便于实际操作和具体认定。[①] 鉴于我国对转基因食品采用的不是可追溯性的过程管理，笔者建议采用5%的阈值，这样，含有低于该含量的偶然的或不可避免的转基因成分食品将不被认为是转基因食品。且考虑到我国转基因产品的种类和数量日趋增多的事实，较宽的阈值能够更加科学的界定转基因食品，增加执法的可行性。

此外，转基因食品的致敏性对人的生命健康至关重要，且致敏性转基因标识已得到国际社会的一致认可，即使是采用自愿标识制度的美国也要求转基因食品致敏性的强制标识，因而我国制定转基因食品的致敏性标识的规定已是十分必要和迫切了。

2. 我国需要深化转基因食品标识的规定和扩大标识范围

我国对转基因食品标识的规定目前还只局限于转基因生物层面，需要将标识范围由目前的初级产品扩大到由转基因生物加工制成的产品，即对最终消费食品进行标识。此外，根据我国《农业转基因生物标识管理办法》规定，并非所有转基因农产品都必须进行标识，而只是列入农业转基因生物标识目录中的才必须遵守标识规定。但是，目前我国纳入标识系统的农业转基因生物只有5类17种，这一方面已经不能满足我国的现实需求，另一方面也明显有悖于WTO国际贸易规则。因此，应当扩宽标识制度的适用范围，可以适当地列出第二、第三批必须标识的农业转基因生物及转基因产品，或者直接将标识的范围表述为“以转基因动植物、微生物或者其直接加工品为原料生产的食品和食品添加剂”。[②]

---

① 宋锡祥：“欧盟转基因食品立法规制及其对我国的借鉴意义”，载《上海大学学报》(社会科学版)》2008第1期。

② 刘旭霞、欧阳邓亚：“转基因食品标识法律问题研究综述”，载《科技管理》，2011第3期。

食品质量安全国际舆论与中国的应对措施*

戚亚梅　李祥洲　郭林宇　李　艳　廉亚丽**

作为食品出口大国，近些年来，中国食品质量安全成为国际舆论关注的热点之一。从 2003 年禽流感、SARS 事件，到 2008 年日本“毒饺子事件”“三鹿奶粉事件”，直到 2012 年的药用胶囊、绿色和平组织《2012 年茶叶农药调查报告》等，中国始终受到国际食品质量安全舆论的关注。而这种食品安全国际舆论风险往往会对产品声誉、产业发展乃至国家形象产生深远的影响。三鹿奶粉事件不仅严重挫伤了国内消费者对国产乳制品的信心，也引发了许多国家和地区开始限制进口中国乳制品，对中国乳制品行业打击沉重。在当前形势下，中国产品由于本身与发达国家在研发和技术水平方面存在差距，不仅要面对贸易壁垒，还要面对国外舆论的压力。在食品安全风险全球化与社会媒介化互相叠加的时代背景下，开展对于中国食品安全问题的国际舆情风险分析与应对无疑是一个重要而富有意义的研究课题。

一、食品质量安全国际舆论的成因

食品质量安全国际舆论的生成既是食品质量安全问题自身特殊性使然，也和全球化发展、国际经济形势变化以及贸易保护主义相关。

---

* 本文原载《世界农业》2013 年第 2 期。

** 作者单位：中国农业科学院农业质量标准与检测技术研究所/农业部农产品质量安全重点实验室。

（一）食品质量安全是全球共同关心的问题

食品质量安全事关消费者的健康，是人类共同关注的敏感问题。病原微生物污染、转基因安全、农兽药残留、添加剂违规使用、动物疫病传播等各种问题都可能引发人们的热议。随着食品贸易全球化的发展，产品的流通范围越来越大，供应链环节越来越多，又进一步增加了产品信息交流与溯源的难度，食品的消费风险也随之提高，这也使得食品质量安全问题超越国界，成为全球性的问题。正是基于这样的特性，相较其他话题，食品质量安全问题更易引发共鸣，成为国际关注热点。

（二）中国当前发展阶段正处于最易诱发食品质量安全舆情时期

目前中国处于从确保食品总量供给向总量供给平衡和质量安全双确保的发展阶段。这一社会经济发展阶段是食品质量安全处于风险高发期和矛盾凸显期，也成为最易引发食品质量安全舆情的时期。当前，中国食品和农产品产业多、小、散、低的局面尚未彻底改变，规模化、产业化、集约化程度不高；企业的诚信意识和守法意识淡薄；食品标准体系不健全，相当数量的标准偏低；审核认证与监督管理存在脱节现象；生产经营质量管理规范落实还不到位；不合理用药现象仍然突出；影响消费环节食品安全的因素比较复杂，工作要求高，监管力量严重不足，食品质量安全事件和问题时有发生，在客观上增加了诱发国际舆论的可能性，也加剧了国际舆论的风险。

（三）贸易保护主义是食品质量安全国际舆论产生的直接动因

乌拉圭回合后，多边法律体制不断完善，关税壁垒等刚性约束在贸易管制中的作用明显降低，非关税壁垒手段因其所具有的“弹性”、复杂性和隐蔽性等特性而在国际贸易领域中的地位显著提升，成为最重要也最行之有效的贸易壁垒。而国际贸易中负面舆论宣传手段的运用也被人们喻为舆论壁垒，正逐渐与环保低碳要求、技术性贸易措施等共同成为新型的非关税壁垒。它一般通过对某类或某国产品质量安全问题具有消极倾向的报道，诱导和制造舆论，潜移默化地影响消费者的购买意愿，从而达到保护贸易和产业的效果。特别是近年来全球经济低迷，国际贸易保护主义抬头，为了保护自身产业和贸易发展，很多国家纷纷采用各种手段对新兴经济力量进行抵制。贸易保护主义成为食品质量安全国际舆论产生的直接动因。

（四）全球化信息传播加剧了食品质量安全国际舆论的形成

发达的现代大众传媒，各种聊天工具、博客、微博等现代信息交流工具加速了信息、舆情的传播速度，扩大了传播范围。人们对信息的获取和意见的表达更便捷，对舆论聚合形成的影响也更为深远。这种便捷的全球化交流也在一定程度上提高了不同文化背景下人们对于同一事件的现场感以及经验和认识的交流深度和广度。可以说，全球化信息传播从某种程度而言为食品质量安全国际舆论的生成提供了有利的条件，同时也增加了舆论的风险性。

二、食品质量安全国际舆论及其风险特点

食品质量安全国际舆论是国际上对食品的质量和安全性所持有的态度和意见公开表达的总和。这类国际舆论及由此产生风险的承受载体不仅仅是生产企业和产业，往往还包括国家和政府。而由于食品质量安全问题本身的特点，由其引发的国际舆论和风险也自有其特点。

（一）较强的延续传播性

事物的发展往往具有一定的惯性，而舆论能量的延续也有其惯性。由于食品质量安全问题的特殊性和敏感性，相关话题引发的后续震荡效果更为明显。典型的实例是2008年日本“毒饺子事件”。虽然事件原因最后查清，但并不意味对这一事件的舆论及其风险也随之消失。在饺子事件1周年以及2010年年初，日本共同社等媒体对该事件再次进行了报道。这种惯性持续强化了日本消费者对中国食品的负面印象，加剧了贸易风险。

（二）难控的连锁延展性

由于食品质量安全事关每个人的身体健康和生命安全，能引发高度的关注，由此类事件引发的舆论相比其他问题更具连锁延展性，波及范围也具有难以控制的扩散性。例如，2002年，受虾产品中氯霉素残留限量事件影响，欧盟市场不仅禁止从中国进口相关水产品，之后又全面禁止从中国进口动物源性产品。事件发生后，各种报道不断，沙特阿拉伯、美国等也紧随其后限制相关中国产品的进口，进一步加剧了中国产品出口的危机。

（三）作用环节的独特性

国际舆论的另一大特点在于其作用环节的独特性。关税壁垒、技术性贸易措施等往往作用于生产出口商，而舆论作用的环节则在于消费的终端——消费者。舆论具有较强的影响力和隐蔽性，经常能够在不知不觉间影响民众对特定当事国产品的印象并形成记忆。负面报道的主题大多数由“不寻常”和“冲突”构成，其轰动效果显而易见，往往能吸引更多的受众关注。而国际媒体对食品质量安全问题的介入或聚合，其报道多为负面事件，因此，社会效果多呈负面。通过不断的报道，持续的渲染，潜移默化地影响消费者的购买意愿，实现从消费者这一终端抵制外来产品，最终迫使出口国自动减少乃至停止出口，而不会有任何贸易保护的嫌疑。

三、食品质量安全国际舆论的影响分析

国际舆论的影响是多方面的，有积极的也有消极的。

（一）积极的影响

有关中国的国际报道以及因此形成的舆论可以增加中国的出镜率，提高中国的知名度。客观公正的国际舆论自有其积极的影响和作用，能够真实地展示事件本身，客观分析原因，具有警醒提示作用和积极的推动力量。

（二）对产业和贸易的消极影响

舆论和媒体报道的效果是多重的。歪曲偏颇的报道则往往产生消极的影响。从已发生的食品质量安全国际舆论来看，目前中国食品质量安全相关的国际舆论多为食品安全事件的负面报道，而其中一些舆论和报道又带有歧视性质，缺乏客观公正性，因此，它们往往对产品出口、产业发展等构成风险。

由于食品质量安全国际舆论具有引导消费者购买意愿的隐性作用，因此，一些国家利用报刊、电视、互联网等媒体，频繁报道其他国家产品质量问题，影响消费者对该国产品的消费。例如，2002年，日本有关媒体对从中国进口蔬菜中检测出部分残药事件进行了夸大报道，将之说成是“威胁到国民健康的重大问题”，造成消费者对中国蔬菜产品的不信任并产生负面印象，直接导致中国蔬菜出口日本严重受阻。

这种损害有时不仅仅是对于单个产品或企业，甚至会影响到整个行业的发展和国家的整体形象。2008 年，“三鹿奶粉事件”的报道在国内外持续发酵，最后不仅导致三鹿企业本身的破产，也使国内乳制品行业遭受前所未有的危机，不仅相当长的一段时间内的国内乳制品市场消费呈负增长，国外市场对中国的乳制品也持非常谨慎的态度。

过多负面的食品质量安全事件国际舆论或者是本身偏颇或歪曲的报道还可能进一步影响中国的国家形象。特别是长期大量国际负面舆论可能使国际社会形成对中国的固定成见，从而在一定程度上扭曲中国的国家形象，使国家的国际媒体形象严重脱离实际。

四、食品质量安全舆情信息工作的经验

发达国家历来比较重视食品质量安全舆情的传播与干预，对于相关舆情和信息的风险交流工作具有比较丰富的经验。欧洲食品安全局在《欧洲食品安全局交流战略：2010－2013 年》中明确规定：政府（欧洲食品安全局）为食品安全信息传播的主体，与媒介、政策制定方、风险评估方、风险管理方和利益相关方开展公开、透明、科学的食品质量安全信息交流。欧洲食品安全局运用各种类型的风险信息交流和沟通渠道，提供适当水平和深度的食品安全信息，具体包括在欧洲食品安全局网站上及时提供科学成果，针对特定受众及时发送目标邮件，以及在座谈会、研讨会、技术和组织听证会上交流观点和意见并辩论结果。

美国的食品药品监管局也建立了新的现代风险交流战略，教育和指导包括食品安全专家、普通消费者、各类媒体和其他监管部门在内的公众正确理解食品安全。而且，食品药品监管局还研发了有效的数据收集系统，实时监测媒体和网络关于风险交流的报道，调查消费者在食品相关疾病暴发或食品召回中对风险交流的理解和表现，并据此对监管措施进行调整，以实现最佳交流效果。此外，还

利用多种新兴网络媒体发送相关信息以及危机事件的处理情况，建立定期交流机制，与媒体保持频繁沟通，以保证公众的知情权。

韩国非常重视舆情监督和民众参与对于食品质量安全工作的重要作用。韩国农林水产部和食品药品安全厅都设立了专门的举报电话，全国统一号码，随时有人接听。另外，还开通了网上举报系统。2011年“甲醛牛奶”事件后，韩国更是在建立完善事前预防管理机制，在推动检测机构技术升级的基础上，建立政府与民间的信息交流渠道，构筑综合危害信息中心，加强食品质量安全信息工作。

五、中国应对食品质量安全国际舆论的措施建议

舆情的运动规律非常复杂，但总体而言都可分为发生、发酵、发展、高涨和回落等不同阶段和过程。因此，在应对食品安全国际舆情时，可以根据不同的阶段做好避免、预防、应对、控制、修复和善后等工作。

（一）做好自身的食品质量安全监管工作

应对食品质量安全国际舆情，有效防范国际舆论风险需要遵循避免、预防、控制的程序。而加强食品质量安全监管工作是做好应对国际舆论及其风险的前提。应该从食品安全监管的体制性、法制性、机制性等入手，加强食品质量安全监管部门的科学监管能力，强化综合监督、组织协调，在舆情聚集前做好风险化解工作，从源头上避免引发负面的国际舆论以及由此带来的风险。

（二）加强食品安全国际舆情的监测与分析

做好相关舆情的监测和分析研判，从而在此基础上实现食品质

量安全国际舆论风险的预防。需要保持对相关舆情的及时跟踪分析，实时掌握食品质量安全问题国际舆情的发展趋势，以便及时发现可能引发舆论热点和风险的问题，消除舆论风险因素或阻止舆情聚合，将问题和风险及早化解。同时，在前期监测、分析的基础上，充分利用监测分析研判结果，建立现实有效的预警机制。

（三）积极科学应对食品质量安全国际舆论

在食品安全国际舆论已经形成的情况下，需要采取主动的态度科学应对。企业、政府一方面应保持对事件、舆情发展的跟踪，关注事件的发展；另一方面，应通过媒体等多种渠道向消费者、各利益相关方提供真实、客观和全面的信息，回应民众的诉求，化解民众的疑惑或不安心理。信息的公开透明可以在一定程度上消解由不当报道所引起的质疑和恐慌。此外，食品安全问题往往涉及很多专业方面的知识，因此，还要善于运用专业人士、权威组织和专业机构的力量。利用专业人士或国际标准组织等权威机构的解释分析来回应涉及的食品安全问题专业知识，解答各方疑虑，进行有效的心理安抚。而在舆论事件的后期以及针对国外歪曲事件事实的报道时，也需要利用国内外多种渠道，增加正面信息的发布，加强或重建消费信心。

（四）学习借鉴国外食品质量安全舆情传播和应对机制

前述部分已展示了发达国家在食品安全舆情信息方面的工作，其中一些风险交流工作非常值得中国认真研究与学习。欧洲食品安全局在处理应对食品质量安全工作中充分考虑媒体关系，通过新闻发布和媒体通报进行更积极的沟通等措施。美国的食品药品监管局在加强食品安全知识普及以及相关数据、信息收集的同时，也利用微博等新兴网络媒体发送关于公共健康通知、召回等信息，以保证公众可以知晓事件的最新进展。在危机事件处理过程中，非常注意建立定期交流机制，与媒体保持沟通。另外，中国在面对食品质量安全国际舆论的时候，也需要学会利用公关手段化解危机，学会对方的思维方式，通过对方认可的渠道表达自己的态度和意愿，以实现良性沟通。

参考文献：

1. 陈明："食品安全事件舆论引导理论模型与实际模型差异辨析——以双汇'瘦肉精'事件为例"，载《声屏世界》2011年第8期。
2. 刘毅："略论网络舆情的概念、特点、表达与传播"，载《理论界》2007年第1期。
3. 戚亚梅、李祥洲、郭林宇："国外农产品安全管理信息体系建设及运用研究"，载《世界农业》2009年第5期。
4. 苏金远、赵新利："浅议食品安全事件中和谐舆论的构建"，载《河南工业大学学报》2006年第12期。
5. 孙玮："突发公共卫生事件中的网络舆论表达及引导"，载《新闻世界》2011年第9期。
6. 王来华："政府如何应对'舆情危机'"，载《决策》2007年7期。
7. 徐家钏："食品安全须正网络视听——论食品安全时代的网络舆论引导"，载《今传媒》2011年第9期。
8. 肖天乐："论国际贸易中的舆论壁垒及其应对措施"，载《河南省政法管理干部学院学报》2010年第5期。
9. 许馨予："论国际贸易保护措施中的舆论壁垒及其对策——'中国制造'危机的启示"，载《中国高新技术企业》2008年第4期。
10. 张兰兰："食品安全报道舆论监督的负面效应及其心理安抚——以'三鹿毒奶粉事件'和'蛆虫橘子事件'为例"，载《洛阳师范学院学报》2009年第1期。

美国强化食品的安全管理及对我国的启示

高媛媛　生吉萍*

1987 年，食品法典委员会（CAC）提出了一系列向食品中添加营养物质的一般性原则①。它先后交替使用“强化”和“丰富”这两个名词来描述这样一类食品：“该食品中被添加了一种或者多种基本的营养素，无论该食品本身是否含有这种营养素，旨在预防或者改善一般人群或特定人群中对某一种或者多种营养素的缺乏的状态”，这类食品被称为强化食品。

一、世界食品安全管理强化的历史及现状

在常用食品中添加微量营养素的概念产生于 20 世纪初期。1900 年，瑞士在食盐中添加碘。1915 年美国碘盐商业化生产，1918 年，丹麦率先在人造奶油中添加维生素 A，1923 年，瑞士成为实施食盐加碘的第一个国家。基于对公众营养重要性的认识，20 世纪三四十年代，欧洲和北美洲一些国家开始在牛奶中添加维生素 A，在小麦面粉中添加铁和维生素 B 族。1933 年美国和英国实施牛奶添加维生素 D。1936 年，美国在人造奶油中强化维生素 A 和维生素 D。1941

* 高媛媛，中国人民大学农业与农村发展学院食品科学专业硕士研究生。生吉萍，中国人民大学农业与农村发展学院教授、博士研究生导师，主要从事食品科学、食品安全与管理研究。

① Johanna T Dwyer, Catherine Woteki et al, Fortification: new findings and implications, Nutrition Reviews, 2014, 72 (2), pp. 127-141.

年，美国和英国立法强制实施在面粉、玉米粉和麦片中强化维生素 B_1、B_2和烟酸。1944 年，加拿大开始面粉强化维生素 B_1和维生素 B_2。1948 年，菲律宾开始强化大米。1949 年，日本开始强化大米。1955 年，WHO / FAO 建议牛乳中强化维生素 V 和维生素 D。1977 年危地马拉开始糖强化维生素 A。20 世纪 80 年代，整个北美地区开展钙、铁和维生素 D 等的食物强化。法国、荷兰、芬兰和挪威制定法规来规范食物强化，准许在一定食物中添加营养素，同时实施黄油加维生素 A 和食盐加碘的措施。20 世纪 90 年代，德国推动食物加碘来预防碘缺乏。1997 年，美国强制规定在烘焙小麦制品和麦片中添加维生素 B1，B2，B3、铁和叶酸。目前，美国 80% 以上的面粉是经过强化的面粉①。

人类已由“显性饥饿”转向“隐性饥饿”，即由吃不饱转向微量营养素的缺乏。“隐性饥饿”就是机体缺乏某些矿物质和维生素。世界银行的研究显示，微量营养素营养不良严重威胁人体健康和社会发展。营养不良导致智力发育障碍、劳动能力丧失、免疫力下降、疾病等，造成的直接经济损失占国内生产总值的 3 % ~5 %。目前，每年由营养不良造成的经济损失很大，不包括难以用数字计算的对个人、家庭、社会乃至整个民族发展造成的损害。因此，积极有效地解决营养不良问题将会给一个国家带来巨大的社会经济效益。

食品营养强化、平衡膳食/膳食多样化、应用营养素补充剂是世界卫生组织推荐的改善人群微量营养素缺乏的三种主要措施。食品营养强化是在现代营养科学的指导下，根据不同地区不同人群的营养缺乏状况和营养需要，以及为弥补食品在正常加工储存时造成的营养素损失，在食品中选择性地加入一种或者多种微量营养素或其他营养物质②。

食品营养强化不需要改变人们的饮食习惯就可以增加人群对某些营养素的摄入量，从而达到纠正或预防人群微量营养素缺乏的目的。

---

① 于小冬、柴巍中：“中国营养产业发展报告”，载《中国会议》2006 年。

② 《食品营养强化剂使用标准》（GB 14880-2012），2012。

食品营养强化的优点在于，既能覆盖较大范围的人群，又能在短时间内收效，而且花费不多，是经济便捷的营养改善方式，在世界范围内广泛应用。

二、美国强化食品发展、安全监管局面及面临的问题

（一）美国强化食品的发展历程

20 世纪中期，全世界范围内掀起了一股强化食品的浪潮。在美国亦是有大量的实例，例如，食盐中加碘用于减少甲状腺肿的风险，牛奶中添加维生素 D 用于减少佝偻病的危险，将铁、维生素 B_1、烟酸、核黄素添加到小麦粉和其他谷物中，来弥补由面粉加工过程中造成的营养流失，从而分别起到预防缺铁性贫血、脚气病、糙皮病和核黄素缺乏症等疾病的作用①。

美国食品药品管理局（以下简称 FDA）在其 1980 年发布的题为“*Nutritional Quality of Foods*：*Addition of Nutrients*”的文件中提到了食品强化的政策。其目的在于为食品中合理添加诸如维生素或矿物质等营养素提供一系列可供参考的标准和指南，此政策至今仍然有效。指南中对于何时向食品中添加营养素才合理作出了具体规定，如让营养素恢复到正常水平，保持膳食平衡等。该项政策的主要目标是，将食品的营养成分恢复到其加工贮存前的水平，针对营养成分缺失和受到影响的人群作详细信息搜集和确定，并且评估作为强化食品载体的食品本身是否安全等②。

---

① 童浩华：“美国强化食品的发展”，载《食品工业科技》1986 年第 1 期。

② Johanna T Dwyer，Catherine Woteki，et al，“Fortification：new findings and implications”，Nutrition Reviews，2014，72（2），pp. 127-141.

强化食品中添加的营养成分必须满足一定的要求，如符合食品添加剂的要求，或者被大众认为是安全的物质。因为有些营养素可以任意添加到任何食品中，如维生素A，而另外一些营养素如叶酸和维生素D却是有严格限制的，需要明确往哪一类食品中添加，添加量为多少，避免该类营养素的过度摄入。

从1998年1月1日起，FDA开始实施谷物制品必须强化叶酸规定。这是食品强化历史上一个重要事件。这个决定反映了当时食品工业一个发展趋势：营养素不仅用以满足日常营养需要，更应用以预防疾病。事实上，FDA自1993年10月起，就展开了对膳食中叶酸效果的讨论。当时，FDA曾建议将叶酸添加到面粉、面包和其他谷物制品中去，以降低发生胎儿神经管缺陷（NTD）的危险，并允许将此优点标明在富含叶酸的食品标签上。经三年多的深入讨论，FDA终于在1996年3月5日发布修正叶酸强化标准的法规。美国官方统计数据显示，在实施强化叶酸这一政策前后，目标人群中血清叶酸的含量都有大幅度地升高，并且胎儿神经管缺陷患者也相应减少①。

实施营养强化政策，在短期内可以有助于减轻一些营养素缺乏综合症，但它并非万能的灵丹妙药。在对食品添加营养强化剂之前，仍然需要适当的模拟、监测和评估，并且需要确定引起营养素缺乏的确切原因。而这也是美国现阶段以及未来很长一段时间内需要面临和解决的重要问题。

（二）美国强化食品的安全监管现状

在20世纪后半段时期，美国的一个全国性食物中营养素来源的调查分析表明，强化谷物食品和即食谷物类是摄入食物营养素的主要来源。

---

① 丁晨芳："国外强化食品发展及对我国的启示"，载《中国食物与营养》2005年第11期。

2010年美国营养膳食指南（以下简称DGA）中明确列出一些膳食中普遍缺乏的重要营养素，例如，对于一般人群所缺乏的钾、膳食纤维、钙，还有针对特殊人群所缺乏的维生素D、铁、叶酸、和维生素B_{12}。

基于人群的调查对于监测营养素的摄入和确定是否摄入不足或者过量是一种十分有效的方法。为确定国民膳食摄入中重要营养素的来源以及其他15种成人所需营养素，国际生命科学研究所北美分所采取了一次模拟行动。在本次行动中，利用来自国家营养与健康调查报告（以下简称NHANES）2003-2006年的数据评估不同食品来源中微量营养素对摄入情况的影响，这些食品种类有：本身就含有营养素的食品，经营养强化的食品和饮料及膳食补充剂。分析结果显示：美国有很大部分比例的人群（包括服用膳食补充剂的），对于那些一般性营养素是缺乏的，并没有达到估计平均要求的水平（EAR）。而从NHANES报道在“*What We Eat in America*”上2005-2008年的数据中分析显示，当仅仅评估一般性食品摄入的情况时，同样呈现了营养素缺乏的情况①。

通过评估与推荐的食品消费模式的一致性程度，是另外一种可用于监测营养素暴露量的方法。例如，之前美国农业部的食品模式，就是既能符合基本能量需求又能满足营养素补充的一种膳食模式。而现代的版本则设计成一种可以帮助每个人去遵照膳食指南推荐量的模式，并且作为展开一系列其他营养教育项目和材料的出发点。在模式中，它介绍了每日应从哪些不同食品种类、亚类，特别是营养素丰富的那些食品中摄入相应的营养素含量，同时还说明了允许适当摄入其他一些的脂类、高糖类但营养素含量很低的食品。这样可以确保基本能量需求，但前提是，摄入的营养素水平已经达到基

① Johanna T Dwyer, Catherine Woteki, et al, “Fortification: new findings and implications”, Nutrition Reviews, 2014, 72 (2), pp. 127-141.

本模式要求①。

在该模式中还设置了一项“营养素充足”的项目，利用一个针对不同食品类别的营养素档案填写来测评获得。建立这个档案的过程中会事先建立一系列食品和食品成分的选项，这样在对每一类别食品进行营养素分析之前，即可选择一种食品成分来代表该类食品便于测算。对于每一成分类别的代表性食品选择是决定其中营养素含量的关键，例如，选择了一类强化食品就意味着某种营养素含量的偏多②。

美国农业部在1980年首次针对总膳食设计了一个膳食模式，于2005年进行修订，这次修订是为2005年DGA的发布作准备。而后在2010年，为保证与膳食指南一致，再一次进行修订和更新。从这种膳食模式评估得到的营养素水平中可以看出，只要按照模式中规定的要求来选择膳食，大部分营养素是满足要求且远超过规定的水平。而某些营养素如钾、维生素E、维生素D和胆碱却不及目标水平含量，尽管它们的当前摄入量已经符合要求。膳食模式中的大部分营养素来自于非强化食品。因此，如若在膳食模式中选择了强化食品，可能会得到这样一种结果，即膳食模式提供的营养素比实际的要多③。

（三）美国强化食品安全监管面临的问题

强化食品的安全监管存在诸多挑战，强化食品中营养素，强化食品载体或者针对的目标人群等，其中任何一种变化都会给强化食品政策的制定带来一定的困境。因为这些政策都关乎人群的营养健

---

① Johanna T Dwyer, Catherine Woteki, et al, “Fortification: new findings and implications”, Nutrition Reviews, 2014, 72 (2), pp. 127-141.

② Johanna T Dwyer, Catherine Woteki, et al, “Fortification: new findings and implications”, Nutrition Reviews, 2014, 72 (2), pp. 127-141.

③ 丁晨芳：“国外强化食品发展及对我国的启示”，载《中国食物与营养》2005年第11期。

康，并且对于不同性别、年龄、健康状态及饮食模式的人群，其影响效果也大不同。最理想状态则是，慎重选择作为强化食品的对象，要在最大限度地满足那些有健康风险的人群的营养需求量的同时，不会给其他人带来过量摄入的风险。

1. 消费者对于强化食品的理解

强化食品除了会在不同程度上增加人群对营养素的摄入，同时也会通过影响消费者的购买意愿，进而影响其营养素的摄入量和最终的营养健康问题。

国际食品信息委员会在一项关于食品营养与健康的调查中发现：在美国，有 4/5 的人群是出于强化作用或者其他附加健康效益的目的来购买食品或饮料；约 1/3 的人群认为强化作用对于他们的总体健康状况有一般或较大的影响；超过 1/4 的人群则认为强化食品会对他们的食物购买决策带来较大影响①。

据此，消费者对于强化食品的理解引发了美国 FDA 的研究兴趣，接下来，他们会从这一点出发进行深入研究，探索如何针对诸如饼干、饮料等零食加以强化，进而研发一些低热量但营养素丰富的零食替代物，让营养饮食模式理念继续得到贯彻②。

从消费者的需求及购买意愿出发，研发新的满足人们营养健康需求的食品并开拓其市场，是强化食品在未来得以大力发展的主要基石，也是主要方向。

2. 营养素摄入

强化食品中的营养素是否安全，含量是否合理，营养素摄入之后是否会对其健康造成负面影响等，一直是人们关注的重点问题。

一般情况下，针对营养素摄入的安全监管，是通过对人群实施

① International Food Information Council, 2011; IFIC Food & Health Survey, available at http://www.foodinsight.org, accessed 9 August 2012.

② US Food and Drug Administration, US Department of Health and Human Services. Agency Information Collection Activities; Proposed Collection; Comment Request; Experimental studies on consumer responses to nutrient content claims on fortified foods. Federal Registers. 2012, (77), pp. 48988-48989.

监控的方式，观察那些强化食品中的营养素的安全问题。监测人们长期摄入该类营养素会产生的反应来达到评估的目的。

在美国，营养素的摄入情况一般通过一些短期的、自我汇报的数据等方式来获取。例如，国家营养与健康调查报告（NHANES）等，该报告中涉及一项“24h 饮食回顾”的项目①。即针对每个个体，让各自回忆其某日 24 小时中摄入的所有食品，通过记录、分析来获取某种营养素的大致吸收分布情况。为了避免漏掉偏大摄入量或偏小摄入量这两种极端情况，又利用了不同的两天当中的“24h 膳食回顾”，加以平均后得出营养素的分布曲线。根据该分布曲线得出：① 如若要获得某营养素的平均摄入水平，直接根据曲线求取平均值即可；② 如若要获得营养素摄入不足或者摄入过量这两种极端情况时，则需要根据个体差异性在分布曲线上，寻找曲线最低点和最高点的位置。而个体差异性在任何时候都有可能产生，通过大量的反复的“24h 膳食回顾”就可以尽可能多地避免该差异造成的营养素摄入真实值的偏差②。

虽然评估营养素的摄入情况很重要，仅从摄入量的角度来判断强化效果的好坏是远远不够的。首先，营养素被摄入之后，进入人体有一个吸收和生物转化的过程，吸收转化效率因人而异，由此同样的摄入量有可能会造成不一样的营养强化效果。因此，综合营养素摄入水平并跟踪观察和进一步观测人群的健康表现，才能更好地评估强化食品的影响效果；另外，并不是所有的营养素都要通过饮食摄入才能获得，例如，维生素 D，它在人体中的分布水平不仅取决于其摄入水平，更多的取决于人们暴露在光照下的时长，因为光照可以促进维生素 D 在体内的合成。由此，针对不同营养素，判断

---

① Centers for Disease Control and Prevention, Key concepts about NHANES Dietary Data Collection, available at: http://www.cdc.gov/nchs/tutorials/dietary/SurveyOrientation/Dietary Data Overview/Info2.htm, accessed 30 August 2012.

② Sarah M. Nusser, Alicia L. Carriquiry, Kevin W. Dodd, et al, “A semiparametric transformation approach to estimating usual daily intake distributions”, Journal of The American Statistical Association, 1996, (91), pp. 1440-1449.

其强化效果的方式也有所差异。

3. 每日营养素摄入量（DV）的修订

每日营养素摄入量（DV），指用于食品标签上的根据人体所需该类营养素含量比例的数值。该数值主要针对一切年龄大小（≥4岁）、不同性别类型的人群而设定，因此其设定的合理性有待进一步考究。美国 FDA 基于此，决定要对该数值进行修改，是依据人群数目的权重还是依据覆盖到的人群范围来设定 DV 值仍然没有定论。

目前，美国 FDA 考虑的主要问题是：如若要修改食品标签上的 DV 值，是否会影响该食品生产者对于某种营养素的添加量，进而影响消费者的摄入量，仍然需要探究。例如，当 DV 值被修订降低，食品生产者则为了满足 DV 值的比例，减少往强化食品中添加营养素的量，从而降低自身成本，但这一行为的后果则是会导致消费者对这种营养素摄入量的减少，进而对其营养健康造成不利影响①。

因此，为了让修订后的 DV 值更准确合理，国际生命科学研究所北美分所模拟了几种不同的 DV 修订模式，旨在比较它们之间的差异以及对人群营养素摄入的影响效果，旨在为 FDA 和食品生产者们提供重要的参考信息②。

4. 膳食营养素限值（UL）

营养素虽然可以一定程度地改善人群的营养健康需求，但当其过量则可能会引起一定的风险。所以膳食摄入参考值之一膳食营养素限值（UL）起到很重要的作用。它代表的是针对一般人群中的每个人每日能接受的，并且对健康没有任何危害的最大营养素摄入量。

---

① US Census Bureau. 2005 Middle Series Data from Annual Projections of the Resident Population by Age, Sex, Race, and Hispanic Origin: Lowest, Middle, Highest, and Zero International Migration Series, 1999 to 2100 (NP-D1_A), US Population Projections, 13 January 2000, available at: http://www.census.gov/population/projections/files/natproj/detail/d1999_00.pdf. Accessed 11 March 2013.

② Mary M. Murphy, Judith H. Spungen, Leila M. Barraj, et al, "Revising the daily values may affect food fortification and in turn nutrient intake adequacy", Journal of nutrition, 2013, (143), pp. 1999-2006.

研究表明，营养素限值设置很低主要是因为，营养素对于不同类型的人群其耐受程度是不同的，为安全起见，理论上要以最不能耐受的摄入量的阈值作为最终的限值。但是，如果限值设置太低，人们如若摄入了比限值稍微高一些的营养素量，在评估营养素摄入对健康产生影响时，就会夸大某种营养素的风险，这也是不合理的①。

由此，如何设置合理的膳食营养素限值也是需要进一步思考和探究的问题。

5. 生物强化食品

除了以上面临的种种问题外，强化食品的发展还受到诸多方面的限制，例如，食品加工技术、强化食品载体如何选择的问题、强化食品中添加的营养素的生物有效利用性问题以及强化食品生产的成本一效益问题，在此不一一赘述。

其中值得注意的是，近几年兴起的“生物强化食品”这一概念。它指的是，在农作物种植阶段施加微量营养素肥料，对其进行营养强化。由这种农作物加工生产后获得的食品也属于强化食品，在源头处添加可以避免食品分批添加需要的大量人力物力，节省生产成本，提高生产效率②。而由于对某些农作物添加的营养素，让其停留在了农作物表面，经后续加工过程中的诸多因素会造成营养素流失，就需要现代生物技术如基因工程技术，将微量营养素导入其内部避免这种情况的发生。

这种生物强化食品的方式对于世界上很多贫穷落后的发展中国家有很多益处，可以让他们在节省大量成本的同时获得具有营养价值的食品。但由于现代生物技术仍处于高度发展的阶段，人们对于转基因等基因工程技术的接受程度并不普遍，未来关于生物强化食

① Carriquiry Alicia L , Camaño - Garcia Gabriel, “Evaluation of dietary intake data using the tolerable upper intake levels”, The Journal of nutrition, 2006, 136 (2), pp. 507S-513S.

② Paloma Benito, Dennis Miller, “Iron absorption and bioavailability: an updated review”, Nutrition Research, 1998, (18), pp. 581-603.

品的推广仍任重道远。

三、中国强化食品发展概况、面临的问题、经验借鉴

（一）中国强化食品的发展概况

从 1979 年国务院批准《食盐加碘防治地方性甲状腺肿暂行办法》起，我国食品营养强化工作才真正开启；为了加强管理，1986 年卫生部首次公布《食品营养强化使用卫生试行标准》和《食品营养强化剂卫生管理办法》，并于 1989 年发布了 16 个婴幼儿食品标准，明确规定了强化的营养素种类及强化数量。而后 1994 年国务院颁布了《食盐加碘消除碘缺乏危害管理条例》规定除高碘地区外，在全民范围内推广加碘盐的消费，同年卫生部发布并实施《食品营养强化剂使用卫生标准》，这是新中国成立以来第一个将食品营养强化纳入法制管理的文件。为了与国际接轨，1997 年卫生部又对 1989 年发布的婴幼儿食品标准进行了修订，进一步规定了有关配料配比及工艺要求，同时营养强化的品种及数量又有所增加，使营养更丰富更均衡，如婴儿配方奶粉中增加 V_K、V_{B6}、V_{B12}、叶酸、泛酸、胆碱、生物素、牛磺酸等，并于 1998 年 9 月 1 日起在全国强制执行①。

20 世纪 90 年代中后期以来，我国营养强化食品得到了进一步的发展，以鲜奶作为载体的各式奶制品，如 AD 钙奶、高钙奶、铁锌奶、维他奶等强化营养奶得到了很好的发展。2000 年 2 月在马尼拉召开了“食品强化政策”论坛更为我国食品微量营养素的强化注入了新的动力，随后国家发展改革委员会、卫生部等政府部门以及有

① Paloma Benito, Dennis Miller, “Iron absorption and bioavailability: an updated review”, Nutrition Research, 1998, (18), pp. 581-603.

关协会、企业事业单位、科研院所都在大力推动食品强化的实施，并在国际机构的援助下开展食用油中添加维生素A、面粉中添加多种微量营养素、酱油中添加铁和婴幼儿食品中添加微量营养素等项目的应用研究，并取得较好的效果。近年来，在我国新型的食品营养强化剂诸如共轭亚油酸等亦得到了很好的开发和应用①。

《食品营养强化剂使用标准》（GB 14880-1994）自1994年发布以来，对规范我国的食品营养强化、指导生产单位生产起到了积极作用。按照2009年《食品安全法》颁布的要求和卫生部标准清理计划，为做好本标准与其他品安全国家标准的有效衔接、方便生产单位使用和消费者理解，亟须借鉴国际和发达国家食品营养强化的管理经验。结合我国居民的最新营养状况和品营养强化的实际情况，卫生部于2012年对该标准进行修订并发布，新的《食品营养强化剂使用标准》（GB 14880-2012）于2013年1月1日起实施。②

（二）中国强化食品发展面临的问题

我国强化食品工作经近30年的发展，取得了一定的成效，但由于起步较晚，法规和标准体系不健全、不完善，强化食品产业的发展及安全监管仍然面临着困境。针对这些问题国内有诸多文献提出相应的对策。

陈君石认为食物强化策略取得成功，要从前期的技术研发到后期的产品推广两个方面展开。技术研发是指，展开强化食品载体的选择及其在人体内吸收效率情况研究，并辅以人群为基础的干预试验，在以上的科学数据的基础之上对强化食品加以推广。后期产品推广则需要政府、企业、行业协会及大众媒体共同努力，从提升消

---

① Bouis, Howarth E, Hotz, et al, "Biofortification: a new tool to reduce micronutrient malnutrition", Food & Nutrition Bulletin, 2011, 32 (1 Suppl), pp. S31-S40.

② 丁晨芳："国外强化食品发展及对我国的启示"，载《中国食物与营养》2005年第11期。

费者认知和参与度，到通过政府对于企业的政策和技术支持，共同促进强化食品产业发展。丁晨芳①从强化食品标准体系不健全、消费者对强化食品的认知度低、资金投入不足，企业难以获得利润、缺乏质量控制机制这几个方面着手分析，提出：借鉴国外经验，制定专门强化食品标准；政府应给予相关企业资金、技术支持；实行强化食品标志认证；建立有效的监督机制；加大宣传力度几大建议。类似地，毕重铭从标准、法律法规、产品、监管中存在的问题以及营养教育的缺乏这几个方面，说明我强化食品发展面临的问题。2006 年，《中国营养产业发展报告》② 中详细地分析了我国营养强化食品的发展现状，明确了强化食品产业发展面临的几大机遇与挑战，最后由公众营养与发展中心针对促进我国强化食品发展提出建议：国家应成立相关机构，并建立相关法律法规及标准；继续完善强化食品管理体系；加大对公众的营养教育和宣传；政府要积极与企业合作，加大强化食品管理工作；注重培养营养专业人才等。周希华等③在发展营养强化食品的对策中提到：提高居民对强化食品的认识水平；加强政府和企业的合力；加强新产品的研发；严格监控产品质量。史银飞、路新国等同样也从政策体系与监督机制的不完善，大众消费意识的淡薄，应用发展资金的缺乏这几个方面分析出我国强化食品发展存在的问题。

综合文献评述可以看出，国内对于强化食品面临的问题主要集中在：政府对企业支持力量不足，其中包括政策支持和技术支持，以及相关法律法规、标准的制定；企业积极性不高，资金投入不足，外部支持力量薄弱，成本高利润低；消费者对强化食品的认知和接受水平不高，市场开拓难；强化食品本身的安全性和功能性存在疑

① 史银飞、路新国："我国营养强化剂的应用进展"，载《食品研究与开发》2009 年第 30 卷第 3 期。

② 于小冬、柴巍中："中国营养产业发展报告"，载《中国会议》2006 年。

③ 周希华、杨文甫、姜国华："营养强化食品改善公众营养的紧迫性与发展对策"，载《中国食物与营养》2007 年第 12 期。

问，新产品研发技术水平低下等。这些文献基本准确涵盖了中国当前强化食品存在的突出问题，但是就这些问题提出解决的方案和参考文献却寥寥无几。本文则从研究美国当前强化食品的发展现状，并借鉴其运用到的有效安全监管方案之经验，针对中国目前的现状，提出一些具体可操作的建议和对策。

（三）中国强化食品安全监管对美国的经验借鉴

1. 法规和标准制定有据可依

关于强化食品的法规和标准的制定，主要围绕强化载体和营养素的选择、营养素的添加量两个方面。目前，中国有《食品营养强化剂使用标准》（GB 14880-2012）这一套完整的标准，但由于强化食品发展进程很快，标准也需要及时更新并作出修订。新的强化食品投入生产之前，需要作适当的模拟、监测和评估，并且需要确定引起营养素缺乏的确切原因。

美国则采取了基于人群调查的方法，监测营养素的摄入和确定是否摄入不足或者过量，通过深入人群调查某种营养素的实际摄入水平，有针对性地展开营养强化，节约成本且高效。另外，他们还通过评估与推荐的食品消费模式的一致性程度，来监测营养素在人群中的实际暴露量。营养素的摄入情况一般通过一些短期的、自我汇报数据等方式来获取。其中就用到了一个“24h”膳食情况回顾的方法，通过准确记录人群的膳食情况，分析得出一条针对某种营养素的摄入分布曲线，根据该曲线，可以获取该营养素摄入的一般水平，及两端的摄入不足和摄入过量的情况。这些方法都值得我们学习借鉴。

强化食品经人体摄入之后，其有效利用率是一个需要继续关注的问题。因为部分强化食品的摄入量和人体经生物代谢全过程之后的有效利用量是不同的，如果直接根据摄入量的不足或者摄入过量来评估该营养素效果，并由此制定营养素的添加标准和限量标准是不合理的。在美国，在获取人群营养素摄入水平的数据之后，还会结合疾病防控中心和相关临床健康数据，通过该营养素在人体中的生物标志物分布转化情况，判断其实际起到的效果，综合以上数据，相关机构作出最后的关于管理该营养素的合理添加量的决策①。

2. 应用生物技术提高强化食品性价比

在大部分落后的发展中国家，强化食品的获得途径受阻，因为强化食品的生产需要大量生产成本，为保证生产者利润，其购买价格很高。另外，针对于某些食物的强化，如大米，其营养强化剂只是停留在了食物表面，如经洗涤，初级加工等过程就会造成营养强化剂的流失，影响营养强化效果，由此，诞生了“生物强化”的概念。

“生物强化”指的是采用现代生物技术如：转基因技术，将微量营养素导入农作物内部，对某些食品进行源头强化，这样就避免了食品的大批量分批强化行为，大大节约人力时间成本的同时，避免了营养素的流失。这种通过生物技术改善强化食品生产和研发新兴强化食品种类应是未来的发展趋势。

3. 改善并提高消费者认知程度及可接受水平

在中国，强化食品市场面临着消费者购买力低下的困境。究其原因，主要是由于人们对于强化食品的认知度不高，对其安全性存在疑问，另外就是其销售价格相对较高。

美国针对消费者对于强化食品的认识和购买行为的研究发现，4/5 的人群认识到强化食品对健康有益并愿意购买，这个比例很高。而且据此，美国 FDA 决定在下一阶段开拓强化食品研发的新领域，满足消费者需求的如高营养、低热量的新零食，取代以主食为主的

---

① Rader Jeanne I, Yetley Elizabeth A, “Modeling the level of fortification and post-fortification assessment: U. S. Experience”, Nutrition Reviews, 2004, 62 (Suppl), pp. S50-59. Rader Jeanne I, Yetley Elizabeth A, “Nationwide folate fortification has complex ramifications and requires careful monitoring over time”, Archives of internal medicine, 2002, 162 (5), pp. 608-609.

强化范围，让强化食品分布更广，有益于更多的人①。

中国的消费者对于强化食品的购买意识薄弱的原因有：① 认为低价的主食即便进行营养强化，营养价值也不高；② 强化食品的效果需要持续漫长的积累才能有效果，并非立竿见影；③ 市场上很多经营养强化的食品会产生不一样的外观色泽或气味，影响人们的购买决策。据此，借鉴美国的拓宽强化食品至零食领域，提高科学技术水平，让强化食品尽可能地在外观上等同于原食品，让消费者易于接受。

4. 政府、企业协作之下各司其职

关于加强政府和企业的合作促进强化食品的安全发展已有诸多文献阐明，主要围绕政府给予企业政策和技术上的支持，或加大对企业的资金投入等。政府如何从技术上对企业进行具体的帮助支持，从而在政策制定上有所倾斜之类的问题仍缺乏研究。

在美国的食品标签上，就每日营养素摄入量（DV）的修改这一问题，美国 FDA 同生产企业合作模拟不同标准值之下的情况，分析消费者的摄入水平、不足或过量等。既保证了消费者在消费食品后能获得恰当的营养素摄入水平，又避免了生产企业为将减少成本，偷工减料，降低营养素在食品中的标准水平。

在中国，政府同样要加强这方面的工作，协调组织多个营养机构或质量监管部门，让更多相关的部门参与到强化食品安全生产和监管中来，让机构和企业合作，共同模拟不同生产条件下的消费情况以及人群的实际健康水平，让各利益相关方参与进来，明确自己的角色和职能，促进企业积极生产，保证强化食品安全，打开强化食品市场，促进其健康良好地运行。

---

① International Food Information Council，2011；IFIC Food & Health Survey，available at：http://www.foodinsight.org. Accessed on 9 August 2012.

欧美和我国食品包装材料法规及标准比较分析*

王健健　生吉萍**

一、引　　言

消费者所食用食品的安全风险除了来自于原料自身生产加工及贮运过程以外，与食品直接接触的食品容器和包装材料的安全风险同样不可忽视。《中华人民共和国食品卫生法》规定：食品容器、包装材料是指包装、盛放食品用的纸、竹、木、金属、搪瓷、陶瓷、塑料、橡胶、天然纤维、化学纤维、玻璃等制品和接触食品的涂料。① 食品包装是食品工业中重要的一道工序，使食品便于运输、贮藏和销售②。食品包装对于食品安全有着双重意义：一是合适的食品包装材料和包装方式可以保护食品免受化学、物理和微生物因素的影响以及污染；二是包装材料本身的化学成分会向食品中发生迁移，

---

* 本文系国家科技支撑计划（项目编号：2014BAK19B00）成果。本文原载《食品安全质量检测学报》2014 年第 11 期。

** 王健健，中国人民大学农业与农村发展学院食品科学专业硕士研究生。生吉萍，中国人民大学农业与农村发展学院教授、博士研究生导师，主要研究方向：食品科学与食品安全管理。

① 章建浩：《食品包装实用新材料新技术》，中国轻工业出版社 2000 年版；赵晓燕、陈相艳、彭晓蓓等："食品包装材料对食品安全性的影响及控制措施"，载《中国食物与营养》2014 年第 20 卷第 4 期。

② 黄志刚："食品包装技术发展趋势"，载《包装工程》2003 年第 24 卷第 5 期。

影响到食品的卫生①。近年来，由于食品包装材料引起的食品安全问题层出不穷，雀巢婴幼儿牛奶ITX污染事件、国产奶瓶双酚A事件、白酒塑化剂事件等，②使食品容器、包装材料的安全性成为消费者关注的热点。我国出口的食品接触性材料因为重金属迁移量、游离单体及降解物质、微生物等超标等在国外的出口也连连受阻。③随着经济全球化的发展，国家之间的关税壁垒已经逐步演变为关键领域的技术性贸易壁垒。在食品包装材料方面，欧盟、美国、日本等国家已经建立了较为完善和系统的法律法规和标准体系对其进行管理。由于我国在食品安全领域起步较晚，食品包装材料标准体系正在逐步建立和完善，但与发达国家还有很大差距。我国作为食品进出口大国，为避免由于食品包装材料引起的技术性贸易壁垒的形成，研究发达国家法律法规及标准，并与我国现行标准相比较，有非常重要的意义④。本文概述了欧盟、美国关于食品包装材料的法律法规和标准体系，简要分析各国特点，重点分析我国食品包装材料法规和标准现状和问题，结合国际发展和我国国情给出建议。

二、欧盟食品包装材料法律法规与标准

欧盟很早就对食品包装材料有着十分严格的管理规定。1972年欧盟开始制定食品接触材料与制品的相关法律法规，1987年开始欧盟着

---

① 兰敏、王少敏、谢丽芬：“国内外食品包装安全管理法规体系分析与建议”，载《检验检疫学刊》2009年第19卷第1期。

② 钟峰、薛宁、李继文：“我国食用农产品（食品）包装现行标准现状及分析”，中国食品与农产品质量安全监测技术应用国际论坛，2013；陈锦瑶、朱蕾、张立实：“我国塑料食品包装材料及容器标准体系现况研究与问题分析”，载《现代预防医学》2011年第38卷第6期。

③ 王晓华、赵保翠、杨兴章等：“食品包装容器与材料存在的安全隐患及控制”，载《肉类工业》2006年第7期。

④ 符朝贵：“探讨食品包装的若干问题”，载《包装财智》2011年第11期。

手于纸质食品包装材料的安全性研究。[①] 欧盟将食品包装材料称为 **Food Connect Materials**（食品接触性材料）来进行管理，规定食品包装按所报食品类型分为包装水溶性食品、酸性食品、醇类食品、油性食品、水溶性酸性食品、酸性醇性食品、油水混合食品、油性酸性食品、醇类水溶性食品、油性-醇类-酸性混合食品等 10 大类产品。[②] 欧盟对食品接触性材料的要求包括包装材料允许食用物质名单、迁移量标准、渗透量标准、成型品质量规格标准、检验和分析方法规定等。

欧盟的食品接触性材料法律法规采用“层层剖析、逐级细化”的理念，由框架性法规、良好生产规范、专项指令、个别指令和标准等组成。框架性法规是目前关于 Food Connect Materials 的主导性规章，主要是 EC NO. 1935/2004《关于拟与食品接触的材料和制品暨废除 80/590 和 89/109/EEC 指令》，该指令对食品包装材料通用安全要求进行了规定。[③] 该项规章建立了包装材料的“惰性”原则：材料和制品中的活性成分要具有足够的惰性，其向食品迁移的量一定不能危及人体健康，导致食品组成发生不可接受的改变或者食品感官特征的恶化。[④] 良好生产规范主要是 EC NO. 2023/2006《关于拟与食品接触的材料和制品的良好生产规范》，规定了食品包装材料良好生产规范的相关要求和原则。[⑤] 专项指令是指对框架法规中列举的每一

---

① 叶挺、黄秀玲、刘全校：“国内外纸塑复合食品包装材料安全法规的现状”，载《包装与食品机械》2012 年第 30 卷第 1 期。

② 耿晓玲：“国内外食品包装标准的现状分析”，载《中国包装工业》2013 年第 16 期。

③ 余不详：“欧盟软包装法规解读”，载《中国包装》2012 年第 1 期；European Union. Regulation (EC) NO1935/2004 on materials and articles intended to come into contact with food and repealing Directive 80/590/EEC and 89/109/EEC, available at http://eur-lex.europa.eu/LexUriServ.do-uri=CONSLEG: 2004R1935: 20090807: EN: PDF.

④ ANON, Regulation NO1935/2004 of the European parliament and the council of 27 October 2004 on plastic materials and articles intended to come into contact with food and repealing directives 80/590/EEC and 89/109/EEC, Official journal of the European Union, 2004, pp. 4-17.

⑤ European Union. Commission Regulation (EC) NO2023/2006 on Good Manufacturing Practice for Materials and Articles intended to come into contact with food, available at http://eur-lex.europa.eu/LexUriServ/LexUriServ.do-uri=OJ: L: 2006: 384: 0075: 0078: EN: PDF.

类物质的特殊要求，在欧盟规定的必须制定专门管理要求的17类物质中，仅有活性和智能材料（2009/45/EC）、再生纤维素薄膜（2007/42/EC）、陶瓷（2005/31/EC）、塑料（2002/42/EC）四种物质颁布了专项指令。[①] 单独法规是针对于某一种特定的物质（如氯乙烯单体）而作出的专门的规定，有很强的针对性和很小的受众。而欧盟食品接触性材料标准则是针对具体的成型品或迁移量、渗透量的试验方法而制定的。

欧盟对于食品接触性材料的管理采取的是"从源头控制"的方法，控制食品接触性材料的原材料生产、加工、使用过程，而非针对于具体产品的特定包装材料进行规定。欧盟特别强调所有食品接触性容器及材料标准必须基于科学基础上的"风险分析"结果，消除风险评估中的各种不确定因素，将行政管理规定与技术要求合二为一，使政府管理具有更强的可操作性。[②]

三、美国食品包装材料法律法规与标准

美国联邦法认为，食品添加剂是直接或间接地影响了食品成分或者是改变了食品特性的物质，包括生产、制造、包装、预制、处理及运输过程中所接触到的物质和以上过程中所接触到的放射性物质[③]。因此，美国将食品包装材料称为 Indirect Food Additives（间接食品添加剂），将其作为添加剂的一部分进行管理。其管理方式主要有豁免管理、审批制度和通报制度。作为包装材料或包装材料的一种成分物质的豁免物质要求迁移到食品中的量低于某一限值（迁移

---

① 陈震华："欧美食品包装材料技术法规与标准浅析"，载《标准科学》2013年第1期。

② 王菁、刘文、戴岳："食品包装容器及其材料标准体系的研究"，载《农产品加工》2011年第1期。

③ ANON, Code of Federal Regulation, WASHING DC: Office of the Federal Register National Archives and Records Administration, 2006.

量小于 0.5μg/kg 或每日通过饮食摄入该物质的量小于日允许摄入量的 1%)，且不是已知致癌物质。[①] 致癌物质迁移不能超过其半数中毒剂量 TD50。现有 FDA 规定是每公斤体重每天少于 6.25mg，随着毒理学研究进展，FDA 将采用适当的最低 TD50 值。[②] 审批制度是指某一物质作为食品添加剂进行审批，如果某种物质通过食品包装过程迁移到食品中，且不是通常认为安全的物质，则需要对其按照食品添加剂的评价程序进行评价和审批。[③] 在美国联邦法里已经通过审批的与食品包装材料相关的间接食品添加剂包括胶黏剂和涂覆材料、纸和纸板成分、聚合物。[④] 通报制度主要是针对食品接触物质而言，食品接触物质通报要求申请者向 FDA 提供充分的材料（包括：化学特性、加工过程、质量规格、使用要求、迁移数据、膳食暴露、毒理学信息、环境评价等内容)，证明该物质在特定使用条件下不会影响食品安全。[⑤]

美国对间接食品添加剂（食品包装材料）的管理主要通过联邦法规来进行规范。美国联邦法规（Code of Federal Regulation）第 21 部分（Title 21）主要规范食品和药品的管理，其中第 170-186 节规范了食品包装的管理方法。21CFR-174 部分规定了食品包装材料生产企业良好生产规范要求、纯度要求和其他通用性安全要求。[⑥] 对于成型品，美国采取与欧盟相类似的管理制度，通过控制作为原料的聚

---

① BOPET 专业委员会："国内外食品包装卫生标准的现状"，载《塑料包装》2011 年第 21 卷第 4 期。

② 黄崇杏、王志伟、王双飞等："国内外食品接触纸质包装材料安全法规现状"，载《包装工程》2008 年第 29 卷第 9 期。

③ 陈震华："欧美食品包装材料技术法规与标准浅析"，载《标准科学》2013 年第 1 期。

④ National archive and records admistration, The code of Federal Regulations, available at http: //www. access. gpo. gov/nara/cfr/waisidx-09/21cfrv3-09. html.

⑤ 许文才、李东立、魏华："国内外食品包装安全研究进展"，载《包装工程》2009 年第 30 卷第 8 期。

⑥ US Food &Drug Administration, Title 21, Code of Federal Regulation, available at http: //www. fda. gov/Food/FoogIngredients Packaging/ucm082463. htm

合物或单体的安全性，来保证最终包装材料的安全，而对于某特定的终产品，不设立具体指标。作为食品接触物质的某种聚合物或单体或新型添加剂，采取食品接触物质通报方法，对于审批合格的物质采取肯定列表制度，同时 21CFR 根据不同类别进行具体限量和使用限制的相应规定。

四、我国食品包装材料标准体系现状

我国对食品包装材料的卫生监管最早在 1972 年国务院批准转发的《关于防止食品污染的决议》中，食品容器和包装材料被列入引起食品污染的原因之一。[①] 之后，食品包装材料的安全性引起了食品安全监督管理部门的重视，并在 1995 年颁布的《食品卫生法》和 2009 年取代其作用的《食品安全法》中都将食品包装材料纳入了其管理范围，实施卫生监管，食品包装材料的安全性有了法律的保护。

《食品安全法》第 1 章第 2 条规定：用于食品的包装材料、容器、洗涤剂、消毒剂和用于食品生产经营的工具、设备（以下称食品相关产品）的生产经营应遵守本法；至此，我国将食品容器和包装材料列入食品相关产品的管理范畴进行监管。《食品安全法》进一步明确食品标准的制定应包含食品相关产品的内容。2009 年《食品安全法》正式颁布实施后，我国食品包装材料的管理正在逐步完善，食品包装材料标准体系正在构建之中。

目前我国食品包装材料的标准主要由通用性基础标准、产品标准、检验方法标准三部分构成，基本具备了较为完整的食品包装材料标准体系雏形。[②] 其中，最为基础的通用性标准主要有 GB9685-

① 赵琢、王利兵、张园等：“我国食品包装标准体系研究”，载《食品研究与开发》2008 年第 29 卷第 12 期。

② 朱蕾、樊永祥、王竹天：“我国食品包装材料标准体系现状研究与问题分析”，载《中国食品卫生》2012 年第 24 卷第 3 期。

2008《食品容器、包装材料用添加剂使用卫生标准》[①]、GB/T23887-2009《食品包装容器及材料生产企业通用良好操作规范》[②] 和 SN/T1880《进出口食品包装卫生规范》[③]。产品标准主要由产品安全标准和产品质量标准构成，产品安全标准规范了诸如塑料、橡胶、陶瓷、复合包装袋等一系列包装成型品的卫生规范，这些产品安全标准主要规定了产品卫生指标，除此之外，还有 GB19778-2005《包装玻璃容器铅、镉、砷、锑溶出允许限量》[④]、GB8058-2003《陶瓷烹调器铅镉溶出量允许极限和检测方法》[⑤]、GB12650-2003《与食品接触的陶瓷制品铅镉溶出量允许极限》[⑥] 三项涉及具体的重金属溶出量的安全标准。产品质量标准则是针对塑料制品、橡胶制品、陶瓷制品等日常使用品的耐热性、机械强度、阻隔性等质量指标。检验方法标准主要是我国的 GB/T5009 食品卫生理化检验方法系列，其中两项通用基础方法标准 GB/T5009. 156-2003《食品用包装材料及其制品的浸泡试验方法通则》[⑦] 和 GB/T5009. 166-2003《食品包装用树脂及其制品的预实验》[⑧]。检验方法的另一个标准系列是 GB/T23296 食品接触材料中物质迁移量的检测方法系列，其中 GB/T23296. 1-2009《食品接触材料 塑料中受限物质 塑料中物质向食品

---

① 《GB9685-2008 食品容器、包装材料用添加剂使用卫生标准》，中国标准出版社 2008 年版。

② 《GB/T23887-2009 食品包装容器及材料生产企业通用良好操作规范》，中国标准出版社 2009 年版。

③ 《SN/T1880 进出口食品包装卫生规范》，中国标准出版社 2007 年版。

④ 《GB19778-2005 包装玻璃容器铅、镉、砷、锑溶出允许限量》，中国标准出版社 2005 年版。

⑤ 《GB8058-2003 陶瓷烹调器铅镉溶出量允许极限和检测方法》，中国标准出版社 2003 年版。

⑥ 《GB12650-2003 与食品接触的陶瓷制品铅镉溶出量允许极限》，中国标准出版社 2003 年版。

⑦ 《GB/T5009. 156-2003 食品用包装材料及其制品的浸泡试验方法通则》，中国标准出版社 2003 年版。

⑧ 《GB/T5009. 166-2003 食品包装用树脂及其制品的预实验》，中国标准出版社 2003 年版。

及食品模拟物暴露条件选择的指南》[①] 规定了迁移实验的通用要求。这两个系列分别规定了包装材料总添加剂安全限量指标和迁移量指标及其试验和检验方法，是我国食品包装材料检验方法的主要指导标准。

随着我国经济的高速发展和国家、消费者对食品安全重视程度的提高，我国食品包装材料的食品安全标准体系建设已经初具规模，相较于之前的无标可依、无法可究的局面有了长足的进展。食品安全国家标准评审委员会也成立了食品相关产品分委会，负责食品包装材料标准的制定和修订，增大了标准的科学性和透明性，为食品包装材料的安全提供了保障。

五、完善我国食品包装材料标准体系的建议

虽然我国在完善食品包装材料法律法规和安全标准上作了很大努力，但与发达国家相比仍处在起步阶段，仍未建立以质量安全为核心的食品包装材料标准体系，相关标准尚不能满足国内市场、国际贸易和食品安全的需求，因此借鉴国外的经验和管理方法非常重要。

（一）加快标准的制定、修订工作，完善标准体系

针对任何可能出现的食品包装材料都建立其自身的标准是不现实的，所以，我国应参考欧美等国家的管理理念，首先建立食品包装材料通用规范，现行通用规范仅有包装材料添加剂一种针对于包材产品的标准，远不能满足需求。其次，学习欧美国家从源头控制的方法，完善包装材料的原材料和加工过程的卫生标准，研究各包装材料的使用条件，从而控制其终产品使用的安全性，而非现行的制定各种

① 《GB/T23296. 1-2009 食品接触材料 塑料中受限物质 塑料中物质向食品及食品模拟物暴露条件选择的指南》，中国标准出版社2009年版。

终产品的限量标准。最后，加快标准清理工作的进展，避免出现一种产品多重标准的情形，让食品生产者有漏洞可钻，同时也给监督检验机构造成困扰。

（二）建立以风险评估为基础的科学性标准制定程序

任何食品标准的制定都应该以完善的风险评估工作为基础。随着科学技术的飞速发展，新型食品包装材料不断涌现，判断一种材料是否经济、安全，需要通过广泛的调查研究、科学分析、监测网络数据反馈等一系列的风险评估结果才能确定。而我国整体风险评估工作基础薄弱，尚未建立完善的监测体系和暴露量评估体系，消费者膳食模型研究工作也比较落后，以风险评估为基础的标准制定工作未得到很好的落实。应加快全国范围内的风险评估体系建设，建立暴露量监测和评价模型和消费者膳食摄入量模型，建立以风险评估结果为依据的标砖制定程序。

（三）国际、国内、行业、企业共同合作参与标准制定

由于我国食品安全标准工作起步较晚，很多限量标准的制定都是参照国际上其他国家的要求，但是管理机制又未达到其他国家的水平，导致了我国标准体系混乱、标准制定落后的局面。因此，学习发达国家的“源头管理”“肯定列表”“通报审批”的管理理念，加强国际交流合作，对于理顺我国标准体系，加快标准整合清理工作有很大的帮助。同时，新技术的研究与发展使得食品包装工业正在发生变革，[①] 新的食品包装技术使得食品包装除了具有传统的功能之外，还具有其他新功能（阻湿、防水、杀菌、防腐、耐油、

---

① 黄志刚：“计算机仿真技术在包装机械设计制造中的应用”，载《包装工程》2002 年第 23 卷第 3 期。

耐酸等。)[①] 由于行业、企业未能充分参与到食品包装材料标准制定、修订的工作中去，食品包装材料又是一个更新换代非常快的产品，导致了我国食品包装材料标准滞后于产品的发展。因此，为了使标准与时俱进、公开通明，应鼓励行业和企业参与标准的制定、修订工作，运用行业和企业的技术力量，既有利于包装材料标准的适用性，又增强了企业对于标准的理解程度，同时有利于食品包装材料标准体系的建立和标准的执行。

六、结　语

对于食品包装材料的管理，各国都以法律法规和标准的形式规范企业行为，保证食品的安全性。总体来讲，我国在食品包装管理工作上已经付出了很多努力，取得了明显成效，但是与欧美发达国家相比仍存在很多不足。随着我国国际合作的加深、与行业企业合作的加深，食品包装标准体系定会逐步完善，消费者食用食品安全性定会逐步提高。

---

① Azzi A, Battini D, Persona A, et al, Packaging Design: General Framework and Research Agenda, Pack Technol Sci, 2012, 25 (8), pp. 435-456；黄志刚、刘凯、刘科："食品包装新技术与食品安全"，载《包装工程》2014年第35卷第13期。

转基因食品标识的问题与困惑*

赵　将　生吉萍**

转基因生物是指利用基因工程技术改变基因组构成，用于农业生产或者农产品加工的动植物、微生物及其产品，主要包括：（1）转基因动植物（含种子、种畜禽和水产苗种）和微生物；（2）转基因动植物、微生物产品；（3）转基因农产品的直接加工品；（4）含有转基因动植物、微生物或者其产品成份的种子、种畜禽、水产苗种、农药、兽药、肥料和添加剂等产品。

转基因生物的环境危害和健康风险具有不确定性。李建平等①采用多级模糊综合评价，对中国农作物转基因技术风险进行排序，结果为：生态风险、健康风险、经济风险和社会风险。随着转基因技术向农业、食品和医药领域的不断渗透和迅速发展，以及转基因产品商品化程度的加快，社会公众对转基因产品的安全性和风险的关注程度与日俱增。

转基因食品标识②是指在食品说明书或标签中标注说明该食品是转基因食品或含转基因成分，以便与传统食品区分开，方便消费者

---

* 本文系“十二五”国家科技支撑计划项目（项目编号：2014BAK19B00）成果之一；国家社科基金重点项目（11AZD095-11）成果之一。本文原载《中国农业大学学报》2015 年第 20 卷第 3 期。

** 赵将，硕士研究生。生吉萍，中国人民大学农业与农村发展学院教授、博士研究生导师，主要从事食品科学、食品安全与管理。

① 李建平、肖琴、周振亚：“中国农作物转基因技术风险的多级模糊综合评价”，载《农业技术经济》2013 年第 223 卷第 5 期。

② 乔雄兵、连俊雅：“论转基因食品标识的国际法规制：以《卡塔赫纳生物安全议定书》为视角”，载《河北法学》2014 年第 236 卷第 1 期。

选择，进而保护消费者的知情选择权。图1为欧洲转基因食品标志。其中的T代表的是“Transgenic（转基因的）”。

图1　欧盟转基因食品标志

我国在《农业转基因生物安全管理条例》第28和第29条提出对转基因食品标识的要求，规定强制标识制度，但缺乏对阈值和其他一些内容的规定。这种实际上零容忍的规定不仅在技术上无法实现，如玉米的理论检测极限为0.002%，小麦是0.0174%①，还会对正常的农产品贸易产生严重的影响②。本研究拟通过对不同的转基因食品标识制度的探析和国别比较，发现我国转基因标识制度的问题与不足，解释我国消费者对转基因标识制度制定与实施的困惑，以期为提升我国转基因食品安全管理水平提供建议。

一、转基因食品标签制度国别比较

国际上关于转基因食品标识最重要的国际法文件是依据《生物多样性公约》制定的《卡塔赫纳生物安全议定书》，其中已形成有关转基因食品标识的较系统和具体的规定。世界各国根据本国生物技术的发展状况、转基因作物的商业种植、转基因产品的国际贸易

① 厉建萌、宋贵文、刘信等：“浅谈转基因产品阈值管理”，载《农业科技管理》2009年第129卷第3期。

② 黄雪涛、杨军、董婉璐等：“转基因低水平混杂问题：政策与内涵”，载《中国生物工程杂志》2013年第245卷第4期。

以及对转基因食品安全性的判定等综合因素确定不同的标识制度（表1），主要分为自愿标识制度和强制标识制度2种。其中，自愿标识是指国家不强制要求转基因食品的生产者或销售者对转基因食品进行标识，由他们自己根据实际情况（包括市场行情、竞争对手的市场策略、消费者反馈的信息和国家政策）自愿选择是否对转基因食品进行标识；强制性标识①是指国家通过法律法规、条例或管理办法的形式要求转基因食品的生产者或销售者对转基因食品进行标识，否则将不能进行生产或销售。

表1　不同国家或地区对转基因食品的标识管理概况②

国家或地区	标识类别	阈值和标识范围
美国/加拿大	自愿	阈值没特殊要求；如果与健康有关特性，如食品用途、营养价值等发生改变时，或以转基因（genetically modified，GM）材料生产的该食品的原有名称已无法描述该食品的新特性时，需对食品进行标识
欧盟	强制性	0.9%；所有从GM衍生的食品或饲料，无论其终产品中是否含有新的基因或新的蛋白质
巴西	强制性	4%；所有含转基因成分的食品
澳大利亚/新西兰	强制性	1%；食品特性，如营养价值发生改变，或食品中含有因转基因操作而引入的新DNA或蛋白质
俄罗斯	强制性	5%；由GM原料制成的食品产品，若食品产品中含有超过5%的GMO成分，需进行标识
中国香港	自愿	5%；任何GM食品，如果在其组成成分、营养价值、用途和过敏性等方面与其传统对应食品不具有实质等同性，则推荐进行标识以标注这种差异

① 毛新志、殷正坤：“转基因食品的标签与知情选择的伦理分析”，载《科学学研究》2004年第88卷第1期。

② 金芜军、贾士荣、彭于发：“不同国家和地区转基因产品标识管理政策的比较”，载《农业生物技术学报》2004年第42卷第1期。

续表

国家或地区	标识类别	阈值和标识范围
韩国	强制性	3%；食品中前5种含量最高的食品成品成分，且该成分中GMO含量超过3%；转基因大豆、玉米或大豆芽及其制成品需进行转基因标识；2002年起，GM马铃薯及其加工产品需标识
日本	强制性	5%；食品中前3种含量最高的食品成分，且该成分中GMO含量超过5%；豆腐、玉米小食品和水豆豉等31种由大豆、玉米、马铃薯和三叶草制成的食品需进行转基因标识；若能检测到外源DNA或蛋白质，则转基因马铃薯产品需要标识
马来西亚	强制性	3%；所有转基因产品
中国台湾	强制性	5%；粗玉米、粗大豆、大豆粉、玉米粉和粗玉米粉（2003年开始执行）；豆腐、豆奶和大豆蛋白（2005年开始执行）；所有大豆产品及多成分加工品（2005年开始执行）
捷克共和国	强制性	1%；所有含有转基因成分的食品都需要进行标识
沙特阿拉伯	强制性	1%；若食品中含有1种或多种转基因植物成分需要标识；若含有转基因动物成分则禁止上市
以色列	强制性	1%；转基因大豆、玉米及其产品
泰国	强制性	5%，食品中前3种含量超过5%的食品成分，且该成分中GMO含量超过5%；转基因大豆及其产品、转基因玉米及其产品，若其中含有外源基因或蛋白，则需进行标识

（一）自愿标识制度：以美国为例

美国采用自愿标识制度①，并认为管理体制应建立在科学的基础之上，即可靠科学原则。在科学尚无足够的证据证明转基因食品不安全的情况下，政府不应该采取强制管制措施。一种食品无论其是否采用转基因技术，只要不给人类的健康带来威胁，都应该采用相同的标准进行管制，只有当转基因食品在成分组合、营养价值和致敏性方面与原来品种有显著差别时才需要标识，也即以产品为基础的生物安全管理模式②。在这种宽松的自律型管制模式背后，美国法律规定了企业对其产品责任的巨额赔偿制度。图 2 为欧美 IP GMO-FREE 非转基因食品通行认证标志。

图 2　欧美地区非转基因食品通行认证标志

（二）强制性标识制度：以欧盟为例

目前，世界大部分国家采用强制性标识制度。这一制度主要建立

---

① 王迁："美国转基因食品管制制度研究"，载《东南亚研究》2006 年第 159 卷第 2 期。

② 黄昆仑、许文涛：《转基因食品安全评价与检测技术》，科学出版社 2009 年版。

在预防原则的基础上①。预防原则最早出现在环境法当中：当一项行为可能对人的健康或环境造成威胁时，应当采取预防措施，即使因果关系尚未得到科学证明。这是以技术为基础的严格生物安全管理模式②。欧盟采用强制性标识制度，该制度规定：无论源自转基因生物的 DNA 或蛋白质是否存在，也无论转基因食品是否与传统食品“实质性等同”，只要食品包含“转基因生物”或由转基因生物制成，均需要特别标签加以标识。欧盟标识范围针对所有食品，许多国家要求对部分转基因食品进行标识。在强制性标识制度的基础上，许多国家都规定了转基因成分阈值，进行阈值管理。图 3 为德国转基因食品标志。

图 3　德国转基因食品标志

二、阈值的确定与计算方法

（一）阈值的确定

定量阈值管理是一种考虑转基因产品的安全性（包括对健康和环境的影响）、技术实施、运行成本、管理成本、经济和贸易保护的

① 王迁：“欧盟转基因食品法律管制制度研究”，载《华东政法学院学报》2004 年第 41 卷第 5 期。

② 黄昆仑、许文涛：《转基因食品安全评价与检测技术》，科学出版社 2009 年版。

一种可行性做法。转基因标识阈值是指要求标识的最低转基因成分含量，控制转基因低水平混杂风险，是转基因食品标准化生产的一环。对于规定的阈值水平，只要超过这个水平，管理范围内的食品都要被贴上转基因食品的标签[①]。阈值的设定不仅包含科技理性还包含经济和政策理性，集中反映一个国家或地区对转基因产品风险的容忍度。表1描述了不同国家对转基因产品容忍度的大小。因为阈值管理建立在强制性标识制度基础之上，本研究选择欧盟和日本为例进行阈值管理说明：

1. 欧盟转基因食品标识阈值管理

欧盟在1999年开始对所有转基因食品进行阈值管理，设定转基因DNA或蛋白质最小阈值。在产品的单个组分中，转基因组分达到最小阈值或以上时就要求标识（如某个含有玉米淀粉组分的加工食品，其转基因玉米淀粉达到玉米淀粉总量的最小阈值或以上时必须标识）[②]。欧盟制定的阈值标准是世界最为严格的[③]：

（1）对所有转基因植物衍生的食品和饲料，如果混入转基因成分是偶然的或在技术上不可避免，则转基因成分含量为0.9%之下时才可以不贴标签；

（2）对所有转基因植物衍生的食品和饲料，如果混入的转基因成分来源于被欧盟食品安全局认为不具有风险，但尚未批准上市销售的转基因材料，则只有含量低于0.5%，而且检测手段已经存在时，才可以不贴标签；

（3）对所有转基因种子，如果混入转基因成分是偶然的或在技术上不可避免，则转基因成分含量为0.3%之下时才可以不贴标签。

---

① 厉建萌、宋贵文、刘信等："浅谈转基因产品阈值管理"，载《农业科技管理》2009年第129卷第3期。

② 黄昆仑、许文涛：《转基因食品安全评价与检测技术》，科学出版社2009年版。

③ 黄昆仑、许文涛：《转基因食品安全评价与检测技术》，科学出版社2009年版，第109-123页，175-231页；王迁："欧盟转基因食品法律管制制度研究"，载《华东政法学院学报》，2004年第41卷第5期。

2. 日本转基因食品标识阈值管理

日本在2001年出台转基因生物标识规定，对以转基因生物为原料的食品，如果食品中3种主要原料之一含有转基因成分并占食品总重量5%以上时，生产厂家有义务注明产品为“转基因食品”或“使用了转基因原料”。到目前为止，阈值标识范围包括已批准转基因生物：豆腐、玉米小食品和水豆豉等31种由大豆、玉米、马铃薯和三叶草制成的食品。对于未批准的转基因生物，采用定性检测，只要含有转基因成分则必须标识①。

非转基因农产品及其加工食品进行自愿标识，但是规定国内不存在转基因生物的食品不能进行非转基因标识。转基因生物加工后，不再含有重组DNA或蛋白质的产品采取自愿标识（在营养成分及其用途上与常规食品有显著改变的必须进行强制性标识）。自愿标识在豁免强制性标识的范围内。如果产品要标识为“不含转基因”的，

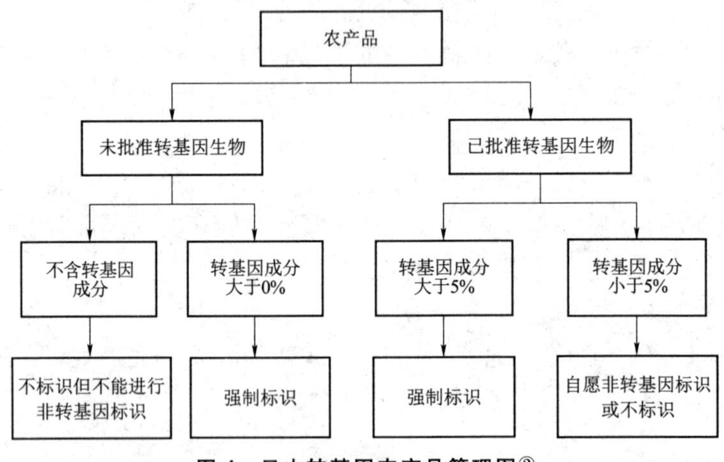

图4　日本转基因农产品管理图②

① 刘培磊、李宁、汪其怀：“日本农业转基因生物安全管理实施进展”，载《世界农业》，2006年第328卷第8期。

② 秦向东：《消费者行为实验经济学研究：以转基因食品为例》，上海交通大学出版社2011年版，第134-143页。

须满足转基因含量小于5%且要证明产品在生产和销售的每一个阶段都是要基于“身份保持”即可追溯的基础之上。

据农业部介绍，在上述国家和地区，通常由于食品生产企业严格控制产品原料，以及热加工等工艺造成蛋白质分解、变性，在食品最终产品中已无法检测蛋白质或转基因成分。因此，市场上绝大多数转基因食品符合不需强制性标识的要求，也未标识与转基因相关的内容。

（二）阈值的计算方法

大部分实施转基因标识管理的国家，其关于阈值的定义缺乏一致性，目前转基因成分的计算方法主要分为以下3种①：

1. 以样品重量为基准

转基因阈值=样品中某物种的转基因成分的重量/样本重量。以饼干1%阈值计算为例：100g饼干（含80%玉米+15%大豆+5%大米等）中含转基因玉米成分1g。

2. 以样品中某物种重量为基准

转基因阈值=样品中同物种的转基因成分的重量/样本某物种重量。以饼干1%阈值计算为例：100g饼干（含80%玉米+15%大豆+5%大米等）中，转基因玉米占玉米成分的1%。

3. 以同物种的基因拷贝数为基准

转基因阈值=样品中同物种的转基因DNA的拷贝数/样品某物种的DNA拷贝数。以饼干1%阈值计算为例：100g饼干（含80%玉米+15%大豆+5%大米等）中，转基因玉米基因组拷贝数占玉米基因组总拷贝数的1%。

目前以基因拷贝数计算的定量方法仅适用于相同组织来源的样

① 历建萌、宋贵文、刘信等：“浅谈转基因产品阈值管理”，载《农业科技管理》2009年第129卷第3期。

品。假设样品的转基因（GMO）质量和非转基因（Non-GMO）质量分别以 M_G、M_N表示，相应地，样品的 DNA 密度（每 g 干物质所含单倍体基因组数）分别以 D_G、D_N表示，DNA 提取得率分别以 E_G、E_N表示，则样品的 DNA 溶液中来自于转基因部分的单倍体基因组数量 $H_G = M_G \times D_G \times E_G$，来自于非转基因部分的单倍体基因组数量 $H_N = M_N \times D_N \times E_N$，如 $DG = D_N$，$EG = E_N$：则有 $GMO\% = H_G / (H_G + H_N) = M_G / (M_N + M_G)$ 即样品内、外源基因的拷贝数之比等于样品的转基因质量分数，然而实际中，样品的 DNA 密度在植物的不同组织之间及同一作物的不同品种间有显著差异。

三、转基因成分检测技术

由于转基因成分无法进行直观检测，转基因食品检测与普通食品检测方法并不相同。目前，应用于生物技术食品检测的两大技术为基于核酸的聚合酶链反应（polymerase chain reaction，以下简称 PCR）检测技术和基于蛋白质免疫学检测技术①。

（一）蛋白质免疫学检测技术

酶联免疫吸附测定法（enzyme-linked immunosorbentassay，以下简称 ELISA）是免疫检测技术中应用最为广泛的一种，其基本原理是基于抗原或抗体的固相化及抗原或抗体的酶标记。在测定时，受检样本和酶标记抗体或抗原按不同的步骤与固相载体表面的抗原或抗体结合，抗原与抗体的复合物通过洗涤与其他物质分开，最后加入酶反应的底物，底物被酶催化为有色产物。检测根据呈色深浅进行定量或定性分析。常用的 ELISA 方法有竞争法、双抗

① 黄昆仑、许文涛：《转基因食品安全评价与检测技术》，科学出版社 2009 年版，第 109-231 页。

体夹心法、改良双抗体夹心法和间接法。虽然 ELISA 特异性强、灵敏度高，但是由于其检测极限较低，一般不作为转基因成分检测的首选方法。

（二）基于核酸的聚联合酶 PCR 检测技术

利用 PCR 技术进行转基因产品成分检测目前应用最成熟、最活跃，是作为转基因检测广为认可的技术。PCR 是一项体外扩增特异性 DNA 片段的技术，最早是由 Kleppe 等概念性的描述反应的原理。目前常用的 PCR 检测技术有普通 PCR 技术、巢式 PCR 技术、多重 PCR 技术、降落 PCR 技术、PCR-ELISA 技术、竞争性定量 PCR 技术和实时荧光定量 PCR 技术。我国的定性标识管理主要采用普通 PCR 技术。定量的 PCR 技术可以作为定量管理的技术手段。PCR-ELISA 检测方法灵敏度高于常规的 PCR 和 ELISA 检测法，可达 0.1%，能够满足欧盟 0.9% 的阈值管理要求。竞争性定量 PCR 技术和实时荧光定量 PCR 技术能满足更高的检测精度要求，都是很好的定量检测方法，在实际中应用比较广泛。

（三）商业化转基因食品的检测方法

对转基因产品进行检测需要掌握国内外已经商业化的转基因作物品种、品系及其转入的外源基因的种类。现阶段已经商业化的转基因作物所转入的外源基因主要是抗性基因，如耐除草剂、抗虫、抗病毒、抗真菌、抗细菌和抗线虫等。改良作物品种性状的只占少数，如油脂含量的改变、营养成分的改变、成熟期的推迟或花色的改变等。

随着转基因技术的扩散，转基因定性检测的难度越来越大。不同的转基因食品，其检测的程序会有所不同；含有多种外源基因的转基因食品，其检测的难度会大大增加。转基因油菜是商业化种植面积最大的作物之一，其品系较多，共有 17 个品系，所含的外源基因种类较多，其检测过程相对烦琐。转基因大豆的检测相对简单，世界商业化的多种转基因大豆共同含有 *CaMV35S* 启动子基因，因此对 *CaMV35S* 启动子基因的 PCR 检测，可以起到筛选的作用。图 5 以孟山都 Roundup Ready™大豆为例，说明转基因食品基于 PCR 技术的一般检测流程。

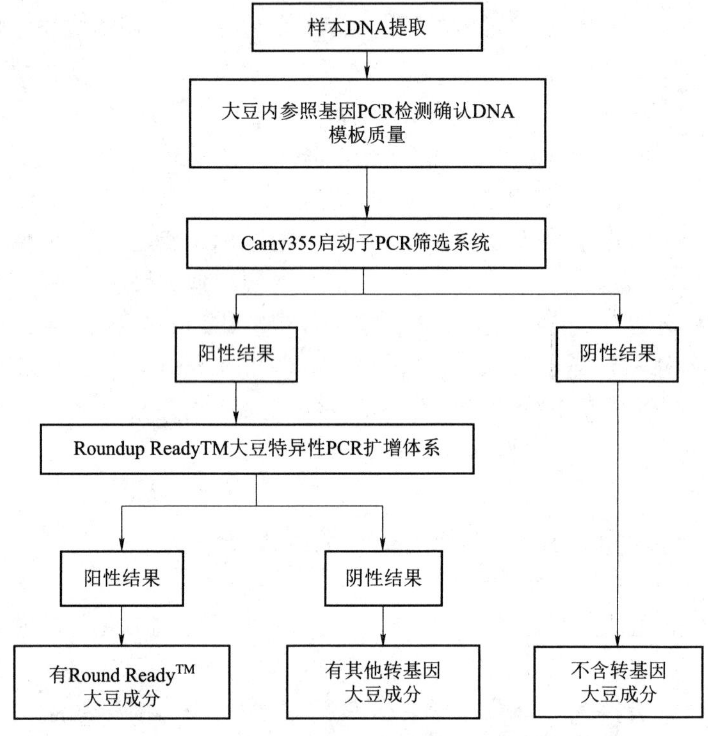

图 5　转基因大豆定性 PCR 检测程序

实施转基因成分定量标识制度对转基因成分的检测技术提出更高的要求，需要加强不同类型产品的抽样方法、不同类型食品和原料的 DNA 提取方法、多基因叠加转基因产品的检测方法等多方面的研究，同时也要加强未批准的转基因生物的特异性定性和定量检测方法以及新食品基质、新物种、新型外源基因的检测方法等多方面的研究[①]。在实施阈值管理之前要有技术准备。

四、成本与效益分析

（一）成本分析

阈值的大小决定转基因食品生产厂商的运行和管理成本。越小的阈值，会使得越多的非转基因食品厂商做出更严格的生产过程中隔离管理措施，也会使得更多的食品添加标签，这样就带来了标签自身成本和隔离成本。

强制性标签自身已经提高了食品成本。例如，美国大豆种植者及其食品制造商给含有不同成分蛋白质和油脂的大豆加贴标签，其费用相当于原来成本的6%~9%；巴西大豆种植者加贴标签的额外费用是原来成本的10%~15%；加贴标签使欧洲的相应产品销售成本增加17%，使美国相应产品的销售成本增加6%。

隔离成本增加企业正常运行管理的压力。得到添加标签的资格是需要经过认证检查许可的，例如，非转基因的生产要求增高，添加非转基因标签就要得到相关认证。根据毕马威2009年的预测，加拿大所有需贴标的加工食品的平均成本将增加9%~10%，导致额外成本的关键点在于转基因与非转基因产品在整个产业链的分隔处理和储存。

2002年美国向欧盟和日本出口玉米，欧盟阈值为0.9%，分离成本为8.3美元/吨；日本阈值为5%，分离成本为2.9美元/吨。以加拿大出口到其他国家的小麦为例，2003年阈值分别为0.5%、1%和5%时，引发的分离成本分别为15.35、8.57和6.82美元/吨。随

① 卢长明："我国实施转基因产品定量标识的对策与建议"，载《科技导报》2011年第340卷第24期。

着阈值的放松，分离成本分别下降6.78美元/吨和1.75美元/吨[①]。

成本的增加必将由生产者或者消费者来承担。张彩萍等[②]分析因食品消费在每个家庭中支出的比例不同，标签带来的成本对不同收入水平的国家影响效果不同。对于人均收入较高的国家，食物消费在每个家庭的支出中所占的比例很小，所以标签成本带来的食物价格的增加对消费者福利的影响效果并不明显；对于低收入国家，食物消费在每个家庭的支出中所占的比例较高，所以标签成本带来的食物价格的增加会明显影响消费者福利。根据毕马威对加拿大施行强制性标识制度的预测：如果实施转基因定量标识的额外成本最终转嫁给消费者，强制性标识政策对于消费者的每年标签总成本估计约为加拿大所有食品零售额（53.3亿元）的1.3%~1.8%，即7~9亿美元。在加拿大实施强制性标识，每人每年的费用将达到35~48美元。

（二）消费者支付意愿分析

转基因标识提高了成本，但标识本身并不能保护消费者的健康，它所起到的作用主要为保护消费者知情权和选择权，具有信任品特性[③]。那么消费者是否从中受益，并愿意为此买单呢？相关研究用拍卖试验的方法测度消费者对转基因食品标识的支付意愿。

消费者的支付意愿是指消费者对相关产品和服务的估值。拍卖试验常用来测度消费者对未上市的新产品的支付意愿，以预测其价格。相比于其他估值方法，拍卖试验的优点在于它可以将调查对象放在一个可控的真实的市场环境中，形成真实的约束，使其作出消

---

① 徐丽丽、付仲文："国外转基因作物混杂安全管理及对我国的启示"，载《价格理论与实践》2012年第330卷第1期。

② 张彩萍、黄季焜："现代农业生物技术研发的政策取向"，载《农业技术经济》2002年第137卷第3期。

③ Bansal S R B, The Economics of GM Food Labels: An Evaluation of Mandatory Labeling Proposals in India, International Food Policy Research Institute, 2007, pp. 1-23.

费决策。

Noussair 等[①]用拍卖试验测度 97 个法国消费者对转基因食品的支付意愿，他们研究饼干的消费者对 1% 和 0.1% 的阈值是否具有不同的心理估值。消费者并没有认为相对于非转基因食品，0.1% 的转基因食品要比 1% 的转基因食品更好。这说明在消费者心中最重要的区别在于转基因食品和非转基因食品，而不是转基因食品在不同阈值下的区别。

GAO 等[②]等用决策试验测量消费者对不同数量食品属性标签的支付意愿，认为消费者对食品属性的支付意愿随着新属性和属性数量的变化而变化。当属性从 3 个增加到 4 个时，支付意愿下降；当属性从 4 个增加到 5 个时，支付意愿在增加。那么在转基因食品标签中新添加阈值信息，消费者对转基因食品支付意愿并不排除下降的可能。

（三）小结

（1）施行强制性标识和阈值管理提高了运行和管理成本，但是没有提高消费者的支付意愿，而且我国食物消费在家庭支出中所占比例依然较高，食物成本的增加会明显减少我国食物消费者的福利。从成本效益角度分析，强制性标识管理和阈值管理制度并不经济。

（2）阈值管理对提高消费者的支付意愿并不明显，消费者对不同的阈值的支付意愿也没有显著差别。结果表明消费者担心转基因食品本身的安全，实施强制性标识和阈值管理对保护消费者的知情权和选择权至关重要，这也在另一方面说明转基因食品市场存在市场失灵的问题。

---

① Noussair C, Robin S andRuffieux B, "Do Consumer Really Refuse to Buy Genetically Modified Food?" The economic journal, 2004, 114 (492), pp. 102-120.

② Gao Z, Schroeder T C, "Effects of Label Information on Consumer Willingness-to-Pay for Food Attributes", American Journal of Agricultural Economics, 2009, 91 (3), pp. 795-809.

五、结论与建议

根据当今的转基因检测技术的精度，任何一个国家都无法达到零阈值管理的要求。施行定量阈值管理有利于提升转基因食品安全监管的可行性。我国应该参考《卡塔赫纳生物安全议定书》，从自身的转基因技术发展水平、风险管理和保护消费者权益的角度确定合适的阈值，在强制性标识制度的基础上研究并实施定量阈值管理，使强制性标识的要求在现实中具有可操作性。

笔者认为我国转基因食品市场存在市场失灵问题，现阶段不能放松对转基因食品安全的研究与管制，实施强制性标识制度等严格的管制措施是必要的。建议我国对已批准上市的转基因食品设置一个接近欧盟标准的较低阈值，释放一个严格的管制信号。主要基于以下两点：

（1）食品含有信任品的特性，转基因食品商业化的前提是确保转基因食品安全。消费者对转基因食品标识支付意愿不高，恰恰是其基于对转基因食品安全性的顾虑，这也是市场失灵问题的症结所在。不能因为转基因的标识带来食品成本的提高，或者消费者对此管理方式并不买单的不经济现象而放宽对转基因食品的管制。在转基因食品的安全性尚有很大争议的情况下，放宽对其商业化的管制，必将带来风险质疑的迅速扩散，特别是生态风险和健康风险的质疑。在市场经济不完善等情况下，实施宽松管制会损坏消费者的整体福利①；反之，加强监管、实施阈值管理，会控制转基因食品可能带来的风险，促进转基因技术有序发展。

（2）我国目前采用严格的标识制度可以提高国外转基因食品进入国内的门槛，抵抗其对国内农产品市场的冲击，同时为本国进行

---

① 秦向东：《消费者行为实验经济学研究：以转基因食品为例》，上海交通大学出版社2011年版，第134-143页。

转基因技术研究和转基因食品的开发留出时间[1]。

我国的风险评估部门可以根据我国人群身体特质和自然环境情况进行科学的健康风险和生态风险评估，划分风险等级后确定具体阈值。在实施阈值管理之前，要明确阈值计算方法，注重检测技术的开发和应用。之后，再把对转基因食品安全的关注点放在转基因成分的检测和追踪上。国家应当加大对转基因技术研究的投入，当在转基因食品安全性相关的风险因素和作用机制明晰、转基因食品有了安全保障以及消费者对转基因食品的信心上升时，再逐步考虑放宽对转基因食品标识的监管，最后采用自愿标识制度。

---

① 马述忠、史清华、陈洁：“农业转基因生物安全管理及我国的策略选择”，载《环境保护》2001 年第 289 卷第 12 期。

综述与评论

从“三鹿”到“福喜事件”的反思*

王伟国**

6 年前的 9 月 11 日，对于中国的食品安全监管而言，是一个具有深刻意义的日子：《东方早报》记者简光洲发表了《甘肃 14 名婴儿疑喝“三鹿”奶粉致肾病》的报道，第一次明确将三鹿奶粉与肾病致病因素关联起来，随后引发舆论跟进和问责风暴。“三鹿奶粉事件”的主角石家庄三鹿集团股份有限公司，作为乳品行业的“龙头”，“带头”引发了中国食品安全史上负面影响最大的事件。事件不仅导致消费者对国产乳制品信心急剧下降，而且导致洋奶粉大规模进入中国市场。

“三鹿奶粉事件”还导致本计划当年 10 月份三次审议表决的《食品安全法》延至次年 2 月四次审议方才通过。“三鹿奶粉事件”暴露出食品监管制度漏洞、预警机制失灵、检验手段失效、报告制度形同虚设、在食品中非法添加有害物质、事故处置不及时等严重问题。有鉴于此，《食品安全法》第四次审议稿从明确地方政府责任和监管部门的监管职责、加强风险监测与评估、制定食品安全标准、强化对食品添加剂监管等方面进行了针对性修改。

值“三鹿奶粉事件”6 周年之际，回首我国食品安全史，本文着重从《食品安全法》针对性修改的实施效果予以反思。

---

* 本文原载《中国食品安全报》2014 年 9 月 6 日 A2 版、9 月 8 日 A2 版、9 月 16 日 B2 版。

** 王伟国，法学博士、中国法学会食品安全法治研究中心副主任。

一、关于食品安全监管体制

《食品安全法》确立了分工负责与统一协调相结合，以分段监管为主、品种监管为辅的食品安全监管体制；这一体制必然导致职能交叉、政出多门，正因为如此，立法中为进一步改革完善食品安全监管体制预留了空间。2010 年 2 月，国务院成立食品安全委员会，设立了委员会办公室，加强食品安全综合协调和监督指导；2011 年 11 月，国务院决定将由原卫生部承担的食品安全综合协调、牵头组织食品安全重大事故调查、统一发布重大食品安全信息等三项职责划入国务院食品安全委员会办公室；2013 年 3 月，国务院对食品安全监管体制再次作出重大调整，组建国家食品药品监督管理总局，整合食品安全监管机构和职责，对生产、流通、消费环节实施统一监督管理。

我们从上述食品安全监管体制的变革中可以明了：一方面，政府为加强监管付出了巨大努力；另一方面，监管不到位却又周而复始，循环往复。如此一来，往往容易导致这类监管异化的现象：尽管实际工作中监管部门主动发现问题的数量并不少，但大多数重大食品安全事故总是由媒体率先“爆料”，更容易吸引公众关注，公众也相应地认为监管部门总是要慢媒体一拍。

可以说，《食品安全法》实施以来，监管体制的顶层设计不断调整，基层执法处于不停“调适”状态，“人心惶惶、队伍不稳”也就在所难免。实践中，部门之间监管边界不够清晰的问题尚未得到根本解决，与食品安全监管体制相适应的工作机制仍未健全；监管执法中未能按照风险等级分配监管力量和资源，大量行政资源消耗在低风险食品上；监管技术能力不足和检验资源重复配置、利用效率低的问题同时存在；部分监管机构尤其是基层检验设备装备落后，监管技术力量薄弱；而一些监管部门各自设置技术机构，造成小而全、资源分散、重复建设、信息和数据不能共享等问题。显然，不论是制度层面还是实践层面，监督执法能否真正落实到位，就很值得思考了。例如，“福喜事件”暴露出的监管疏漏，就让人们再次对政府的监管能力提出了质疑。根据媒体报道，此前3年间监管部门7次检查福喜，均未发现问题。

二、关于食品安全风险监测与风险评估

《食品安全法》专章规定了食品安全风险监测和评估制度，《食品安全法实施条例》作了配套规定。目前，已经形成了以《食品安全法》为主体，以其行政法规、部门规章和地方性法规为配套的食品安全风险监测和评估的法律体系。但是从制度运行的实际绩效来看，实践中存在的突出问题也不容忽视：

第一，分段监管导致监测评估工作交叉重叠。《食品安全法》确立的分段监管制度带来食品安全风险监测和评估工作交叉重叠，导致各职能部门间存在互相推诿扯皮的现象，无法全程覆盖种植、生产、流通、消费各环节，难以适应现代食品业态的整体性监控要求。同时，分段监管导致监测评估信息、数据难以共享。

第二，对食品安全风险监测和食品监督抽检不加区别。风险监测的主要目的是收集数据以制定或修订食品安全国家标准，而监督抽检的主要目的是发现不符合现有的食品安全国家标准的产品。

第三，评估结果公开度不够。食品安全标准的制定和修订有较长的周期，大量日常风险监测和评估结果长期保留在数据库中不予以公开；公布食品评估不安全的结论不够及时，而安全结论几乎不予公布，由此导致公众产生认知错觉，易引发食品安全信任危机。

第四，缺乏食品安全风险交流制度。由政府对食品安全风险进行监测、评估、交流、管理是一个完整的体系，而《食品安全法》并未规定风险交流制度，实践中也未能开展有效的风险交流，甚至出现某些食品专家发言经常引来围攻从而形成“抛玉引砖”的现象。在这样的氛围中，公众难以理性看待食品安全风险，他们对于风险

的认知往往受媒体报道影响。食品安全法专家曾祥华于2010年11月至2011年1月就食品安全执法问题进行问卷调查，调查的结果显示，公众对食品安全信息的信任度，最高的是新闻媒体网络，其次是专家和政府，最低的是企业，而后三者所占比例之和也不足50%。由于缺乏科学准确的信息渠道，目前公众中存在“食品恐慌”现象。究其原因，除了部分食品安全损害有潜伏期而人们有所担心外，对于诸如转基因食品等问题，公众多数缺乏科学知识和理性态度，而政府对有关食品安全的信息又没有做到及时全面公开，加重了公众的怀疑。而改变这种局面，就需要开展有效的风险交流。

三、关于食品安全标准

《食品安全法》实施以来，食品安全标准工作取得积极进展。无论是在完善食品安全标准管理制度、加快食品安全标准清理整合进程，还是制定公布包括乳品安全、食品添加剂使用、复配食品添加剂、真菌毒素限量、预包装食品标签和营养标签、农药残留限量以及部分食品添加剂产品标准等多项新的食品安全国家标准等诸多方面都取得较为显著的成效。同时，食品安全标准方面也存在如下突出问题：

第一，现有的食品标准之间存在交叉冲突。我国食品标准包括食用农产品质量安全标准、食品卫生标准、食品质量标准等。根据《食品安全法》的规定，这些标准在整合命名为食品安全标准前，是强制适用的。由于制定主体多、清理整合不及时等原因，不同部门之间颁布的部分标准存在不一致甚至冲突的情况。

第二，对企业标准备案的理解不统一。根据《食品安全法》第25条的规定，企业标准应当报省级卫生行政部门备案。对此，实践中各地理解不一、做法各异，实质审查、形式审查、直接备案存档而不审查等三种形式并存。同时，尽管从法律术语的本义而言，备案并不要求进行实质性审查，但如果发生食品安全事故，有的纪检监察部门常常会以实质审查的标准调查监管者。另外，依照《食品安全法》的有关规定，对于没有国家标准或地方标准的“企业标准”备案后，企业即可组织生产，而进口无国标的食品，需要卫生行政部门审查许可，这显然也有违国民待遇原则。

四、关于食品添加剂

“三鹿奶粉事件”促使《食品安全法》强化了对食品添加剂的严格监管，但是，令人非常遗憾的是，由于风险交流的严重缺乏，媒体专业知识的不足，许多年来的媒体报道将食品添加剂和非法添加物混为一谈，本是非法添加物造的“孽债”全都让食品添加剂背上了，即便是专家们的解释、澄清也很难被公众接受。

时间是一剂良药。近段时间以来，总拿食品添加剂说事实在太老套了，加上风险交流工作也在监管部门的主导下取得了一些成绩，媒体从业者也更加好学了，并明确表明要向专业化方面努力了，对食品添加剂的口诛笔伐终于有所平息。

当然，这并不是说食品添加剂监管就不重要了。事实上，有关食品添加剂的问题还有很多，例如，食品添加剂经营许可立法不完善。《食品安全法》第 43 条规定，申请食品添加剂生产许可的条件、程序，按照国家有关工业产品生产许可证管理的规定执行。该规定忽略了现代食品生产的重要技术特征，没有注意到食品添加剂是现代食品工业不可或缺的重要物品，同时产品更新换代速度很快。因此，不能将食品添加剂简单等同于工业产品，而应作为特殊品种管理，实行单独许可。

食品添加剂的规制主体范围过小。《食品安全法》第 46 条规定了食品生产者应当依照食品安全标准使用食品添加剂，义务主体仅限于生产者。但实践中食品添加剂的违法使用在餐饮行业具有相当市场，食品销售、餐饮服务均有可能非法使用、滥用食品添加剂。依照现行《食品安全法》有关规定，对经营者非法使用食品添加剂的行为追究法律责任，就会发生困难。对此，我们注意到，《食品安全法》修订草案已将经营者增加为规制的主体（详见第59条）。

五、关于食品召回制度

《食品安全法》第53条对食品召回制度作了规定。2012年6月，国务院办公厅印发的《国家食品安全监管体系“十二五”规划》中对食品召回制度提出具体要求。各地也相继出台地方性法规，进行了适合本行政区域的细化规定。与此同时，也存在如下突出的问题：

第一，食品召回主体局限于食品生产者，经营者只是协助性的。《食品安全法》第53条主要规定了生产者主动召回的义务，销售者只负有协助性的义务，不利于激励销售者履行召回义务。其实，将销售者确立为食品召回义务主体已经是国际通例。时至今日，国家尚未建立食品召回信息平台，消费者无法从官方信息平台获取食品召回信息。

第二，食品召回模式不能有效应对我国现实。我国的立法采取与发达国家相类似的模式，将生产者主动召回作为食品召回的主要模式。但发达国家以主动召回为主有以下前提，那就是社会诚信建设系统完善，食品生产经营企业规模比较大，公民自我保护意识强，社会监督制度健全，有足够的社会力量监督食品生产经营企业是否召回并销毁了存在安全隐患的食品。目前我国还不具备这些条件。典型的例如，三鹿奶粉事件、双汇瘦肉精事件、上海染色馒头事件、镉大米事件、雅乐因米粉事件等，无一家企业主动召回其存在安全风险的食品。

第三，召回后续处理不到位。虽然在《食品安全法》第53条第3款规定企业进行后续处理后，应将食品召回和处理情况向县级以上质量监督部门报告，但是实践中通常是依靠企业自律来完成。有的企业为了节约成本，擅自选用成本较为低廉的方式进行，为食品安全问题复发埋下了隐患。

六、关于食品检验制度

《食品安全法》第57－61条规定了食品检验制度，第62、64、65、68和69条对进出口食品检验作了规定。《食品安全法实施条例》设专章对食品的检验作了更为具体的规定。食品检验制度的实施，在为保障食品安全发挥了积极作用的同时，也暴露出不少突出问题：

首先，抽检成为监管的主要手段。自“三鹿奶粉事件”以来，国家对乳制品的监管就成为重中之重，而主要方式就是抽检。但是以抽检或送检为核心手段的监管，不能有效发现问题；其次，源头和过程监管严重不足。重视终端产品的检测，轻视过程和行为的控制，是很多食品安全事件爆发的重要因素。食品安全监管是一个系统性工程，任何环节都有可能影响到最终的监管绩效，缺乏过程控制，以抽样、检测为主的食品安全监管模式不能从根本解决问题。

七、关于食品安全事故的处置

根据《食品安全法》的要求，各省相继出台了与食品安全事故应急预案相关的规章或规范性文件，我国已基本形成了重大食品安全事故应急预案的完备体系。当前，食品安全处置制度的不足，主要体现为：

首先，应急预案不能适应保障食品安全的准确性、时效性要求，各级预案内容重合度高，没有很好地体现中央与地方在事故范围、职权运作、地域特点等方面的区别，同时，疏于预案演练，缺乏必要的应急经验；其次，瞒报、谎报、延误情况严重；最后，流行病学调查难以有效开展，由于疾控机构没有执法权，无法进入食品安全事故现场，更无权对问题食品和相关人员采取措施，疾控机构也难以到生产加工现场调查取证，这都使得流行病学调查通常流于形式。

八、关于监管法律责任

《食品安全法》第5条确立了地方政府对食品安全负总责的制度。通过属地管辖强化食品安全风险控制，符合食品安全监管快速反应的治理要求，有利于充分发挥地方政府的作用、形成监管合力。这一制度实施以来，在确保食品安全监管责任落到实处方面，发挥了积极作用，但实施中暴露出的突出问题也不容回避：

食品安全绩效考核机制失灵，未建立起鼓励发现问题、解决问题的食品安全监管激励机制。《食品安全法》规定了记大过、降级、撤职或者开除四种行政责任方式。《刑法修正案（八）》（2011）也专门增设了食品安全监管渎职罪。为了落实相关法律规定，追究监管者的渎职责任，地方政府建立相应的绩效管理机制，纪检监察部门也建立了责任追究机制，这些举措如同悬在头上的“利剑”，使一线监管者的神经长期处于“战战兢兢、如履薄冰”的状态。与此同时，存在即使尽了监管职责但只要“出了事”仍然认定失职的思维，因此绩效管理的核心指标以“不出事”和“重追责”为导向，这些旨在促进政府履职的制度设计，在实际工作中就异化成反向激励机制，即食品安全监管者往往以不出事、不担责作为主要目标，从而丧失了在食品安全监管中积极作为、主动发现问题、上报问题、解决问题的动力。

近些年来曝光的食品安全事件表明，某些监管部门推卸责任，“交叉管理无人真管”“共同监管等于都不监管”、监管的手段缺乏、监管“马后炮”等问题大量存在。一些监管部门自称“不归我管”的行政不作为，助长了长期以来食品行业的市场失序、道德失范，甚至存在“养鱼执法”的现象。对此，如果不是发生全国性影响的事件，多数情况下任由地方行政机关自由裁量事实，自我认定责任，问责效果并不理想。

对此，必须寻求强化监管者法律责任与激励监管者积极作为之间的平衡点。不仅要在法律责任中规定追究责任的情形，还要明确列举不予追究责任的情形，注重形成正向激励机制，避免激励机制扭曲带来的卸责推诿。

九、关于记者暗访

从6年前的“三鹿奶粉事件”到6年后的“福喜事件”，不难发现，作为一部极具针对性的法律，《食品安全法》的实施效果并不乐观。就在《食品安全法》修订草案征求公众意见期间，“福喜事件”的曝光，似乎让人们发现了解决食品安全问题更快捷的方法：记者暗访+“吹哨人”制度入法。

就记者暗访而言，据东方卫视报道，记者卧底两个多月发现，上海福喜食品有限公司通过过期食品回锅重做、更改保质期标印等手段加工过期劣质肉类，再将生产的麦乐鸡块、牛排、汉堡肉等售给肯德基、麦当劳、必胜客等大部分快餐连锁店。这一事件给人的强烈印象是，内部人爆料和媒体暗访乃是揭露食品安全问题的有效途径，媒体暗访的积极作用得到了官方的认可，政府部门也没有认为媒体搅局添乱，而是旗帜鲜明地提出要“保护媒体、保护记者、保护举报人”；记者们冒着个人危险深入违法现场的职业精神也得到了社会的褒扬。与此同时，风险交流专家钟凯以“‘福喜暗访组’，福兮？祸兮？”一文，从媒体报道的伦理学问题、记者的职业操守及报道的专业性等方面进行了反思，提醒媒体应该更加审慎地报道，而不是“只相信自己的眼睛”，多听听行业人士的意见，尽可能避免产生不必要的负面影响和可能的法律纠纷。

十、关于“吹哨人”

此次“福喜事件”是由内部人提供线索、媒体暗访曝光的。由此，推动“吹哨人”制度入《食品安全法》，成为热议的话题。这与两方面因素有关：

其一，已经实行的有奖举报制度成效不明显。2011 年 7 月，国务院食品安全委员会办公室下发《关于建立食品安全有奖举报制度的指导意见》（食安办〔2011〕25 号），提出了全环节、全品种、全部门建立食品安全有奖举报制度。目前，全国几乎所有的省份都出台了本地食品安全有奖举报的相关规定。就实际运行情况看，效果并不显著。举报问题多与食品安全关系不大，且有奖举报主要成为职业打假人谋利的手段。这与奖金设置标准较低、举报人保护机制不健全等有关，也与普通消费者难以发现真正的问题有关。

其二，由于最了解内情和最容易发现问题的是行业内的职工，欧美很多国家立法确立了“吹哨人”制度，靠内部员工在第一时间、第一地点察觉问题，吹响哨声，制止问题。“吹哨人”制度在国外确实是一项有效的食品安全监管措施。但是，这一在国外行之有效的制度能否成为我国的“灵丹妙药”，也有专家表示了怀疑。一方面建立该制度的国家都有相关配套机制，如美国对“吹哨人”予以重奖，奖励直接来自于罚金，还设立了专门的保护机构，对举报人予以特殊的保护，包括整容、更改住址甚至移民。而这些机制特别是对举报人保护的举措，我们国家目前难以采取。另一方面，美欧等国家虽有“吹哨人”制度，但这些国家的食品安全风险也不小。对此，食品安全国家标准审评委员会委员、食品安全博士杨明亮指出，食品安全是全球性的重大公共卫生问题，也是复杂的经济社会问题，不能过高地指望“吹哨人”制度。

作为一家美国独资企业，“福喜事件”的主角上海福喜食品有限公司，与“三鹿奶粉事件”的主角三鹿集团公司一样，都具备规模化、集约化、标准化的生产方式，这本被当作经济发展的必然方向。但是，事实表明：这样的方式也不能避免食品质量安全问题的发生。

身处《食品安全法》修订的重要时刻，我们忍不住要问：到底有没有可能从根本上改变食品安全治理令人无奈的局面呢？

答案是：有。那就是社会共治、“组合拳”应对。

十一、关于社会共治

社会共治是此次修法新增的一个重要原则，也是一个亮点。其中，《食品安全法》修订草案向全社会公开征求意见，这本身就是社会共治的重要体现。但是，透过两份征求意见稿修订说明的差别，我们能够感觉到立法机构之间达成共识也非易事。

国家食品药品监督管理总局报送国务院法制办的《食品安全法（修订草案送审稿）》的修订说明（以下简称“送审稿修订说明”），对社会共治具体列举了三方面的举措：第一，建立食品安全风险交流制度。第二，食品安全国家标准评审委员会应当有食品行业协会、消费者协会的代表。第三，国家将食品安全知识纳入国民教育等。

而国务院报送全国人大常委会的《食品安全法（修订草案）》的修订说明（以下简称“修订草案说明”），针对社会共治所列举的三方面举措与“送审稿修订说明”毫无交集：一是规定食品安全有效举报制度。此内容在“送审稿修订说明”中是作为创新监管机制方式的第5项举措列举，具体表述有变化。二是规范食品安全信息发布（此内容在“送审稿修订说明”中是作为创新监管机制方式的第6项举措列举的），具体表述有一定的变化。三是增设食品安全责任保险制度。此内容在“送审稿修订说明”中是作为强化企业主体责任落实的第5项举措。但是由“应当”投保改为了“鼓励”和“支持”。

通过对比上述差异，可得出结论：一是“修订草案说明”没有保留“送审稿修订说明”关于纳入国民教育的规定。二是“修订草案说明”没有再提风险交流制度，其原因从两个征求意见稿的对照中似乎可以窥探些端倪。相较“送审稿修订说明”，“修订草案说明”对风险交流的规定明显弱化了。这使人对社会共治的诚意产生了不小的怀疑。三是“修订草案说明”将食品安全责任保险作为社会共治的举措之一，有些牵强，更何况相较于“送审稿修订说明”，其对责任保险制度的规定也明显弱化了。四是关于信息发布的规范，其实相关规定也是当前备受争议的内容。人们从中感受到的不是共同治理而是以信息掌控为主的单方管理。

两相对照，所谓体现食品安全社会共治的举措，就很令人困惑了。尽管“修订草案说明”提出了社会共治，但是字里行间给人的印象是：一方面鼓励媒体监督，希望公众参与，另一方面则严格控制信息发布并设立信息发布审查机制。

那么，真正体现社会共治理念的举措该是什么呢？国家食品药品监督管理总局法制司司长徐景和的阐释给出了答案：

食品安全社会治理的理念需要有效的制度机制加以深化。一是建立风险交流制度。食品安全监督管理部门、食品安全风险评估机构应当按照科学、客观、公开的原则，组织食品企业、行业协会、检验机构、新闻媒体、消费者等开展食品安全风险交流，分析食品安全问题产生的原因，研究解决问题的对策。二是建立多元参与机制。食品行业协会、消费者协会等，可以积极参与食品安全风险评估、食品安全标准制定、食品安全公益宣传、食品安全社会监督等工作。三是建立社会评价机制。食品安全行业协会、专业机构可以参与食品安全评价、考核、培训等工作。

“三鹿奶粉事件”过去4年之后，有研究者从市场与国家监管的关系角度进行了反思：三鹿事件留给我们的深刻教训是，真正的公平竞争不能从市场本身得到，国家监管也只是它的必要而非充分条件。如此，问题的关键之一便转到国家能力上来。只有能够充分代表社会各方利益的执政者，才能超越既得利益集团的、地方的和中央的利益，杜绝企业家精神的堕落和公权力的寻租，引导优良的公民道德和职业伦理的形成，真正捍卫平等的竞争。①

从这样的结论引申开来，我们认为，食品安全法治的实现不仅要有能够充分代表社会各方利益的执政者，还要有充分代表各方利益的立法者。

因此，实现食品安全社会共治，必须首先在立法阶段就要真心实意地落实到位。这也是食品安全治理的重要源头——法制源头。

十二、关于“组合拳”应对

从《食品安全法》修订草案来看，要从根本上扭转乾坤，还需在立法观念与立法技术方面进一步深化与提升，特别是针对我国现阶段食品安全事件人为故意因素主导的特点，要更加注重运用“组合拳”，实施精准有效的打击。此次修订草案提出了“建立最严格的食品安全监管制度”的原则，而这一原则的主要体现是规定了许多更加严厉的处罚措施，如大大增加了罚款的倍数等。我们认为，对此必须综合运用各种“法器”予以应对。其中，有两招必须加以注重运用：

强化声誉处罚。食品安全法对于财产罚和从业资格罚皆有明确规定，但对于声誉罚体现得不够，实际工作中运用得也很不到位。中国的食品安全执法状况表明，食品生产经营者，特别是那些大型企业，通常对于罚款是无所畏惧的，甚至有些“喜欢”：一旦出了事，希望以罚款“了事”。事实上，一线执法者也深明此道，所以现实中出现“养鱼执法”，便不足为奇而且是皆大欢喜之事了。面对如此情状，声誉罚才是有奇效的招数，特别是对那些大型食品生产经营企业而言，是可直指其“命门”的一招。

声誉处罚的基础在于信息。如果企业制售有毒有害食品的信息

① 李斯特：“超越‘自由市场’与‘监管国家’”，载《交大法学》2013年第2期。

在消费者中迅捷高效流动，形成强有力的声誉机制，那么来自声誉的惩罚将极大地影响企业的无数个未来交易机会，进而决定企业及其品牌的存亡。

微生物技术、化工合成技术的发展，使得越来越多的食品进入信任品的范围。如果没有专业检测技术的支持，其质量在进入消费市场以后也无法准确判断，只能以产品以外的其他因素使消费者内心确信，这就属于信息学上的信任品。在信息不足的条件下，越是具有广告影响力的食品企业，越容易受到消费者的信赖。而食品企业的社会网络地位也是导致消费者认知错误的一个重要因素。消费者容易把龙头企业的社会地位标签当成消费决策的重要指引，在地位标签与质量安全之间建立起大致的因果关联。然而这种因果链条非常脆弱——“三鹿奶粉事件”的主角就曾是我国三大乳业集团之一，而“福喜事件”的主角是为众多国际知名快餐连锁店提供产品的知名美国独资企业。具有信任品特征的食品与日俱增，不仅严重削弱了消费者自我保护的能力，也大大加重了安全监管的执法负荷，导致问题食品查处概率降低，“机会型违法”不可避免地成为常态。

对此，有法学专家指出：应当以食品安全信用档案为中心，建立全程整合信息生产—分级—披露—传播—反馈的法律制度系统，确保企业违法信息迅速进入公众的认知结构，为消费者及时启动声誉罚奠定基础。①

《食品安全法》实施以来，食品安全监管信息发布并不及时，更无统一平台。《食品安全法》修订草案虽然提出建立统一发布信息平台，但又对食品安全信息的发布进行了更多的管控。对此，食品安全法专家高秦伟指出：没必要作出如此规定。如果一些单位与个人违法发布，依照相关法律追究就可以了。《食品安全法》的重点在于政府的食品安全信息公开，只要政府做好了，谣言就不攻自破。关键还是在于政府食品安全信息公开要及时。

---

① 吴元元：“信息基础、声誉机制与执法优化——食品安全治理的新视野”，载《中国社会科学》2012年第6期。

此外，还应明确追究明知故犯从业人员的刑事责任。《食品安全法》第98条规定了违反食品安全法应承担的刑事责任，但不涉及具体的罪名内容。对相关刑事责任的追究，必须结合刑法及相关司法解释的规定进行。为了贯彻落实《食品安全法》，2011年《刑法修正案（八）》对生产销售不符合安全标准的食品罪、生产销售有毒、有害食品罪等犯罪的认定标准、量刑幅度等进行了修订。这些犯罪的主体可以是个人也可以是单位。而对于各类单位犯罪，法律规定的是追究“直接负责的主管人员”和“其他直接责任人员”的责任。对“其他直接责任人员”的认定较为复杂，但司法实践的通常理解和做法是，对于受单位领导指派或奉命而参与实施了一定犯罪行为的人员，一般不作为直接责任人员追究刑事责任。这种理解与做法适用于我国当前的食品领域就非常容易出现负面效果，使得非法添加或者违反食品安全标准生产的行为得不到有效遏制。许多生产一线的从业人员明知生产食品不符合食品安全标准、甚至有毒有害，但仍然不管不顾，甚至戏称“反正吃不死人”或“反正我不吃”。虽然其基于劳动关系或雇佣关系处于受支配地位，这些直接从业人员起的实际作用并不小。对此，有必要参照《公务员法》第54条关于“公务员执行明显违法的决定或者命令的，应当依法承担相应的责任”的规定精神，对于虽然有领导或主管授意、但本人明知不可为而为之的食品生产一线从业人员，仍然要按共同犯罪追究刑事责任。至于量刑可以轻于“直接负责的主管人员”。

同时，要赋予从业人员拒绝从事有违食品安全生产经营行为的合法权利，对于有证据证明行使过拒绝权的，可以免予从业人员刑事处分。

当然，提出这一建议的同时，我们也必须正视食品行业从业人员素质不高的现实。与其他行业相比，食品行业从业人员素质相对较低。据统计，我国从事农产品生产的人中，未接受过教育者和小学文化程度者约占40%；食品工业和餐饮从业人员中，85%以上是受教育水平相对较低的进城务工人员。从业人员缺乏法律意识和专业技能，也加大了违法违规的概率。因此，我们不能“不教而诛”，必须将对从业人员的法律知识培训与专业技能培训提高到同等重要的地位。

随着国家现代化治理列入全面深化改革总目标的重要内容，食品安全法治的现代化也必然被提到议事日程，成为实现国家治理现代化的重要突破口。同样令人欢欣鼓舞的是，习近平8月18日主持召开中央全面深化改革领导小组第四次会议强调要“引导广大干部群众共同为改革想招、一起为改革发力。”

我们也注意到，有些热心食品安全治理的人士以实际行动响应这一号召，参与发起了“福喜事件与中国食品安全难题破解之道”学术研讨活动。许多人士从多角度提出了对策建议。此次《食品安全法》的修改，如果能够贯彻落实好习近平同志的讲话精神，真正集思广益，切实体现社会共治理念，则食品安全治理的“天问”或许会有令人满意的答案。

让我们拭目以待！

“福喜事件”的反思与我国食品安全治理*

中国人民大学食品安全治理协同创新中心

近日，国际知名快餐品牌麦当劳、肯德基的肉类供应商——上海福喜食品有限公司被曝存在大量采用过期变质肉类原料的行为。福喜变质肉大规模地流入市场变成洋快餐，基本上是由跨国公司导演的食品安全恶性事件。在时下的中国，这不是第一次，也不会是最后一次。从中也可看出，我国的食品安全治理迄今为止依然缺乏起码的、有效的常态发现机制。仅就这次事件的爆发而言，发现者不是相关企业也不是政府监管部门，而是敢于担当的新闻媒体。事件被发现的偶然性可见一斑。

从“毒大米”、苏丹红、瘦肉精到阜阳劣质奶粉“大头娃娃”事件、南京冠生园“陈馅月饼”事件，近年来，我国食品安全重大事件层出不穷，“吃什么才安全”成了人们无奈之下屡屡发出的疑问。因此，如何加强与推进我国食品安全治理体系和治理能力现代化，无疑是一项十分重要的课题。近日，中国人民大学食品安全治理协同创新中心组织专家召开研讨会，就此次事件进行反思，并提出食品安全治理的相关建议。

* 本文原载《中国食品安全报》2014 年 7 月 29 日第 A3 版。

一、跨国食品企业要树立正确的经营理念

跨国食品企业通常被视为食品安全保障程度最高的企业，但福喜丑闻彻底颠覆了中国广大消费者的心理预期。虽然上海福喜的母公司美国福喜集团强调，本次事件是一起个体事件；集团愿为整个事件承担全部责任，并将迅速彻底地采取适当行动。但该案的发生绝非偶然，而与企业缺乏对消费者的感恩之心存在必然的逻辑联系。

为预防食品行业尤其是跨国公司内部的诚信株连，重振食品行业的公信力，中心研究员刘俊海提出，食品企业尤其是跨国企业必须慎独自律，见贤思齐，牢固树立“一心二维三品四商五严六权”的经营理念。

“一心”要求企业对广大消费者常怀感恩之心，真正把消费者视为自己的衣食父母。消费是财富之源。水能载舟，亦能覆舟。

“二维”要求企业和企业家的右脑要有盈利合理化思维，而非盈利最大化思维，左脑要有社会责任思维。企业一味强调盈利最大化，必然走向道德沦丧的深渊。社会责任思维意味着，企业不仅要做会赚钱、能赚钱、赚大钱的企业，更要成为消费者友好型的、广受世人尊重的良心企业。

“三品”要求企业不但稳步提升食品质量，确保食品百分之百的安全，实现食品定价的合理化，不断研发和创新食品，增强食品的市场竞争力，也要注重提升企品（企业的品质），更要注重提升企业背后的企业高管、控制股东和控制人的人品，他们的价值观、世界观、人生观直接影响着企业的寿命。

“四商”要求企业要有不断创新食品和服务的智商，要有不断受广大消费者发自内心的尊敬、信赖与信任的情商，要有自觉信仰与敬畏《食品安全法》与《消费者权益保护法》的法商，更要有自觉践行全球食品行业最佳商业伦理的德商。

“五严”要求企业要有严格的食品安全标准、严格的质量控制体系、严格的售后服务体系、严格的内控体系与严格的问责体系。有些企业的食品安全标准外表非常光鲜，但束之高阁，徒有虚名。食品安全标准的不安全是最大的不安全因素。食品安全是否有保障，食品企业要自证清白，更要让严格的制度体系落地生根。

“六权”要求企业夯实和保障消费者的知情权、选择权、公平交易权、安全保障权、治理权与索赔权。食品企业的义务与消费者的权利互为表里。为增强企业的核心竞争力，食品企业必须心悦诚服地尊重和保障消费者的各项权利。

当前，建议涉案企业面壁思过，积极配合执法部门调查，诚挚对广大消费者公开致歉，主动拿出民事赔偿方案，并尽快提出杜绝类似食品安全事件重演的有效自律措施。希望其他食品企业也能从中引以为戒，改恶向善，择善而从。因为，市场有“眼睛”，法律有“牙齿”。

二、推行飞行检查实现动态监管

此次上海“福喜事件”暴露出我国食品安全监管中现场检查制度存在的严重问题，不论是麦当劳、肯德基等下游采购商的定期检查，还是政府监管部门的临时抽查，都变成了事先通知、预先规划、提前准备的形式主义检查。同时，在此之前福喜公司曾多次被当地监管部门评为“食品安全生产先进单位”，反映出评级式的静态监管模式的严重弊端。为此，中心研究员刘鹏提出以下两点建议：

第一，借鉴药品安全监管经验，全面推行飞行检查制度。飞行检查制度是在被检查单位不知晓的情况下进行的，具有速度快、力度大以及真实度高等优势，多年来在我国的药品安全、环境安全等监管领域已经逐步推广应用，而在食品安全监管领域，目前国家食品药品监督管理总局仅就餐饮环节领域的飞行检查制度出台过简单的规范性办法，而食用农产品、食品生产加工和流通环节过程中的飞行检查仍然缺乏相应的指导规范，各地的实施力度差别也较大。为此，建议国家食品药品监督管理总局能够尽快出台相关规定和办法，将飞行检查制度全面纳入食品安全监管体系。

第二，对各地评级式的静态监管模式进行督促整改，同时在静态监管模式中纳入动态监管元素，对各种针对企业的食品安全评级评优政策，必须引入定期督查、现场考核、动态竞争、有效退出等动态监管机制，最大程度地避免企业在评级评优过程中的终身制，以及与监管部门的利益固化，化静态监管为动态监管，从而真正保障动态监管的实效性。

三、诚信档案是食品安全治理的基础

依照我国《食品安全法》及实施条例，食品生产经营单位承担食品安全主体责任，包括食品查验和记录的责任、变质和过期食品销毁的责任等。然而在本案中，不仅福喜公司及其关联企业对过期食品恶意延长保质期的行为“熟视无睹”，而且像麦当劳、肯德基、吉野家、汉堡王这样的下游加工商也统统“无所察觉”。这让人不由不怀疑其中有着巨大的商业黑幕——当事公司存在着不做账、做假账、甚至毁真账的欺瞒行为。若非如此，恶劣情形不至于长期化。一句话，食品企业主体责任制度是完全失灵的。

相应地，各级食品安全监管部门承担行政监管责任，主要包括督促和检查企业落实食品安全主体责任的情况以及日常的执法检查、调查取证等。在本案中，各级监管部门快速反应，誓言“对企业的违法违规行为要追根溯源，一查到底，严肃查处。涉嫌犯罪的，坚决移送公安机关”。一场针对福喜公司及关联企业的“全面围剿”，旋即展开。然而，这就属于“事后诸葛亮”了。人们不禁要问监管部门事前干嘛去了？其实，由于企业造假手法娴熟、隐秘，政府部门的监督管理是相当艰难的。

中心研究员刘品新指出，这就是我国开展食品安全治理的特殊性，即面临社会诚信环境严重缺失的大环境。就企业而言，不制作、更不提供原始可信的食品档案，实际上是一种潜规则。从一定意义上讲，食品档案不实便是我国开展食品安全治理的短板。不解决这一问题，保障舌尖上的安全只能是一句空话。

党的十八届三中全会指出，完善统一权威的食品安全监管机构，建立最严格的覆盖全过程的监管制度，建立食品原产地可追溯制度和质量标识制度，保障食品安全。这反映了党中央解决食品安全问题的坚强决心，可谓意志非凡、重拳尽出。然而各种治理措施无不需要立足于社会不诚信的现实。以食品安全追溯为例，我国今年的重点举措是开展农产品质量安全追溯、肉菜流通追溯、酒类流通追溯、乳制品安全追溯体系建设。主管部门及相关行业、企业都在为完成这一目标而努力，进行了各种试点工作，拿出了各种立足于标签/标识技术的追溯方案。这些方案在一定程度上可以防止外部造假式的食品安全问题，却无法触动源自不良企业的食品安全问题。

解决食品档案的诚信问题，法治是基础。我国《食品安全法》规定了食品生产企业的进货查验记录制度、出厂检验记录制度，明确上述记录应当真实、保存至少二年，并作出了相关的罚则。尽管如此，这些规定在构建食品诚信档案方面仍然是严重不足的。它们没有涵盖食品生产企业的各个生产环节，也不涵盖纯粹的食品销售企业；更重要的是，它们对食品档案造假或缺失没有作出严厉的制裁措施。很难设想，残缺不全或者充斥水分的食品档案，能够确保“最严格的”监管，从餐桌倒查到田园？健全覆盖全部环节的食品档案制度，建立确保食品档案可信的制裁制度，我国食品安全法治大有可为，也必须尽快有所作为。

解决食品档案的诚信问题，技术是保障。一种普遍存在的错误观念认为，在档案电子化的时代，档案造假在技术上是相当容易的，更是无法识别的。其理论依据是，电子档案“眼见也不为实”，还不是想怎么造就怎么造。事实并非如此。当今的电子防篡改技术，如校验技术、时间戳技术、数字水印技术等，早就解决了电子文件的可信性问题。近日，中央有关部门制定《电子文件管理条例》的文件草案，就提出了“确保电子文件的真实、完整、可用和安全”的基本要求。这一立法宗旨是符合技术实际的，也是完全可以实现的。同样，在甄别食品安全的电子档案真伪方面，信息技术是保障而非阻障。

日常生活中，人们常说一只木桶能盛多少水，并不取决于最长的那块木板，而是取决于最短的那块木板。直面食品安全档案不诚信的“短板”，从法律和技术两方面出手治理，建成食品安全的常态发现机制，是为上策。

四、“福喜事件”的三点启示

福喜作为一家逾百年的国际知名食品加工企业，出现如此严重的食品质量安全事件，中心研究员王志刚、苏毅清认为，该事件给我国提出了三点启示：

首先，国人应该明白，洋品牌不一定代表质量安全。在“三鹿奶粉事件”后，我国消费者不仅对国外的食品品牌出现了过度追捧的现象，就连一些地方的监管部门也有放松对国外大品牌监管的倾向，认为国外大企业因为有更高的标准与更严格的管理规范，从而可以在消费和监管上更令人放心。然而这一次“福喜事件”，给对洋品牌抱有盲目崇拜和过度信赖的消费者与监管部门敲响了警钟。洋品牌背后为一个企业，企业在市场上目的在于盈利，它始终改变不了这个本性。只要有机会就会出现劣品等道德风险的行为，就会按照阿克洛夫的“柠檬市场”理论，市场上就会出现“劣币驱除良币”的现象。日本“雪印”老店和欧洲马肉风波都是此类事件的集中反映。

其次，宏观监管环境的缺失，使处于转型期的中国很有可能成为食品安全问题的“染缸”。我国处在一个从发展期向成熟期过渡的阶段，中等收入、产品层次多，消费者的偏好也丰富多样。国外公司来到中国，面对的市场环境变了，他们的“管理观和安全观”也变了。由于宏观监管环境的缺失，质量较低的中国企业的产品仍然可以轻松地流向市场，与花费大量成本进行严格质量控制的国外企业同台竞技。与国外大企业同时竞争的中国企业并没有实施良好的内部监管。而长此以往，在是否进行内部监管与质量控制的博弈中，原先采用严格质量控制的国外企业也放松了对产品质量的内部监管，并凭借着洋品牌在中国的良好声誉，其产品仍然以较高的价格出售，并享受着更低的成本带来的丰厚利润。他们良好内部监管体系到了中国市场就沦为了形式。因此，在当前宏观监管环境缺失的情况下，任何进入中国市场的国外大企业最终都会走向质量控制与内部监管的囚徒困境——选择放松质量控制与内部监管。不排除福喜也经历了这样的变化。

最后，关于如何治理此类问题，加强与改进我国在食品安全方面的社会共治势在必行。这里，不仅需要政府部门的最严厉的监管，同时，也需要来自社会媒体、NGO、消费者群体等多方的共同监督和维护。诺贝尔奖获得者奥斯特罗姆等提出对公共池塘资源要进行社区治理，这种看法对食品安全治理也很有必要。多年来，我们特别强调政府的作用，结果其效果不佳；十八届三中全会后提出让市场发挥其主导作用，但是，还没有提到社区管理上来。食品安全问题的解决，需要在产业链上建筑“社区”。让其上游和下游企业共同承担监督和督促的职能，违反者可以处以连带责任，以避免上游企业出现食品安全问题时，下游企业熟视无睹，视而不见的“周瑜打黄盖”现象。同时，社会各群体、组织或者个人也可以对此事进行监督和呼吁。这样，才能更好地防范于未然。